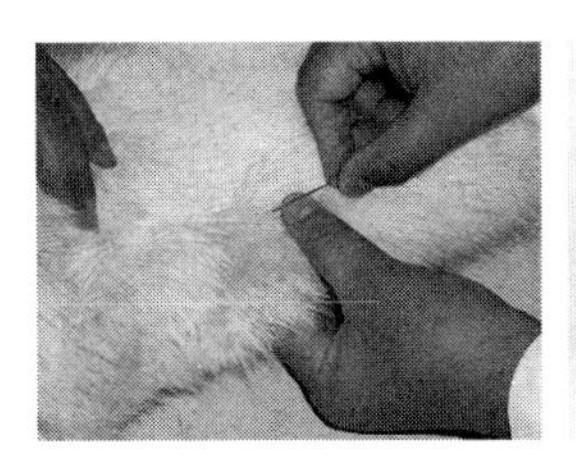

# 实用羊病防治新技术手册

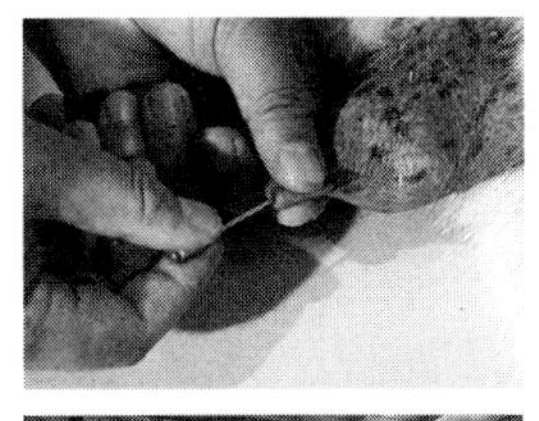

○ 律祥君　等 主编

中国农业科学技术出版社

**图书在版编目（CIP）数据**

实用羊病防治新技术手册 / 律祥君等主编．—北京：
中国农业科学技术出版社，2015．10
ISBN 978－7－5116－2158－0

Ⅰ．①实…　Ⅱ．①律…　Ⅲ．①羊病－防治－技术手册
Ⅳ．①S858．26－62

中国版本图书馆 CIP 数据核字（2015）第 142968 号

**责任编辑**　徐　毅
**责任校对**　马广洋

**出 版 者**　中国农业科学技术出版社
北京市中关村南大街 12 号　邮编：100081
**电　　话**　(010)82106631(编辑室)　(010)82109702(发行部)
(010)82109709(读者服务部)
**传　　真**　(010)82106631
**网　　址**　http://www.castp.cn
**经 销 者**　各地新华书店
**印 刷 者**　北京富泰印刷有限责任公司
**开　　本**　880mm×1230mm　1/32
**印　　张**　16．625
**彩　　插**　2 面
**字　　数**　400 千字
**版　　次**　2015 年 10 月第 1 版　2016 年 6 月第 2 次印刷
**定　　价**　45．00 元

# 《实用羊病防治新技术手册》

## 编　委　会

**主　　编**　律祥君　王拥庆　冯海洋　姜永利

邱成勋　陈其新

**副 主 编**　王登魁　李　永　娄　鹏　侯育才

徐其常　律　源　秦玲玲　党春丽

张莹莹

**参编人员**　张　静　常丽娜　郭璐璐　沙　斌

陈　慧　郭　娟　凌金丽　张连杰

陈永春　谭高峰　龚其亮　范俊涛

王振东　刘钦征　罗先礼　律海杰

张　瑞　史战利　李婷婷　李雪丽

**参编人员及工作单位**

以姓氏笔画为序

王登魁　河南省鹿邑县畜牧局

王拥庆　河南省沈丘县畜牧工作站

王振东　河南省太康县动物卫生监督所

冯海洋　河南省太康县畜牧局

史战利　河南大华生物技术有限公司

张　静　河南省淮阳县动物卫生监督所

张连杰　河南省西华县大王庄畜牧兽医区域中心站

张　瑞　河南省淮阳县动物卫生监督所

张莹莹　河南省中豫律师事务所

李　永　河南省淮阳县动物卫生监督所
李婷婷　湖南潭州农业学院
李雪丽　河南省沈丘县动物疫病预防控制中心
刘钦征　河南省太康县畜禽改良站
邱成勋　河南省周口市畜牧局
沙　斌　河南省淮阳县动物卫生监督所
陈　慧　河南省淮阳县动物卫生监督所
陈永春　河南省西华县动物卫生监督所
陈其新　河南农业大学牧医工程学院
罗先礼　河南省郸城县畜牧局
范俊涛　河南省沈丘县动物疫病预防控制中心
姜永利　河南省鹿邑县动物疫病预防控制中心
娄　鹏　河南省周口市动物卫生监督所
侯育才　河南省西华县动物疫病预防控制中心
郭璐璐　河南省淮阳县畜产品质量检测中心
郭　娟　河南省商水县动物疫病预防控制中心
律祥君　河南省淮阳县畜牧局
律　源　乾元浩生物股份有限公司
律海杰　河南省淮阳县动物疫病预防控制中心
徐其常　河南大华生物技术有限公司
秦玲玲　湖南潭州农业学院
党春丽　河南省淮阳县动物卫生监督所
凌金丽　河南省西华县生猪屠宰管理办公室
龚其亮　河南省沈丘县畜牧局
常丽娜　河南省淮阳县动物卫生监督所
谭高峰　河南省商水县动物卫生监督所

# 前　　言

近年来，我国羊的饲养管理方式发生了很大的变化，规模化养羊迅速发展，生产经营调运频繁，区域性种群饲养格局被打破。由于羊生物学特性比较特别，加之目前规模化养羊技术不成熟及羊只的频繁调运，使羊病日趋复杂化，新病不断出现，老病发病率增高，特别是山羊规模化圈养后，疾病的发生更为频繁。深入调查发现，饲养管理、营养代谢等问题是造成羊普通病频发的主因，严重影响规模化养羊者的经济效益；羊传染病的发病率决定规模化养羊的成败，饲养方式的改变，使羊传染性疾病的发病率增高，混合感染、继发感染增多，也造成病原的致病力和对组织亲嗜性的改变，临床表现出新的症状。笔者从事羊病诊治30多年，对养病的认识颇为深刻，总结自己的羊病诊疗心得，呕心编写了《实用羊病防治新技术手册》，为广大致力养羊业的朋友提供一些羊病防治实用技术，以助有志养羊事业者绵薄之力。

本书对近年来羊的规模化养殖中出现的新问题、新疾病，如羔羊软瘫综合征、酸中毒、羊水胀等营养代谢性疾病，小反刍兽疫、羊口疮等新发和传统疫病的临床新变化等进行了重点论述，对传统的单一防治办法进行了改进，介绍了不同疾病按阶段防治，同种疾病按临床症状分型防治的新方案；在药物应用方面重点介绍了过瘤胃抗生素给药新技术、新型中药制剂、特异抗体的使用等，以便有的放矢治疗疾病，可大幅度提高疗效，减少治疗成本。

养羊重在养，疾病重在防，防重于治，治疗成本永远大于预防成本。本书推介的技术，一切从实用、实际出发，也旨在告诉广大羊友，羊病防治只有从饲养管理关键环节入手才能事半功倍。

本书以通俗实用为主，适应于规模化养羊技术人员、动物医学专业学生、羊病诊疗工作者和从事养羊的朋友在生产实践中学习应用。由于笔者水平有限，时间仓促，不当之处难免，敬请同行和养羊界朋友批评指正。

在本书编写过程中高级兽医师崔金良、李如良给予大力支持，特此致谢。

编　者

2015 年 5 月

# 主编简介

**律祥君** 河南科技学院畜牧兽医系毕业，研究员、研究生导师、执业兽医师；河南省肉羊产业技术创新联盟专家委员会首席兽医专家，毕业后一直从事动物疾病防治和动物药物研究，在牛羊病、禽病、猪病临床防治方面有较高的声誉；在国内首次发表《动物生态医学研究初论》的新理论，提出了动物疾病按临床症型防治的新观点；在国内首次发现并报告了《黄牛感染人乙型肝炎病毒的研究》《黄牛猝死症的病原学分离及防治研究》《羔羊软瘫综合征的研究》《羊酸中毒的研究》《猪附红细胞体免疫学研究》并研究出了特效防治药物；主编并出版了《商品肉鸡标准化饲养管理技术》《鸡病诊断与防治实用技术》专业著作两部，在国家级、省级专业技术杂志发表论文 53 篇。获农业部农牧渔业丰收奖农业技术推广贡献奖，被评为河南省畜牧系统十大标兵、周口市专业技术拔尖人才、周口市学术技术带头人；获河南省科技进步二等奖两项、三等奖两项、河南省科技普及成果二等奖一项、农业厅科技进步一等奖一项、二等奖两项、三等奖一项，周口市科技进步二等奖三项。

# 目　　录

# 第一章　羊的饲养管理与健康

羊是一种特别的动物，是胃多肠道细长的食草反刍动物，它喜高燥、讲卫生、爱活动，我们只有知道它的这些生物学特性，才能进行科学的饲养和合理的管理，才能保证羊的健康，本章介绍了从羊不同阶段饲养管理关键技术入手，以期达到羊的健康，提高经济效益的目的。

## 第一节　母羊发情鉴定方法

发情鉴定可以判断母羊发情是否正常，属何阶段，以便确定配种的最适宜时间，适时输精，提高母羊的受胎率，提供健康有活力的羔羊。发情鉴定通常采用下列方法。

### 一、直接观察法

直接观察母羊的行为、征状和生殖器官的变化来判断母羊是否发情。这是鉴定母羊是否发情最基本、最常用的方法。母羊发情时表现不安，目光迟钝，食欲减退，咩叫，外阴部红肿，流露黏液，发情初期黏液透明、中期黏液呈牵丝状、量多，末期黏液呈胶状。发情母羊被公羊追逐或爬跨时，往往叉开后腿站立不动，接受交配。处女羊发情不明显，要认真观察，不要错过配种时机。

## 二、公羊试情法

用公羊对母羊进行试情，根据母羊对公羊的行为反应，结合外部观察来判定母羊是否发情。将试情公羊放入母羊群，接受试情公羊爬跨的母羊即为发情羊。试情公羊要选择身体健壮，性欲旺盛，无疾病，年龄2~5岁，生产性能较好的公羊。为避免试情公羊偷配母羊，可给试情公羊系上试情布，布条长40cm，宽35cm，四角系上带子，每当试情时将其拴在试情羊腹下，使其无法直接交配。试情公羊应单独喂养，加强饲养管理，远离母羊群，防止偷配。对试情公羊每隔1周应本交或排精1次，以刺激其性欲。试情应在每天清晨进行，试情公羊进入母羊群后，用鼻去嗅母羊，或用蹄子去挑逗母羊，甚至爬跨到母羊背上，母羊不动，不拒绝，或伸开后腿排尿，这样的母羊即为发情羊。发情羊应从羊群中挑出，做上记号。初配母羊对公羊有畏惧心理，当试情公羊追逐时，不像成年发情母羊那样主动接近，但只要试情公羊紧跟其后者，即为发情羊。公、母羊比例以1：(30~50)为宜。

## 三、阴道检查法

通过观察阴道黏膜、分泌物和子宫颈口的变化来判断是否发情的方法称为阴道检查法。进行阴道检查时，将母羊保定，外阴部冲洗干净，开膣器清洗、消毒、烘干后，涂上灭菌润滑剂或用生理盐水浸湿。检查人员将开膣器前端闭合，慢慢插入阴道，轻轻打开开膣器，通过反光镜或手电筒光线检查阴道变化。发情母羊阴道黏膜充血，表面光亮湿润，有透明黏液流出，子宫颈口充血、松弛、开张，有黏液流出。检查完毕后稍微合拢开膣器，抽出。

## 第二节 怀孕母羊的饲养管理与健康

母羊担负着妊娠、哺乳等各项繁殖任务，应保持良好的营养水平，以求实现多胎、多产、多活、体壮的目的。尤其对妊娠母羊的饲养管理尤为重要。

羊妊娠期为150天，可分为妊娠前期和妊娠后期两个阶段。

1. 妊娠前期的饲养

妊娠前期是母羊妊娠后的前3个月。此期间胎儿发育较慢，饲养的主要任务是维护母羊处于配种时的体况，满足营养需要。怀孕前期母羊对粗饲料消化能力较强，可以用优质秸秆部分代替干草来饲喂，还应考虑补饲优质干草或青贮饲料等。日粮可由50%青绿草或青干草、40%青贮或微贮、10%精料组成。精料能量、蛋白、维生素、微量元素、矿物质要科学搭配，混合均匀、精料每日喂给2~3次，每只100~200g/次。

2. 妊娠后期的饲养

在妊娠后期（后2个月）胎儿生长快，90%左右的初生重在此期完成。如果此期间母羊营养供应不足，就会带来一系列不良后果。首先要有足够的青干草，必须补给充足的营养添加剂，另外补给适量的食盐和钙、磷等矿物饲料。在妊娠前期的基础上，能量和可消化蛋白质分别提高20%~30%和40%~60%。日粮的精料比例提高到20%，产前6周为25%~30%，而在产前1周要适当减速少精料用量，以免胎儿体重过大而造成难产。此期的重点是增加饲次数，以减少因为胎儿大造成的对胃肠道容积和运动的影响。

3. 妊娠期的管理

此期的管理应围绕保胎来考虑，要细心周到，喂饲料饮水时防止拥挤和滑倒，不打、不惊吓、严防斗架。增加母羊户外活动时间，干草或鲜草用草架投给。产前1个月，应把母羊从群中分隔开，单放一圈，以便更好地照顾。产前1周左右，夜间应将母羊放于待产圈中饲养和护理。

每天饲喂4~5次，先喂粗饲料，后喂精饲料；先喂适口性差的饲料，后喂适口性好的饲料。饲槽内吃剩的饲料，特别是青贮饲料，下次饲喂时一定要清除干净，以免发酵和霉变，引起羊的肝脏和肠道病而造成流产。严禁喂发霉、腐败、变质饲料，不饮冰冻水。饮水次数不少于3~4次/日，最好是经常保持槽内有水让其自由饮用。总之，良好的管理是保羔的最好措施。

## 第三节　羊产羔的观察与处理

(1) 准确掌握母羊生产日期，在产前3天留在单独的舍内或者待产房，进行饲喂，不外出放牧。以防意外。如果羊的生产期记不清楚，就得观察外阴，如果红肿发亮无皱，用手一摸尾根下凹，最多2天就要生产。饲料不能急着增加，以免伤胃，消化不良，产后瘫痪。

(2) 产房要冬暖夏凉，四壁、地面、用具、母羊外阴和乳房都需严格消毒，防止生殖器官患病。

(3) 母羊生羔时，需自由运动，使羊产仔时能够找着最佳着力点，同时，使羊安静，无需人多和大声喧哗，防止羊不安，对产羔不利。

(4) 母羊产羔时要专人护理，用木棒由前向后推摸母羊腹部，协同母羊用力，使母羊顺利产羔。

(5) 破水后1~2小时不能产羔，这时需用氯前列烯醇0.2mg，如果无效，请专门兽医助产。

(6) 在生产前后，用热毛巾按摩乳房，激活乳腺活力，有利增加奶量。

（7）产仔下来后，立即用干净消毒的旧布或者毛巾擦干体表黏液和脏物，用消毒后的手抠掉口内黏液和脏物，去4个软皮蹄，扶助羊羔早站起，早吃初乳，增强羔抗病能力。

（8）破水后，用干净器皿接着胎水200mL及时给母羊灌服，对预防胎衣不下，产后无乳有着良好作用。

（9）母羊生产后2小时注射产后康。对预防产科病有着积极作用，隔24小时再注射1次，同样剂量。

（10）要给母羊一天测两次体温，如果体温异常，及时采取措施，及时治疗，能够达到事半功倍作用。

（11）母羊生产的当天不要增加更多饲料，最多不得超过0.5kg，过多伤胃不食，奶量下降，分4次投给。

（12）母羊产后，给一些带有麦麸的豆饼水，含碘食盐，水不能一次饮得太多，分几次给，冬天给温水，夏天给常水但不能给太凉的水。母羊夜间给1次草料，对恢复母羊体力，缩短母羊发情周期都有作用。

（13）发现母羊患上产科疾病，及时用抗生素治疗，可同时用洁尔阴洗液治疗，剂量是人的2倍效果不错，发现母羊少奶或者无奶时，用乌鸡白凤口服液，剂量是人的2倍，每天1次，一般3次见效。

## 第四节　母羊不让羔羊吃奶的原因与防治

母羊不让小羔羊吃奶可能因为以下原因造成的，母羊性情胆小，较神经质；母羊患乳房炎；产期不同的母羊混牧混圈；母羊缺奶或奶水不足；初产母羊母性差不知道带乳，环境气味异常或者生产应激。

1. 母羊性情胆小，较神经质

在哺乳初期较易出现拒绝给羔羊哺稠乳。一般这类母羊表现为：警惕性高，耳朵动作灵活，特别对声响反应较为敏感，人稍有触动则骚动不安，畏缩躲避，当人接触身体时反应强烈。遇这类母羊，应在产羔前采取积极的预防措施，一般对这类羊态度要温和，不随意鞭打和吓骂，在喂养上应尽量给予特殊的照顾，饲喂草料前后经常抚摸羊头和羊身，使之感到亲切，消除畏怕感。与此同时，对这类羊可配合进行全身被毛刷试，一方面保证羊体清洁和促进体表的血液循环，另一方面通过对羊体全身被毛刷试，增强人畜的亲近性，培养羊温驯和善的习性，以利日后产羔后人工辅助哺乳。如对性情胆小，较神经质的母羊在产羔前朱采取预防措施，产羔后为预防母羊拒绝给羔羊哺乳，可在母羊分娩时，接留部分胎水给母羊内服，随后将初生羔羊给母羊舐闻，建立母子之情，也可以用少量的盐酸氯丙嗪注射液注射 1～2 次，防范母羊产羔初期拒绝给羔羊哺乳。

2. 母羊患乳房炎

由于母羊乳房局部红肿热痛，则拒绝给羔羊哺乳。母羊患乳房炎的症状为：乳房局部红肿，乳量减少，乳汁稀薄，内含絮状物凝块，有时则有脓汗，甚至还含有血液，严重病例，除局部症状外，还伴有体温升高，食欲减少等全身症状。母羊患乳房炎拒绝给羔羊哺乳时，应及时给予治疗，其母羊乳房炎的治疗方法是：先将乳房内乳汁挤净，然后经乳头孔给每个患叶内注入30% 林可霉素注射液和鱼腥草注射液 10mL 混合液；如乳房内挤出的乳汁中含有较多的脓汁，可用低浓度消毒液（0.1% 雷佛奴尔或 0.02% 呋喃西林溶液等）注入患叶，轻轻柔压，然后给予挤净，再注入林可霉素和鱼腥草混合液，每日两次，直到炎症消失，乳汁正常为止。

3. 产期不同的母羊混牧混圈

大龄羔羊哄抢幼龄羔羊的母奶吸吮，久而久之，导致母羊拒绝给羔羊哺乳。这类母羊拒绝给羔羊哺乳，主要是由于管理不善而造成的，要防范这类母羊拒绝给羔羊哺乳，应从管理入手，养羊户最好建有专门的育羔圈，不同日龄的羔羊分圈饲养，对幼龄羔羊放牧和哺乳均要有专人护理，严防大龄羔羊和体质强壮的羔羊哄抢幼龄羔羊和体质瘦弱羔羊的母奶吸吮，—旦发现有羔羊偷吸其他母奶现象要及时给予制止，对少数屡禁不止的大龄强壮羔羊可实行强制分圈分牧，使其改变偷吸其他母奶的恶习，从而有效的防范母羊拒绝给羔羊哺乳现象的发生。

4. 母羊缺奶或奶水不足

羔羊因吃不到奶而表观饥饿感，常常缠住母羊要吃奶，时间久了，母羊也会出现拒绝给羔羊哺乳。一般缺奶或奶水不足的母羊表现为：患羊体质消瘦，乳房缩小或变硬，外皮皱折，挤之奶少或无奶，触诊无热无痛。母羊缺奶或奶水不足，应从改善母羊的饲养管理方面着手，有条件的可将母羊进行圈养，尽量减轻放牧强度，并给母羊喂以富含蛋白质且易于消化的精料、青料和多汁饲料，对羔羊进行早期引料和补料，加强人工饲喂，减轻母羊的哺乳负担，与此同时，配合母羊内服中药催乳。

5. 不明原因造成的拒绝吃奶

母羊生后找到明确原因，但拒绝羔羊吃奶，这个情况可能与环境气味、环境恶劣因素，初生母羊母性差，不懂让羔羊吃奶，发生这个情况一般不能找到原因，控制这个情况一般采取给母羊按摩乳房，挤母羊乳汁涂抹羔羊头部、背部、尾部让母羊闻，或者用酒精、风油精涂抹羔羊头部、背部、尾部，同时涂抹母羊鼻部，使气味一样，母羊基本都会让羔羊吃奶了。特别严重的要及时挤母羊乳汁喂羔羊，以便及时让羔羊吃到初乳。

## 第五节　羔羊管理与健康

从初生到断奶的小羊称为羔羊。羔羊一般 2 月龄左右断奶，初生羔羊呼吸道、消化道都是无菌区域、容易受到环境病原菌的侵入而发病，羔羊体温调节中枢不健全，对外界环境适宜能力较差，羔羊的生长发育速度较快，若饲养不当，容易生病，良好的饲养管理可以提高羔羊的成活率和生长速度。

1. 羔羊的生长发育特点

羔羊在哺乳期，内脏器官迅速发育，特别是4个胃发育最快，初生羔羊的皱胃只有在乳汁的刺激下，才能初步具有消化能力，前3个胃没有微生物区系，没有消化能力，2周后，瘤胃中开始出现微生物，并出现反刍，可以饲喂少量优质草料。

2. 羔羊的饲养管理要点

羔羊及时吃到初乳。一般羔羊在出生后1小时以内吃上初乳，羔羊可以从初乳中获得营养和免疫抗体使羔羊获得被动免疫以提高抵抗力。

（1）及早补料。羔羊一般在出生后10天开始训练采食营养全面的羔羊颗粒料，30日龄能够自由采食草料，60日龄完全适应颗粒饲料饲喂和饲草。

（2）供应充足清洁饮水。15日龄以内饮温水，30日龄以后可以正常饮水。

（3）早期断奶。羔羊早期断奶有利于反刍活动和消化器官的发育，降低羔羊育肥的成本，羔羊一般在8周龄以后断奶。

（4）保持羊舍清洁卫生。羔羊抗力较弱，容易生病，清洁卫生的环境可以减少疾病的发生，重要的是保持羔羊舍清洁干燥。

3. 羔羊只去角

去角的目的是为了便于饲养管理。角斗往往造成损伤或导致母羊流产。因此，对有角的羊，特别是公山羊及乳用山羊，应在生后5~10日去角。去角方法有烧烙法和腐蚀法两种。

（1）烧烙法。用14~16号钢筋棒（长30cm左右）一头截平磨秃，然后放入火炉烧热。一手固定羊头，另一手把烧红的铁棍对准角基部旋转，一直烧烙到头的骨面为止，范围应稍大于角基。

（2）腐蚀法。具体方法是先将角基处的毛剪掉，周围涂上凡士林，目的是防止氢氧化钠溶液侵蚀其他部位和流入眼内，取氢氧化钠（烧碱）棒一支，一端用纸包好，以防腐蚀手，另一端沾水后在角的突起部反复研磨，直到微出血为止，但不要摩擦过度，以防出血过多。摩擦后，在角基上撒一层消炎粉，然后将羔羊单独放在隔离栏中与母羊隔开，1 小时后就可把羔羊放回母舍。

4. 羔羊断尾

羔羊的断尾主要针对肉用绵羊，公羊同本地母绵羊的杂交羔羊、半细毛羊羔羊。这些羊均有一条细长尾巴，为避免粪尿污染羊毛，及防止夏季苍蝇在母羊阴部产卵而感染疾病，便于母羊配种，必须断尾。断尾应在羔羊生后 10 日内进行，此时尾巴较细，出血少。断尾有热断法和结扎法两种。

（1）热断法。需要一个特制的断尾铲（厚 0.5cm，宽 7cm，高 10cm）和两块 20cm 见方两面钉上铁皮的木板。一块木板的下方，挖一个半圆形的缺口，断尾时把尾巴压在这半圆形的缺口里。把烧成暗红色的断尾铲稍微用力在尾巴上往下压，即将尾巴断下。切的速度不宜过快，否则止不住血。断下尾巴后若仍出血，可用热铲再烫一烫。

（2）结扎法。原理和结扎去势相同，即羔羊生后 3 天左右用橡皮筋在尾巴第三、第四尾椎之间紧紧之扎住，断绝血液流通，下端的尾巴 10 天左右即可自行脱落。

## 第六节　羔羊早期断奶技术

当羔羊生长到 7 周龄时，瘤胃内麦芽糖酶的活性才逐渐显示出来，8 周龄时胰脂肪酶的活力达到最高水平，此时瘤胃已经充分发育，能采食和消化大量植物性饲料。因此，理论上认为早期断奶在 8 周龄较合理。早期断奶的主要好处：首先，大大缩短了母羊的产羔间隔时间。其次，母羊产羔后，2 ~ 4 周达到泌乳高峰，3 周内泌乳量相当于全期总泌乳量的 75%，此后，泌乳量明显下降。因此，60 日龄后母羊分泌的母乳营养成分已不能满足羔羊快速生长发育的营养需要。如果按传统的自然断奶方法使羔羊瘤胃和消化道发育迟缓，断奶过渡期较长，影响了断奶后的育肥。羔羊早期断奶使羔羊较早的采食了植物性饲料，能够促进羔羊消化器官，特别是瘤胃的发育，促进了羔羊提早采食饲草料的能力，提高了羔羊在后期育肥中的采食量和粗饲料的利用率，同时，可以建立起羔羊瘤胃内消化代谢的动态平衡。只要早期断奶的措施得当，羔羊增重和对于饲料的利用率，要高于母羊采食饲料转化为母乳后再通过羔羊的转化率。早期断奶的技术要点如下。

（1）尽早补饲。羔羊出生后一周开始让羔羊学吃羔羊教槽颗粒饲料，在 15 ~ 20 日龄继续饲喂颗粒饲料。

（2）要逐渐进行断奶。羔羊计划断奶前 10 天，晚上羔羊与母羊在一起，白天将母羊与羔羊分开，让羔羊在设有饲料槽和饮水槽的补饲栏内活动，羔羊活动范围的地面等应干燥、防雨、冬春注意保温、通风良好。

（3）防疫。羔羊肥育常见的传染病有羔羊痢疾、肠毒血病和败血症等，可用三联四防灭活菌苗在产羔前给母羊注射预防，也可在断奶前给羔羊注射。

# 第七节　羊育肥期管理与健康

舍饲养羊有利于降低生产消耗，提高产品质量和养羊的效益；有利于秸秆过腹还田，为农业提供更多的有机肥，增加粮食生产，减少对自然生态资源的过度利用；有利于生态环境的改善。羊转入舍饲后生产成本有所提高，因此，必须切实掌握舍饲肉羊育肥的原则与方法，才能提高养羊的经济效益。

## 一、肉羊舍饲育肥的技术关键

随着羊肉需求的逐年增加，越来越多的养殖户把目光转移到肉羊育肥生产上面来。而小规模的养殖模式虽然比较普遍，但是大规模的养殖将逐步占领肉羊行业的市场，所以，现在有一定基础的养殖户应该将目光转到扩大规模上来。实现小规模到大规模集约化的转型。而在这个过程中，有几个关键技术需要予以重视。

（1）羊群规格化。即选择品种、日龄、体重基本一致的羊群。在羊只引进的时候可能出现引进羊只体重水平有差别的情况。这时候就应该做好分栏，保证每一栏的羊只体重的均匀性。如果体重悬殊的羊只在同一个栏里饲喂，就会造成大羊先吃、多吃，而小羊采食不足的情况，导致小羊生长缓慢，不能创造出应有的价值，造成损失。

（2）饲养标准化。实行规模化养殖时，每一个细节对于整体的效益都会有一定程度的影响，从而对于饲料质量的要求也就越高，传统饲料不能保证营养含量的稳定性，导致效益难以控制。采用育肥饲料是饲养标准化的核心技术。育肥料不但能够保证营养的全面性，而且能够保证饲料质量的稳定性。

（3）卫生防疫制度化。对于规模化养殖场来说，防疫重于泰山。如果没有完善的防疫制度作为保障，一旦有疫病发生，损失的将会是成片的羊群，造成严重的后果。所以，“防重于治”，防疫的成本永远小于治疗的成本。

(4) 管理科学化。科学的管理是每个羊场效益的保证，只有做好羊只的管理工作，对羊只做好档案，认真记录羊场发生的各种状况，才能够总结提高，逐步提升为一个科学合理的规模化养殖场。

## 二、及时淘汰僵羊和病羊

在养羊生产中，经常会遇到这样一些羊，这些羊只只吃饲料不长肉，被称为“僵羊”，占到羊群的6%～10%，这些羊的存在严重影响了养羊的效益，像这样的羊应该尽早淘汰，继续饲养下去只会造成更大的损失。

## 三、羊只编号

羊编号对于识别羊只是一种必不可少的工作，也是便于防疫的主要措施。常用的方法有带耳标法和剪耳法

(1) 剪耳法。利用耳号钳在羊耳朵上打号，每剪一个耳缺，代表一定的数字，把几个数字相加，即得所要的编号。一般应采取左大右小，下1上3，公单母双的编号程序。

(2) 耳标法。耳标有金属耳标和塑料耳标两种，形状有圆形和长条形。耳标用以记载羊的个体号、品种符号及出生年月等。而且有红、黄、蓝3种颜色代表羊的等级。

## 四、捕羊及引导技术

为了避免捉羊时把羊毛拉掉或把腿扭伤，应悄悄地走到羊背后，用两手迅速抓住羊的左右两肷窝的皮，或抓住羊的飞节上部。除了这些部位，抓其他部位对于羊都有伤害。

引导羊前进时，应站立在羊的左侧，用左手托住羊的颈下部，用右手轻轻搔动羊的尾根，羊即前进。人也可以站在羊的右侧导羊前进。

## 五、公羔去势

去势亦称阉割，经去势的羊通常称为羯羊。去势后的公羔，性情温顺，管理方便，节省饲料，肉的膻味小，且较细嫩。公羔出生后 8 ~ 12 小时或者 18 天左右去势为宜，如遇天阴或羔羊体弱可适当推迟。

（1）刀切法。用阉割刀或手术刀切开阴囊，摘除睾丸。

（2）结扎法。此法适用于小羔。公羔出生 8 ~ 12 小时，将睾丸挤进阴囊里，用橡皮筋或细绳紧紧地结扎在阴囊的上部，目的是断绝睾丸的血液供应。经 15 天左右，阴囊及睾丸萎缩后会自动脱落。

## 六、羊只修蹄

舍饲羊蹄子磨损少，蹄子不断地增长造成行走不便、采食困难，严重者引起蹄病或蹄变形。修蹄一般在雨后进行。这时蹄质软易修剪。整形后的羊蹄，蹄底平整，前蹄呈方圆形。变形蹄需多次修剪，逐步校正其蹄形。

## 七、剪毛

给羊剪毛的适宜时间，在北方地区为五六月份，北京以南地区多在 4 月中旬左右给羊剪毛。剪毛次数应根据羊的品种而定。细毛羊一年剪 1 次毛，粗毛羊一年可在春、秋各剪 1 次毛，山羊仅在每年的春天剪 1 次粗毛，奶山羊可不剪毛；剪毛对毛用羊是为了提高效益，也是防止羊发生中暑和伤热的主要措施。

## 第八节　羊正常繁殖与生理参数

（1）性成熟。多为5～7月龄，早者4～5月龄（个别早熟山羊品种3个多月即发情）。

（2）体成熟。母羊1.5岁左右，公羊2岁左右。早熟品种提前。

（3）发情周期。绵羊多为16～17天（大范围14～22天），山羊多为19～21天（大范围18～24天）。

（4）发情持续期。绵羊30～36小时（大范围27～50小时），山羊30～40小时。

（5）排卵时间。发情开始后12～30小时。

（6）卵子排出后保持受精能力时间。15～24小时。

（7）精子到达母羊输卵管时间。5～6小时。

（8）精子在母羊生殖道存活时间。多为24～48小时，最长72小时。

（9）最适宜配种时间。排卵前5小时左右（即发情开始半天内）。

（10）妊娠（怀孕）期。平均150天（范围145～154天）。

（11）哺乳期。一般2～3个月，可依生产需要和羔羊生长发育快慢而定。

（12）多胎性。山羊一般多于绵羊。我国中、南部地区绵羊、山羊多于北方。

（13）发情季节。因气候、营养条件和品种而异，分全年和季节性发情。一般营养条件较好的温暖地区多为全年发情；营养条件较差且不均衡的偏冷地区多为季节性发情。

（14）产羔季节。以产冬羔（12月至翌年1月）最好，次为春羔（2～5月，2～3月为早春羔，4～5月为晚春羔）和秋羔

(8～10月)。

(15) 产后第一次发情时间。绵羊多在产后第25～46天，最早者在第12天左右；山羊多在产后10～14天，而奶山羊较迟(第30～45天)；一般断奶后7～15天发情。

(16) 繁殖利用年限。多为6～8年，以2.5～5岁繁殖利用性能最好。个别优良种公羊可利用到10岁左右。

**羊正常生理参数**

| 羊的正常体温、脉搏、呼吸次数、瘤胃蠕动次数、尿量表、反刍次数 | | | | | | |
|---|---|---|---|---|---|---|
| | 体温(直肠) | 脉搏 | 呼吸 | 瘤胃蠕动 | 尿量 | 反刍次数 |
| | (±3℃) | (次/分钟) | (次/分钟) | (次/分钟) | mL/(kg·天) | 每昼夜 |
| 绵羊 | 38.3～39.9 | 75(60～120) | 12～25 | 1.5～3 | 10～40 | 5～8次(每次50～70分钟) |
| 山羊 | 38.5～39.7 | 90(70～135) | 15～30 | 2～3 | 10～40 | 4～8次(每次40～70分钟) |
| 羊的血沉速度平均 | | | | | | |
| 15分钟0.2mm，30分钟0.4mm，45分钟0.6mm，60分钟0.8mm | | | | | | |

## 第九节 羊病常用诊断技术

我们在对羊病实施诊断和治疗的过程中，需要一些切实可行的诊断方法和治疗措施，它是能否对羊病进行正确诊断和实行有的放矢的治疗的关键，诊断方法是否科学准确，决定对羊病诊断的正确性，只有准确的诊断结果，才能正确决定采取何种防治方案和技术措施。我发现现在很多朋友在治疗羊病时，大部分是对症治疗，有些时候对症治疗是必要的，但对于羊的疾病，有的是对症但不一定对证，况且在羊病方面，很多时候对症治疗如果方法不对或者用药不合理会起到反面作用。如对初生羔羊用退烧药、对成年羊口服普通抗生素（过瘤胃抗生素除外），都会造成严重的后果。现在我们就羊病的诊疗方法和常用操作技术，做一简单的讨论。

## 一、群体检查

临床诊断时，羊的数量较多，不可能逐一进行检查时应先作大群检查，从羊群中先剔出病羊和可疑病羊，然后再对其进行个体检查。

运动、休息和饮食3种状态的检查，是对大群羊进行临床检查的三大环节；眼看、耳听、手摸、测温是对大群羊进行临床检查的主要方法。运用看、听、摸、测的方法通过“动、静、饮食”三态的检查，可以把大部分病羊从羊群中检查出来。运动时的检查，是在羊群的自然活动和人为驱赶活动时的检查，从不正常的动态中找出病羊。休息时的检查，是在保持羊群安静的情况下，进行看和听，以检出姿态、反刍和声音异常的羊。采食饮水时的检查，是在羊自然采食，饮水时进行的检查，以检出采食饮水有异常表现的羊。“三态”的检查可根据实际情况灵活运用。

1. 运动时的检查

首先，观察羊的精神外貌和姿势步态。健康羊精神活泼，步态平稳，不离群，不掉队。而病羊多精神不振，沉郁或兴奋不安，步态踉跄，跛行，前肢软弱跪地或后肢拘谨、拖行或者麻痹，有时突然倒地发生痉挛等。应将其挑出作个体检查。其次，注意观察羊的天然孔及分泌物。健康羊鼻镜湿润，鼻孔、眼及嘴角干净；病羊则表现鼻镜干燥，鼻孔流出分泌物，有时鼻孔周围污染脏土杂物，眼角附着眼泪或者脓性分泌物，嘴角流出唾液，发现这样的羊，应将其剔出复检。

2. 休息时的检查

首先，有顺序地并尽可能地逐只观察羊的站立和躺卧姿态，健康羊吃饱后多合群卧地休息，时而进行反刍，当有人接近时常起身离去。病羊常独自呆立一侧，肌肉震颤及痉挛，或离群单卧，长时间不见其反刍，有人接近也不动。其次，与运动时的检查一样要注意羊的天然孔，分泌物及呼吸状态等。再次，注意被毛状态，如发现被毛有脱落之处，无毛部位有痘疹或痂皮时以及听到磨牙、哼哼、咳嗽或喷嚏声时，均应剔出来检查。

3. 采食饮水时的检查

在放牧，喂饲或饮水时，对羊的食欲及采食饮水状态进行的观察。健康羊在放牧时多走在前头，边走边吃草，饲喂时也多抢着吃；饮水时，多迅速奔向饮水处，争先喝水。病羊吃草时，多落在后边，时吃时停，或离群停立不吃草；饮水时或不喝或暴饮，如发现这样的羊应予剔出复检。

## 二、个体检查

临床诊断法是诊断羊病最常用的方法。通过问诊、视诊、嗅诊、切诊（触、叩诊），综合起来加以分析，可以对疾病做出初步诊断。

1. 问诊

通过询问畜主或者饲养员，了解羊发病的有关情况，包括：发病时间，头数，病前病后的表现，病史，治疗情况，免疫情况，饲养管理及羊的年龄等情况进行分析。

2. 视诊（望诊）

通过观察病羊的表现。包括羊的肥瘦、姿势、步态及羊的被毛、皮肤、黏膜、粪尿等。

（1）肥瘦。一般急性病，如急性臌胀、急性炭疽等病羊身体仍然肥壮；相反，一般慢性病如寄生虫病等，病羊身体多瘦弱。

（2）姿势。观察病羊一举一动，找出病的部位。

（3）步态。健康羊步伐活泼而稳定。如果羊患病时，常表现行动不稳，或不喜行走。当羊的四肢肌肉、关节或蹄部发生疾病时，则表现为跛行。跛行的判断是：敢踏不敢抬疾病在胸怀，敢抬不敢踏疾病在腕（附）下。

（4）被毛和皮肤。健康羊的被毛平整而不易脱落，富有光泽。在病理状态下，被毛粗乱蓬松，失去光泽，而且容易脱落。患螨病的羊，被毛脱落，同时，皮肤变厚变硬，出现蹭痒和擦伤。还要注意有无外伤等。

（5）黏膜。健康羊可视黏膜光滑粉红色。若口腔黏膜发红，多半是由于体温升高，身体有炎症。黏膜发红并带有红点，血丝或呈紫色，是由于严重的中毒或传染病引起的。苍白色，多为患贫血病；黄色，多为患黄疸病；蓝色，多为肺脏、心脏患病。

（6）采食饮水。羊的采食、饮水减少或停止，首先要查看口腔有无异物、口腔溃疡、舌有无烂伤等。反刍减少或停止，往往是羊的前胃疾病、热性病或者比较严重的疾病。

（7）粪尿。主要检查其形状、硬度、色泽及附着物等。粪便过干，多为缺水和肠弛缓；过稀，多为肠机能亢进；混有黏液过多，表示肠黏卡他性炎症；含有完整谷粒，表示消化不良；混有纤维素膜时，示为纤维素性肠炎；还要认真检查是否含有寄生虫及其节片。排尿痛苦、失禁表示泌尿系统有炎症、结石等。

（8）呼吸。呼吸次数增多，常见于急性、热性病、呼吸系统疾病、心衰；贫血及腹压升高等；呼吸减少，主要见于某些中毒、代谢障碍昏迷。

3. 嗅诊

嗅闻分泌物，排泄物，呼出气体及口腔气味。肺坏疽时，鼻液带有腐败性恶臭；胃肠炎时，粪便腥臭或恶臭；消化不良时，呼气酸臭味等。

4. 触诊

用手感触被检查的部位，并加压力，以便确定被检查的各器官组织是否正常。

（1）体温。用手摸羊耳朵或插进羊嘴里握住舌头，检查是否发烧，再用体温计测量，高温，常见于传染病。

（2）脉搏。注意每分钟跳动次数和强弱等。

（3）体表淋巴结。当羊发生结核病，伪结核病、焦虫病、羊链球菌病菌时，体表淋巴结往往肿大，其形状、硬度、温度、敏感性及活动性等都会发生变化。

5. 听诊

利用听觉来判断羊体内正常的和有病的声音（须在清静的地方进行）。

（1）心脏。心音增强，见于热性病的初期；心音减弱，见于心脏机能障碍的后期或患有渗出性胸膜炎、心包炎；第二心音增强时，见于肺气肿、肺水肿、肾炎等病理过程中。听到其他杂音，多为瓣膜疾病、创伤性心包炎、胸膜炎等。

（2）肺脏。

①肺泡呼吸音：过强，多为支气管炎、黏膜肿胀等；过弱，多为肺泡肿胀，肺泡气肿、渗出性胸膜炎等。

②支气管呼吸音：在肺部听到，多为肺炎的肝变期，见于羊的传染性胸膜肺炎等病。

③啰音：分干啰音和湿啰音。干啰音甚为复杂，有咝咝声、笛声、口哨声及猫鸣声等，多见于慢性支气管炎、慢性肺气肿、肺结核等。湿啰音似含漱音、沸腾音或水泡破裂音，多发生于肺水肿、肺充血、肺出血、慢性肺炎等。

④捻发音：多发生于慢性肺炎、肺水肿等。

⑤摩擦音：多发生在肺与胸膜之间，多见于纤维素性胸膜

炎，胸膜结核等。

（3）腹部听诊。主要听取腹部胃肠运动的声音。前胃弛缓或发热性疾病时，瘤胃蠕动音减弱或消失。肠炎初期，肠音亢进；便秘时，肠音消失。

6. 叩诊

叩诊的音响有：清音、浊音、半浊音、鼓音。清音，为叩诊健康羊胸廓所发出的持续，高而清的声音。浊音，当羊胸腔积聚大量渗出液时，叩打胸壁出现水平浊音界。半浊音，羊患支气管肺炎时，肺泡含气量减少，叩诊呈半浊音。鼓音，若瘤胃臌气，则膨响音增强。

## 第十节　怎样给羊量体温及相对应的病症

一般来说，耳根和口腔的温度可初步判断体温的情况，但确诊需要给羊量体温，体温是羊疾病诊断的主要手段、现介绍如下。

羊的体温在直肠内测定。测定前必须将体温计的水银柱甩至35℃以下，用消毒棉擦拭并涂以润滑剂，然后把体温计缓慢插入肛门内，保持3～5分钟后取出，擦净体温计上的粪便并查看读数。（羊正常体温为：38～39.5℃，羔羊高出约0.5℃）剧烈运动或经曝晒的病羊，须休息半小时后再测温。

（1）发热。体温高于正常范围，并伴有各种症状的称为发热。

（2）微热。体温升高0.5～1℃称为微热。

（3）中热。体温升高1～2℃称为中热。

（4）高热。体温升高2～3℃称为高热。

（5）过高热。体温升高3℃以上称为过高热。

（6）稽留热。体温高热持续3天以上，上下午温差1℃以内，称为稽留热。见于纤维素性肺炎。

（7）弛张热。体温日差在1℃以上而不降至常温的，称弛张热。见于支气管肺炎、败血症等。

（8）间歇热。体温有热期与无热期交替出现，称为间歇热。见于血孢子虫病、锥虫病。

（9）无规律发热。发热的时间不定，变动也无规律，而且体温的温差有时相差不大，有时出现巨大波动，见于渗出性肺炎等。

（10）体温过低。体温在常温以下，见于产后瘫痪、休克、虚脱、极度衰弱和濒死期等。

总之，羊的体温是衡量羊健康的标准，希望上面的内容能给广大养羊者带来帮助。

## 第十一节　羊常用给药操作方法

羊只常规预防和发病后需要及时用药预防和治疗，常用的方法是拌料、饮水、口服法、注射法、胸腔注射、腹腔注射等方法。

### 一、注射给药法

注射是常用的一种治疗方法，包括皮下注射、肌内注射、静脉注射、胸腔注射、腹腔注射等。注射的关键问题：一是消毒；二是操作准确。消毒是指注射器、针头和注射部位的消毒；操作主要是指注射部位的选择、排除注射器内的空气、准确熟练地掌握操作要领。

抓羊方法：抓羊应抓羊腰背处皮毛或者左右两侧肷窝。注意不可直接抓腿，以防扭伤羊腿；不可将羊按倒在地使其翻身，因羊肠细而长，这样易造成肠套叠、肠扭转而引起死亡。羊抓住后，人骑在羊背上，用腿夹住羊前肢固定，便可喂药打针了。

1. 皮下注射

选择皮肤疏松的部位，如颈部两侧、后肢股内侧等。用左手提起注射部位的皮肤成三角形皱襞，右手拿注射器将针头刺入皮下，如针头能左右自由活动，回抽针芯不回血即可注入药物。注射前后，注射部位要剪毛，用酒精或碘伏棉球消毒。

2. 肌内注射

选择肌肉丰满的部位，如两侧臀部或肩前颈部两侧，在羊的颈部上 3/4 与下 1/4 交界肌肉丰满处（肩胛前缘部分）。将注射部位剪毛、消毒，注射时，用左手拇指、食指呈“八”字形压住肌肉，先将药液吸入注射器，排完空气，然后将针头垂直刺入肌肉，抽动针管不见回血，再推药液。注射完毕，拔出针头，针孔再次消毒压迫止血。

3. 静脉注射

静脉注射部位为羊耳部、后肢或颈部上 2/3 与下 1/3 交界处，剪除注射部位羊毛，碘酒消毒，压迫血管的近心端，用手拍打静脉，静脉会鼓起，将针头刺入，顺血管平推，如有血液回流入管，然后再插入适当的长度，回抽排除空气，则可慢慢推入药液，注射完后消毒针孔。治疗血液原虫、补液采用静脉注射较多，其药物多有一定毒性及刺激性。据笔者观察了解，在临床上常因注射处理不当引起局部坏死，甚至中毒死亡，以至有些基层兽医人员不敢接诊需要输液和治疗血液原虫病的病例。这里介绍笔者多年实践总结出的一些经验：注射液的处理，按要求稀释好注射液后，不要与静脉注射器的前端注射针头管连接，每只羊先用 20mL 注射器吸取 20mL 左右生理盐水或者糖盐水与针头管连接，排空针头管的气体，然后再进行扎针的操作，确定注射正确后再固定针头，针头可以用夹子或者胶布固定，一定要固定牢，然后再与需要注射的输液管连接，根据药物合理确定注射速度。

4. 腹腔注射（多用于羔羊）

羔羊如果发生脱水，一般需要及时补液，但羔羊静脉较细或者由于脱水、失血较多血管不容易扎上为了及时救治羔羊和严重病羊需要采取腹腔注射的方法补液，具体方法是，让助手抓着羔羊两后腿把羊倒提起来，羔羊背部向助手，腹部向外，注射人员在羔羊右侧的乳头前方 2～3cm、距腹中线（两乳头中间向下划直线）2～3cm 的地方进针，扎入 1～2cm，回吸注射器如果没有血液或者肠内容物就可以注射药物。药液要加温到 38～40℃，一般是糖盐水或者 10% 葡萄糖溶液，里面加庆大霉素、头孢菌素、氨苄西林钠的任何一种配合维生素 C 或者地塞米松，注射量根据脱水的程度和羊体重的大小确定。

5. 气管注射

主要针对呼吸道疾病，例如，气管炎、支气管炎或者各种肺炎，一般选择部位在羊颈部气管的中间部位，两气管环之间，羊放平保定，用手指夹住气管，针头垂直刺入，根据大小定刺入的多少，刺入气管抽动注射器手柄可见空气进入，这说明部位正确，一般选择 6 号或者 7 号头皮针进行操作，切记，注射速度不可过快，防止呛死，以每分钟 1mL 为宜。如果有目的的单侧注射，让羊病侧横卧，如果两侧都需要，让羊两侧先后横卧。

6. 封闭注射

一般是针对关节炎，肢体疼痛采用的注射方法，一般选择针头为 8 号为好，切记要做好保定，皮肤消毒，因为，封闭是关节注射，所以，要摸清楚关节所在位置。

7. 胸腔注射

具体做法为：病羊左侧卧保定在肩关节水平线上，距肘关节 5cm 处剪毛、消毒，垂直进针 3～5cm 穿透皮肤、肋间隙到达胸腔，但不能刺伤肺脏。在操作时穿透皮肤后感觉到进针的阻力突然间小，这是针尖到达了胸腔，当针尖刺入肺脏时可以感觉到针尖随着肺脏有节奏地来回运动，这时应当将针头稍稍抽回一些。在操作中应注意注射针头和注射部位的消毒，以防止感染。胸腔注射还可以采用恩诺沙星、强力霉素、林可霉素等药物。胸腔注射每天注射一次，连续治疗 5 ~ 7 天，为一个疗程。胸腔注射 5% 恩诺沙星 10mL 或者氨苄西林钠（胸腔注射对肺部炎症效果较好）。

8. 瓣胃注射疗法

对顽固性瓣胃阻塞疗效显著。具体方法是：准备 25% 硫酸镁溶液 30 ~ 40mL，石蜡油 100mL，普鲁卡因 10mL，在右侧第 8 ~ 9 肋间隙和肩胛关节线交界下方 2cm 处，选用 12 号 7cm 长针头，向对侧肩关节方向刺入 4cm 深，刺入后可先注入 20 ~ 30mL 生理盐水，试其有较大压力时，同时，回吸看看是不是有草末，如有表明针已刺入瓣胃，再将上述准备好的药液用注射器交替注入瓣胃，于第二日再重复注射 1 次。

瓣胃注射后，可用 10% 氯化钙 10mL、10% 氯化钠 50 ~ 100mL、5% 葡萄糖生理盐水 150 ~ 300mL，混合，1 次静脉注射。待瓣胃松软后，皮下注射 0.1% 氨甲酰胆碱 0.2 ~ 0.3mL，兴奋胃肠运动机能，促进积聚物下排。

9. 乳房注射

将羊横卧保定，乳头消毒，先挤净发病乳房的坏奶，用生理盐水注入，然后再挤出来，再次仔细消毒乳头和乳孔口，用乳房注射针头缓慢插入乳房内，尽量达到发病部位，注入准备好的林可霉素或者氨苄西林钠与鱼腥草的混合液 10 ~ 15mL，根据病情确定注射次数和时间。

## 二、羊口服给药的方法

羊在防病治病中用药多采用直接喂服的方式给药，一般不宜采用饮水、抖料给药方式。因为，饮水、拌料羊不容易掌握剂量，所以，养羊者掌握正确的喂药方式是十分必要的。断奶以后的羊除了过瘤胃抗生素以外一般不能口服抗生素，不然会造成很大的损失。

1. 喂药方法

对于适口性好的药物，根据羊的体重计算好用量，然后选择羊喜欢吃的草、料按羊正常采食量的1/5拌好一次性饲喂，注意药看着让羊吃完，尽量不能有残留，不然会造成浪费和羊的服药量不够，影响治疗效果。

2. 灌药方法

（1）液体药物。将药物装入塑料瓶或长颈羊用灌药注射器内，抬高羊头呈45°，一手拿灌药瓶从羊的一侧口角插入，稍向一侧颊部推入，然后将药液倒入。药量大时倒入部分药物后稍停，让羊吞咽下再倒出。上面的方法容易漏撒药物，造成浪费，大羊最好用羊用灌药器，小羊用注射器型灌药器。

（2）片剂药。用手抬高羊头呈水平状，另一人用手从一侧口角插入让羊张嘴，将药片投入口中，然后高抬羊头呈45°让其吞咽。或者压碎用灌药器灌服。

## 三、羊子宫冲洗方法

子宫内膜炎炎是一种常见的母羊子宫黏膜的炎症，主要是由分娩、助产、子宫脱出、阴道脱出、胎衣不下、子宫内膜炎、胎儿死于腹中或配种、人工授精及接产过程消毒不严等因素所致。该病对母羊繁殖性能影响很大，所以，养殖户平时应做好该病的预防，对病羊应采取正确的治疗方法。羊子宫炎的防治措施有：

1. 净化冲洗子宫

冲洗方法：先促进病羊子宫颈口开张，肌内注射雌二醇2～4mg或者氯前列烯醇0.2mg，使病羊子宫颈口松弛，便于冲洗子宫，有利于子宫内污物及时排出。冲洗的时候将羊站立保定。

0.1%高锰酸钾溶液或者0.1%～0.2%雷夫诺尔溶液清洗阴门和阴道前庭，用碘伏消毒后15分钟再进行冲洗，术者左手撑开羊生殖器或者用消毒的开阴器，暴露子宫颈口，右手持橡皮管（一端圆头）或子宫洗涤器，将其慢慢插入子宫内。由助手将下述冲洗液用漏斗灌进子宫，待液体充分与子宫壁接触后，取下漏斗，令橡皮管下垂，使子宫内液体尽管排出。每日冲洗1次，连用3～4天，至排出液体透明为止。常用的冲洗液有0.1%复方碘溶液、0.1%高锰酸钾溶液、0.1%～0.2%雷夫诺尔溶液等。药液温度40～42℃（急性炎症期可用20℃的冷液）。

2. 子宫内给予抗菌药

由于子宫内膜炎的病原菌非常复杂，且多为混合感染，宜选用抗菌范围广的药物，如四环素、氯霉素。庆大霉素、卡那霉素、金霉素、氨苄西林钠、头孢菌素类、环丙沙星、恩诺沙星等。可将抗菌药物0.5～1g用少量生理盐水溶解，做成溶液或混悬液，用子宫冲洗器注入子宫，每日2次。也可每日向子宫内注入30%林可霉素注射液或者5%甲硝唑混悬液10～20mL。

## 第十二节　引进羊的管理与健康

引进羊只时要做好运输等工作及引进后的管理。车辆运输对羊只的影响较大，如果运输时管理不当，会导致羊只引进后很长一段时间不生长或者掉膘甚至发病死亡的情况。为了减小应激，应该做好羊只的运输管理。

1. 合理安排运羊时间

为了使引入羊只不受生活环境上突然变化的影响，在调运时间上应该考虑两地的季节差异。如果从温暖地方向寒冷地方引进羊只，应该选择在夏季为宜；反之应该在冬季。在启运时间上，夏季应该在晚上，冬季应该在白天。一般春秋两季是运羊比较好的季节。

2. 途中草料及水的准备

一般短距离运输（不超过6小时），途中可以不喂草料和饮水。长距离运输时一定要备好饲草。饲草的量依据运输的距离、天数而定。饲草要用木栏与羊隔开，以防羊只踩踏而污染。

3. 押运人员和药品的准备

一般1或2人就可以了，押运人员必须是责任心较强、对羊饲养管理较为熟悉且有较好体力的人。另外，应适当备些常用药，特别是急救药、外伤药物。如肾上腺素、樟脑磺酸钠注射液、葡萄糖、消气灵、止血敏、碘伏、药棉等。

4. 车辆的准备

首先洗好车辆，事先做好对车的消毒工作，汽车要加高大厢板，车厢底应该铺上沙子，再铺上干草或玉米秸秆等，以便在运输中起吸湿防滑作用。运输中应该防止日晒雨淋。

5. 装车

装车前，羊应该空腹或半饱。装车时应该让车位比较低，最好能让羊只自动上车，上车速度不应过快，防止挤伤、跌伤，装羊的密度应以羊只能活动开为宜，过空会导致羊只站立不稳，过密时若羊只被挤倒则很难站立，容易引起踩踏或致死。夏季还应该注意防暑，冬季注意保温工作。

6. 途中运输

应做到快、勤、稳。尽量缩短运输时间，勤换岗，尽量做到不让车停下，人休息车不休息，尤其是夏季利用车辆的行驶通风，防止中暑，押运人员要眼勤、手勤。要及时观察羊只状况，有挤倒的应及时扶起，车厢太湿要及时换垫草。稳要做到平稳，路面不好时应放慢车速。

7. 卸车

羊下车时防止羊只踩空摔伤，让羊自由下车。羊刚下车时不宜立即喂草料和放牧。休息后的第一次喂料也不宜过饱。对病羊伤羊应该及时治疗。

8. 新进羊的隔离管理

羊到达目的地后要在隔离圈舍饲养 21 天，注意观察采食量和其他行为，并逐渐过渡到正常饲养管理程序。同时，做好消毒、补免和驱虫工作，待新进羊全部健康无疫再进入羊场。

9. 注水羔羊的保育

在羊只引进过程中，有时会遇到不法羊贩对羊只灌水增加羔羊体重，从而获取暴利的现象。这种羊只在引进后比较难以管理，一般体重都会有很大程度的下降，免疫力低下，严重者甚至死亡。给养殖户带来了非常大的损失。此时，我们应该加强防骗意识，引进羊只时一定要选择比较可靠的羔羊来源。另外，我们应该加强管理，尽量减少损失，在此，我们推荐用以下方式。

（1）采用饲料中含有丰富的蛋白质、矿物质、微量元素和维生素优质饲料等，添加地衣芽孢杆菌、枯草芽孢杆菌、酵母菌以及酵母细胞壁多糖，同时，饮水中加入黄芪多糖和小苏打可以抗应激，迅速提高免疫力，大大提高羔羊的成活率。

（2）对于严重者灌服微生态制剂制剂，维生素 C 拌料。微生态菌能够与羊只体内的免疫程序很好的结合，维生素 C 则可以加强体内免疫细胞的杀毒作用，两者结合可以提高羊只身体抵抗力，从而提高羊只的存活率。

（3）精心护理。羊只刚刚引进来的时候是减少损失的重要时期，此时，应该把新进羊只与其他羊只分开饲养，时刻观察羊只状态，出现问题及时诊治。

# 第二章　羊传染病的防治

羊场防疫工作与养羊业的发展、自然生态环境保护、人类身体健康关系十分密切。目前，各种疫病对养羊业的危害最为严重，它不仅可能造成大批的羊死亡和经济损失，而且某些人畜共患性传染病还可能给人类的健康带来潜在威胁。由于现代规模化、集约化养羊业的饲养高度集中、调运移动非常频繁，所以，更易受到传染病的侵袭。所谓防疫就是科学有效的预防羊病的发生，它包括科学有效的消毒措施、科学合理的免疫注射和及时有效的药物预防，并不是我们平常说的打了疫苗就是防疫了。本章列出了一些羊场常见易发疫病的防疫措施，以期在生产中起到一定的指导作用。

## 第一节　羊传染病的综合防控措施

### 一、消毒

定期消毒的目的是消灭羊舍及环境内空气中和附着于墙壁、地面的病原微生物，切断传播途径，保护人畜健康。因此，应定期对环境、羊舍、地面土壤、粪便、污水等进行消毒。

一是环境消毒。羊舍周围环境用2%火碱或撒生石灰消毒半月消毒1次。羊场周围及场内污染池、排粪坑、下水道出口，每半月用漂白粉消毒1次。周边有疫情时应每天或者3～5天消毒1次。

羊舍消毒：一般情况下，羊舍消毒每周1次，每年再进行2次大消毒。羊舍消毒可用1∶(1 800～3 000) 的百毒杀。对病羊舍和隔离舍，在其出口处应放置有消毒液的麻袋片或草垫；消毒液可用2%～4%氢氧化钠、1%菌毒敌（对病毒性疾病），或用10%克辽林溶液（对其他疾病）；有疫病发生的时候坚持每天消毒2～3次。

二是地面土壤消毒。土壤表面可用10%漂白粉溶液、4%福尔马林或10%氢氧化钠溶液。停放过芽孢杆菌所致传染病（如炭疽、快疫、肠毒血症、羔羊痢疾、黑疫）病羊尸体的场所，应严格加以消毒，首先用上述漂白粉喷洒地面，然后将表层土壤掘起30cm左右，撒上干石灰，并与土混合，将此表土妥善运出掩埋。

三是粪便消毒。羊场的粪便多采用生物热消毒法，即在羊场100～200m外的地方设一堆粪场，将羊粪堆积起来，上面覆盖10cm厚的沙土，堆放发酵1～3个月，即可用作肥料。

污水消毒　将污水引入处理池，加入化学药品（如漂白粉或其他氯制剂）进行消毒，用量视污水量而定，一般1L污水用2～5g漂白粉。

### （一）规模羊场的一般消毒程序

消毒工作是养羊场生物安全体系的中心内容和保障。同时，也是疫苗免疫和药物防治缺陷的补充，只有环境控制、免疫、药物防治和消毒四者共同作用，才能保持环境清洁卫生，保证羊只健康成长，减少疾病危害，促进生产性能的发挥。

#### 1. 进入场区的消毒

（1）人员消毒。主要指出入生产区人员的体表消毒。进入生产区的人员必须走专用消毒通道。通道出入口应设置紫外线灯或汽化喷雾消毒装置。人员进入通道前先开启消毒装置，人员进入后，应在通道内稍停（一般不低于3分钟），能有效地阻断外来人员携带的各种病原微生物。汽化喷雾可用碘酸 1∶500 稀释或绿力消 1∶800 稀释。

鞋底消毒。人员通道内地面应做成浅池。池中垫入有弹性的室外型塑料地毯，并加入消毒威 1∶500 稀释或烧碱 1% 消毒液消毒。每天适量补充水，每周更换 1 次。

（2）大门消毒池。消毒池的长度为进出车辆车轮的 2 个周长以上。添加 2% 的烧碱液或其他消毒液，坚持补充水调节浓度，7 天更换 1 次。

（3）车辆。所有进出羊场的车辆必须严格消毒。经消毒池和用 2% 烧碱喷雾消毒。

2. 产区消毒

员工和访客必须经消毒通道更衣、消毒、沐浴或更换一次性工作服，通过脚踏消毒池，才能进入生产区。

（1）生产区环境消毒。

①生产区入口：消毒池可用消毒威 1∶800 稀释或来苏尔 2% 稀释。每天适量添加，每周更换 1 次，1～2 个月互换 1 次。

②生产区道路、空地、运动场等消毒：应做好场区环境卫生工作，坚持经常清扫，保持干净，无杂物和污物堆放。对道路必要时采用高压水枪清洗。对空地运动场要定期喷雾消毒。可用 2% 的烧碱或来苏尔 1∶300 稀释、百毒净 1∶800 稀释，对场区环境进行消毒。

③排污沟消毒：定期将排污沟中污物、杂物等清除干净，并用高压水枪冲洗。每周至少用百毒净 1∶800 稀释液，消毒 1 次，对蝇蛆繁殖可起到抑制作用。

（2）羊舍及各功能区消毒。

①产房消毒：主要指产前处理。在产羔前应对产房严格消毒。可用来苏尔 1∶300 稀释或用紫外线消毒设备消毒。应将羊全身擦洗干净，使羊体表保持洁净，对外阴部用消毒液消毒。

产后保护性处理。产后必须保持清洁卫生，消毒可用来苏尔稀释液清洗并擦干体表。消毒灭菌后，用消毒过的器械将抗生素药物推入子宫内，预防感染，促进母羊体质恢复。

羔羊断脐及保温处理。羔羊出生断脐后，迅速用毛巾将其擦拭干净，或及时让母羊将羔羊添干。尤其是脐带部位的及时处理，用碘酊消毒，这样可使新生羔羊迅速干燥，保持体温，减少体能损失，保证新生羔羊更快、更多地吃上初乳。

②保育室消毒：在进新生羔羊前1天，对保育室墙壁、地面、保温垫草（或垫板）充分喷雾消毒。同时，让羔羊保育室跟产房气味、温度相一致，降低羔羊对环境变更的应激反应。

③后备及怀孕母羊和公羊室的消毒：无论是后备、怀孕母羊以及公羊的生活环境都必须保持干燥、卫生，并严格消毒。

④产奶母羊室和挤奶室的消毒：保持良好的产奶母羊生存环境，可降低鲜羊奶的膻味，提高鲜奶卫生，有效预防乳房炎的发生。因此，产奶羊的圈舍每天要清扫两次，保持干燥、卫生，并定期严格消毒。挤奶室（挤奶厅），是产奶羊产奶的活动场所，应经常保持清洁、干燥、卫生。在每次挤奶完成后，进行清扫和喷洒消毒。

3. 病羊隔离室消毒

每个生产小区应有单独的病羊隔离室。一旦发现某一只或几只羊出现异常，应该隔离观察治疗，以免传染给其他健康羊只。对隔离室应在病羊恢复后及时进行严格消毒，可用2%烧碱稀释液喷雾消毒。

4. 饮水及用具消毒

（1）饮用水消毒。羊饮用水应清洁无毒、无病原菌，符合人的饮水标准，生产用水要用干净的自来水或深井水。对饮用水可坚持用漂白粉消毒，对水槽或其他饮水器具，要经常清洁定期消毒。

（2）药物、饲料等物料外表面消毒。对与不能喷雾消毒的药物、饲料等料表面，可采用全安 1∶800 密闭熏蒸消毒。

（3）饲喂工具、运输工具及其他器具的消毒。对频繁出入羊舍的各种器具，如车、锨、耙、杈、扫帚、笤帚、奶桶等必须定期用来苏尔 1∶300 稀释喷雾或浸泡严格消毒。

5. 诊疗器械及手术消毒

医疗器械消毒。手术使用过的各种医疗器械，可先用碘酸 1∶150 稀释液浸泡洗后，再放入来苏尔 1∶500 稀释液中浸泡半天以上，取出用洁净水冲洗、晾干备用。手术前要对金属器械进行高压灭菌处理。对常用器械做到每天常规消毒。

6. 手术（伤口）消毒

手术前，手术创面可用碘酸 1∶200 直接涂抹两次以上进行消毒。

7. 病死羊、活疫苗空瓶等处理

活疫苗空瓶应集中放入有盖塑料桶中灭菌处理，以防止病毒扩散，再集中深埋。

病死羊因带有许多病原菌，死因不明羊只更不能使解剖，避免传染病病原菌的扩散，要进行深埋处理。

（二）消毒操作规程

无论环境和用具器械的消毒，一般要经先打扫、再清洁、最后再消毒才能达到消毒的目的。

（1）打扫。因羊粪和垃圾的污染程度高，又是感染的主要病原来源，所以必须彻底清除。

（2）清洁。任何打扫过程都不能除尽所有具有感染性的污物，因而在打扫后要使用具有去污和杀菌作用的消毒剂，对墙壁、地面、水槽等进行清洗去污。同时，要注意清洗死角和污物积聚的地方。

（3）消毒。清洗后，病原微生物特别是病毒类的污染程度可能仍然很高，足以对敏感样构成严重威胁，所以必须进行彻底消毒。

（4）饮水系统设备的清洁与消毒。供水系统一般都存在微生物污染，特别是水池是尘埃和脏物容易堆积的地方，应坚持对水池每天在用前清洁，并对其定期消毒。

（5）羊场和羊舍周围及内部空间环境。对现代集约化养羊场来说非常重要，特别是对羊呼吸道疾病的发生影响较大。因此，对羊舍内部空间要经常开窗换气保证良好的通风，改善舍内空气，必要时进行密闭熏蒸消毒。

（三）消毒过程中要注意的事项

（1）准确配制消毒药液。

（2）准确估计药物作用时间的长短。一般情况下，消毒药的效力与作用时间成反比。

（3）消毒时的温度。一般消毒药液的温度增高，杀菌力增强。

（4）针对性消毒时要考虑药品对病原菌的敏感性。大多数消毒药对细菌有作用，但对细菌的芽孢和病毒作用很弱。

（5）进行预防性消毒时，要考虑病原对消毒药的耐药性。交替使用消毒药品可以减少病原微生物耐药性的产生。

## 二、疫苗的免疫接种

充分做好各种传染性疾病的预防措施和治疗工作。本着预防为主的方针，预防的成本小于治疗的成本，不健康的羊只是不可能带来经济效益的。

1. 羊场卫生防疫制度

（1）严格遵守门卫制度，禁止外来人员进入。

（2）场容要整洁。

（3）搞好羊舍内外环境卫生、消灭杂草、填干水坑，以防蚊、蝇滋生；每月喷洒消毒药液1次或在羊场外围设诱杀点，消灭蚊蝇。

（4）场内要有符合卫生要求的水源。

（5）粪便要及时清除。

（6）羊舍、羊体要经常保持清洁。

（7）按畜牧部门的免疫计划进行预防注射。

（8）发生传染病时，要立即隔离病羊，迅速向畜牧部门报告。加强对病羊的治疗。并对健康羊和传染病可能涉及的羊群进行预防接种。

（9）传染病羊要设专人管理，固定用具，并要特别注意卫生消毒，工作期间必须穿工作服，工作人员要进行清洗、消毒。

（10）被传染病污染的羊舍、运动场、用具、饲槽、工作服必须进行彻底消毒。焚烧垫草。粪便经发酵处理后方可使用。

（11）因传染病死亡或急宰的病羊，必须经兽医人员检查，并在兽医人员指导下做无害化处理。

2. 按季节进行的免疫注射措施

（1）羊痘鸡胚化弱毒疫苗。预防山羊痘。每年3～4月进行接种，免疫期1年，接种时不论羊只大小，一律皮下注射0.5mL/只。

（2）羊链球菌氢氧铝菌苗。预防绵羊链球菌病。每年的3～4月、9～10月两次防疫，免役期半年，接种部位为背部皮下。接种量为6月龄以下每只3mL，6月龄以上每只5mL。

（3）羊四联苗（快疫、猝疽，肠毒血症，羔羊痢疾）或羊五联苗（快疫、猝疽、肠毒血症、羔羊痢疾、黑疫）。每年2月底到3月初和9月下旬2次防疫，不论大小一律皮下或肌内注射5mL。注射后14天产生免疫力，免疫期半年。

（4）口疮弱毒细胞冻干苗。预防山羊口疮，每年3月和9月两次注射，大、小羊一律口腔黏膜内注射0.2mL。有资料证明注射山羊痘的羊只对口疮也可产生免疫力。

（5）炭疽毒苗。预防炭疽病。每年9月中旬注射1次，不论大小皮下注射1mL，14天后产生免疫力。

（6）羊口蹄疫苗。预防羊口蹄疫，每年的3月和9月注射，4月龄到2年的皮下注射1mL，2年以上的注射2mL。

（7）每年春季免疫。小反刍兽疫弱毒，21天产生免疫力，免疫保护期3年。对1月龄以上羔羊及时补免补防。

（8）羊传染性胸膜肺炎氢氧化铝菌苗。皮下或肌内注射，6月龄以下3mL/只，6月龄以上5mL/只。免疫期1年。

3. 按羊群生理状况采取的免疫注射措施

（1）羔羊痢疾氢氧化铝菌苗。专给怀孕母羊注射可使羔羊通过吃初奶获得被动免疫。在怀孕母羊分娩前30~40天和15~20天时，2次注射，注射部位分别在两后腿内侧皮下，疫苗用量分别为2mL和3mL，注射后10天产生免疫力，免疫期母羊5个月。

（2）羊传染性胸膜肺炎氢氧化铝菌苗。皮下或肌内注射，6月龄以下3mL/只，6月龄以上5mL/只。免疫期1年。

（3）羊流产衣原体油佐剂卵黄灭活苗。预防山羊衣原体性流产。免疫时间在羊怀孕前或怀孕后1个月内皮下注射3mL/只。免疫期1年。

（4）破伤风类毒素。预防破伤风。免疫时间在怀孕母羊产前1个月或羔羊育肥阉割前1个月或受伤时注射，一般在颈部中央1/3处皮下注射0.5mL，1个月后产生免疫力，免疫期1年。

（5）小反刍兽疫弱毒。肌肉或者皮下注射，1头份、21天产生免疫力，免疫保护期3年。对1月龄以上羔羊及时补免补防。

（6）羔羊大肠杆菌病苗。预防羔羊大肠杆菌病，皮下注射，3月龄以下羔羊1mL，3月龄以上2mL，注射后14天产生免疫力，免疫期 6 个月。

说明：在实际生产中可根据当地的防疫情况有选择性的进行防疫，对当地常发的疫病和自己的养殖场里常曾经发生过的疫病应重点预防，从未发生过的疫病可有选择性的进行防疫。有些疫病的防疫药物有多种，可根据自己所处的疫区、生产的需要以及经济情况，选择不同价位的药物和方法。

预防接种时要注意以下几点。

①要了解被预防羊群的年龄、妊娠、泌乳及健康状况，体弱或原来就生病的羊预防后可能会引起各种反应，应说明清楚，或暂时不打预防针。

②对怀孕后期的母羊应注意了解，如果怀胎已逾 3 个月，应暂时停止预防注射，以免造成流产。

③对半月龄以内的羔羊，除紧急免疫外，一般暂不注射。

④预防注射前，对疫苗有效期、批号及厂家应注意记录，以便备查。

⑤对预防接种的针头，应做到一头一换。

4. 推荐一个参考程序

种羊免疫。

①后备母羊和公羊免疫程序：

a. 配种前 60 天　小反刍兽疫疫苗，按说明量注射，免疫期 3 年。

b. 配种前 45 天　传染性胸膜肺炎，按说明书使用。免疫期 1 年。

c. 配种前 35 天　羊痘疫苗皮内注射，按说明的 2 ~ 3 倍量，免疫期 1 年。

d. 配种前 25 天　牛羊口蹄疫双价苗按说明加倍量，免疫期 6 个月。

后备种公羊免疫程序同上，在用公羊按季节免疫或者在配种季节前按上面的方案。

②怀孕母羊免疫程序：

a. 产前40天　三联四防菌苗，皮下或者肌内注射，每个羊5mL。

b. 产前30天　破伤风类毒素苗，皮下或者肌内注射，免疫期5个月。

c. 产前20天　三联四防菌苗，皮下或者肌内注射，每个羊5mL。

③产后母羊免疫程序：

a. 如果产前没有注射破伤风类毒素苗，产后2小时内注射破伤风抗毒素4 500单位以上。

b. 产后35天　补免羊痘疫苗，皮内注射，按说明的2～3倍量，免疫期1年。

c. 产后45天　小反刍兽疫疫苗，按说明量注射，免疫期3年。

d. 产后55天　传染性胸膜肺炎，按说明书使用。免疫期半年。

e. 经产母羊怀孕后免疫同②项。

f. 布病的免疫　一般在断奶前后母羊和羔羊对布病检测阴性的羊口服500亿菌免疫。

④羔羊和保育羊免疫程序：

a. 如果母羊没有免疫破伤风类毒素或者没有及时吃初乳的，要在羔羊生后2小时内注射破伤风抗毒素1 500单位以上。

b. 生后3天　内口腔或者舌黏膜注射羊口疮疫苗。

c. 怀孕后期　没有免疫三联四防的，要在7日龄免疫三联四防菌苗5mL。

d. 20日龄　免疫传染性胸膜肺炎剂量3mL。

e. 30日龄　免疫破伤风类毒素，剂量相同或者减半。（对

需要去势的羊）

f. 40 日龄　免疫三联四防菌苗，剂量 5mL。

g. 50 日龄　免疫羊痘皮内注射 2 倍量。

h. 60 日龄　免疫小反刍兽疫疫苗，剂量按说明书。

i. 70 日龄　口蹄疫牛羊双价苗免疫。

j. 80 日龄　传染性胸膜肺炎疫苗补免。

特别提出的是：春季注意三联四防、羊痘和小反刍兽疫补免，秋期注意羊三联四防、口蹄疫和传染性胸膜肺炎的补免。

5. 关于免疫注射和免疫后用药问题

（1）疫苗免疫问题。免疫接种是提高羊的特异性抵抗力，各地区、各羊场可能发生的传染病不同，而可以用来预防这些传染病的疫苗的性质不尽相同，免疫期长短也不完全一样。因此，往往需要用多种疫苗来预防这些疫病，也需要根据各种疫苗的免疫特性来合理安排免疫接种的次数和间隔时间，这就是所谓的免疫程序。目前，国际上还没有统一的羊免疫程序，只能根据本地区、本羊场的实际情况制定自己的免疫程序。

①疫病爆发期的免疫接种问题：疫病爆发时，给动物接种疫苗不能防止疫病传播，因为动物获得免疫力需要 2～3 周时间。这是养殖业经常遇到的实际问题，注射疫苗，怕激发更多的羊只发病，不注射疫苗，不断有羊只发病，甚至死亡。遇到此类问题，可根据实际情况处理。如是可用药物治疗的疫病，可对全群先用药物进行治疗性预防，1 周后，进行全群免疫接种，或者立即进行全群免疫接种，对发病者进行治疗。这样做可大大缩短疫病的流行时间，减少损失。如疫病尚无有效治疗药物，不妨立即进行免疫接种，对发病者进行对症治疗，加强护理，缩短病程，减少损失。

②怀孕期弱毒疫苗的使用问题：避免在怀孕初期的 1 个月内注射弱毒疫苗，否则有可能引起流产和胎儿畸形。怀孕期灭活疫

苗不建议免疫的原因是怕应激和强力的保定引起流产，但如果严重疫情发生了，笔者的建议是紧急免疫注射，如果不紧急免疫可能会造成大批发病流产或者死亡，如果免疫了，没有感染的可能就不会发病或者就是发病也会轻一些，已经感染的无论是否免疫注射反正要发病，权衡利弊还是免疫好，不然损失会更大，但要一畜一个针头。

（2）免疫前后药物的应用问题。以前人们传统的养殖观念里，免疫前后24小时内所有的药物都不能用。但科学的饲养管理和用药方案允许免疫前后应用一些药物的。

①疫期间可用的药物（指病毒苗）：

a. 抗菌药物　青霉素类（青霉素、氨苄、舒安林等），喹诺酮类（环丙、恩诺、氧氟沙星等），先锋类（头孢菌素类），大环内酯类（红霉素、罗红、泰乐等）、氨基苷类（庆大、新霉素、丁胺卡那等）。

上述药物只要不直接加入疫苗中，在防疫前后使用，是安全的（活菌苗任何抗菌药在防疫前后5～6天内都不能用）。

b. 抗病毒药　黄芪、淋巴因子（或称白细胞介素）、干扰素诱导剂（如植物血凝素、聚肌胞）。

②防疫前后不能用的药物（指病毒苗）：

a. 抗病毒药　如病毒灵、病毒唑、金刚烷胺、抗体、外源性干扰素、消毒药等。

b. 抗菌药　氯霉素，磺胺类药，呋喃类（痢特灵），喹噁啉类（痢菌净、喹乙醇），四环素类（土霉素、强力霉素、四环素等），利福平。

c. 抗病毒中药　清热解毒的中草药，含有板蓝根、大青叶等抗病毒中药的制剂。

注意：上述药物在防疫前后7天内禁用

## 三、药物预防

### （一）寄生虫病的药物预防

全群普遍性驱虫用伊维菌素或者伊维菌素与阿苯达唑的复合制剂为好，对感染严重的个体进行单独治疗。母羊和羔羊宜用伊维菌素注射液。伊维菌素和阿苯达唑粉剂以阿苯达唑计按每千克体重15～20mg的用量拌入适量的精料中单体喂。伊维菌素注射液按有效含量每千克体重0.2mg的用量，准确掌握剂量防止中毒。口服易在早晨空腹时给药，3小时后方可饮水吃草。要先做小范围试验后，再进行大群操作。拌料给药，以单体给药或者以5～7只羊一组为宜，分组饲喂添药的精料，防止少数羊吃得太多，多数羊吃得太少，每组给料要均匀。

一是驱虫药要不断更新换代。针对已形成抗药性的药物，要采用化学药物中新的衍生物来取代已形成耐药性的药物。最好在某种药物产生耐药性虫株之前，把它替换下来。因为，化学结构相似，作用机理相同的某种抗蠕虫药，可能存在交叉抗药，故在驱虫用药中，应避开使用作用方式相似的抗某种蠕虫药。如左旋咪唑和伊维菌素，对抗甲噻嘧啶的羊毛圆线虫，驱虫率达99%。

二是驱虫药要搭配使用。几种驱虫药要配伍使用，可显著提高其抗药性虫株的敏感性。如驱除消化道线虫时，先使用丙硫咪唑，间隔两周后，再用伊维菌素，两种药搭配使用，驱虫效果更好。

三是选用较为敏感的药物。在实际生产中，单用伊维菌素对线虫产生抗药性后，引进较为敏感的氯氰碘柳胺钠，组成复方抗寄生虫注射液，即出现驱除消化道线虫较好的效果，用药21天后，虫卵减少率和虫卵转阴率可达100%，效果优于单独使用这两种药物，且安全无毒副作用。

四是减少驱虫次数。因为，低浓度长时间用某种驱虫药，容易产生耐药性虫株。所以每次使用药量要给足，只有足够的用药量和浓度，才能达到较高的驱虫效果。这表明足够而有效的剂量对驱虫药抗药性的产生具有一定影响。否则，药量不足，既降低了效果，还易导致耐药性的产生。

五是如果有条件要实施圈舍轮换。保持清洁净化的圈舍，通常认为圈舍羊存在一段以后，即会造成圈舍寄生虫的污染。可采用保留一栋圈舍空闲，当怀疑羊发生寄生虫的时候，对对发病栋的羊进行一个驱虫程序，驱虫结束转入空置圈舍，对原来的圈舍用石灰、氢氧化钠、杀虫药、消毒药或者火烧杀虫和消毒，彻底处理后可以再用，对冬季放牧的地区，实行定期轮牧，针对草食畜排粪5~6天内的虫卵和幼虫还没有感染力的特点，放牧5~6天后就轮流到下一个小区，从而避开了虫卵和幼虫的感染侵袭期，使侵袭性虫卵和幼虫不能进入宿主体内，而在外界自行冻死或者晒死。

（二）药浴

一般情况下剪过毛的羊都应药浴，以防疥癣病的发生。药浴使用的药剂有0.05%的辛硫磷水溶液、0.5%~1%敌百虫、菊酯类、双甲脒、石硫合剂。在药浴前8小时停止喂料，在入浴前2~3小时给羊饮足水，以防止羊喝药液。先浴健康无明显体表寄生虫的羊，有疥癣的羊最后浴。药液的深度以没及羊体为原则，羊出浴后应在滴流台上停10~20分钟。药浴时间在剪毛后6~8天为好，第一次药浴后8~10天再重复药浴1次。妊娠羊暂不药浴。

（三）育肥羊和成年羊的季节性药物预防

育肥羊和成年羊一般是不能用抗生素进行药物口服预防疾病的，因为，抗生素容易破坏羊瘤胃微生物平衡，同时，也容易造成药物在瘤胃内被瘤胃微生物破坏降低疗效，但随着季节的变换和外界环境传染病的威胁又必须用抗生素，在这个情况下，我们建议用中药拌料或者饮水进行预防，更好的是河南大华生物技术有限公司和国内有关大学和研究院合作共同研制了，过瘤胃包被技术，让很多抗生素可以在瘤胃内不溶解，在肠道溶解，这样很多抗生素可以用于牛羊的口服、拌料、饮水给药，即不影响瘤胃微生物平衡，药物也不被瘤胃微生物破坏，即节约药物又保证疗效，即减少工作量又减少投入，给我们养羊减少很多麻烦。

预防的办法是：每年春、秋季用过瘤胃氟苯尼考配合强力霉素或者过瘤胃恩诺沙星连用 3 ~ 5 天，口服、拌料或者饮水来清理肠道和呼吸道的病原菌，防治存在于呼吸道和消化道的病原微生物因为换季天气变化和抵抗力降低引起动物发病，同时，也防止病原微生物污染牧场和圈舍。

一旦外部有疫情威胁或者自己的羊场发生传染病的时候，在隔离病羊的同时用过瘤胃氟苯尼考、过瘤胃阿莫西林、过瘤胃恩诺沙星、过瘤胃黏杆菌素、过瘤胃替米考星就行，可以有针对性的防止疾病是发生，即减少工作量有可以有效控制疾病的蔓延，减少经济损失。过瘤胃抗生素治疗范围和效果，在牛羊使用比其他抗生素效果更好。

（四）养羊常备药物及使用方法

1. 羊常用急救药物

（1）消胀药物。治疗羊鼓气临床常用的有消气灵按 10mL 加水 20mL 灌服。

（2）健胃消胀灵（河南豫神劲牛公司生产）。按 1g/kg 体重加水灌服。

（3）抗酸通便灵（河南豫神劲牛公司生产）。用于牛羊瘤胃酸中毒和酸中毒的治疗，本品治疗酸中毒不产气比大黄苏打片副作用少效果好，同时，还有通便和泻下作用。按 1 ~ 2g/kg 体重，严重的加倍使用。

（4）樟脑磺酸钠注射液。强心、兴奋呼吸，用于各种原因造成的机体衰竭、体温降低。羊按 0.1mL/kg 体重，羔羊加倍量使用。

（5）肾上腺素。强心药物，治疗机体衰竭、休克、体温降低、按 0.2mL/5kg 体重。

（6）软瘫灵。

预防：羔羊生后 1 天、3 天、5 天每天用 10 ~ 15mL 水剂、用 5g（约半小勺）粉剂混合加温灌服。

治疗：发病当天治疗效果好，方法是，水剂 25mL、粉剂 10g（约一小勺），混合后加温灌服，1 天 2 次，严重的注射果糖酸钙注射液 1 ~ 2mL 或者肾上腺素 0.2mL 或者樟脑磺酸钠注射液 2 ~ 3mL。

（7）氯前列烯醇（1 ~ 2 盒）。用于母羊催情、治疗持久黄体、黄体囊肿、开子宫颈口，难产、胎衣不下、子宫蓄脓等。

（8）雌二醇（1 ~ 2 盒）。雌激素可以促进子宫收缩，有人说可以扩展子宫颈口，用于羊难产、胎衣不下。

（9）黄体酮（1 ~ 2 盒）。雌激素，具有保胎安胎作用，用于前兆性流产，外力或者应激性流产的保胎。

（10）尼可刹米。兴奋神经药物，用于呼吸衰竭，羊的呼吸困难，精神沉郁。按说明书使用。

（11）氯化钙、葡萄糖酸钙或者果糖酸钙注射液。强心、抗过敏、补钙剂，用于羊心脏衰弱，各种炎症渗出，缺乏钙引起的产前、产后瘫痪，羔羊佝偻病。使用同时，要补充鱼肝油和磷。

2. 中毒解救药物

（1）百毒解（解磷定）。主要用于有机磷中毒，2.5% 含量，羊 0.3 ~ 0.4mL/kg 体重，中毒严重加大剂量使用，一般需要使用到没有症状。

（2）乙酰胺注射液。主要用于氟中毒的急救，10% 含量的，羊 0.3 ~ 0.4mL/kg、牛 0.2mL/kg。

（3）亚甲蓝。主要用于亚硝酸钠的治疗，如吃了白菜腐败产生亚硝酸的食物造成中毒的急救。0.5%含量的羊0.5mL/kg体重，静脉或者肌内注射。

（4）阿托品。对症治疗药物，主要用于某些中毒的治疗，如有机磷中毒的急救，按说明书使用，严重的可以加大剂量和反复使用，但主要牛羊不能用得太多，容易出现胃肠道功能减低，可以用健胃消食药物缓解。

3. 驱虫药物及使用方法

（1）伊维菌素（备用1～2盒）。中毒无特效解毒药物，可以用葡萄糖、维生素C、速尿控制。

（2）阿苯达挫片、丙硫咪唑（50mg/100片）。驱绦虫20mg/kg、囊尾蚴30mg/kg。

（3）吡喹酮（10片）。按说明书使用，一般为60mg/kg。

（4）左旋咪唑片（25mg/100片）。8～10mg/kg主要驱胃肠道线虫。中毒可以用阿托品解救。

（5）体外驱虫药物（双甲脒、菊酯类、敌百虫）。可以药浴也可以拌沙土或者滑石粉涂抹。

（6）氯氰碘柳胺钠（1～2盒）。用于牛羊肝片吸虫的防治，10～20mg/kg。口服20～30mg。

（7）硝氯酚。硝氯酚是治疗牛羊肝片吸虫的特效药物。该药口服在肠道吸收，排泄较慢，治疗量为口服3mg/kg，兽用中毒量是治疗量的3～4倍。

（8）硫双二氯酚，又称为别丁、硫氯酚、硫二氯酚。硫双二氯酚对肺吸虫、瘤胃双盘吸虫、囊蚴有明显杀灭作用，临床用于牛羊的瘤胃双盘吸虫、肺吸虫、囊尾蚴、姜片虫病的治疗。规格；每片0.25g。胶囊剂：每粒0.5g。用法：口服：每日每千克体重50～60mg。对肺吸虫病及华支睾吸虫病，可将全日量分3次服，隔日服药，疗程总量30～45g。对姜片虫病，可于睡前空腹将2～3g药物1次服完。对牛羊囊尾蚴病，可将总量（每千克体重50mg）分2次服，间隔半小时，服完第二次药后，3～4小时服泻药。

（9）三氮脒。主要用于羊血液寄生虫的防治，羊5mg/kg体重。

（10）治疗驱虫的药物。磺胺氯丙嗪钠、地克珠利、常山酮等，按说明书加倍使用。

（11）青蒿素、氯喹。治疗血虫、附红细胞体。

4. 抗病毒药物

（1）黄芪多糖注射液（备2盒）。提高免疫力，抗病毒药物。

（2）板蓝根注射液（备3～5盒）。清热解毒、用于羊的病毒性疾病，病毒性感冒、羊痘、小反刍兽疫、口蹄疫的治疗。

（3）银黄注射液或者口服液。清热解毒，利咽清喉，用于羊呼吸道感染，感冒引起的肺炎，其他病毒感染引起的肺炎，配合其他抗生素治疗传染性胸膜肺炎效果很好。

（4）双黄连注射液或者口服液。辛凉解表、清热解毒，用于感冒发热、羊病毒感染、羞明流泪，食欲减退。

（5）饲料中拌的清热解毒中药（备用2～5袋）。用于平常的大群预防和发病时期的大群预防和治疗。

5. 注射用广谱抗菌药物

（1）产后康（备3～6盒）。母羊产后必备药物，预防子宫内膜炎引起的排脓血，恶露不下。

（2）恩诺沙星（备2～3盒）。主治：对支原体有特效；对大肠杆菌、克雷白杆菌、沙门氏菌、变形杆菌、绿脓杆菌、嗜血杆菌、多杀性巴氏杆菌、溶血性巴氏杆菌、金葡菌、链球菌等都有杀菌效用。治疗肺炎、肠炎、腹泻。恩诺沙星注射液和板蓝根注射液合用，治疗口炎、羊痘、口蹄疫。

（3）林可霉素或者克林霉素（备2～3盒）。主治：胸膜肺炎、巴士杆菌病、子宫内膜炎、乳房炎与板蓝根注射液合用治疗口炎、羊痘、口蹄疫。

（4）长效土霉素（备1～3盒）。主治：胸膜肺炎支原体、坏死杆菌病、巴氏杆菌、立克次体、衣原体、螺旋体、阿米巴原虫和某些疟原虫也对该品敏感。其他如放线菌属、炭疽杆菌、单核细胞增多性李斯特菌、梭状芽孢杆菌、奴卡菌属、弧菌、布鲁菌属、弯曲杆菌、耶尔森菌等对该品敏感。用于痢疾、沙眼、结膜炎、肺炎、中耳炎、皮肤化脓感染等。亦用于治疗阿米病等等，孕羊慎重使用。

（5）磺氨嘧啶药物（备2～5盒）。主治：许多革兰氏阳性菌和一些革兰阴性菌、诺卡氏菌属、衣原体属和某些原虫（如弓形体）均有抑制作用。在阳性菌中高度敏感者有链球菌和肺炎球菌；中度敏感者有葡萄球菌和产气荚膜杆菌。阴性菌中敏感者有脑膜炎球菌、大肠杆菌、变形杆菌、痢疾杆菌、肺炎杆菌、鼠疫杆菌。对病毒、螺旋体、锥虫无效。对立克次氏体不但无效，反能促进其繁殖。

（6）磺胺间甲氧嘧啶。磺胺类药物中抗菌效果最好的药物，对革兰氏阳性菌、部分阴性菌、弓形体，旋毛虫有效，临床用于链球菌，肺炎、脑炎、弓形体的治疗。

（7）氟本尼考类药物（备1～3盒）。主治：家畜的气喘病、传染性胸膜性肺炎、出血性败血症、链球菌病等引起的呼吸困难、体温升高、咳嗽，打呛、采食量下降、消瘦等有极强疗效，对大肠杆菌等引起羔羊黄白痢、肠炎、血痢、水肿病等有显著疗效。

（8）头孢菌素类（备10～20瓶）。本品对革兰氏阳性菌、阴性菌如传染性胸膜肺炎、巴氏杆菌、大肠杆菌、链球菌、肺炎球菌、沙门氏菌等都有杀灭作用。临床比较常用。

（9）硫酸庆大霉素（备2～5盒）。主治：对绿脓杆菌、产气杆菌、肺炎杆菌、沙门氏菌属、大肠杆菌及变形杆菌等革兰阴性菌和金葡菌引起的败血症、呼吸道感染、胆道感染、化脓性腹膜炎、颅内感染、尿路感染及菌痢等疾患。

(10) 替米考星 (1~2 盒)。本品主要是治疗革兰氏阳性菌、对支原体、巴氏杆菌、葡萄球菌、放线菌有非常好的效果，特别是细菌对其他药物耐药的时候应用，临床主要治疗传染性胸膜肺炎、呼吸道感染、结膜炎、羊巴氏杆菌病，与抗革兰氏阴性菌的药物配合可以提高疗效。

(11) 多西环素注射液 (强力霉素)。本品抗菌谱和土霉素相同，效果是土霉素的 5~10 倍，本品与氟苯尼考配合应用，可以大幅度的提高疗效。

(12) 卡那霉素 (2~3 盒)。主要用于革兰氏阴性菌，临床常用于大肠杆菌、变形杆菌、沙门氏菌、多杀性巴氏杆菌、结核杆菌、伪结核杆菌、肺炎球菌、链球菌的治疗，对肺炎支原体有效。临床用于治疗肺炎、肠炎、结膜炎等。

6. 口服广谱抗生素药物 (过瘤胃抗生素)

羊是反刍动物一般抗生素不能口服，原因如下。

(1) 药物可以在瘤胃被破坏而失效一部分。

(2) 容易造成瘤胃微生物平衡失调，影响瘤胃的消化及造成不反刍、不吃、拉稀等症状，给大面积预防牛、羊病增加了很多不便，也大幅度增加工作量，增加养殖成本。现在有过瘤胃抗生素，就是抗生素通过特殊的处理，而不是现在一般的包被方法，过瘤胃抗生素在瘤胃内不溶解，在肠道溶解，这样抗生素不会在胃内被破坏，也不会影响瘤胃微生物的平衡，效果好，可以减少药物的损失。

(3) 过瘤胃氟苯尼考 (5~10 袋)。临床与注射液氟苯尼考防治同样的疾病，本品可以拌料和直接灌服。使用剂量按说明书。

（4）过瘤胃阿莫西林（5～10 袋）。主要预防和治疗细菌性疾病，可以与抗病毒中药配合预防感冒及继发病，对呼吸道、肠道感染、其他部位感染都可以通过拌料或者灌服进行治疗。

（5）过瘤胃恩诺沙星。对支原体有特效；对大肠杆菌、克雷白杆菌、沙门氏菌、变形杆菌、绿脓杆菌、嗜血杆菌、多杀性巴氏杆菌、溶血性巴氏杆菌、金葡菌、链球菌等都有杀菌效用。临床防治羊传染性胸膜肺炎，肺炎、羊各种腹泻、肠炎拉稀。过瘤胃恩诺沙星粉和清瘟败毒散合用，防治口炎、羊痘、口蹄疫。

（6）过瘤胃替米考星（5～10）。本品拌料或者灌服：主要是治疗革兰氏阳性菌、对支原体、巴氏杆菌、葡萄球菌、放线菌有非常好的效果，特别是细菌对其他药物耐药的时候应用，临床主要治疗传染性胸膜肺炎、呼吸道感染、结膜炎、羊巴氏杆菌病，与抗革兰阴性菌的药物配合可以提高疗效。

（7）过瘤胃黏杆菌素（5～10 袋）。黏杆菌抗菌谱范围宽广，特别对革兰氏阴性细菌作用颇强，毒性较弱。对绿脓杆菌、大肠杆菌、肺炎克雷白杆菌以及嗜血杆菌、肠杆菌属、沙门菌、志贺菌、百日咳杆菌、巴氏杆菌和弧菌等革兰氏阴性菌有抗菌作用。变形杆菌、奈瑟菌、沙雷菌、普鲁威登菌、革兰氏阴性菌和专性厌氧菌均对本类药物不敏感，临床是主要用于治疗肠道炎症，腹泻、肠道菌群失调，部分呼吸道炎症。

7. 健胃消食药物

（1）舒肝健胃散（河南豫神劲牛公司生产）。这是应该必备药物，功能是调节肝脏功能，保肝利胆、健胃消食，对不明原因引起的反刍减少、食欲减退，特别是对肝片吸虫驱虫后使用效果很好，驱虫以后使用可以迅速提高羊胃肠道功能，减少应激，提高抵抗力。

（2）健胃散或者健胃消食口服液。多为中药散剂，用于健胃消食，增加采食量，按说明书使用。

(3) 健胃消食片（人药）。健胃消食、增加食欲，口服：小羊0.5~1片，大羊3~5片。

(4) 吗丁啉或者胃复安。促进羊胃的蠕动，起到健胃消食、增加食欲的效果

(5) 各种健胃注射液（复合B、氨甲基甲先胆碱等）。具有兴奋胃肠道蠕动的功能，按说明书使用。

8. 通便与止泻药物

(1) 通便药物。

①大黄苏打片：通便中和胃酸，用于瘤胃积食、前胃迟缓，但不足之处是容易造成瘤胃产气引起胀气，瘤胃鼓气禁用。使用剂量按1kg体重1~2片。

②硫酸镁：盐类泻下药物，用于瘤胃积食、与其他药物合用治疗瓣胃阻塞。羊100~200g。

③硫酸钠：盐类泻下药物，用于瘤胃积食、与其他药物合用治疗瓣胃阻塞。羊100~200g。

④大承气汤：中药通便泻下药物，用于前胃迟缓，瘤胃积食、瓣胃阻塞。按说明量使用。

(2) 止泻药物。

A. 黄连素注射液（硫酸小檗碱）：用于消化不良性，病毒性腹泻，临床治疗羊的腹泻、羔羊白痢、黄痢、肠炎、胃炎。

B. 杨树花口服液或者白头翁口服液：治疗羊各种腹泻、肠道炎症。

9. 止咳平喘药物

(1) 止咳药物。

①甘草片：治疗呼吸道感染引起的咳嗽症状，用法按1kg羊1片。

②止咳糖浆或者止咳冲剂：用于各种咳嗽，按人用说明量加3倍使用。

③咳必清：治疗上呼吸道炎症引起的各种咳嗽，按人用说明量的3倍使用。

（2）平喘药物。

①麻黄碱：缓解支气管痉挛药物，临床比较少了，主要治疗气喘。

氨茶碱片或者注射液：适用于支气管哮喘、喘息型支气管炎、阻塞性肺气肿等缓解喘息症状；也可用于心力衰竭的哮喘。口服，1次0.2～0.3g，1日0.4～0.6g；极量：1次0.5g，1日1g。肌内注射，一次0.25～0.5g，应加用2%盐酸普鲁卡因。静脉注射，1次0.25～0.5g，1日0.5～1g，每25～100mg用5%葡萄糖注射液稀释至20～40mL，注射时间不得短于10分钟。静脉滴注，1次0.25～0.5g，1日0.5～1g，以5%～10%葡萄糖液稀释后缓慢滴注。注射给药，极量1次0.5g，1日1g。直肠给药，一般在睡前或便后，1次0.25～0.5g，1日1～2次。

羔羊常用量口服，一日按体重6～8mg/kg，分2～3次服。静脉注射，1次按体重2～4mg/kg，以5%～25%葡萄糖注射液稀释，缓慢注射。

[制剂与规格] 氨茶碱片（1）0.1g（2）0.2g。

氨茶碱注射液（1）2mL：0.25g（2）2mL：0.5g 氨茶碱栓0.25g。

②二羟丙基茶碱注射液：适用于支气管哮喘、喘息型支气管炎、阻塞性肺气肿等以缓解喘息症状。也用于心源性肺水肿引起的哮喘。

用法用量静脉滴注，一次0.25～0.75g（1～3支），以5%或10%葡萄糖注射液稀释。适用于支气管哮喘、喘息型支气管炎、阻塞性肺气肿等以缓解喘息症状。也用于心源性肺水肿引起的哮喘。

用法用量静脉滴注，一次0.25～0.75g（1～3支），以5%

或10%葡萄糖注射液稀释。

③多索茶碱：支气管哮喘、喘息性慢性支气管炎及其他支气管痉挛引起的呼吸困难。

用法用量：大羊每次200mg，12小时1次，以25%葡萄糖注射液稀释至40mL缓慢静脉注射。

10. 其他药物

（1）消毒。防腐外用药物百毒杀、消毒药物碘甘油、酒精、碘伏。

（2）外用防腐消毒药物。口疮愈合散、冰硼散、青黛散治疗口炎、羊痘、口蹄疫、坏死杆菌病外用药物。

（3）口疮灵。有散剂口服和涂抹两种，是新研制的防治口疮的特效药物。

（4）皮癣净。用于治疗羊的螨虫、真菌性皮炎。请与淘宝网司牧之家店铺联系。

（5）硫酸锌。防治羊的皮炎、脱毛。

（6）硫酸亚铁和硫酸铜。防治羊因缺乏铁、铜引起的贫血。

（7）维生素A。防治羊眼结膜炎、夜盲症、

（8）维生素E。防治羊发情不正常、流产等。

（9）维生素D。防治软骨症、佝偻病、产前、产后瘫痪。

（10）维生素$B_1$。防治羔羊维生素$B_1$缺乏症，消化不良、大便干结、腹泻。

（11）维生素$B_{12}$。防治羊贫血。

（五）初生羔羊保健方案

羔羊出生15日内，体温调节中枢、胃肠道消化机能不健全、机体免疫系统还没发育全，抵抗力差，对环境的适应能力差，生命较脆弱，常见的疾病有：破伤风、痢疾、消化不良（积奶症）、大肠杆菌病、软骨病（钙磷不均衡）、白肌病（硒缺乏）、肠积粪（粪便干结）、腹部受凉引起肠痉挛、球虫等。本人根据

临床发病的特点总结出以下防治要点，律祥君个人观点，供参考。

（1）出生2小时内。注射破伤风抗毒素1 500UI，在颈部皮下注射预防破伤风。

（2）0～2日龄。碘酊涂抹脐带伤口（防止脐炎），口服土霉素0.15～0.25g或者恩诺沙星0.1g（预防痢疾），笔者建议最好用妈咪爱或者整肠生，同时，口服大黄苏打片2～3片，促进胎粪排出（防止肠积粪、肠胃阻塞），绵羊可延长5日。肌内注射补铁针1mL，预防贫血。

（3）2～3日龄。颈部肌注0.1%亚硒酸钠维生素E 2mL，隔日再一次（预防白肌病）。

（4）3～5日龄。口服或肌注硫酸庆大霉素4万单位。（预防大肠杆菌）。

（5）山羊羔羊生后第一天、第三天、第五天。用软瘫灵按说明口服预防山羊羔羊软瘫、所有羔羊的弱胎、痢疾、消化不良。

（6）6～8日龄。口服食母生2片、乳酶生2片（防止消化不良）。

（7）7～9日龄。口服葡萄糖酸钙5g，鱼肝油3粒。或肌内注射维D胶丁钙2mL，隔日再1次。（预防软骨病）。

（7）10～12日龄。口服硫酸铜、维生素$B_2$维生素$B_6$，预防口炎。

（9）15日龄。口服磺胺间甲氧嘧啶钠或者其他抗球虫药，预防球虫病。

初生的前15天要注意产房的环境温度一般前3天不低于28℃，第一周不低于25℃，第二周不低于23℃。温度要慢慢降低不能突然降低，温差一般不要超过2～3℃。

在防治期间如果发现羔羊，离群独处，垂头呆立，弓背哈毛，大便稀薄，磨牙腹胀，立即进行救治，救治时要找专业医生，或有经验者。救治期间严禁胡乱用药，加量用药，以免肝胆肿大，肾脏病变。

母羊要多喂青绿饲料或优质干草，脂溶性维生素，少喂饼粕类高蛋白饲料（限10日内，特别是单羔母羊）

另外，绵羊羔可口服铁钴针，防食毛症。

（六）羔羊的常用药品

1. 土霉素

归纳起来有两个用途：一是羔羊出生后前3天，1天1个羔羊1片，作用预防拉稀；二是治疗羔羊痢疾，根据情况可以配合大黄苏打片健胃消食片、庆大霉素等药。

2. 大黄苏打片

这个药也是必备药品，羊积食了，拉稀了，肚涨了，羊食欲缺乏时可以根据情况选用，值得一提的是这个药的剂量，50kg的羊最多时候用过100片1次，效果不错，有时候用量小了没用；如果有鼓气症状尽量不用，容易加重鼓气症状。

3. 复方新诺明片或者磺胺间甲氧嘧啶片

这个药是买一瓶保存，用它有以下几点：一是抗菌消炎，不管是人或羊出血了有外伤了，撒点这个粉末，能抗菌消炎，效果不错。二是不管是人或是羊，有口疮口腔溃疡时，用这个粉末含在嘴里，慢慢咽下，或吐出来，用几次就好了。三是有时候羊咳嗽不发烧喂一点这个粉末给羊，喂几次羊也会好。四是羊拉稀有时候，喂这个也会效果。

4. 庆大霉素

这个药属于常备药品，主要是用于：一是羊拉稀，轻微的灌上它一般就好了，不行了再配合链霉素，一般的腹泻这样可以搞定，积食的不行。二是疮癀、腐蹄、脓包之类外科病，用高锰酸钾、碘酒之类消毒后再抹点庆大，效果也不错。

5. 地塞米松

对于羊急重症用它不错，严重感冒，严重发烧，急性感染，配合其他药效果好，一般小病不用它，不过实际发现羊发烧，用退烧针加几支地米效果立竿见影，孕羊禁用。

6. 链霉素

口服治疗拉稀蛮好的。

7. 二甲圭油片

羊肚胀时经常用到它。只要是有气体的积气都有效，但对非气体性胃肠膨胀感（如消化不良）无效。考虑用其他办法，如促进胃肠道蠕动的吗丁啉等。

8. 左旋咪唑与阿苯达唑（丙硫咪唑）

这两个药作为驱虫常用药，混合用药，效果可以，左旋咪唑怀孕羊尽量不要用，其他没出过意外，感觉安全。

9. 微生态制剂

乳酸菌素片、整肠生、妈咪爱、金双歧、酵母片，藿香正气片，食母生，助消化，防积食。

10. 蒙脱石散

主要用于羔羊拉稀，它的主要作用就是吸附羔羊肠道毒素。

## 第二节　羊病毒性传染病防治

### 一、羊流感

羊流感，或称“Q 型流感”，虽然是一种病毒性传染病，但是由贝纳氏柯克斯体引起。“羊流感”主要的侵袭对象为绵羊和山羊，并能够通过牲畜传染给人类。羊流感能造成绵羊和山羊的自发性流产。人感染“羊流感”的症状为头部剧痛、出汗、感觉寒冷、肌肉酸痛、心跳缓慢和疲劳。急性流感大约持续 14 天，而慢性流感甚至可能长达 2 年之久。而慢性“羊流感”则有可能置人于死地。该流感还有可能引起呼吸及心肺系统的疾病。

（一）流行病学

该病主要发生于晚秋、冬季和早春气候寒冷的季节和气温高低变化多的天气，发病急，传播速度快，一旦有一只羊发病可以很快传染整群，无论绵羊、山羊，不分日龄和体重均可以感染发病，该病主要通过空气由羊的呼吸道感染，病毒首先在羊的上呼吸道定居繁殖，然后进入机体引起上呼吸道炎症和全身症状。羊发生流感最大的危害是可以造成怀孕羊流产，后期继发呼吸道感染发生肺炎或者胸膜肺炎，由于反刍停止多继发羊酸中毒而死亡。

（二）症状

（1）体温与精神状态。病羊开始精神不振，头低耳耷，初期皮温不均，耳尖、鼻端和四肢末端发凉，继而体温升高到 40～42℃。

（2）呼吸道症状。呼吸、脉搏加快。眼结膜红肿，羞明流泪，鼻黏膜充血、肿胀，鼻塞不通，初流清涕，患羊鼻黏膜发痒，不断喷鼻，并在墙壁、饲槽擦鼻止痒。继而出现咳嗽，流浆液性鼻涕。

（3）食欲和反刍。食欲减退或废绝，反刍减少或停止，鼻镜干燥，肠音不整或减弱，粪便干燥。

（4）继发肺炎的表现。咳嗽、流脓性鼻液，听诊肺部有啰音，严重的出现第二次体温升高，呼吸困难症状。

（5）羊流感。由于造成消化道的功能降低反刍减少或者停止多数在病的后期出现瘤胃酸中毒或者机体酸中毒情况，这也是流感造成羊死亡的主要原因。

（三）治疗

以解热解毒、镇痛消炎为主。

（1）肌内注射复方氨基比林按5kg体重1mL，或用30%安乃近按5kg体重1mL，或用复方奎宁、百尔定、穿心莲、柴胡、鱼腥草等注射液。

（2）为防止继发感染，可与退烧药物同时应用。青霉素160万国际单位。硫酸链霉素100万国际单位，加蒸馏水10mL，分别肌注，每天注2次。当病情严重时，也可静脉注射氨苄西林钠或者头孢菌素类按20～30kg体重1g，同时，配以皮质激素类药物，如地塞米松等治疗。

（3）感冒通2～6片，一日3次内服。

（4）小柴胡冲剂配合清热解毒冲剂灌服。

（5）感冒冲剂或者人治疗病毒性感冒的胶囊按人用量的二倍灌服。

（6）继发肺炎的用林可霉素、泰乐菌素、氟苯尼考、强力霉素配合治疗。

（7）感冒后期如果出现酸中毒症状用大黄苏打片或者小苏打配合健胃药治疗、严重的要用10%葡萄糖、葡萄糖酸钙、碳酸氢钠注射液静脉注射。

（8）大群预防用清瘟败毒散、双黄连口服液、荆黄败毒散等清热解毒中药配合过瘤胃抗生素，可有效控制病情蔓延。

## 二、小反刍兽疫（羊瘟）

小反刍兽疫，又称羊瘟或伪牛瘟。是由小反刍兽疫病毒引起绵羊和山羊的一种急性接触性传染病，临床上以高热、眼鼻有大量分泌物、口腔、上消化道溃疡和腹泻为主要特征。我国将其列为一类动物疫病。

### （一）流行病学

（1）易感动物。自然宿主为山羊和绵羊，山羊比绵羊更易感，尤其3～8月龄的山羊最为易感。绵羊、羚羊、美国白尾鹿次之。牛、猪等可以感染，多为亚临床经过。野生动物偶尔发生。

（2）传染来源。传染源主要为患病动物和隐性感染动物，处于亚临床型的病羊尤为危险。病羊的分泌物和排泄物均含有病毒，可引起传染。

（3）传播途径。主要通过呼吸道飞沫传播，病毒可经精液和胚胎传播，亦可通过哺乳传染给幼羔。

（4）传播方式。水平传播、垂直传播。

（5）流行特点。本病主要流行于非洲西部、中部和亚洲的部分地区。目前，该病在我给各地有不同程度的发生，无年龄性，无季节性，多呈流行性或地方流行性。

（二）主要症状和病理变化

（1）主要症状。本病潜伏期为 4 ~ 6 天，最长达 21 天。临床主要表现发病急，体温升高到 41℃以上，并可持续 3 ~ 5 天。病羊精神沉部，食欲减遇，鼻镜干燥。口鼻腔分泌物逐步变成脓性黏液，若患病动物尚存，这种症状可持续 14 天。发热开始 4 天内，齿龈充血，进一步发展到口腔黏膜弥漫性溃疡和大量流涎，这种病变可能转变成坏死。在疾病后期，咳嗽、胸部啰音以及腹式呼吸，病羊常排血样或者水样粪便。本病在流行地区的发病率可达 100% 严重暴发期死亡率为 100%，中等暴发致死率不超过 50%。

（2）病理变化。尸体剖检可见结膜炎、坏死性口炎等肉眼病变，在鼻甲、喉、气管等处有出血斑。严重时病变可蔓延到硬腭及咽喉部。皱胃常出现病变，而瘤胃、网胃、瓣胃较少出现病变，表现为有规则，有轮廓的糜烂，创面红色、出血。肠可见糜烂或出血，在大肠内，盲肠和结肠结合处呈特征性线状出血或斑马样条纹。淋巴结肿大，脾有坏死性病变。

组织学变化，因本病毒对淋巴细胞和上皮样细胞有特殊亲和性，一般能在上皮样细胞和多核巨细胞中形成具有特征性的嗜伊红性胞浆包涵体，淋巴细胞和上皮样细胞的坏死，这具有病例诊断意义。

（3）鉴别诊断。本病应与牛瘟、羊传染性胸膜肺炎、巴氏杆菌病、羊传染性脓疱、口蹄疫和蓝舌病相鉴别。

①牛瘟：主要感染山羊呈隐性感染，鉴于世界上已基本根除牛瘟，酶链式反应技术可特异性地鉴别。绵羊较少发病，牛及大型偶蹄兽动物，所以基本可排除牛瘟。同时采用聚合酶链式反应技术鉴别出来。

②羊传染性胸膜肺炎：在急性病例中两者均有呼吸道症状，但羊传染性胸膜肺炎由支原体引起，以浆液性和纤维索性肺炎和胸膜炎为主要病症，无黏膜病变和腹泻症状。

③巴氏杆菌病：在急性病例中两者均有呼吸道症状存在，但羊巴氏杆菌病由巴氏杆菌引起，以胸腔积水、肺炎及呼吸道黏膜和内脏器官发生出血性炎症为主，无溃疡性和坏死性口腔炎及舌糜烂。

④羊传染性脓疱：羊传染性脓疱是由副痘病毒引起，以口唇、眼和鼻孔周围的皮肤上出现丘疹和水疱，并迅速变为脓疱，最后形成痂皮或疣状病变即桑葚状病垢，但不出现腹泻症状。

⑤蓝舌病：蓝舌病是由蓝舌病病毒引起，以颊黏膜和胃肠道黏膜严重卡他性炎症为主，乳房和蹄冠等部位发生病变，但不发生水疱。小反刍兽疫无蹄部病变。

⑥口蹄疫：口蹄疫是由口蹄疫病毒引起，临床以口鼻黏膜、蹄部和乳房等处皮肤发生水疱和糜烂为特征。

### （三）防治措施

#### 1. 预防措施

目前，对本病尚无有效的治疗方法，发病初使用抗生素和磺胺类药物可对症治疗和预防继发感染。在本病的洁净国家和地区发现病例，应严密封锁，扑杀患羊，隔离消毒。对本病的防控主要靠疫苗免疫。

羊病专家律祥君研究员研制了羊口疮、羊痘、小反刍兽疫三价高免抗体，小羊每只按3～5mL肌肉或者皮下注射，中羊每千克体重0.3～0.5mL、大羊按每千克体重0.2～0.3mL肌肉或者皮下注射，对控制羊小反刍兽疫的发生有很好的作用。治疗配合疮痘瘟毒散按每千克体重4g，水煎服效果非常好。

笔者研制了疮痘瘟毒散，临床经过2 000多例治疗，一般3～5天可以控制疫情发展。

（1）牛瘟弱毒疫苗。因为本病毒与牛瘟病毒的抗原具有相关性，可用牛瘟病毒弱毒疫苗来免疫绵羊和山羊进行小反刍兽疫病的预防。牛瘟弱毒疫苗免疫后产生的抗牛瘟病毒抗体能够抵抗小反刍兽疫病毒的攻击，具有良好的免疫保护效果。

（2）小反刍兽疫病毒弱毒疫苗。目前，小反刍兽疫病毒常见的弱毒疫苗为Nigeria 7511弱毒疫苗和Sungri/96弱毒疫苗。该疫苗无任何副作用，能交叉保护其各个群毒株的攻击感染，但其热稳定性差。

（3）小反刍兽疫病毒灭活疫苗。本疫苗系采用感染山羊的病理组织制备，一般采用甲醛或氯仿灭活。实践证明，甲醛灭活的疫苗效果不理想，而用氯仿灭活制备的疫苗效果较好。

（4）重组亚单位疫苗。麻疹病毒属的表面糖蛋白具有良好的免疫原性。无论是使用H蛋白或N蛋白都作为亚单位疫苗，均能刺激机体产生体液和细胞介导的免疫应答，产生的抗体能中和小反刍兽疫病毒和牛瘟病毒。

（5）嵌合体疫苗。嵌合体疫苗是用小反刍兽疫病毒的糖蛋白基因替代牛瘟病毒表面相应的糖蛋白基因。这种疫苗对小反刍兽疫病毒具有良好的免疫原性，但在免疫动物血清中不产生牛瘟病毒糖蛋白抗体。

（6）活载体疫苗。将小反刍兽疫病毒的 F 基因插入羊痘病毒的 TK 基因编码区，构建了重组羊痘病毒疫苗。重组疫苗既可抵抗小反刍兽疫病毒强毒的攻击，又能预防羊痘病毒的感染。

2. 治疗方法

目前，没有特效的治疗药物，对发病羊必须按国家规定进行无害化处理；但对疑似病例，羊病专家律祥君研究员研制了羊口疮、羊痘、小反刍兽疫三价高免抗体，小羊每只按 3～5mL 肌肉或者皮下注射，中羊每千克体重 0.3～0.5mL、大羊按每千克体重 0.2～0.3mL 肌肉或者皮下注射，每天 1 次，用 2～3 天，配合疮痘瘟毒散按每千克体重 4g，一般 3～6 天可有效地控制和治疗本病。

有人建议　用刀豆素、羊疫清、配合抗生素治疗有良好的效果。

笔者临床治疗是用抗过敏药物、中药板蓝根注射液，刀豆素、头孢菌素或者林可霉素注射液配合，经过治疗对发病早期和成年羊，是可以控制死亡的。

希望大家能综合分析自己的情况考虑是否使用疫苗。这种病，只是在羊和羊之间互相传染，通过口液，粪便、交配等。迄今为止还没见过有人传染羊的报道。只要你最近 3～4 个月没从疫区买过羊，你没去过疫区，你没去过从疫区买过羊的养殖户家里，你那羊贩子没来过，就不会出现问题。但是，还是要注意羊圈消毒，门口撒石灰等防范措施，这不是小事，为人为己，大家还是小心为妙。

## 三、传染性脓疱疹（羊口疮）

本病又称传染性脓疱性皮炎，俗称羊口疮，是由传染性脓疱病毒引起的一种急性、接触性人兽患传染病。主要危害羔羊，以口腔黏膜出现红斑、丘疹、水疱、脓疱，形成尤状痂斑为特征。

本病广泛存在世界各地的养羊地区，发病率几乎达100%。在我国养羊业中，本病是一种常发疾病，引起羔羊生长发育迟缓和体重下降，给养羊业造成较大的经济损失。

（一）病原

传染性脓疱病毒即羊口疮病毒，属于痘病毒科、副痘病毒属。

一般认为引起动物痘病的病毒最初可能起源于同一种病毒，由于长期在各种动物中传染继代逐渐适应，结果形成了各种动物的痘病毒。不同国家和地区的不同毒株经进行交叉试验和其他一些理化试验，证明病毒的多型性是存在的。临床上常用羊痘疫苗预防羊口疮。本病毒比较耐热，55～60℃ 30分钟大部分能杀死，在室温条件下可以存活5年，在-75℃时十分稳定。痂皮暴露在阳光下可保持感染性达数月，而在阴暗潮湿的牧场保持数年。最高可存活23年，50%甘油缓冲液为病毒的良好保护剂，0.01%硫柳汞、0.05%叠氮钠、1%胰酶不影响病毒活力。0.5m高30W紫外线灯照射10分钟、2%福尔马林浸泡20分钟能杀死病毒，可用于污染场地和物品、用具的消毒。

（二）流行病学

病毒感染绵羊及山羊，主要是羔羊，黄羊羔也可感染。人类与羊接触也可以感染，引起人的口疮。主要发生在屠宰工人、毛皮处理工人、兽医及常与病畜接触的人等。人传人的病例也有报道。手臂的伤口可增加感染的机会。从国外报道的资料来看，人口疮发病率近几年来有所增加，在公共卫生上也占有一定地位。病羊和带毒羊是传染源。由于病毒在痂皮中存活时间较长，但病羊痂皮或划痕接种后形成的痂皮中很难找到病毒，Buddle将皮质固醇处理过的病毒接种羊只后，虽然能使病变重演，但未能分离到病毒。因此，关于新感染暴发来源的问题，至今还未定论。

本病主要通过直接和间接接触感染。病毒存在于污染的圈舍、垫草、饲草等，通过损伤的皮肤、黏膜感染。自然感染主要因购入病羊或带毒羊而传入健康羊群，或者通过将健康羊置于曾有病羊用过污染的厩舍或牧场引起。一年四季均可发生。但以春夏发病最多，这可能与羊只繁殖季节有关。圈舍潮湿、拥挤、饲喂带芒刺或坚硬饲草、羔羊的出牙均可促使本病的发生。本病主要侵害羔羊，成年羊发病率较低，这是由于人工免疫或自然感染过本病（包括隐性感染）之故。如果以群为单位计，则羔羊发病率可达100%。若无继发感染，病死率不超过1%，但是有继发感染，则病死率可高达20%～30%不等。

（三）临诊症状

潜伏期为2～3天，临诊上分为头型、蹄型、乳房炎型、外阴型、皮肤型和增生型6种类型。前几年我国甘肃省羊口疮仅见于口唇感染，未见其他病型。

1. 头型或唇型

见于绵羊羔、山羊羔，是本病的主要病型。一般在唇、口角、鼻和眼睑的皮肤上出现散在的小红斑，很快形成丘疹和小结节，进而形成水泡疱或脓疱，破溃后形成棕黄或者棕褐色的疣状硬痂，牢固地附着在真皮的红色乳头状增生物上，呈“桑葚”样外观，这种痂块经10～14天脱落而痊愈。口腔黏膜也常受害。在唇内侧、齿龈、颊内侧、舌和软腭上，发生灰白色水疱，其外绕以红晕，继而变成脓疱和烂斑；或愈合而康复，或因继发感染而形成溃疡，造成深部组织坏死，甚至部分舌头脱落，少数病例可以继发细菌性肺炎而死亡。

2. 蹄型

几乎只发生绵羊，但近年山羊也发生不少，通常在四肢的蹄叉、蹄冠、或蹄部皮肤上，出现痘样湿疹，亦按丘疹、水疱、脓疱的规律发展，破溃后形成溃疡，若有继发感染则发生化脓、坏死，常波及蹄骨，甚至肌腱或关节。病羊破行，长期卧地，病期漫长。也可能在肺脏以及乳房发生转移性病灶，严重者多因衰竭或败血症而死亡。

3. 乳房型

病羔吮乳时，常使母羊的乳房的皮肤上发生丘疹、水疱、脓疱、烂斑或痂块，有时还会引发乳房炎。

4. 外阴型

本型病例较为常见。病羊表现为外阴有黏液或脓性分泌物，在肿胀的阴唇及附近皮肤上常发生丘疹、水疱、脓疱、溃疡；公羊的阴囊及阴茎上发生脓疱和溃疡。

5. 增生性口疮

本型病例近年来比较多见，主要是口腔黏膜、牙龈出现花菜样增生、皮肤出现疣状增生物，影响采食，本型临床治疗效果慢，且容易造成羔羊死亡。

6. 皮肤型（混合型）

近年发生较多，本型除在口腔发生外，在体表皮肤、特别是腹下、四肢内侧出现结节，渗出物结痂比较坚硬，手触摸有针刺感。病羊常见局部淋巴结肿胀。皮疹、水疱或脓疱于3～4天破溃形成溃疡，于15天后愈合。如有继发感染，溃疡需经3～4周才能愈合。

人感染本病后，呈现持续性发热（2～4）天，发生口疮性口膜炎症后形成溃疡，或在手、前臂或眼睑上发生伴有疼痛的皮疹、水疱或脓疱。

（四）病理变化

病理组织学变化以表皮的网状变性、真皮的炎症浸润和结缔组织增生为特征。

（五）诊断

根据临床症状特征（口角周围、皮肤有增生性桑葚痂垢）和流行病学资料，可做初步诊断。必要时采集水泡液、溃疡面组织做实验检验。

鉴别诊断　注意与口炎、蓝舌病的鉴别：蓝舌病除病羊舌见蓝紫色外，体温升高等全身症状明显，而口炎主要侵害幼羊，一般不出现体温升高及全身症状，病变只发生在口唇部。

(六) 防控措施

(1) 本病主要是接触和创伤感染，所以，要防止黏膜和皮肤发生损伤，在羔羊出牙期应喂给嫩草，拣出垫草中的芒刺。加喂舔砖，以减少啃土啃墙。发现病羊要立即隔离，不要从疫区引进羊只和购买畜产品；发生本病时，对污染的环境，特别是厩舍、管理用具、病羊体表和患部，要进行严格的消毒。在流行地区可以接种弱毒疫苗，以黏膜内注射或者皮肤划痕接种方法效果最好。

(2) 坚持防重于治。从外地引进羊时，要严格检疫；夏季做好消灭库蠓工作，保持羊圈舍清洁卫生，防止库蠓叮咬；患病羊只用0.1% ~0.2%的高锰酸钾溶液等对患部进行冲洗，溃疡面涂抹碘甘油或冰硼散，每天2 ~3次，并用磺胺类或抗生素类药物防止继发感染，同时，做好病羊的防治，保证营养均衡。

(3) 羊病专家律祥君研究员研制了羊口疮、羊痘、小反刍兽疫三价高免抗体，小羊初生7 ~10天按3 ~5mL肌肉或者皮下注射，可有效地防止口疮的发生。

(4) 免疫接种。耐过羊口疮的羊只一般可获得较强的免疫力。由于本病免疫接种部位及方法不同，免疫效果亦不同，因此，免疫部位及途径对于防控本病也非常重要。

附：羊传染性脓包（口疮）使用说明书

【用法用量】

按瓶签注明头份计算，每头份加生理盐水0.2mL。注射方法：用消毒注射器吸取已经溶解好的疫苗，有左手拇指与食指固定好羊口唇（或下唇），使黏膜微突起，然后在黏膜内注射0.2mL。黏膜内注射是否正确应以注射后呈现透明的水疱为准。

免疫期为5个月。

【不良反应】

注射本品后可能有少量羊出现精神不佳、食欲减退或体温升高反应，一般1~2日可恢复。因品种、个体差异，极少数羊可能出现过敏反应，应加强观察和护理，并用肾上腺素或其他脱敏药物对症治疗。

【注意事项】

（1）免疫接种前应详细了解被接种动物品种、健康状况、免疫史和病史。患畜、瘦弱、临产母羊和初生羔羊不注射。

（2）本品在使用前应仔细检查，如发现疫苗瓶破损、已过期失效或未在规定条件保存者均不能使用。

（3）疫苗使用前，应该充分摇匀。

（4）在疫区做紧急预防时，仅限于股内侧划痕，禁用口唇接种法。本疫苗皮下、肌肉或尾根皮内注射无效。

（5）首次用本苗的地区，应选择一定数量的不同品种，成年母羊和出生羔羊等，进行小范围接种试验，无不良后果，方可扩大注射面。对接种后的动物加强饲养管理，并加强观察。

（6）给怀孕母羊接种时，应注意保定，动作轻柔，以免影响胎儿，防止引起机械性流产。

（七）治疗

（1）局部治疗。对唇型和外阴型的病羊，可选用0.1%~0.2%高锰酸钾溶液冲洗创面，在涂以2%龙胆紫，碘甘油、青霉素软膏等，每天1~2次。可将蹄部浸泡在福尔马林中1分钟，必要时每周重复1次，连续3次；每隔2~3天用3%龙胆紫，或1%苦味酸，或用10%硫酸锌酒精溶液重复涂擦。土霉素软膏也有良效。对于严重病例可给予支持疗法。为防止感染，可以内服或注射抗生素药物。人患本病是用对症疗法。

（2）羊病专家律祥君研究员研制了羊口疮、羊痘、小反刍兽疫三价高免抗体，小羊每只按 3～5mL 肌肉或者皮下注射，中羊每千克体重 0.3～0.5mL、大羊按每千克体重 0.2～0.3mL 肌肉或者皮下注射，每天 1 次，连用 2～3 天，可有效的控制羊口疮的发生。

配合笔者研制的疮痘瘟毒散按每千克体重 4g，临床经过 3 000多例治疗，一般 2～3 天可以完全控制，无需隔离，本药水煎后羊喜欢自己喝，需要用盐水每天清洗 1 次。配合浓盐水清洗更好。

(3) 0.1% 的高锰酸钾液每天 2 次，反复冲洗患部（如果已结痂的，应先将患部结痂剥去后再用高锰酸钾浓盐水冲洗干净或者直接用盐摩擦到出血），然后涂抹冰硼散 + 甲硝唑或者碘甘油。

(4) 1% 的龙胆紫溶液或者碘伏 1 天 2～3 次涂拌患部，然后用蜂蜜 + 甲硝唑或者喉症丸碾碎涂抹。

(5) 灌服牛黄解毒片（人用药，药店有售）每只羊 2～3 片/次，1 日 2 次。

(6) 体温升高的病羊，可肌内注射退热药和抗生素（如青霉素、林可霉素、庆大霉素和柴胡等）。

(7) 发病羊场的栏舍、场地、用具必须做好消毒工作，可用消毒威或农甲福稀释后喷洒消毒。

（八）羊口疮的其他治疗方法

治疗原则

(1) 局部治疗。主要目的是消炎、止痛，促进溃疡愈合。治疗方法较多，根据病情选用以下药物。

①含漱剂：0.25% 金霉素溶液，1∶5 000氯己定洗必泰溶液，1∶5 000高锰酸钾溶液，1∶5 000呋喃西林溶液等。

②散剂：冰硼散、青黛散、养阴生肌散、黄连散等中医传统治疗口腔溃疡的主要药。此外，复方倍他米松散布亦有消炎、止

痛、促进溃疡愈合作用。

③药膜：其基质中含有抗生素及可的松等药物。用时先将溃疡处擦干，剪下与病变面积大小相近的药膜，贴于溃疡上，有减轻疼痛，保护溃疡面，促进愈合的作用。

④止痛剂：有 0.5% ~1% 普鲁卡因液，0.5% ~1% 达克罗宁液，0.5% ~1% 地卡因液，用时涂于溃疡面上，连续 2 次，用于进食前暂时止痛。

⑤烧灼法：适用于溃疡、增生性口疮。方法是先用 2% 地卡因表面麻醉后，隔湿、擦干溃疡面，用一面积小于溃疡面的小棉球蘸上 10% 硝酸银液或 50% 三氮醋酸酊或碘酚液，放于溃疡上，至表面发白为度。这些药物可使溃疡面上蛋白沉淀而形成薄膜保护溃疡面，促进愈合。操作时应注意药液不能蘸的太多，不能烧灼邻近健康组织。

⑥局部封闭：适用于咽喉部口疮。以 2.5% 醋酸泼尼松龙混悬液 0.5 ~1mL 加入 1% 普鲁卡因液 1mL 注射于溃疡下部组织内，每周 1 ~2 次，共用 2 ~4 次。有加速溃疡愈合作用。

⑦激光治疗：用氦氖激光照射，可使黏膜再生过程活跃，炎症反应下降，促进愈合。治疗时，照射时间为 0.5 ~5 分钟。一次照射不宜多于 5 个病损。

（2）全身治疗。

①免疫抑制剂：目前认为，本病与自身免疫性疾病有关，近年来，试用免疫抑制剂治疗，部分病例有一定效果。若能经检查确定为自身免疫性疾病，采用免疫抑制剂则有明显疗效。常用药物为肾上腺皮质激素：泼尼松（强的松）5mg/片。地塞米松 0.25mg/片，每日 2 次，每次 1 片。5 天后病情控制则减量，每日减 5 ~10mg。总疗程为 7 ~10 天后停药，如疗程长，为防止感染扩散，应加用抗生素。对严重给予氢化可的松 100mg 或地塞米松 5mg 和四环素 0.2 ~0.3g 加入 5% ~10% 葡萄糖液中，静脉

滴注，病情好转后逐步减量。对怀孕羊、活动期结核或者伪结核的患羊应禁用或慎用。

②免疫调节剂和增加剂：

a. 左旋咪唑 用于需增强细胞免疫作用者。按 10mg/kg 体重，连服 2 日，停药 3 日，可以再用。少数病例可发生粒细胞减少，在治疗过程中应定期血常规检查。

b. 转移因子 可将免疫功能转移给无免疫的机体，以恢复其免疫功能。适用于细胞免疫功能降低或缺陷羊。1mL 内含 $5 \times 10^9$ 白细胞提取物。注射于淋巴回流丰富的部位如腋下或腹股沟处皮下。连用 3～5 天即可。

c. 维生素 维生素类药物可维持正常的代谢功能，促进病损愈合。在溃疡发作时给予维生素 C 0.1～0.2g，每日 3 次，复合维生素 B 每次 1 片，每日 3 次。

d. 微量元素 有血清锌含量减低羊补锌后病情有好转，可用 1% 的硫酸锌糖浆，每次 5～10mL，每日 3 次；或硫酸锌片，每片 0.1g，每次 1 片，每日 3 次。维霉素为核黄素衍生物，含有机体必需的多种维生素、氨基酸、微量元素及一些辅酶，对有胃肠道疾病羊有一定效果，可促进溃疡愈合，每次 0.2～1g，每日 3 次，无副作用，可较长时间服用。

e. 中医辨证治疗 阴虚火旺者，治宜滋阴清热，如用六味地黄丸、一贯煎、甘露饮等方剂加减。脾胃伏火者，治宜清胃降火，如用清胃散、凉膈散等加减。亦可应用活血化淤类药物，如复方丹参片等可改善病情。

## 四、羊痘

羊痘是由羊痘病毒引起的绵羊和山羊的一种急性、热性、接触性传染病，其主要特征是在皮肤和黏膜上发生特异性的丘疹和疱疹，病羊体温升高（41～42℃）且致死率较高；另外可导致妊娠母羊流产，多数患羊在病后丧失生产能力，给养羊业造成巨大危害。

（一）病原学

痘病毒属于痘病毒科、脊椎动物痘病毒亚科。为 DNA 型病毒，一般呈砖形或卵圆形，长 300 ~ 325nm，宽 170 ~ 250nm 其核酸为 RNA。只能在有生命的活细胞中繁殖，在寄生的细胞中产生嗜碱性或嗜酸性包涵体。痘病毒对寒冷和干燥抵抗力很强，可存活数周至半年；对腐败的抵抗力很弱；3% 石炭酸、碘酊、2% 福尔马林均有很强的杀灭作用。

（二）流行病学

病羊是主要的传染源，主要通过呼吸道感染，也可通过损伤的皮肤或黏膜侵入机体。饲养和管理人员，以及被污染的饲料、垫草、用具、皮毛产品和体外寄生虫等均可成为传播媒介。在自然条件下，绵羊痘病毒只能是绵羊发病，山羊痘病毒只能使山羊发病。本病传播快、发病率高，不同品种、性别和年龄的羊均可感染，羔羊较成年羊易感，细毛羊较其他品种的羊易感，粗毛羊和土种羊有一定的抵抗力。本病一年四季均可发生，我国多发于冬、春季节。该病一旦传播的无病地区，易造成流行。

（三）临床症状

1. 绵羊痘

绵羊痘的潜伏期一般为 4 ~ 21 天。

（1）典型症状。病初体温升高到 40 ~ 42℃，精神沉郁，脉搏加快，呼吸促迫，眼、鼻有浆液性，黏液性或脓性分泌物。1 ~ 2 天后，在无毛或少毛部位，如眼、唇、鼻、乳房、外生殖器、尾下面和腿内侧等处，出现红斑（蔷薇疹）。经 2 ~ 3 天蔷薇疹发展至豌豆大，突出于皮肤表面成为苍白色坚实结节，再过 2 ~ 3 天有白细胞深入水泡内，液体混浊形成脓疱。此时温度又上升，全身症状加剧，如未感染其他病原菌约经 3 天，则脓疱内容物逐渐干涸，形成褐色或黑褐色痂皮，7天左右，痂皮脱落，遗留瘢痕而痊愈。病程3～4周。

（2）非典型症状。病变发展到丘疹期而终止，即所谓顿挫型。或痘疱内出血，使痘疱呈黑红色，称为“出血痘”或“黑痘”；继发感染感染坏死杆菌时，形成坏疽性溃疡，称为“坏疽痘”或“臭痘”，此即所谓恶性型，多以死亡告终，多见于营养不良、体质瘦弱的老、弱、孕羊以及幼羊。

2. 山羊痘

（1）典型症状。山羊痘潜伏期平均6～7天，体温高达40～42℃，精神不振，食欲减退或废绝，在尾根、阴唇、尾内、肛门周围、阴囊及四肢内侧均可发生痘疹，有时还会出现在头部、腹部、背部的毛从中。痘疹大小不等，呈圆形红色丘疹或结节，迅速形成水泡、脓疱和痂皮，经过3～4周痂皮脱落，遗留瘢痕痊愈。羊痘发病后，常常伴发并发症，如呼吸道炎症、肺炎、关节炎、胃肠炎，患羊可在发病后死亡，特别是幼龄羔羊死亡率很高，此外，还会引起失明、关节炎、孕羊流产等。

（2）恶性型的山羊痘。其表现为体温升高达41～42℃，精神委顿，食欲消失，脉搏增速，呼吸困难，喘息。结膜潮红充血，眼睑肿胀。鼻腔流出浆液脓性分泌物。经过1～3天，全身皮肤的表面出现扁平的突起，黄豆、绿豆或蚕豆大的红色斑疹（痘疹）。这些斑疹经过2～3天形成水痘（痘泡）。由斑疹过渡到疱疹持续5～6天。

（3）石痘。在流行过程中，也可见到非典型症状。有些病例，病初的症状和典型痘相同，但病程多在丘疹期不再发展，结节仅稍增大而硬固，并不变成水泡，特称为“石痘”。

（四）剖检

尸体的外部可以看到皮肤上各个时期的痘疹，眼结膜和鼻黏膜潮红肿胀，并有数量不等的黏液性或浆液性的眼屎和鼻液等。

呼吸道、和胃肠道的黏膜常见有出血性炎症，特征性病变是在咽喉、气管、肺和瘤胃、皱胃出现痘疹。笔者在解剖的时候，发现发生羊痘死亡的羊肝脏出现圆形溃疡，呈痘状形态。

（五）诊断

根据临床症状如：毛稀处、乳房、四肢内侧、阴唇、包皮、尾部发生丘疹、水泡、脓疱或干痂等病变，可考虑是“羊痘”。临床应注意和“口蹄疫”区别。

（六）预防措施

加强饲养管理，建立严格的消毒防疫制度。严禁从疫区购买羊只及羊肉、羊毛、羊皮等产品。发生疫情时，迅速隔离发病羊只，做好场地环境消毒。

（1）羊病专家律祥君研究员研制了羊口疮、羊痘、小反刍兽疫三价高免抗体，小羊每只按 3 ~ 5mL 肌肉或者皮下注射，中羊每千克体重 0.3 ~ 0.5mL、大羊按每千克体重 0.2 ~ 0.3mL 肌肉或者皮下注射，可有效地控制羊痘的发生。

笔者研制了疮痘瘟毒散，煎水让大群羊自由饮用，可以大幅度减少发病率。

（2）每年定期预防接种，是最有效的方法之一，山羊可以用山羊痘细胞化弱毒冻干苗，大、小羊一律尾部皮下注射 0.5mL，免疫期为 1 年。

（七）治疗措施

1. 全身治疗

对症状剧烈的羊发病严重期要对症治疗，用柴胡退烧、板蓝根或者双黄连抗病毒、抗生素防止感染，必要的时候可以用扑尔敏肌内注射或者氯化钙静脉注射防止炎性渗出可以提高治愈率。

2. 局部治疗

病羊可用 0.1% 高锰酸钾溶液或双氧水冲洗患部，干后涂以碘酒、紫药水、硼砂软膏、四环素软膏、红霉素软膏等。

3. 对发病羊

羊病专家律祥君研究员研制了羊口疮、羊痘、小反刍兽疫三价高免抗体，小羊每只按3~5mL肌肉或者皮下注射，中羊每千克体重0.3~0.5mL、大羊按每千克体重0.2~0.3mL肌肉或者皮下注射，每天一次，连用2~3天。

笔者研制了疮痘瘟毒散，临床经过1 000多例治疗一般2~3天可以完全控制，本药水煎后羊自己喜欢喝。配合速效聚维酮碘局部涂抹效果更好。

对继发感染的羊只治疗如下。

（1）肌内注射青霉素。160万~320万单位或者头孢菌素2~3g，每日2次。

（2）10%磺胺嘧啶钠注射液。按5kg体重1mL，肌注，2次/天，连用3天。

（3）羊血清。0.1~0.2mL/kg体重，皮下或肌内注射，1次/天，连用2天。

（4）中药治疗。

①金银花100g、黄连100g、黄芩100g、黄柏100g、柴胡100g、栀子50g、地骨皮50g，加水10L，文火煎至3.5L，用细纱布7层过滤3次，装瓶灭菌。皮下注射，大羊每次10mL，小羊每次5mL，每天2次，连用3天，一般均可治愈。

上方磨成粉末，加适量开水浸泡30~40分钟，过滤，滤液饮水，药渣拌料，每剂供40只羊1天，连用4~5天。

②黄芪100g、板蓝根80g、当归50g、金银花100g、蒲公英80g、连翘100g、紫花地丁80g、野菊花100g、肉桂50g、甘草60g、（生）何首乌40g、煅石膏80g，开水浸泡30~40分钟，药液饮水，药渣拌料，供40~50只大羊1天用，1次/天，连用4~5天。

③混合型或者内脏型用以下中药方剂治疗，效果亦很好。

病羊初期用：一是二花6g，升麻3g，葛根6g，连翘6g，土获警3g，生甘草3g，水煎一次灌服。二是升麻3g，葛根9g，金银花9g，桔梗6g，浙贝母6g，紫草6g，大青叶9g，连翘9g，生甘草3g，水煎分2次灌服。配合维生素C肌内注射。

④痘疹已成或破溃时用：连翘12g，黄柏45g，黄连3g，黄芪6g，栀子6g，水煎灌服。配合抗生素、维生素C、维生素B6肌内注射。

⑤痘疹趋愈，形成痂皮。病羊虚弱用：一是当归6g，黄芪30g，亦芍15g，紫草3g，金银花3g，甘草1.5g，水煎灌服，根据病情酌加用量。二是沙参6g，寸冬6g，桑叶3g，扁豆6g，花粉3g，玉竹6g，甘草3g，水煎1次灌服。

（5）强化免疫技术。有人建议用大剂量羊痘疫苗免疫治疗羊痘效果很好，方法是：对发病羊用10~15头份弱毒疫苗皮下注射，一般7~10可以治愈。对未发病羊用6~8头份免疫可以很快控制病情发展。

## 五、口蹄疫（烂舌症，烂蹄瘟）

口蹄疫是偶蹄家畜的急性传染病，山羊、绵羊都可患此病，有时还可以传染给人，正因为是人畜共患的传染病，因此，我们必须百倍提高警惕，加强防范，以保证公共卫生安全。

（一）病原

病原体为口蹄疫病毒，属小RNA病毒科，口蹄疫病毒属。核酸类型为单股核糖核酸（RNA），病毒粒子呈球形，不具有囊膜。目前，已知有7个主型，即A型、O型、C型、SAT型（南非）Ⅰ型、SAT（南非）Ⅱ型，SAT（南非）Ⅲ型及Asia（亚洲）Ⅰ型。同一血清型又有若干不同的亚型。各血清型之间几乎没有交叉免疫性，同一血清型内各亚型之间仅有部分交叉免疫性。口蹄疫病毒具有相当易变的特征，一种病毒在体内带毒一定时间就会发生变异，给该病的防控带来困难。病毒主要存在于患病动物的水疱皮以及淋巴液中。发热期，病畜的血液中病毒含量高，而退热后在乳汁、口涎、泪液、粪便、尿液等分泌物、排泄物中都含有一定量的病毒。口蹄疫病毒对日光、热、酸碱均很敏感。常用的消毒剂有2%氢氧化钠溶液，20%～30%的草木灰水，1%～2%甲醛溶液，0.2%～0.5%过氧乙酸和20%～30%氢氧化钙溶液等。

（二）流行病学

主要传染来源为患病家畜，其次为带毒的野生动物（如黄羊）。主要是通过消化道和呼吸道传染，也可以经眼结膜、鼻黏膜、乳头及皮肤伤口传染。如果人或健羊接触了病畜的唾液、水泡液及奶汁，都可能受到传染而发病。狗、猫、鼠、吸血昆虫及人的衣服、鞋等，也能传播本病，据研究在冬季该病毒顺风可以传播50km。

（三）症状

绵羊和山羊病的潜伏期为1～7天，平均2～4天。主要症状是体温升高，食欲废绝，精神沉郁，跛行。乳头出现水泡，口腔的水泡多发生在口黏膜，舌上水泡少见。山羊口腔病变比绵羊多见，哺乳母羊乳房可见水泡，水泡多发生在硬腭和舌面上。母羊常流产。蹄子的水泡小，不像牛那么明显。

乳用山羊有时可见乳头上有病变，奶量减少。

哺乳羔羊特别容易得病，多发生出血性胃肠炎、心肌炎。也可能发生恶性口蹄疫，由于急性心脏停搏而死亡。死亡率可达20%～50%。

（四）剖检

口腔病变在绵羊、山羊有所不同。小羊有出血性胃肠炎。患恶性口蹄疫时，咽喉、气管、支气管和前胃黏膜有烂斑和溃疡形成，心脏舒张脆软，心肌切面有灰红色或黄色斑纹，或者有不规则的斑点，即所谓“虎斑心”。

（五）诊断

本病的临床症状比较特征，易于辨认，结合流行病的分析可以作出初步诊断。进一步确诊常须作实验室检验。但应注意与羊痘相区别。羊痘的面部病灶多见于皮肤，很少见于口腔黏膜。蓝舌病、口疮、溃疡性皮肤炎及腐蹄病都不产生水泡，因而容易区别诊断。

（六）预防

（1）无病地区。严禁从有病国或地区引进动物及动物产品、饲料、生物制品等。来自无病地区的动物及其产品，也应进行检疫。检出阳性动物时，全群动物销毁处理，运载工具、动物废料等污染器物应就地消毒。

（2）无口蹄疫地区。一旦发生疫情，应采取果断措施，对患病动物和同群动物全部扑杀销毁，对被污染的环境严格、彻底消毒。

（3）口蹄疫流行区。坚持免疫接种。用当地流行毒株同型的口蹄疫弱毒疫苗或灭活疫苗接种动物。由于牛、羊的弱毒疫苗对猪可能致病，安全性差，故目前已改用口蹄疫灭活疫苗。

（4）受威胁区。当动物群发生口蹄疫时，应立即上报疫情，确定诊断，划定疫点、疫区和受威胁区，实施隔离封锁措施，对疫区和受威胁区的未发病动物，进行紧急免疫接种。

（七）治疗

羊只发生口蹄疫后，一般经 10 ~ 14 天可望自愈。为促进病畜早日康复，缩短病程，特别是防止心肌炎和继发感染造成死亡，在严格隔离条件下，及时对病羊进行治疗。

对病羊首先要加强护理，例如，圈棚要干燥，通风要良好，供给柔软饲料（如青草、面汤、米汤等）和清洁的饮水，经常消毒圈棚。在加强护理的同时，根据患病部位不同，给予不同治疗。

（1）口腔患病。用疮痘瘟毒散按每千克体重4g，煎水口服，或用0.1%～0.2%高锰酸钾、0.2%福尔马林、2～3%明矾或2%～3%醋酸（或食醋）洗涤口腔，然后给溃烂面上涂抹碘甘油或1%～3%硫酸铜，也可撒布冰硼散；影响采食的可以用普鲁卡因或者利多卡因喷口腔减少疼痛。

（2）蹄部患病。用3%煤酚皂溶液、1%福尔马林或3%～5%硫酸铜浸泡蹄子。也可以用消毒软膏（如1∶1的木焦油凡士林）或10%碘酒涂抹，然后用绷带包裹起来。最好不要多洗蹄子，因潮湿能够妨碍痊愈。

（3）乳房患病。应小心挤奶，用2%～3%硼酸水洗涤乳头，然后涂以消毒药膏。

（4）恶性口蹄疫。对于恶性口蹄疫的病羊，应特别注意心脏机能的维护，及时应用强心剂和葡萄糖注射液或者口踢心肌康。为了预防和治疗心肌炎及继发性感染，也可以肌内注射地塞米松、头孢菌素类。

口服结晶樟脑，每次1g，每天2次，效果良好。而且有防止发展为恶性口蹄疫的作用。

## 六、羊狂犬病

狂犬病又名恐水病，为人畜共患的急性传染病，其特征是中枢神经系统发生紊乱，变为疯狂，最后麻痹而死。

### （一）病原

病原为狂犬病病毒；属弹状病毒科狂犬病毒属。病毒的核酸类型为单股RNA。狂犬病病毒在动物体内主要存在于中枢神经特别是海马角、大脑皮层、小脑等细胞和唾液腺细胞内。该病毒对过氧化氢、高锰酸钾、新洁尔灭、来苏尔等消毒药敏感，1%～2%肥皂水、70%酒精、0.01%碘液、丙酮、乙醚等能使之灭活。

(二) 流行病学

传染源主要是患病动物以及潜伏期带毒动物，野生犬科动物(如野犬、狼、狐等) 常成为人、畜狂犬病的传染源和自然保毒宿主。患病动物主要经唾液腺排出病毒，以咬伤为主要传染途径，也可经损伤的黏膜和皮肤感染。

(三) 临床症状

病的潜伏期为3~8周，亦可长达1~2年。国际兽疫局规定的最长潜伏期为半年。

疯羊的症状和其他病畜相似。起初容易兴奋，好斗，常舔咬受伤部位。如果不易舔到，即放声大叫，或者踏蹄不安，来往跑动。原来驯顺的羊变为暴躁，常舔咬其他家畜，甚至咬狗或攻击人。母羊常欺侮自己的小羊。如果喉头麻痹，唾液便不时流出口外。当喉头麻痹比较严重时，饮食难以下咽。性欲亢进。沉闷少动，最后麻痹死亡。病期为3~5天，亦可延长到8天。有时被咬的羊只并不发病，可是一旦出现标准症状，就难免发生死亡。

(四) 病理变化

尸体消瘦，胃内常发现异物，如木片、石片或碎玻璃。胃黏膜高度发炎，有许多出血点。组织学检查时，有非化脓性脑炎，见海马角及延脑的神经细胞内常有特征性的嗜酸性包涵体 (尼氏小体)。

(五) 临床诊断

除根据特有症状及剖检时胃内有异物以外，对于病程自然发展而死亡的羊只，可由脑组织 (海马角、小脑或延脑) 的涂片中检查有无尼氏小体来确定诊断。如果在疾病进行过程中杀死羊只，不容易查到尼氏小体。也可进行病毒分离鉴定和血清学试验。

（六）预防

（1）对于疯狗应立即捕杀。加强犬类管理，养犬须登记注册，并进行免疫接种。

（2）对于被疯动物或可疑动物咬伤的羊，必须严格隔离，最少观察3个月，而且应及时用清水或肥皂水冲洗伤口，再用7%浓碘酒彻底消毒。对于有价值的羊还应尽快注射狂犬病疫苗，或用狂犬病免疫血清，以防止发病。如果耽延时间，就可能来不及形成免疫性。若已显出症状，更没有预防作用。

（七）治疗

发病以后尚无良好治疗方法，对被疯狗咬伤的羊应及早进行捕杀。

## 七、羊伪狂犬

伪狂犬病又名奥耶斯基氏病、传染性延髓麻痹和奇痒病，为损害神经系统的急性传染病，绵羊和山羊均可发生，近年来，绵羊发病率较高。此病一年四季都可发生，以春秋两季较为常见，呈散发性或地方性流行。

因本病临床表现与狂犬病相似，但经证实是由不同病毒所引起，被命名为伪狂犬，以示区别。

（一）病原

本病病原为伪狂犬病病毒，又称为阿氏病病毒，在分类上属疱疹病毒科异型病毒属的猪疱疹病毒 i 型。可引起多种家畜及野生动物的急性传染病。

其病毒粒子为卵圆形或球形，伪狂犬病病毒在pH值5～7稳定，在甘油盐溶液或脱脂乳中于冰冻条件下可保持其传染性，在含有1%血清白蛋白、pH值7.5的tris液中，于－70℃能更好地保存。此病毒能被x射线和紫外线灭活，对脂溶剂（乙醚、氯仿等）非常敏感，对胰蛋白酶、5%石炭酸、氢氧化钠敏感，

0.5%石灰乳、2%福尔马林可很快使病毒灭活。

伪狂犬病病毒在鸡胚绒毛尿囊膜上易生长，在鸡胚卵黄囊中可连续继代，兔肾细胞对此病毒特别敏感。在形成的多核细胞内，可见到嗜碱性或嗜酸性的核内包涵体。病毒在发病初期存在于血液、乳汁、尿液以及脏器中，而在疾病后期主要存在于中枢神经系统。

（二）流行病学

病畜，带毒家畜以及带毒鼠类为本病的主要传染源，感染猪和带毒鼠类是伪狂犬病毒重要的天然宿主。羊或其他动物多与接触带毒猪、鼠有关，感染动物经鼻漏、唾液、乳汁、尿液等各种分泌、排泄物排出病毒，污染饲料、牧草、饮水、用具及环境。本病通过消化道、呼吸道途径感染，也可经皮肤、黏膜损伤以及交配传染，或者通过胎盘、哺乳直接传染。近年来绵羊发病率比较高，可能与绵羊喜卧等生理特性有关。

（三）症状

在自然条件下，潜伏期平均为2～15天。病羊主要呈现中枢神经系统受损害的症状。体温升高到41.5℃，呼吸加快，精神沉郁。唇部、眼睑及整个头部迅速出现剧痒，病畜常摩擦发痒部位。病羊运动失调，常做跳跃状或向前呆望。结膜有严重炎症，口腔排出泡沫状唾液，鼻腔流出浆液性黏性分泌物。病羊身体各部肌内出现痉挛性收缩，迅速发展至咽喉麻痹及全身性衰弱。病程2～3天，死亡率很高；有的病羊不表现奇痒症状，仅出现发烧、精神沉郁、流口水、肌肉震颤，四肢无力就很快死亡。

（四）剖检变化

皮肤擦伤处脱毛、水肿，其皮下组织有浆液性或浆性出血性浸润。病理组织学检查，中枢神经系统呈弥漫非化脓性脑膜脑脊髓炎及神经节炎。病变部位有明显的周围血管套以及弥漫的灶性胶质增生，同时，伴有广泛的神经节细胞及胶质细胞坏死。神经细胞核内可见到类似尼小体的包涵体。

（五）诊断

在一般情况下，此病诊断不需要作实验室检查，可根据临床症状及流行病学资料判定。但在新发病地区还需要实验室进行病原学检查或者血清学试验。伪狂犬病常需要与狂犬病，李氏杆菌病作鉴别诊断。

伪狂犬病与狂犬病的鉴别诊断狂犬病患畜一般有被患病动物咬伤的病史，病畜兴奋时多有攻击性行为。病料悬液皮下接种家兔，通常不易感染。脑内接种，发病后无皮肤瘙痒症状。

伪狂犬病与李氏杆菌病的鉴别诊断羊感染李氏杆菌后，一般无皮肤瘙痒症状。血液涂片染色镜检，可见单核细胞增多。病料观察，可发现革兰氏阳性的李氏杆菌。病料悬液接种家兔，不出现特殊的瘙痒症状。

（六）预防

（1）病愈羊血清中含有抗体，能获得长时期的免疫力。狂犬病与伪狂犬病无交叉免疫。在发病羊场，可使用伪狂犬病氢氧化铝灭活疫苗，做 2 次肌内注射，间隔 6～8 天，注射部位为大腿内侧或颈部（第一次左侧，第二次改为右侧）。接种量：1～3 个月龄的羊只，第一次接种 2mL，第二次 3mL；3 月龄以上的羊只，第一次和第二次均接种 5mL。

（2）羊群中发现伪狂犬病后，应立即隔离病羊，停止放牧，严格地进行圈舍消毒。

（3）与病羊同群或同圈的其他羊只应注射免疫血清。当出现新病例时，经 14 天后，再注射一次免疫血清。如果没有出现新病例，应对所有羊只进行疫苗接种。

（4）进行灭鼠，避免与猪接触，防止散播病毒。

（七）治疗

用伪狂犬病免疫血清或病愈家畜的血清可获得良好效果，但必须在潜伏期或前驱期使用。应用硫酸镁、水合氯醛、酒精以及青霉素和磺胺嘧啶钠及其他抗生素等都无疗效。

笔者临床上，用金刚烷胺按2%溶解，肌内注射按每2kg体重1mL，配合氯丙嗪2～4mg/kg体重有一定的效果。建议发病羊群搞紧急免疫注射，发病羊可试用大剂量（20～30倍）猪伪狂犬弱毒疫苗稀释后放70～80℃的热水中15～20分钟（60℃ 30分钟最好），肌内注射。

## 八、蓝舌病

蓝舌病是以昆虫为传染媒介的反刍动物的一种病毒性传染病。主要发生于绵羊，临床特征为发热，消瘦，口、鼻和胃黏膜的溃疡性炎症变化，因病畜舌呈蓝紫色而得名。由于病羊，特别是羔羊长期发育不良、死亡胎儿畸形、羊毛的损坏，造成的经济损失很大。本病最早在1876年发现于南非的绵羊，1906年定名为蓝舌病。1943年发现于牛。本病的分布很广泛，很多国家均有本病存在。

### （一）病原

蓝舌病病毒属于呼肠孤病毒科的环状病毒属。为一种双股RNA病毒，呈20面体对称。核衣壳的直径为53～60nm。但因衣壳外壳直径为8～11nm，呈中空的短圆柱状。本病毒易在鸡胚卵黄囊或血管内繁殖。培养温度应不超过33.5℃；乳小鼠和仓鼠脑内接种也能增殖。羊肾、胎牛肾、犊牛肾、小鼠肾原代细胞和继代细胞（BKH－21）都能培养增殖并产生蚀斑或细胞病变。病毒存在于病畜血液和各器官中，在康复畜体内存在达4～5个月之久。病毒抵抗力很强，在50%甘油中可存活多年，对3%氢氧化钠溶液很敏感。已知本病毒有24种血清型，各型之间无交叉免疫力。

（二）流行病学

绵羊易感，不分品种、性别和年龄，以1岁左右的绵羊最易感，吃奶的羔羊有一定的抵抗力。牛和山羊的易感性较低。野生动物中鹿和羚羊易感，其中以鹿的易感性较高，可以造成死亡。病的发生具有严格的季节性。主要由各种库蠓昆虫传播。当昆虫吸吮患畜的带毒血液后，病毒在虫体内繁殖并可始终感染易感动物。传染媒介库蠓喜好叮咬牛，把病毒传染牛，牛不显症状，但牛体内存在蓝舌病病毒，然而如果没有牛，则媒介库蠓也叮咬绵羊，并把病毒传给绵羊。本病的分布与这些昆虫的分布、习性和生活史密切相关。多发生于湿热的夏季和早秋。特别多见于池塘河流多的低洼地区。在流行区的牛也可能是急性感染或为带毒牛。对本病来说，牛是宿主，库蠓是传播媒介，而绵羊是临诊症状表现最严重的动物。

（三）症状

潜伏期为3～8天。病初体温升高达40.5～41.5℃，稽留5～6天。表现厌食、委顿、流涎，口唇水肿延伸到面部和耳部，甚至颈部、腹部。口腔黏膜充血，后发绀，呈青紫色。在发热几天后，口腔连同唇、龈、颊、舌黏膜糜烂，致使吞咽困难；随着病的发展，有溃疡损伤部位渗出血液，唾液呈红色，口腔发臭。鼻流炎性、黏性分泌物，鼻孔周围结痂，引起呼吸困难和鼾声。有时蹄冠、蹄叶发生炎症，触之敏感，呈不同程度的跛行。甚至膝行或卧地不动。病羊消瘦、衰弱，有的便秘或腹泻，有时下痢带血，早期有白细胞减少症。病程一般为6～14天，发病率30%～40%，病死率2%～3%，有时可高达90%，患病不死的羊经10～15天症状消失，6～8周后蹄部也恢复。怀孕4～8周的母羊遭受感染时，其分娩的羔羊中约有20%表现发育缺陷，如脑积水、小脑发育不足、回沟过多等。

山羊的症状与绵羊相似，但一般较轻微。

牛通常缺乏症状。约有5%的病例显示轻微症状，其临床表现与绵羊相似。

(四) 病变

主要见于口腔、瘤胃、心、肌肉、皮肤和蹄部。口腔出现糜烂和深红色区，舌、齿龈、硬腭、颊黏膜和唇水肿。瘤胃有暗红色区，表面有空泡和坏死。真皮充血、出血和水肿。肌肉出血，肌纤维变性，有时肌间有浆液和胶冻样浸润。呼吸道、消化道和泌尿道黏膜及心肌、心内外膜均有小点出血。严重病例，消化道黏膜有溃疡和坏死。脾脏通常肿大。肾和淋巴结轻度发炎和水肿，有时有蹄叶炎变化。

(五) 诊断

根据典型症状和病变可以做临床诊断，如发热，白细胞减少，口和唇肿胀和糜烂，跛行，行动僵直，蹄的炎症及流行季节等。为了确诊可采取病料进行人工感染（最好采取早期病畜的血液，分别接种易感绵羊和山羊）或鸡胚或乳鼠和乳仓鼠分离病毒。也可进行血清学诊断，方法有补体结合试验、中和试验、琼脂扩散试验、直接和间接荧光抗体技术、酶标记抗体法、核酸电泳分析和核酸探针检测等，其中，以琼脂扩散试验较为常用。

牛羊蓝舌病与口蹄疫、牛病毒性腹泻-黏膜病、恶性卡他热、牛传染性鼻气管炎、水疱性口炎、茨城病等有相似之处，应注意鉴别。

(六) 防治措施

对病畜药精心护理，严格避免烈日风雨，给以易消化的饲料，每天用温和的消毒液冲洗口腔和蹄部，必须注意病畜的营养状态。预防继发感染可用磺胺药或抗生素，有条件的地区或单位，发现病畜或分出病毒的阳性畜予以扑杀；血清学阳性畜，要定期复检，限制其流动，就地饲养使用，不能留作种用。

夏季宜选择高地放牧以减少感染的机会。夜间不在野外低湿地过夜。定期进行药浴、驱虫，控制和消灭本病的媒介昆虫库蠓，做好牧场的排水等工作。在流行地区，每年接种疫苗，有预防效果。

## 九、山羊关节炎—脑炎

山羊关节炎脑炎是由山羊关节炎脑炎病毒引起的一种慢性传染病，在临床上，成年山羊以慢性多发性关节炎为特征，间或伴发间质性肺炎，或间质性乳房炎；羔羊常以脑脊髓炎为特征。

### （一）病原

病原为山羊关节炎脑炎病毒。山羊关节炎脑炎病毒是一种反转录病毒。山羊胎儿滑膜细胞常用于分离山羊关节炎脑炎病毒，病料接种后15～20小时，病毒开始增殖，24小时后细胞出现融合现象，5～6天细胞层布满大小不一的多核巨细胞。山羊关节炎脑炎病毒虽能在山羊睾丸细胞、胎肺细胞、角膜细胞上进行复制，但不引起细胞病变。山羊关节炎脑炎病毒与梅迪—维思纳病的反转录病毒十分相似，血清学试验有交叉反应，两种病毒可用分析基因组核酸序列区别，基因组有15%～30%的同源性。

### （二）流行病学

1974年，Ceek等首次报道本病，目前山羊关节炎脑炎已在世界范围内，包括欧、美、澳、亚洲的十多个国家流行。各国流行情况不同，澳大利亚、美国、加拿大、法国、挪威和瑞士的感染率为65%～81%，英国和新西兰为10%左右。安格拉山羊的感染率明显低于奶山羊。后者可高达70%～90%，但临床发病很少超过10%。这种情况可能与奶山羊常集中饲养，奶山羊羔有喂混合乳的习惯，使感染机会增多有关。

1985年以来，我国甘肃、四川、陕西、山东和新疆等省（区）先后发现本病。山羊关节炎脑炎琼脂试验呈阳性反应或有临床症状的羊，均为从英国引进的萨能，吐根堡奶山羊及其后裔，或是与这些进口奶山羊有过接触的山羊。

在自然条件下，山羊关节炎脑炎的传染源主要是患病山羊(包括隐性患羊)，病毒经乳汁可传递给羔羊，被污染的饲草、饲料、饮水等也可成为传染媒介。感染途径以消化道为主。只在山羊间相互感染发病，无年龄、性别、品系间差异，但以成年羊感染居多。一年四季都可发病，呈地方流行性。

山羊关节炎脑炎病毒通过消化道侵入淋巴细胞，胸腺、脾脏、脑、脉络丛和滑膜细胞。巨噬细胞在发病机理中起主导作用，显然只有受侵害的组织如肺，滑膜和乳腺等的巨噬细胞受感染并复制病毒。病毒在感染组织中低水平地持续复制，刺激局部炎症反应，引起慢性关节炎、脑脊髓炎、乳房硬肿以及慢性间质性肺炎。动物不能清除病毒，使炎症反应持久存在。

(三) 临床症状

被感染的山羊，在良好的饲养管理条件下，常常不出现临床症状或者症状不明显，只能通血清学试验才能发现。一旦改变饲养管理、环境条件，或经过长途运输等应激因素刺激，则引起发病，表现出临床症状。其临床症状有的为关节炎型，主要发生于成年山羊，病程缓慢；有的为脑炎型，多见于羔羊；有的为间质性肺炎或间质性乳房炎型（乳房硬肿)；也有混合发生的病例。

1. 关节炎型

成年山羊最常见单侧或双侧腕关节的渐进性肿胀、跛行，往往波及前肢远端主要伸肌腱鞘，并延伸到腕关节近侧。在进行性病例，关节明显肿胀、变硬，继之关节周围广泛纤维变性，胶原坏死和钙化，并形成骨赘。病的后期，寰椎和椎骨棘上方的黏液囊肿胀。跛行的程度变化很大，一些山羊表现轻度步态僵硬，可持续数年；而另一些山羊，关节迅速不能活动，常见前肢跪地膝行，甚至韧带和腱断裂而失去站立能力。病羊因长期卧地、衰竭或继发感染而死亡。病程 1 ~ 3 年。患病关节和黏液囊常肿大。

2. 脑炎型

常发生于2～6月龄山羊羔。初期以后躯衰弱、一肢或两肢运动失调为特征。以后可发展为四肢麻痹，一般体温正常。病羔反应灵敏，能采食和饮水。本体感觉检查明显缺乏，但运动神经原反射不一定消失。有的膝反射或收缩反射消失，但多数正常。有时患肢肌肉明显萎缩。病程半月至数年，最终导致死亡。

（1）山羊关节炎脑炎（关节型）。腕关节肿大。

（2）山羊关节炎病毒感染时，常患病时关节和黏液囊。

（3）腕关节侧面观，早期骨关节炎和软组织肿胀。

（4）慢性山羊关节炎的腕关节前面，表面明显骨溶解，桡骨腕关节侧脱位，骨膜有新骨生长和关节周围软组织钙化，

（5）间质性肺炎型。本型发生于成年山羊，病羊常有半年多的体重下降和呼吸困难病史。症状在不知不觉中加剧，开始轻微，随后逐渐消瘦、衰弱、咳嗽、呼吸困难。肺部叩诊浊音，听诊有湿罗音。本型病例在临床上较为少见，病例有关节炎症状。病程多为3～6个月。

（6）间质性乳房炎型（乳房肿硬）。多发生于分娩后的1～3天，乳房坚实或坚硬，仅能挤出少量乳汁，无全身症状，也没有细菌性乳房炎的表现。清除了山羊关节炎脑炎病毒感染的羊群中无此种病例发生。

（四）病理变化

在关节炎病例中，有消瘦和多发性关节炎，几乎所有病例都有退行性关节病，通常伴有淋巴结肿大和弥漫性间质性肺炎。在脑炎型病例中，棕红色病灶可能涉及脑干、小脑及颈部脊髓的白质；病变是两侧性、非化脓性、脱髓性脑脊髓炎，通常也有轻度弥漫性间质性肺炎。

（五）诊断

根据临床症状，病理变化以及琼脂扩散试验阳性可作出诊

断。进一步诊断可从患病山羊的骨膜细胞或脑细胞分离山羊关节炎脑炎病毒。

目前，琼脂扩散试验在实践中已得到广泛应用，这种方法是山羊的抗体对山羊关节炎脑炎病毒的反应，试验阳性表示山羊已感染了有活力的山羊关节炎脑炎病毒，即可作出诊断，不必要求山羊有临床症状，因为，一旦感染将保持终生。在证实诊断之前，将琼脂扩散试验结果与临床症状联系起来之所以重要，是因为琼脂扩散试验阴性时，表明这些临床症状是其他疾病而不是山羊关节炎脑炎。

（六）鉴别诊断

（1）传染性关节炎。本病与山羊关节炎脑炎相比，多呈急性，跛行更为严重，嗜中性细胞增多。

（2）维生素 E 和硒缺乏。多引起以肌内衰弱和跛行为特征的白肌病，虽然在临床上酷似山羊关节炎脑炎，但其血清和组织含硒量低，用维生素 E 和硒治疗有效。

（3）李氏杆菌病。多表现为沉郁，转圈运动以及颅神经麻痹，早期磺胺类及抗生素治疗有效。

（4）脑灰质软化症。以失明、沉郁和共济失调为特征，早期维生素 $B_1$ 治疗有效，而山羊关节炎脑炎很少发生失明和沉郁。

（5）弓形虫病。本病与山羊关节炎脑炎临床表现有些相似，但可检出弓形虫和弓形虫抗体。

（七）预防

在制定预防控制计划之前，首先用琼脂扩散试验确定羊群的感染率。如果羊群为山羊关节炎脑炎血清学阴性，可通过羊群的封闭式管理及仅引进无 CAE 病毒的新基因原种，以保持羊群无山羊关节炎脑炎。定期对羊群进行山羊关节炎脑炎检疫，监视羊群状态。一旦发现羊群感染山羊关节炎脑炎病毒，可根据畜主的愿望及财力，选用以下几种控制和消灭山羊关节炎脑炎的措施。

一种是当羊群不大时，可全部扑杀羊只，重新建立无山羊关节炎脑炎羊场。另一种是有计划地对羊群进行定期检疫，及时扑杀阳性羊和隔离饲养新生羔羊，认真执行兽医卫生措施，直到一年数次检疫表明羊群没有进一步山羊关节炎脑炎病毒感染，再按无山羊关节炎脑炎羊群管理。这种措施经澳大利亚、新西兰以及我国一些地方实施，证明是有效的防制措施。

（八）治疗

无有效治疗方法。

## 十、绵羊溃疡性皮肤病

本病又称为唇及小腿溃疡（lip and leg ulceration）或绵羊花柳病，或龟头包皮炎，为绵羊的一种传染病。其特征是表皮发生限界性溃疡，侵害部位包括唇、小腿、足和外生殖器官。

（一）病原

病原为一种病毒，病毒尚未分类，很像口疮病毒但根据交互免疫试验，证明与口疮病毒并不是一种。

（二）流行病学

单独接触不能传播本病，但人工感染于划破的皮肤时，容易成功。在自然感染情况下，病毒是经过破伤而进入皮肤。包皮、阴茎及阴户的发病乃是通过交配传染的。

（三）临床症状

症状根据发病部位而定。发病在唇及小腿者，最初症状为跛行，这是由于局部病灶所引起。病灶表现为溃疡，其大小与深浅不一，初期阶段即形成痂皮，将溃疡面遮盖起来。除去痂皮时，可见一无皮而出血的浅伤口，一般只有数毫米深。在痂皮与溃疡底部之间存在有乳酪样而无臭的脓汁。与口疮病灶的主要不同是，此种溃疡是由组织受到破坏所形成，而口疮病灶则是组织增生的结果。面部病灶最常限于上唇缘与鼻孔之间的区域以及眼内角下方，溃疡性皮肤病的面部溃疡，但也可能发于颊部。除了最严重的病例可使唇部穿孔以外，均不涉及颊黏膜。足部病灶可发生在蹄冠与腕部（或跗部）之间的任何部分。包皮炎的病灶开始于包皮孔，溃疡可部分或全部地围绕包皮孔。由于患病部分伴发水肿，故可造成包茎或嵌顿包茎。病灶可以蔓延到阴茎头。当溃疡面扩大时，可使公羊丧失交配能力。母羊阴户上的病灶并不像在公羊那么大，但性质完全相同。通常先由下联合处开始发病，以后扩及整个阴唇，致使阴户水肿。但并不涉及阴道。

（四）诊断

诊断主要根据病灶特征。必须注意与口疮病灶相区别，其不同之处为如下。

（1）溃疡性皮肤炎发生于各种年龄的绵羊，而口疮却多限于小羊，成年羊很少发生。

（2）溃疡性皮肤炎是溃疡性的，而口疮则为增生性质；此外，口疮疫苗不能使溃疡性皮肤炎得到免疫。因此，也可以对口疮免疫过的羔羊进行接种来进行诊断。

（五）防治

目前，尚无疫苗和特效疗法。在发现本病的地区，配种季节开始以前，必须对公羊严格检查，发现有任何包皮炎的症状时，应即进行淘汰。

## 十一、绵羊梅迪—维斯纳病

两者都是由同一种病毒引起的绵羊两种不同的慢性传染病。其特征是潜伏期特别长，病程经过数月或数年，最终以死亡为转归的慢性进行性疾病。梅迪是爱尔兰语“呼吸困难“的意思，是以呼吸困难或消瘦等为主要特征的慢性进行性肺炎；Visna是爱尔兰语“衰弱”的意思，是一种神经症状为主要特征的脑脊髓炎。我国羊群20世纪70年代特别是进口羊群中多次出现疑似梅迪病例。曾取有疑似并有肺脏病变的病羊肺组织做直接超薄切片电镜检查，发现极似梅迪病病毒粒子，应用美国提供的标准抗原做琼扩，也发现阳性反应。1985 年最近报道已在羊脉络丛细胞分离到梅迪病毒。

本病长期危害羊群，老龄羊群中可能出现临床和亚临床病例。因营养状况不良。生产性能下降，最后衰竭或因继发细菌感染而死亡。

（一）病原

梅迪—维斯纳病毒，为 RNA 病毒，属于反录病毒科一员，呈圆形或卵圆形，直径 80 ~ 120nm，病毒核心致密，直径 30 ~ 40nm，外有囊膜，囊膜表面有纤突，在核心内有反转录酶，病毒粒子的形态学特征和形成过程（出芽方式）等均与各种动物 C 型肿瘤病毒相似。病毒易在绵羊的室管膜脉络丛、肾、唾液腺等细胞培养物内增殖，但常需 2 ~ 3 周才出现细胞病变。在进行染色观察见到具有胞核呈马蹄状排列的多核巨细胞。病毒对乙醚、氯仿、乙酸敏感，易被热（56℃，30 分钟）、酸（pH 值 4. 2 以下）灭活。

世界各国和梅迪病临诊、剖检相似的羊疾病，有种种不同的名称，如美国称进行性肺炎（蒙他纳病），德国叫进行性间质性肺炎，法国称为 labouhite，肯尼亚叫肺病等。它们由同一病毒的不同毒株引起或是由不同病原引起，尚不能完全肯定。

（二）流行病学

主要侵害羊，以绵羊最为易感，且多见于 2 岁以上的绵羊（病羊初乳、乳汁含毒，羔羊可能遭受感染，但本病潜伏期极长，2 ~6 年。）潜伏期或发病期的病羊脑、脊髓、肺、唾液腺、鼻液、粪便中含毒，即使体内存在高浓度中和抗体，病毒仍能长期存活，病程也呈进行性发展，但仅发病期间病羊为传染源。本病的传播方式为水平传播，主要经消化道和呼吸道感染。实验证明，梅迪病能通过多种途径（鼻、气管、静脉内）感染发病，也能与病羊同群，发生同居感染和通过污染饲料、饮水，经消化道感染。将维斯纳病羊的脑组织乳剂，脑内接种健康羊呈现神经症状（维斯纳病），而鼻或气管内接种即可复制出梅迪样疾病。

（三）症状

潜伏期2年以上，病程数月至数年，稍有恢复。梅迪病：掉群，逐渐消瘦，干咳，呼吸困难（特别是运动），呈现慢性间质性肺炎症状，病情进行性加重，直至死亡。

维斯纳病：最初表现步态异常，运动失调和轻瘫，尤其是后肢，有时可见头部有异常表现，乳唇和颜面部肌肉震颤，病情缓慢恶化，最后陷入对称性麻痹死亡。

（四）病变

（1）梅迪病。主要见于肺和局部淋巴结。肺的体积和重量比正常增加2~4倍，呈灰黄色或暗红色，触之有橡皮样感，肺小叶间质明显增宽。组织学检查：可见血管、细支气管和肺泡周围淋巴细胞、单核细胞，弥漫性浸润，并伴发肺泡中隔的肥厚，淋巴样细胞结节状积聚，支气管淋巴细胞结和纵膈淋巴结也往往肿大。

（2）维斯纳病。羊通常无肉眼变化，在老龄羊可见后肢骨骼肌显著萎缩。

（3）组织学变化。主要为弥漫性脑脊髓炎，淋巴细胞和小胶质细胞增生、浸润以及血管套现象。大、小脑、脑桥、延髓、脊髓的白质内出现脱髓鞘现象。

（五）诊断

因本病病程极长，此期间常并发其他疾病，且与本病类似的病也很多，故本病不易诊断。上述资料只能初诊，确诊有赖于实验室检查。

（1）病毒分离。在病的早中期，采集病羊的白细胞或脑、肺组织，做细胞培养，分离病毒。或采取神经型病羊的脉络丛。

肺炎型病羊的肺组织和淋巴结，做乳剂后接种健羊的原代脉络丛细胞培养物或原代肺组织细胞培养物，随后用中和试验或荧光抗体技术鉴定。

(2) 血清学实验。有补反、中和、琼扩，其中前两种抗体出现早（3～4周，2～3月）持续数年，多用于诊断。琼扩多用于疫情调查和疫病检测。

(3) 鉴别诊断。绵羊肺腺瘤病又称绵羊肺癌或驱赶病，是一种以增生或肿瘤性病变并常转移为特征的疾病，其病原体是一种疱疹病毒。在临床上与梅迪病相似，呈现进行性呼吸困难、咳嗽、以死亡告终，潜伏期长（6～9个月），多发生于2～4岁绵羊。病期2～8个月，病变为肺内多量的灰色灶状结节，这些结节可融合成为很大的肿块，并常继发细菌感染，则形成脓肿（大小不一）。局部（如支气管、纵膈）淋巴结增大，形成肿块（肿瘤转移所致），组织学特征是大单核细胞聚集及细支气管和肺泡管内皮细胞增生，肺泡中膈上常有乳头状上皮突起以及部分肺泡腔被阻塞，其他组织和器官通常不见病变，这与梅迪病不同。这两种病临诊上相似（肺癌流液状稀鼻涕），主要依赖组织学检查予以鉴别。此外，血清学反应不同。

（六）防制措施

目前，没有治疗办法。扑灭最彻底的办法，是在临床剖检或血清学证明本病时，扑杀全群绵羊及直接、间接接触者，圈栏、用具等应彻底消毒。严禁由疫区引进种羊。

## 十二、绵羊肺腺瘤病

绵羊肺腺瘤病是成年绵羊的一种慢性肿瘤性传染病。该病以肺泡和支气管上皮进行性腺瘤样增生，咳嗽，流鼻涕，消瘦，呼吸困难为特征，最终死亡。其病原为绵羊肺腺瘤病病毒。地理分布及危害，绵羊肺腺瘤病在世界范围内均有发病报道。

最早发病记载是在1825年和1933年冰岛引进绵羊时，引起绵羊肺腺瘤病爆发，从而证明本病具有传染性。绵羊肺腺瘤病主要成地方性散发，在英国、德国、法国、荷兰、意大利、那斯拉夫、希腊、以色列、保加利亚、土耳其、俄罗斯、南非、秘鲁、印度及中国新疆维吾尔自治区等地均有绵羊肺腺瘤病发病报道，特别是在苏格兰绵羊肺腺瘤病呈顽固的地方性散发，年发病率为20%左右，死亡率很高，可达100%。苏格兰的黑脸皮绵羊易感性最强，多呈单独感染（而在有些国家如南非、美国绵羊肺腺瘤病多与绵羊进行性肺炎及巴士杆菌引起的肺炎混合感染）。绵羊肺腺瘤病主要感染绵羊，山羊有一定的抵抗力。

（一）病原

绵羊肺腺瘤病（SPA）是由一种反转录病毒引起。本病毒组织培养很难生长，在易感绵羊体内的支气管上皮细胞复制。同时经气管内接种羔羊，传染性也很强。在病羊肺肿瘤组织切片的电镜下，观察到两种病毒颗粒。一种是细胞内的A型颗粒，偶见从细胞膜向外出芽；另一种是细胞外的C型颗粒。

（二）流行病学

绵羊肺腺瘤病在世界范围内发生。主要呈地方性散发。不同品种和年龄的绵羊均能发病。本病的潜伏期长，出现临诊症状的多为2~4岁成年绵羊。在苏格兰绵羊肺腺瘤病的发病率有时在一牧群中最高达20%左右，潜伏期也大大缩短，当年出生的10月龄羔羊也见，给养羊业带来很大的经济损失。绵羊肺腺瘤病在一个地区或牧场一旦发生，很难彻底消灭。本病一般都以死亡而告终。山羊对绵羊肺腺瘤病有一定的抵抗力，但有些国家有山羊鼻内肿瘤报道。绵羊肺腺瘤病可经呼吸系统传播。病羊肺内肿瘤发展到一定阶段时，肺内出现大量分泌物，病羊通过呼吸及低头采食，将含有传染性病毒的悬滴或飞沫排至外界环境中或污染草料，被易感绵羊吸入而感染。尤其在密闭的圈舍中，羊只拥挤，更有利于本病传播。随着气候的逐渐寒冷或阴雨气候，病羊的临诊症状更加明显，如并发其他细菌性肺炎或绵羊进行性肺炎，则病程大大缩短。

（三）临床症状

绵羊肺腺瘤病潜伏期为数月至数年。自然病例出现临诊症状最早的为当年出生的羔羊，但多见于2～4岁的成年绵羊。实验室接种新生羔羊，3～6星期可引起发病，随着肺内肿瘤的不断增长，病羊表现呼吸困难。尤其在剧烈运动或长途驱赶后，病羊呼吸加快更加明显。当病程发展到一定阶段，病羊肺内分泌物增加，可听到湿性啰音。病羊低头采食时，从鼻孔流出大量水样稀薄的分泌物，这一点也可作为绵羊肺腺瘤病的生前诊断。一般来说，病羊体温不高，逐渐消瘦，偶见咳嗽，最后病羊由于呼吸困难、心力衰竭而死亡。

（四）发病机理及病理变化

用自然发病的绵羊肺腺瘤病病羊肺肿瘤匀浆或肺液浓缩后经气管内接种新生羔羊，可迅速引起肿瘤。最快出现临诊症状的病羊在3～6周。当绵羊肺腺瘤病反转录病毒进入呼吸系统后，在依赖RNA的DNA反转录酶作用下，反转录病毒的RNA模板，合成DNA，然后结合到感染羊的细胞DNA中，使羊支气管上皮细胞增殖加快，形成小的腺瘤。经过缓慢的发展，小的腺瘤灶逐渐扩展融合，充满肺泡腔及细支气管，使肺泡的正常气体交换发生障碍，最后使部分病肺失去作用。如果并发细菌性肺炎或绵羊进行性肺炎，则加速病羊的死亡。至今为止，在感染羊的循环血液中检测不到相应抗体，许多生物学家认为绵羊肺腺瘤病相似于人类的免疫缺陷病。病羊尸体剖检时，主要的病理变化仅限于肺脏。肺脏由于肿瘤的增生而体积增大，有的可达正常肺的2～3倍。肺脏与胸腔发生纤维素性黏连。肿瘤增生多见于肺尖叶、心叶、膈叶前缘及左右肺边缘。病变部位稍高出肺组织表面。特别发病的后期，小的肿瘤逐渐融合成大的团块，甚至取代部分肺组织，病变部位变硬，失去原有的色泽和弹性，像煮过的肉或呈紫肝色。切面有许多颗粒状突起物，外观湿润，有刀刮后可见有许多灰黄色脓样物。支气管及纵膈淋巴结肿瘤增生，体积增大数倍。组织病理学检查，肿瘤是由增生的支气管上皮细胞组成。新增生的细胞成立方形，胞浆丰富，淡染，核规则，呈圆形或卵圆形，有的无绒毛结构。排列紧密的上皮细胞由于异常增生而向肺泡腔和细支气管内延伸，形成乳头状或手指状，并逐渐取代正常的肺泡腔。在肿瘤区分割成许多小叶。支气管管壁和其周围有大量结缔组织增生，并形成后的套管。纵膈淋巴结也可见有乳头状肿瘤增生。

### （五）诊断

凭上述症状进行初诊，确诊进行实验室检测（无菌采血分离血清，用琼扩和补体结合试验，可检出阳性病例。补体结合反应一般用于群体检疫；琼扩则既可以用于群体检疫，又可用于个体诊断）。

类症鉴别

（1）与羊巴士杆菌病的鉴别。巴士杆菌病是一种急性热性传染病，肺的前部、腹侧部分受伤，常与该部位引起支气管和肺泡的炎症，另外从病变处可分离到两极浓染的巴氏杆菌。

（2）与梅迪—维斯那病的鉴别。见“梅迪—维斯纳病”。

（3）与蠕虫性肺炎的鉴别。蠕虫性肺炎无论在剖检或者组织切片中，均可发现虫体。

### （六）防治措施

目前，尚无有效疗法，也无特异性的防疫制剂。平时预防工作极为重要，坚决不从疫区引进羊；进羊时严格检疫。羊群一经发现该病，很难清除，故须全群淘汰，以清除病原。

## 十三、痒病

痒病又称慢性传染性脑炎，又名驴跑病、瘙痒病、震颤病、摩擦病或摇摆病是由痒病朊病毒引起的成年绵羊和山羊的一种慢性发展的中枢神经系统变性病。主要表现为高度发痒，进行性的运动失调、衰弱和麻痹。通常都经过数月而死亡，因此，很少见于 18 个月以下的羊只。

（一）病原

病原与普通病原微生物的生物学特性不同，故暂定名为朊病毒或蛋白侵染因子，迄今未发现其含有核酸。痒病朊病毒可人工感染多种实验动物。1973 年有人在天然病羊的星状细胞的细胞突和神经细胞的末梢里都见到了一种小颗粒，是包在一层膜里。应用病羊的脑髓及脊髓作成乳剂，进行眼内、脑内、硬膜外腔及皮下注射，都可以引起发病，潜伏期为 11 ~22 个月。用滤过的脊髓乳剂作眼内和皮下注射，可以在 16 个月引起发病。将干燥的脑组织保存在 0 ~4℃时，可以保持毒力 2 年。痒病其对各种理化因素抵抗力强，紫外线照射、离子辐射以及热处理均不能使朊病毒完全灭活，在 37℃ 以及 20% 福尔马林处理 18 小时、0. 35% 福尔马林处理 3 个月均不完全灭活，在 10% ~20% 福尔马林溶液中可存活 28 个月。感染脑组织在 4℃条件下经 12. 5% 戊二醛或 19% 过氧乙酸作用 16 小时也不完全灭活。在 20℃条件下置于 100% 乙醇内 2 周仍具有感染性。痒病动物的脑悬液可耐受 pH 值 2. 1 ~10. 5 的环境达 24 小时以上。55mol/L 氢氧化钠，90% 苯酚，5% 次氯酸钠，碘酊，6 ~8mol/L 的尿素，1% 十二烷基磺酸钠对痒病病原体有很强的灭活作用。

（二）流行病学

本病在成年羊呈散发性。病的天然传染途径尚未完全确定。多数人认为主要是通过接触传染，且已证明可以通过先天性传染，而由公羊或母羊传给后代。后代的症状可以出现于出生后3年和已经离开病群以后。易感性羊群一旦引进此病，发病率可高达20%。

（三）临床症状

病的发展为隐性，潜伏期为18～42个月。症状是在不知不觉中发展，初期症状为不安、兴奋、震颤及磨牙，但如不仔细观察，不容易发现。最特殊的症状是瘙痒；病羊在硬物上摩擦身体，或用后蹄搔痒。当用手抓其背部时，表现摇尾和缩动唇部。由于不断摩擦、蹄搔和口咬的结果，引起胁腹部及后躯发生脱毛，造成羊毛的大量损失。有时还会出现大小便失禁。

病初食欲良好，体温正常。随着发痒变为剧烈，可使进食和反刍受到破坏。由于疾病的发展，神经症状加重，行动的不协调现象逐渐增强。当走动时，病羊四肢高抬，步伐很快。当前腿快行时，后腿常一起运动。最后消瘦衰弱，以至卧地不起，终归死亡。但在实验病例亦有恢复健康的。病程为6周到8个月，甚至更长。

（四）病理变化

尸体消瘦，除了脱毛和抓伤以外，一些自然病例肉眼可见皱胃扩张。组织病理病学检查时，最特殊的变化为脑髓及脊髓有两侧对称性的神经元海绵变性。最易受害的部位为视丘和小脑。脑脊髓神经原中具有空泡。中枢神经系统及其被膜广泛发生血管周围淋巴细胞浸润，脑血管有淀粉样变性，脑中有痒病相关原纤维。胶质细胞中的星状细胞肿胀，并可能增生。这些变化均为慢性脑膜炎的表现。

（五）诊断

可以根据以下两点进行诊断。

（1）临床症状。显著特点是瘙痒、不安及运动失调，但体温并不升高，结合流行病学分析（由疫区引进种羊，或父母有痒病史）。

（2）织病理检查。脑髓及脊髓中神经元的细胞质发生变性和空泡化。神经元的空泡化现象也可发生在健羊，但比病羊少见得多。

此外，还可进行异常朊病毒蛋白的免疫学检测，痒病相关原纤维检查等。

在区别诊断中，要特别注意螨病、狂犬病、伪狂犬病和梅迪—维斯纳病，但螨病可由皮肤刮除物的镜检来证明；狂犬病常为急性，并且性欲亢进。梅迪—维斯纳病没有中枢神经海绵变性和星状细胞增高症。

（六）防治

本病尚无有效疗法，主要是要做好预防。但因此病为隐性性质，而且潜伏期很长，故普通检查和检疫无效。要有效地控制本病，必须采取以下各种坚决措施。

（1）对发病羊群进行屠杀、隔离、封锁、消毒等措施，并进行疫情监测。

（2）从病群引进羊只的羊群，在42个月以内应严格进行检疫，受染羊只及其后代坚决屠杀。

（3）从可疑地区或可疑羊群引进羊只的羊群，应该每隔6个月检查一次，连续施行42个月。

（4）定期清毒：常用的消毒方法有：焚烧；5%～10%氢氧化钠溶液作用1小时；0.5%～1%次氯酸钠溶液作用2小时；侵入3%十二烷基磺酸钠溶液煮沸10分钟。

## 十四、边界病

边界病（border disease，BD），因首先发现于英格兰和威尔士的边界地区而得此名，又称羔羊被毛颤抖病，是由边界病病毒引起新生羔羊以身体多毛，生长不良和神经异常为主要特征的一种先天性传染病。

（一）流行病学

边界病病毒的主要自然宿主是绵羊，山羊也可感染，牛和猪均有易感性；血清学调查表明某些品种的野生鹿和野生反刍动物也可感染本病，并成为家养反刍动物的感染源。实验条件下兔子可感染本病毒，并用于边界病病毒复制。血清学调查表明70%的成年牛已被BVD病毒或BD病毒感染过。

病毒主要存在于流产的胎儿，胎膜、羊水及持续感染动物的分泌物和排泄物中，动物可通过吸入和食入而感染本病。垂直感染是本病传播的重要途径之一。

绵羊经肌内、静脉、脑内、皮下、腹膜和气管接种均可引发本病，用受到边界病病毒污染的活毒疫苗接种怀孕母羊可引起本病的暴发。截至目前，还未见到由昆虫传播本病的报道。

（二）临床症状

边界病病毒的临诊表现主要取决于宿主的年龄。临诊疾病限于在怀孕期受到感染的新生或年幼羔羊。如一个羊群受到感染时，主要表现在繁殖季节不孕或流产增多，流产可发生于怀孕的任何时期，但以怀孕后90天左右为最多。由于胎儿的严重畸形导致脊柱后侧凸或关节变曲而表现为难产。

该病最典型症状是感染的母羊生出小而弱的羔羊，有不同程度的震颤，细毛绵羊可能表现为被毛粗乱，羔羊叫声低沉、颤抖，有的站立困难，由于颤抖无法自已吸乳，有的羔羊表现为长趾，俗称“骆驼腿”，有的表现为骨骼畸形、小脑袋、骨骼细长。

自然条件下，许多病羔羊在出生后头几周内死亡，未死亡的羔羊表现为震颤或可逐渐好转，并可在20周龄左右消失，死亡可一直延续到整个哺乳期及断奶以后。后期的死亡是由于重度腹泻或呼吸系统疾病所致，很可能是继发感染的结果。

出生后羔羊受到感染时表现为一过性、轻微或不明显的症状。

流产的母羊不表现出明显的症状，有时出现低热或短暂的白细胞减少，很少出现胎盘不下或产后子宫炎。

(三) 防治

目前，没有特效的治疗措施，只有加强检疫防止该病才传入，淘汰血清检测阳性羊。

## 十五、羊跳跃病

本病是由黄病毒引起脑部发炎的一种传染病。临床以高温、高度兴奋、跳跃为特征。

(一) 病原与流行病学

黄病毒属（Flavircls）是一大群具有包膜的单正链 RNA 病毒。该类病毒通过吸血的节肢动物（蚊、蜱、白蛉等）传播而引起感染。过去曾归类为虫媒病毒。在我国主要流行的黄病毒有乙型脑炎病毒、森林脑炎病毒和登革病毒。

黄病毒通过蜱的叮咬传播，主要发生于绵羊、山羊。多发于山区。也传播于人和牧羊犬。

(二) 临床症状

潜伏期 1 ~3 周。

(1) 绵羊。精神委顿，离群站立。体温 40 ~41℃，食欲消失，数日后体温下降。1 周后病羊高度兴奋，唇、耳、头、颈震颤，转圈，摇晃，体温再次升高，随后出现跳跃，如小跑的马向前冲，倒地踢腿，最后痉挛或麻痹。

(2) 山羊。虽无病例报道，苏格兰野山羊曾发现本病。

(三) 诊断要点

体温升高，初头颈震颤，转圈、摇晃。体温下降后因兴奋再次升高，出现如马小跑的跳跃。最后痉挛或麻痹。剖检无眼观变化。

### （四）防治措施

控制和消灭蜱（药浴），不去有蜱地区放牧。同时注射跳跃病疫苗（早春和夏末各注射1次）。无良好疗法。接触后48小时内用抗血清可望得到保护。如体温已升高，用抗血清无效。

## 十六、绵羊内罗毕病

内罗毕绵羊病是绵羊的一种急性传染病，其特点是发高热或出血性胃肠炎。此病最早发现于1910年东非的内罗毕与肯尼亚山之间的吉库犹地区，由蜱传播。

### （一）病的传染

附加扇头蜱是内罗毕绵羊病的传染媒介。幼虫、中虫和成虫叮咬病毒血症绵羊，并将病毒转移到下一个生活期，通过叮咬敏感绵羊传播内罗毕绵羊病病毒。

### （二）症状

主要发生于绵羊，偶尔可发生于牛。为一种急性发热性疾病，潜伏期1~6天，体温升高持续7~9天，然后突然下降到低于正常时发生死亡。其他症状为黏性、脓性鼻漏，呼吸快而感痛苦，出血性胃肠炎。病羊表现相当痛苦，常不自主地排出粪便。母羊阴门肿胀、充血，怀孕母羊流产，血液白细胞显著下降，母羊死亡率为20%~70%。

### （三）剖检

可见到消化道黏膜出血、充血，淋巴结增大、水肿。

### （四）诊断

在有蜱存在的流行地区，根据临床症状和死后剖检即可怀疑为此病。但确诊需要依靠接种乳鼠（乳鼠出现脑炎死亡），并应用小鼠或培养的细胞作血清中和试验。或进行血凝试验和酶联免疫吸附试验。

（五）防治

康复动物具有强的长时期免疫力，适应小鼠的弱毒疫苗可以试用于预防接种。抗菌药物治疗无效。

## 第三节　羊细菌性传染病防治

### 一、炭疽

炭疽是一种人畜共患的急性传染病，世界各地都有发生，常年可以发病。绵羊比山羊易感，幼畜更易发病。但北非绵羊的抵抗力却特别强。在一定条件下，本病可以呈流行性出现。

（一）病原

病原体为杆菌。菌体大，不能运动。在血液涂片中多为短链，有时单独或成双存在，具有荚膜。在人工培养时，能够形成长链。菌体的游离端钝圆，彼此相接的两端平切，有的稍凹陷，呈竹节状。

本菌繁殖体抵抗力不强，但芽孢的生活力极强，在土壤、污水及羊皮上可以多年不死；在干燥状态下能留存28～30年之久。在实践中，常用下列药物进行消毒。20%漂白粉、0.5%过氧乙酸和10%氢氧化钠作为消毒剂。本菌对青霉素、四环素族以及磺胺类药物敏感。

凡低湿地区或常有泛滥的区域，其湿度有利于本菌的生存，故土壤有传染性，因此，每年放牧时期，羊群常有病发现。

（二）流行病学

主要由消化道感染，也可以由呼吸道或皮肤伤口感染。病畜的粪便、内脏、皮毛、骨骼污染土壤、河水、池塘等，都是本病散播的重要原因。飞禽走兽和昆虫常为病的传染媒介。

健康羊只吃了含有芽孢的牧草和饲料，或者喝了含有芽孢的水，都能受到感染。放牧季节受到传染，是由于土壤内的芽孢被生长的草带上来；尤其是多见于干旱时期，可能是由于牧草生长不好，羊只需要尽量采食，结果不免把草根和土壤同时吃下，以致引起传染。

（三）临床症状

根据病程的不同，可以分为最急性、急性和亚急性 3 种类型。绵羊和山羊患病多为最急性的。

（1）最急性。往往忽然发现羊死亡而不知道死期。如能看到症状，其表现为突然昏迷，行走不稳，磨牙，数分钟即倒毙，很像急性中毒。死前全身打战，天然孔流血。

（2）急性型。病羊初呈不安状，呼吸困难，行走摇摆，大叫，发高烧，间或身体各部分发生肿胀。继而鼻孔黏膜发紫，唾液及排泄物呈红色。肛门出血，全身痉挛而死。

（3）亚急性型。其症状与急性型相同，唯表现较为缓和，病程亦较长（2～5 天）。

（四）解剖病变

尸体膨胀，尸僵不完全。天然孔有黑红色液体流出。黏膜呈紫红色，常有出血点。有经验者常凭外表观察，即可诊断为病。由外表可以判断时，即不须解剖，因为一滴血中所含细菌的数量，在适宜情况下可使全群受染，而且解剖以后传染机会更多，解剖人员亦有受传染的可能。如果一定要解剖，必须由有经验的兽医在绝对安全的条件下进行。

剖检所见，一般是结缔组织有胶性浸润和出血，皮下组织有小而圆或大而扁的出血点，表面淋巴结肿胀，切面发红，兼有小点出血，血液呈红黑色漆状，不易凝固。

肺充血而水肿。有时胸腔内有大量血样积水。脾呈急性肿胀，有时很脆弱。肝及肾充血肿胀，质软而脆。在肾有时呈出血性肾炎。心肌松弛，呈灰红色。脑及脑膜充血，脑膜间有扁平的凝血块。肠黏膜肿胀、发红及小点出血。

（五）诊断

除了根据流行病学、症状和剖检特点外，采用细菌检查和沉淀反应的方法，在确诊上具有重要意义。

1. 细菌检查

采取临死前或刚死后羊的耳血管血液少量，涂片，进行荚膜染色，镜检。可见带有荚膜的革兰氏阳性大肠杆菌，单个或呈短链存在，两菌连接处如竹节状。

为了避免扩大传染，采血时要特别小心，不要将血洒在地上。

我们曾见一例，解剖羊尸时，完全无肉眼可见之病变，仅由脾脏涂片中发现杆菌而作出诊断，确定该羊是患最急性致命的。

2. 沉淀反应诊断

（1）取死羊的血液 5mL，或脾、肝约 1g（局部解剖采取一小块，在研钵中磨成糊状），然后，加入 5 ~ 10 倍的生理盐水，煮沸 15 ~ 30 分钟，冷却后用滤纸滤过，取透明滤液供检。若为皮张，可剪取不少于 1cm 的小块（最好在四肢皮肤各剪去一小块混合在一起），剪碎，加入 10 倍的生理盐水在 8 ~ 14℃温度中浸泡 14 ~ 40 小时，经滤纸滤过，取透明滤液供检。

（2）将沉淀素血清加入细玻璃管中，然后用毛细吸管取上述滤液，沿管壁慢慢加在血清的上层，使两者形成接触面，静置切勿摇动。

（3）15 分钟内观察结果，如接触面出现清楚的白色沉淀环（白轮），即可确定为。

（六）预防

因为患本病的羊死得很快，不易做到及时医治，故应切实执行“预防为主”的方针，认真做到以下几点。

（1）发现病羊立即隔离，可疑羊也要立刻分出，单独喂养。同时要立即报告当地有关领导机关或畜牧兽医单位。

（2）病死的羊，千万不可剥皮吃肉，必须把尸体和沾有病羊粪、尿、血液的泥土一起烧掉或深埋，上面盖以石灰。

搬运尸体时要特别小心，不要把血和尿洒在地上，以免散布细菌。

（3）病羊住过的地方，要立即用20%漂白粉溶液或2%热碱水连续消毒2小时（中间间隔1小时），在细菌没有变成芽孢以前就把它杀死。用20%的石灰水刷墙壁，用热碱水浸泡各种用具。病羊的粪便、垫草以及吃剩的草料，都应用火烧掉，不能用来作肥料。

（4）病的来源应该及早断定，如由饲料传染，应即设法调换，危险场地应停止放牧。

（5）免疫注射。

①被动免疫：羊群中若已发生，应给全群羊只注射抗血清，用量多少应按照瓶签说明。此种免疫法的有效期很短，只能保持一个月左右。

②主动免疫：用无毒芽孢苗做皮下注射，用量为0.5mL，但山羊不适用。最好皮下注射二号苗，可用于山羊和绵羊。用量1mL。不管是哪种疫苗，1岁以内的羊不注射。在发生的地区，应把主动免疫视作预防工作中的第一道防线，每年必须定期注射。

（6）管理病羊和收拾病羊尸体的人，要特别小心，从各方面加强个人防护，以免受到感染。

（七）治疗

（1）应用抗生素。青霉素、土霉素、氟苯尼考、链霉素和金霉素都有疗效。最常用的是青霉素，第一次用640万单位，以后每隔4～6小时用320万单位，肌内注射；也可以用大剂量青霉素作静脉注射，每日 2 次，体温下降再继续注射 2～3 天。

（2）内服或注射磺胺类药物。效果与青霉素差不多。每日用量按每千克体重 0.1～0.2g/kg 体重计算，分 3～4 次灌服，或分 2 次肌内注射。

（3）皮下或静脉注射抗血清。每次用量为 50～120mL。经 12 小时体温如不下降，可再注射 1 次。

（4）对皮肤痈，可在周围皮下注射普鲁卡因青霉素。

## 二、羊梭菌性疾病简介

羊梭菌性疾病是由梭状芽孢杆菌（或产气荚膜梭菌）属的细菌所致的一类疾病。包括羊快疫、羊肠毒血症、羊猝疽、羊黑疫和羔羊痢疾。这一类疾病在临床症状上有不少相似之处，容易混淆，且都能造成急性死亡，对养羊业危害很大。

产气荚膜梭菌菌体直杆状，两端钝圆，单个或成双排列，短链状很少出现，革兰氏染色阳性。无鞭毛不运动。芽孢呈卵圆，位于菌体中央或近端，噬菌体膨胀，多数菌体可行成荚膜。本菌可产生 α、β、γ、δ、ε、η、θ、κ、λ、τ 和 ν12 种蛋白毒素。其中，α、β、ε、τ 是主要致死性毒素。根据主要致死毒素与其抗毒素的中和试验，本菌可分为 A、B、C、D、E 5 个型。其中，A 型菌主要引起人体气性坏疽和食物中毒，也可以引起动物的气性坏疽，还可以引起牛、羊、野山羊、驯鹿、仔猪、家兔等的肠毒血症或坏死性肠炎；B 型菌主要引起羔羊痢疾，还可引起驹、犊牛、羔羊、绵羊和山羊的肠毒血症和坏死性肠炎；C 型菌主要是羊猝疽的病原，也能引起羔羊、犊牛、仔猪、绵羊的肠毒血症和坏死性肠炎以及人的坏死性肠炎；D 型菌可引起羔羊、绵羊、山羊、牛以及灰鼠的肠毒血症；E 型菌可引致犊牛、羔羊肠毒血症，但很少见。

梭菌病总的防治原则如下。

（1）疫苗按程序免疫，一般每年免疫3次以上，对怀孕后期母羊在产前40天、20天各免疫注射1次，羔羊生后20天以上及时免疫梭菌联苗，如果有疫情发生在先用药物预防以后及时进行补充免疫。

（2）每年进行2~3次大群的定期、不定期药物预防，方法是：每年春节放牧前，秋季圈养前进行定期的药物预防，用磺胺类药物按每千克精料2.5g原粉剂量投服3天或者过瘤胃阿莫西林按每千克精料0.2g（按原粉计算）配合过瘤胃恩诺沙星按每千克精料0.02g（按原粉计算）连用3天，后者成本较低对羊影响小，效果好；如果当地或者自己的羊群有梭菌病的发生及时用上述方法进行药物预防，这个是不定期预防。下面在介绍每个梭菌病的时候，不再一一重复说明。

## 三、羊快疫

羊快疫是羊的一种急性传染病。发病突然，病程极短，死亡迅速。特征是第四胃（真胃）有明显的出血性炎症。

（一）病原

病原为腐败梭菌为一种较大的杆菌，长3~8μm，宽0.6~0.8μm，革兰氏阳性。在培养基上生长，常单独或成短链；在机体渗出液中则成链。体内外均能长生芽孢，呈椭圆形，位于菌体中或一端，不形成荚膜。煮沸120分钟才能杀死。消毒可用0.2%升汞、3%福尔马林或20%漂白粉。

（二）流行病学

绵羊易感，山羊较少发病。6~18月龄、营养膘多在中等以上的绵羊发病较多。腐败梭菌广泛分布于低洼草地、熟耕地和沼泽地带，因此在这些地方常发生。一般呈地方性流行，多见于秋、冬和早春，此时气候变化较大，当羊只受寒感冒或采食冰冻带霜的草料及体内寄生虫危害时，能促使本病发生。

### （三）临床症状

突然发病，短期死亡。由于病程常取闪电式经过，故称为“快疫”。死亡慢的病例，间有衰竭、磨牙、呼吸困难和昏迷；有的出现疝痛、臌气；有的表现食欲废绝，口流带血色的泡沫。排粪困难，粪团变大，色黑而软，杂有黏液或脱落的黏膜；也有的排黑色稀粪，间或带血丝；或排蛋清样恶臭稀粪。病羊头、喉及舌肿大，体温一般不高，通常数分钟至数小时死亡，延至1天以上的很少见。

### （四）病例剖检

尸体迅速腐败、臌胀；皮下胶样浸润，并夹有气泡。天然孔流出血样液体，可视黏膜充血呈蓝紫色。真胃及十二指肠黏膜肿胀、潮红，并散布大小不同的出血点，间有糜烂和形成溃疡。肝大，质脆，呈土黄色。胆囊肿大，充满胆汁。肺淤血、水肿，心包积液。脾脏一般无明显变化。全身淋巴结肿大，充血、出血。多数病例腹水带血。

### （五）诊断

可从病史，迅速死亡及死后剖检做出初步诊断。肝被膜触片染色镜检，可发现革兰氏阳性无结丝状长链的大肠杆菌。必要时进行细菌的分离培养。

鉴别诊断：本病应与炭疽、羊肠毒血症和羊链球菌相区别。

### （六）防制

疫区每年注射绵羊快疫菌苗或三联苗（快疫、肠毒血症及猝疽）。羊群选择干燥地区放牧，避免采食霜冻的牧草。病尸应销毁，做好隔离、封锁及消毒工作。对发病慢的可以试用高免血清、抗生素或磺胺类药。

疫情紧急时全群可普遍投服2%硫酸铜（100mL）或10%生石灰水溶液（每头100～150mL），磺胺类药物、土霉素可在短期内减低发病数，笔者经验用过瘤胃恩诺沙星（按5mg/kg体重）+过瘤胃阿莫西林（按20mg/kg体重）拌料或者对发病的灌服防治效果更好；治疗本病的另外一个体会是对发病羊及时静脉注射大剂量维生素C、氯化钙、同时，静脉注射氨苄西林钠、林可霉素注射液或者肌内注射氨苄西林钠和恩诺沙星，治愈率更好，注意这些药物不能混合。

## 四、羊肠毒血症

羊肠毒血症（又名软肾病或过食症），主要是绵羊和山羊的一种急性传染病。其特征为腹泻、惊厥、麻痹和突然死亡。剖检肾脏软化如泥。

### （一）病原

病原体为魏氏梭菌，又称产气荚膜梭菌D型菌。广泛分布于菌体中央或稍偏于一侧，直径大于菌体宽度。一般消毒均易杀死本菌繁殖体，但芽孢抵抗力强，能耐煮沸80～90分钟。本菌能产生强烈的外毒素（现已知有12种之多）能引起溶血、坏死和致死作用。

### （二）流行病学

绵羊和山羊均可感染，但绵羊更为感染。以4～12周龄哺乳羔羊多发，2岁以上的绵羊很少发病。试验动物以豚鼠、小鼠、鸽和幼龄最敏感。

本病呈地方性或散发，具有明显的季节性和条件性，多在春末夏初或秋末冬初发生。一般发病与下列因素有关：在牧区由缺草或枯草的草场转至青草丰盛的草场，羊只采食过量；育肥羊和奶羊喂高蛋白精料过多（或饲料突变，特别是从干草改吃大量谷物、青绿多汁和富含蛋白质的精料），由于瘤胃菌群不适宜，发酵产酸，大量未消化的淀粉颗粒有进入小肠，导致病原体的生长繁殖增快，产生毒素。小肠的渗透性增高及吸收D型产气荚膜梭菌的毒素，机体发病，当剂量达到致死剂量时，引起患羊死亡。多雨季节、气候骤变、地势低洼等，都易于诱发本病。

故本病多发生于春末夏初和秋季牧草结籽后的一段时期，且尤以2~12月龄幼龄羊和肥胖羊较为严重，本病多呈散发。

### （三）临床症状

病程急速，发病突然，有时羊向上跳跃，跌倒于地，气喘、发出呻吟声，发生全身痉挛，于数分钟至数小时内死亡。

病程缓的可见兴奋不安，四肢步态不稳，四处奔走，眼睛失灵；空嚼、磨牙、嗜泥土或其他异物，头向后（弓角反张）或斜向一侧，做转圈运动，也有头下垂抵靠棚栏、树木、墙壁等物；有的羊呈现不行蹒跚，侧身卧地，角弓反张，口吐白沫，腿蹄乱蹬，全身肌肉战栗等症状。体温一般不高，食欲废绝、腹胀、腹痛，排绿色糊状、黄褐色或血色水样粪便，在昏迷中死亡。

### （四）病例剖检

突然倒毙的病羊无可见特征性病变，通常尸体营养良好，死后迅速发生膨胀腐败；胃肠内充满气体和液体物，真胃和肠黏膜常呈急性充血、出血性炎症，故有“血肠子病”之称。腹膜、膈膜和腹肌有大的斑点状出血。心内外膜小点出血。肝大，质脆，胆囊肿大2~3倍，胆汁黏稠。全身淋巴结肿大充血，胸腹腔有多量渗出液，心包液增加，常凝固。最特征性的变化为肾脏表面充血，肿大，质脆软如泥。

### （五）诊断

根据病史、体况、病程短促和死后剖检的特征性病变，可作出初步诊断。确诊有赖于细菌的分离和毒素的鉴定。

### （六）防制措施

针对病因加强饲养管理，防止过食，精、粗、青料搭配，合理运动等。春末夏初应减少抢青，在秋末尽量到草黄较迟的地方放牧，在农区要少喂菜根、菜叶等多汁饲料。当发病严重时，将未病的羊只转移到高燥地区放牧。在本病常发地区，应每年发病季节前，注射羊肠毒血症菌苗或羊肠毒血症、快疫、猝疽三联苗(6 月龄以下的羔羊一次皮下注射 5 ~ 8mL，6 月龄以上 8 ~ 10mL）或羊厌氧五联菌苗（羊肠毒血症、快疫、猝疽、羔羊痢疾、黑疫）一律 5mL。对疫群中未发病的羊只可用三联菌苗或高免血清做紧急预防注射。当疫情发生时，应注意尸体处理，更换污染草场和用 5% 来苏尔消毒。

急性病例常无法医治，病程缓慢的（即病程延长 12 小时以上)，可试用高免血清（D 型产气荚膜梭菌抗毒素）或抗生素(头孢菌素类、青霉素类、)、磺胺药等，也能收到一定效果。

笔者经验：用过瘤胃恩诺沙星（按 10mg/kg 体重） + 过瘤胃阿莫西林（按 20mg/kg 体重）拌料或者对发病的灌服防治效果更好；治疗本病的另外一个体会是，对发病羊及时静脉注射大剂量维生素 C、氯化钙或者安络血，同时，静脉注射氨苄西林钠、林可霉素注射液或者肌内注射氨苄西林钠和恩诺沙星，治愈率更好，注意这些药物不能混合。

## 五、羊猝疽（猝击）

羊猝疽是由 C 型产气荚膜梭菌引起的，主要危害 1 ~ 2 岁绵羊的一种毒血症。以溃疡性肠炎和腹膜炎为特征。

（一）流行特点

病菌对污染的饲料和饮水进入消化道，在小肠繁殖，产生 β 毒素，引起发病。发病多见于低洼、沼泽地区，多发生于冬春季节，呈地方性流行。

（二）症状及病变

病羊突然死亡，有时可见羊卧地，表现不安，衰弱，痉挛，数小时内死亡。病变主要见于消化道和循环系统。肠黏膜充血，糜烂、溃疡；血管通透性增加，胸腔、腹腔和心包大量积液，且暴露于空气后形成纤维素絮状块，浆膜上有小点出血。

（三）防制措施

参照羊快疫和羊肠毒血症的防治措施进行。

## 六、羊黑疫

羊黑疫又称传染性坏死性肝炎，由B型诺维氏梭菌引起，是绵羊、山羊的一种高度致死性毒血症，特征是出现肝实质的坏死性病灶。

（一）流行特点

病菌为革兰氏阳性大肠杆菌，严格厌氧，能形成芽孢，羊只采食被此菌芽孢污染的饲料后，有胃肠壁进入肝脏，正常情况下不发病，当未成熟的游走肝片吸虫损害肝脏时，该处的芽孢获得适宜的条件，大量繁殖，产生毒素，导致发病。

（二）临床症状

以2~4岁营养良好的肥胖羊只发病最多，临床与羊快疫、羊肠毒血症等极为相似，无食欲，呼吸困难，体温41.5℃左右，少数病程可达1~2天，一般不超过3天。

（三）病理变化

病羊尸体皮下静脉显著淤血呈黑色（黑疫之名由此而来）；胸部皮下水肿，浆膜腔有积液，在空气中易凝固，腹腔液稍带红色；肝脏充血肿胀，有一个或多个凝固性坏死灶，坏死灶界限清晰，可达2~3cm，切面呈半圆形。

（四）防制措施

首先控制肝片吸虫感染：①硝氯酚（拜尔9015）只对成虫有效。粉剂，4~5mg/kg体重，一次口服。针剂0.75~1.0 mg/kg体重，深部肌内注射。②苯硫咪唑（抗蠕敏）15mg/kg体重，一次口服，对成虫有良效，但对童虫效果较差。③溴酚磷（蛭得净）5%混悬液或250mg的丸剂，按12mg/kg体重，经口投服。该药对对成虫和童虫均有较好杀灭作用，亦可用于治疗急性病例。④碘硝酚 15mg/kg 体重，皮下注射；或 30mg/kg 体重，一次口服。该药对成虫和童虫均有较好的驱杀作用。

发病时应将羊群转移到高燥地区，对病羊注射抗 B 型诺维氏梭菌血清进行治疗；对未发不羊群用过瘤胃恩诺沙星按 5mg/kg体重、过瘤胃氟苯尼考按 20mg/kg 体重、磺胺类按 25mg/kg体重大群口服，磺胺类药物首次量加倍。发病羊亦可以用青霉素、链霉素，林可霉素注射液、庆大霉素、氟苯尼考肌内注射，本病常发地区，每年定期注射“羊快疫、猝疽、肠毒血症、羔羊痢疾、黑疫五联苗”，免疫期可达半年。

笔者经验：用过瘤胃恩诺沙星（按 5mg/kg 体重）+过瘤胃阿莫西林（按 20mg/kg 体重）拌料或者对发病的灌服防治效果更好；治疗本病的另外一个体会是对发病羊及时静脉注射大剂量维生素 C、氯化钙，同时，静脉注射氨苄西林钠、林可霉素注射液或者肌内注射氨苄西林钠和恩诺沙星，治愈率更好，注意这些药物不能混合。

## 七、羔羊痢疾

羔羊痢疾是由产气荚膜梭菌 B 型魏氏梭菌引起的羔羊的一种急性毒血症。特征是剧烈腹泻和小肠溃疡。常引起羔羊大批死亡，给养羊业带来重大损失。

### （一）流行病学

该病主要发生于 7 日龄以内的羔羊，其中，以 2～3 日龄的发病最多。纯种羊和杂交羊均较土种羊易于患病；杂交羊代数愈多，愈接近纯种，则发病率和死亡率越高。一般在产羔初期零星散发，产羔盛期发病最多。孕羊营养不良、羔羊体弱、脐带消毒不严、羊舍潮湿、气候寒冷等，都是发病的诱因。

病羊及带菌母羊为重要传染源，经消化道、脐带或伤口感染，也有子宫内感染的可能。呈地方性流行。

（二）临床症状

潜伏期1～2天，有的可缩短为几个小时。病初羔羊精神沉郁，头垂背弓，停止吮乳，不久发生腹泻，粪便呈粥状或水样，色黄白、黄绿或灰白，恶臭。体温、心跳、呼吸无显著变化。后期大便带血，肛门失禁，眼窝下陷，卧地不起，最后衰竭而死。

（三）病例剖检

真胃黏膜及黏膜下层出血和水肿，黏膜面有小的坏死灶。小肠出血性炎症比大肠严重，黏膜发红，集合淋巴滤泡肿胀或坏死及出血，病久可形成溃疡，突出于黏膜表面，豆大，形不规则，周围有出血炎性带。大肠病变与小肠相同，但轻微。结肠、直肠充血或出血，常沿皱襞排列成条状。肠系膜淋巴结充血肿胀或出血。实质性脏器肿大变性，有一般败血症病变。

（四）诊断

在本病常发地区，根据流行病学、症状及病理剖检，可作出初步诊断。必要时为确定病原，在病羊刚死后，即采取回肠内容物、肠系膜淋巴结、心血等，作病原体检验。

（五）防制措施

发病因素较复杂，须采取综合性防治措施。

（1）首先对母羊（特别是孕羊）加强饲养管理，做好夏秋抓膘和冬春保膘工作，保证所产羔羊健壮，乳充足，增强羔羊抗病力。

（2）为避免产羔时过于寒冷，可将产羔季节提前或推迟，避开最寒冷的季节产羔。

（3）产羔前和接产过程中，应做好一切消毒和防护工作，保证母羊体躯、乳房、产地及用具的清洁卫生。对羔羊脐带严格消毒，保证羔羊吃足初乳。

（4）预防接种。每年秋季可给母羊单一或用三联四防、羊厌氧菌病五联菌苗（羊快疫、猝疽、肠毒血症、羔羊痢疾、黑疫），产前 2 ~ 3 周再接种 1 次。

近年来，试制成功的羊六联苗（羊快疫、猝疽、肠毒血症、羔羊痢疾、黑疫和大肠杆菌病），对有大肠杆菌引起的羔羊痢疾也有预防作用。

（5）常发本病地区，在羔羊出生后 12 小时内，可口服土霉素或者磺胺类 0.15 ~ 0.2g，每天 1 次，连续灌服 3 天，或用其他抗菌药物等有一定的预防效果。笔者临床用环丙沙星和氨苄西林钠配合防治，效果非常理想。

（6）对病羔要做到早发现，立即隔离，认真护理，积极治疗。粪便、垫草应焚烧，污染的环境、土壤、用具等用 3% ~ 5% 来苏尔喷雾消毒。

（7）治疗。药物治疗应与护理相结合。治疗时需按年龄、体质和临床症状进行。一般发病较慢，排稀粪的病羔，可灌服 1% 镁乳（内含 0.5% 福尔马林液）10 ~ 20mL，6 ~ 8 小时后灌服 1% 高锰酸钾 10 ~ 20mL，必要时可再灌服高锰酸钾 2 ~ 3 次。此外，可用磺胺胍 0.5g、鞣酸蛋白 0.2g、次硝酸铋 0.2g，或在加呋喃西林 0.1 ~ 0.2g，水调服，每日 3 次；甲硝唑 0.2g、蒙脱石 2 包、整肠生 3 ~ 5 片、一天 2 次；另用土霉素 0.2 ~ 0.3g，或再加等量胃蛋白酶，水调灌服，每日 2 次；病初可用较大剂量青、链霉素各 20 万 ~ 30 万单位注射、林可霉素注射液及其他清洗补液对症治疗措施。

（8）有条件时，可用抗羔羊痢疾高免血清 0.5 ~ 1mL 肌注，使羔羊对产气荚膜梭菌引起的羔羊痢疾获得保护；以 3 ~ 10mL 血清治疗已表现明显症状的病羊，除呈现神经中毒症状的垂危羊难以挽救外，治愈率可达 90% 以上。

## 八、绵羊败血性链球菌病

本病是C群马链球菌兽疫亚种引起的一种急性、热性、败血性传染病，也称羊链球菌病。该病以咽喉部及颌下淋巴结肿胀、大叶性肺炎、浆液性肺炎、纤维素性胸膜肺炎、呼吸异常困难、全身出血性败血症、胆囊肿大、有的表现脑炎症状为特征。绵羊最易感，山羊次之。

（一）流行病学

病羊和带菌羊是本病的主要传染源，该病主要经呼吸道或损伤的皮肤传播；病菌通常存在于病羊的各个脏器以及各种分泌物、排泄物中，在鼻液、气管分泌物和肺胀含量很高，经呼吸道排出病原体，容易造成该病的呼吸道传播。另外，损伤的皮肤、黏膜，吸血昆虫叮咬也是该病的传播途径。病死羊的肉、骨、皮、毛等可以散播病原，在本并传播中同样具有重要作用。

羊链球菌主要发生绵羊，山羊次之。新疫区多呈流行性发生，危害严重；老疫区则呈地方性或散发性流行。本病的发生与气候变化有关。在冬春季节发病，发病率为15%～25%死亡率达到80%以上。

（二）症状

本病的潜伏期，自然感染为2～7天，少数长达10天。

（1）最急性型。病羊初发症状不易发现，常于24小时内死亡，或在清晨检查圈舍时发现死于圈舍内。

（2）急性型。病羊体温升高到41℃以上，精神委顿、垂头、弓背、呆立、不愿走动。食欲减退或废绝，停止反刍。眼结膜充血，流泪，随后出现浆液性分泌物。鼻腔流出浆液性脓性鼻汁。咽喉肿胀，咽背和颌下淋巴结肿大，呼吸困难，咳嗽。粪便有时带有黏液或血液。怀孕羊阴门红肿，多发生流产。最后衰竭倒地。多数窒息死亡，病程2～3天。

（3）亚急性型。体温升高，食欲减退。流黏液性透明鼻液，咳嗽，呼吸困难。粪便稀软带有黏液或血液。嗜卧、不愿走动，走时步态不稳。病程7~14天。

（4）慢性型。一般轻度发热、消瘦、食欲缺乏、腹围缩小、步态僵硬、掉群。有的病羊咳嗽，有的出现脑炎、关节炎。病程1个月左右，转归死亡。

（三）病理变化

特征性病理变化以败血症为主；可见各个脏器广泛性出血、淋巴结肿大、出血。鼻、咽喉和气管黏膜出血。肺水肿或气肿，出血，出现肝变区。胸腔、腹腔及心包液增量。心冠沟及心内外膜有小点状出血。肝大呈土黄色，边缘钝厚，包膜下有出血点；胆囊肿大2~4倍，胆汁外渗。肾脏质脆，变软，出血梗塞，包膜不易剥离。各个器官浆膜面附有黏稠的纤维素性渗出物。

（四）诊断

该病原可以引起人的感染，因此，在临诊诊断和实验室取样检测过程中要做好个人保护。根据发病地区的流行情况，查看是否有链球菌病的发展史。临诊见咽喉肿胀，咽背和颌下淋巴结肿大，有呼吸困难等呼吸道症状，剖检见到全身性败血性变化，各脏器浆膜面常覆盖有黏稠、丝状的纤维素样物质等变化，可以初步诊断。

羊链球菌病、羊巴氏杆菌与羊梭菌性疾病有很多相似之处，应注意鉴别：羊巴氏杆菌属于革兰氏阴性杆菌，患病羊鼻孔出血，有恶臭血便，羊链球菌为革兰氏阳性球菌；羊梭菌病患病羊没有全身广泛性出血变化。

（五）防治

（1）预防。对于该病的防控，预防是关键。首先要注意注射羊败血性链球菌活疫苗每年秋天免疫1~2次。要加强饲养管理，做好抓膘、防寒保暖工作。不从疫病区购进羊和羊肉、皮毛等产品，污染圈舍要彻底消毒。疫区羊群羊败血性链球菌活疫苗全群普免，必要时每年秋、冬或春、秋免疫两次。发生疫情时，健康羊紧急尾根部皮下（其他部位不得注射）注射一头份，及时隔离病羊。

（2）疫情应急措施。羊群发现该病后要立即隔离病羊，健康羊立即用抗生素预防3天，之后注射羊败血性链球菌活疫苗紧急预防，对发病羊尽早进行药物预防和治疗，被污染的圈舍、围栏、场地、器具等有20%生石灰、3%来苏尔等彻底消毒。

（3）治疗。治疗要考虑对症辅助治疗，在应用抗链球菌药物如青霉素、磺胺类、林可霉素、氨苄西林钠、头孢菌素类肌肉或者静脉注射；同时，还要采取退热、强心、补液等辅助疗法。这样可以明显提高治疗效果。羊群一旦发病，应立即隔离病羊及早治疗。早期可以选用抗生素治疗防止激发感染。

笔者经验：用过瘤胃恩诺沙星（按5mg/kg体重）+过瘤胃阿莫西林（按20mg/kg体重）或者磺胺类药物拌料或者对发病的灌服防治效果更好；治疗本病的另外一个体会是对发病羊及时静脉注射大剂量维生素C，同时，静脉注射氨苄西林钠、林可霉素注射液或者肌内注射氨苄西林钠和恩诺沙星，治愈率更好，注意这些药物不能混合；重症羊可以注射尼可刹米缓解呼吸困难等对症疗法；发生脑炎症状的在用磺胺药物治疗的同时用甘露醇静脉注射降低脑压、氢化可的松缓解脑部水肿；发生关节炎症状的可以关节内注射林可霉素注射液或者头孢菌素、氨苄西林钠配合醋酸泼尼松。

对于局部脓肿的病例可配合局部疗法，将脓肿切开，清除脓汁，然后清洗消毒，涂抹抗生素。

## 九、羊破伤风

破伤风又名锁口风、耳直风、强直症、羔羊又称七天疯、疯气；是一种急性细菌毒素中毒性传染病，多发生于新生羔羊、产后的母羊，外伤、去势、断尾、打耳标的羊多发。其特征为全身或部分肌肉发生痉挛性收缩，表现出强硬状态和对刺激反射兴奋性增高。

### （一）发病特点

破伤风又名强直症，是由破伤风梭菌经伤口感染引起的一种人、畜共患的急性、中毒性传染病；无季节性。本病通常由伤口污染含有破伤风梭菌芽孢的物质引起。当伤口小而深，创伤内发生坏死或创口被泥土、粪便、痂皮封盖或创内组织损伤严重、出血、有异物，或在需氧菌混合感染的情况下，破伤风梭菌才能生长发育、产生毒素，引起发病。也可经胃肠黏膜的损伤部位而感染，如脐带伤、去势伤、断尾伤、去角伤及其他外伤等，均可以引起发病。母羊多发生于产死胎和胎衣不下的情况下，有时是由于难产助产中消毒不严格，以致在阴唇结有厚痂的情况下发生本病。也可以经胃肠黏膜的损伤感染。病菌侵入伤口以后，在局部大量繁殖，并产生毒素，危害神经系统。由于本菌为专性厌氧菌，故被土壤、粪便或腐败组织所封闭的伤口，最容易感染和发病。

### （二）病原

本病病原为破伤风梭菌。该菌又称强直梭菌，分类上属芽孢杆菌属，为细长的杆菌，多单个存在，能形成芽孢。芽孢位于菌体的一端，似鼓槌状，周鞭毛，能运动，无荚膜。幼龄培养物革兰氏染色阳性，培养48小时后常呈阴性反应。

本菌为厌氧菌，一般消毒药均能在短时间内杀死。但其芽孢具有很大的抵抗力，煮沸10~90分钟才能杀死。在土壤表层能存活数年。对1%碘酊、10%漂白粉、3%双氧水等敏感。破伤风梭菌繁殖体的抵抗力与一般非芽孢菌相似，但芽孢抵抗力甚强，耐热；在土壤中可存活几十年；10%碘酊、10%漂白粉液及

30%过氧化氢能很快将其杀死。本菌对青霉素敏感，磺胺药次之，链霉素无效。

（三）症状

病初症状不明显，常表现卧下后不能起立，或者站立时不能卧下，逐渐发展为四肢强直，运步困难，对外部刺激过度敏感。由于咬肌的强直收缩，牙关紧闭，流涎吐沫，饮食困难。在病程中，常并发急性肠卡他，引起剧烈的腹泻。

（四）诊断要点

（1）临床症状。本病的潜伏期为5～20天，但在特殊情况下可能延长。四肢僵硬，头向后仰，初发病时，仅步行稍不自然，不易引起饲养员的特别注意。病势发展时，则双耳直硬，牙关紧闭，不能吃东西，口腔内黏液多。颈部及背部强硬，头偏于一侧或向后弯曲，四肢伸直，腹部蜷缩好像木制的假羊，如果扶起行走，严重者无法迈步，一经放手，即突然摔倒。突然的音响可引起骨骼肌发生痉挛而使病羊倒地。症状轻微时，脉搏和体温无大变化。严重时，体温可以增高，脉搏细而快，心脏跳动剧烈。病的后期，常因急性胃肠炎而发生腹泻。死亡率很高。

（2）实验室诊断。必要时可从创伤感染部位取材，进行细菌分离和鉴定，结合动物试验进行诊断。

（五）防治

1. 预防措施

（1）预防注射。破伤风类毒素是预防本病的有效生物制剂。母羊则以妊娠后期产前1个月注射破伤风类毒素较为适宜。羔羊的预防，要尽早吃免疫过破伤风类毒素的初乳，如果母羊没有免疫在产后1小时内母羊和羔羊同时注射破伤风抗毒素。羔羊1 500～3 000单位，母羊5万～10万单位

（2）创伤处理。羊身上任何部分发生创伤时，均应用碘伏或2%的红汞严格消毒，并应避免泥土及粪便侵入伤口。对一切

手术伤口，包括剪毛伤、断尾伤、耳标伤及去角伤等，均应特别注意消毒。对感染创伤进行有效的防腐消毒处理。彻底排除脓汁、异物、坏死组织及痂皮等，并用消毒药物（3%过氧化氢、2%高锰酸钾或5%～10%碘酊）消毒创面，并结合青链霉素或者林可霉素注射液在创伤周围注射，以清除破伤风毒素来源。

2. 治疗方法

（1）为了消灭细菌，防止破伤风毒素继续进入体内，必须彻底清除伤口的脓液及坏死组织，并用1%高锰酸钾、1%硝酸银、3%双氧水或5%～10%碘酒进行严格消毒处理或者局部烧烙处理。病的早期同时应用青霉素与磺胺类药物。

（2）加强护理。将病羊放于黑暗安静的地方，避免能够引起肌肉痉挛的一切刺激。给予柔软易消化且容易咽下的饲料（如稀粥），经常在旁边放上清水。多铺垫草，每日翻身5～6次，以防发生褥疮。

（3）注射抗破伤风血清。早期应用抗破伤风血清（破伤风抗毒素）。可一次用足量（20万～80万单位），也可将总用量分2～3次注射，皮下、肌肉或静脉注射均可；也可一半静脉注射，一半肌内注射。抗破伤风血清在体内可保留2周。

（4）为了中和毒素，可先注射40%乌洛托品5～10mL，再肌肉或静脉注射大量破伤风抗毒素，每次5万～10万单位，每日一次，连用2～4次。亦可将抗毒素混于5%葡萄糖溶液中静脉注射。

（5）为了缓解痉挛，可皮下注射25%硫酸镁或肌内注射40%的硫酸镁溶液，每天一次，每次5～10mL，分点注射。或者按每千克体重2mg肌内注射氯丙嗪。

（6）对于牙关紧闭的羊，可将3%普鲁卡因5mL和0.1%肾上腺素0.2～0.5mL混合，注入咬肌。

（7）中草药方。可采用散风活血解表剂，如千金散、防风散或乌蛇散，根据病情加减。可用中药天南星、荆蔓子、防风各8g，僵蚕、红花、全蝎各6g，甘草1g，羌活、薄荷各5g，麻黄、桂枝各3g，水煎两次用胃管送服。

## 十、羊巴氏杆菌病

巴氏杆菌病主要是由多杀性巴氏杆菌所引起的各种家畜、家禽和野生动物的一种传染病，在羊主要表现为败血症和肺炎。本病分布广泛。

### （一）病原

多杀性巴氏杆菌是两端钝圆、中央凸的短杆菌，革兰氏阴性。分类上属巴氏杆菌科，巴氏杆菌属。病羊组织涂片、血液涂片经瑞氏染色或美蓝染色，可见菌体两端浓染，呈两极着色。病菌一般存在于病羊的血液、内脏器官、淋巴结及病变局部组织和一些外表健康动物的上呼吸道、黏膜及扁桃体内。多杀性巴氏杆菌抵抗力不强，对干燥、热和阳光敏感，用一般消毒剂在数分钟内可将其杀死。本菌对链霉素、青霉素、四环素、喹诺酮类、氟苯尼考以及氨基苷类药物敏感。

### （二）临床症状

按病程长短可分为最急性、急性和慢性3种。

（1）最急性。多见于哺乳羔羊，突然发病，出现寒战，虚弱，呼吸困难等症状，于数分钟至数小时内死亡。

（2）急性。精神沉郁，体温升高到41～42℃，咳嗽，鼻孔常有出血，有时混于黏性分泌物中。初期便秘，后期腹泻，有时粪便全部变为血水。病羊常在严重腹泻后虚脱而死，病期2～5天。

（3）慢性。病程可达3周。病羊消瘦，不思饮食，流粘脓性鼻液，咳嗽，呼吸困难。有时颈部和胸下部发生水肿。有角膜炎，腹泻；临死前极度衰弱，体温下降。

(三) 病理变化

剖检一般在皮下有液体浸润和小点状出血，胸腔内有黄色渗出物，肺有淤血、小点状出血和肝变，偶见有黄豆至胡桃大的化脓灶，胃肠道出血性炎症，其他脏器呈水肿和淤血，间有小点状出血，但脾脏不肿大。病期较长者尸体消瘦，皮下胶样浸润，常见纤维素性胸膜炎，肝有坏死灶。

(四) 诊断

(1) 流行特点。多种动物对多杀性巴氏杆菌都有易感性。在绵羊多发于幼龄羊和羔羊；山羊不易感染。病羊和健康带菌羊是传染源。病原随分泌物和排泄物排出体外，经呼吸道、消化道及损伤的皮肤而感染。带菌羊在受寒、长途运输、饲养管理不当抵抗力下降时，可发生自体内源性感染。

(2) 试验诊断。采取病死羊的肺、肝、脾及胸腔液，制成涂片，用碱性美蓝染液或瑞氏染染液染色后镜检。从病料中看到两端明显着色的卵圆形小杆菌，结合临床症状和病理变化，即可作出诊断。分离培养可同时接种于麦康凯琼脂上不生长，而在血琼脂上长成淡灰白色、圆形、湿润、不溶血的露珠样菌落，染色镜检革兰氏阴性，可进一步进行生化鉴定。动物接种试验采集病料制成1∶10乳剂皮下或腹腔接种小鼠，一般于接种后24～72小时死亡，死后及时剖检，并作镜检和培养，以期确诊。

(五) 防治措施

发现病羊和可疑病羊立即隔离治疗。头孢菌素类、环丙沙星、诺氟沙星、沙拉沙星、氟苯尼考、庆大霉素、四环素以及磺胺类药物都有良好的治疗效果。氟苯尼考用量每千克体重10～30mg；庆大霉素按每千克体重1 000～1 500单位，四环素每千克体重5～10mg，20%磺胺嘧啶钠5～10mL，均肌内注射，每日2次。使用过瘤胃阿莫西林、过瘤胃恩诺沙星、复方新诺明或复方磺胺嘧啶，口服，每次每千克体重25～30mg，1日2次。直到体温下降，食欲恢复为止。

预防本病平时应注意饲养管理，避免羊受寒。发生本病后，羊舍用5%漂白粉或10%石灰乳彻底消毒；用过瘤胃抗生素，必要时，用高免血清或疫苗给羊做紧急免疫接种。

## 十一、羊布氏杆菌病

羊布氏杆菌病是羊的一种慢性传染病。主要侵害生殖系统。羊感染后，以母羊发生流产和公羊发生睾丸炎为特征。

布氏杆菌病也是一种人畜共患的慢性传染病。其特点也是生殖器官和胎盘发炎，引起流产、不育和各种组织的局部病症。

### （一）病原

病原为布氏扦菌。它存在于病畜的生殖器官、内脏和血液。该菌对外界的抵抗力很强，在干燥的土壤中可存活37天，在冷暗处和胎儿体内可存活6个月。1%来苏尔，2%的福尔马林，5%的生石灰水15分钟可杀死病菌。

### （二）传播途径

布氏杆菌首先感染家畜。家畜临床表现不明显。但怀孕的母畜则极易引起流产或死胎，所排出的羊水、胎盘、分泌物中含大量布氏杆菌，特别有传染力。而其皮毛，尿粪，奶液中均有此菌。排菌可长达3个月以上。人通过与家畜的接触，服用了污染的奶及畜肉，吸入了含菌的尘土或菌进入眼结膜等途径，皆可遭受感染。

布氏杆菌可经消化道、呼吸道、生殖系统黏膜及损伤甚至未损伤的皮肤等多种途径传播，通过接触或食入感染动物的分泌物、体液、尸体及污染的肉、奶等而感染；蜱叮咬也可传播本病。如牛羊群共同放牧，可发生牛种和羊种布氏杆菌的交叉感染。动物布氏杆菌可传给人类，但人传人的现象较为少见。

### （三）发病特点

该病的传染源主要是病畜及带菌动物，最危险的是受感染的妊娠母畜，在流产和分娩时，将大量病原随胎儿、胎水和胎衣排出。本病主要通过采食被污染的饲料、饮水，经消化道感染。经皮肤、黏膜、呼吸道以及生殖道（交配）也能感染。与病羊接触、加工病羊肉而不注意消毒的人也易感本病。本病不分性别年龄，一年四季均可发生。

母羊较公羊易感性高，性成熟极为易感，消化道是主要感染途径，也可经配种感染。羊群一旦感染此病，首先表现孕羊流产。开始仅为少数，以后逐渐增多，严重时可达半数以上，多数病羊流产1次。

### （四）临床症状

本病常不表现症状，而首先被注意到的症状是流产。流产前食欲减退、口渴、委顿、阴道流出黄色黏液。流产多发生于怀孕后的第3个月、第4个月。流产母羊多数胎衣不下，继发子宫内膜炎，影响受胎。公羊表现睾丸炎，睾丸上缩，行走困难，拱背，饮食减少，逐渐捎瘦，失去配种能力。其他症状可能还有乳房炎、支气管炎、关节炎等。

### （五）诊断

根据流行病学、临床症状、流产胎儿及胎膜的变化即可确诊。目前，最常用的诊断方法是血清学诊断。其中，以平板凝集试验或试管凝集试验为准。

### （六）防治方法

#### 1. 防控措施

目前，本病尚无特效的药物治疗，只有加强预防检疫。

（1）定期检疫。羔羊每年断乳后进行一次布氏杆菌病检疫。成羊两年检疫一次或每年预防接种而不检疫。对检出的阳性羊要捕杀处理，不能留养或给予治疗。

（2）免疫接种。当年新生羔羊通过检疫呈阴性的，用“猪2号弱毒活菌苗”饮服或注射。羊不分大小每只饮服500亿活菌。疫苗注射，每只羊25亿菌，肌内注射。

羊群受感染后无治疗价值，发病后羊群防治措施是用试管凝集反应或平板凝集反应进行羊群检疫，发现呈阳性和可疑反应的羊均应及时隔离，以淘汰屠宰为宜，严禁与假定健康羊接触。必须对污染的用具和场所进行彻底消毒；流产胎儿、胎衣、羊水和产道分泌物应深埋。凝集反应阴性羊用布氏杆菌猪型2号弱毒菌或羊型5号弱毒苗进行免疫接种。

2. 治疗

（1）急性期。我们推荐多西环素200mg/天和利福平600～900mg/天联用，疗程6周。亦有认为多西环素200mg/天加氨基糖甙类链霉素、阿米卡星1g/天肌注2周，效果亦佳。此外，喹诺酮类如过瘤胃恩诺沙星口服，乳酸环丙沙星肌内注射，有很好的细胞内渗透作用，亦可应用。复方磺胺甲噁唑能渗透到细胞内，对急性患者退热较快。常用剂量为每日4～6片（每片含TMP 80mg，SMZ 400mg），分2次口服。连服4～6周。布氏杆菌脑膜炎患者，可以应用头孢曲松与利福平联用。

（2）慢性期。

①病原治疗：急性发作型、慢性发作型、慢性活动型、具有局部病灶或细菌培养阳性的慢性患者，均需病原治疗。方法同急性期。

②菌苗疗法：目前，被布氏杆菌致敏的T淋巴细胞是引起机体损害的基础。少量多次注射布氏菌抗原使致敏T细胞少量多次释放细胞因子，可以避免激烈的组织损伤而又消耗致敏T细胞。

临床上对静止型一般应用布氏杆菌菌体菌苗、溶菌素和水解素，布氏杆菌不溶性组分或去除部分内毒素的布氏菌菌苗，用于皮下、肌肉或静脉注射。静脉注射反应较大。有神经、心肌、肝、肾损害忌用。

（3）中医治疗。急性期湿热毒邪外犯肌表，内侵脏腑，以邪实为主，治疗以清热化湿解毒为主；慢性期正虚邪恋，治疗以益气养血、活血通络为主，佐以清除余邪。

①湿热内蕴型：相当于急性期，菌毒血症及病灶损害轻浅阶段。

症状　畏寒发热，午后热甚，舌苔腻，脉濡数。

治法　利湿化浊，清热解毒。

方药　甘露消毒丹加减。藿香10g，佩兰10g，蔻仁10g，滑石15g，菖蒲10g，黄芩12g，连翘15g，木通6g，茯苓15g。水煎服，1日1剂口服。

②湿热伤营型：此时，菌毒血症及脏器病损均较严重。

症状　烦热多汗，关节疼痛，肝脾、睾丸肿痛，舌苔黄，脉细数。

治法　清热解毒，滋阴养血。

方药　清营汤合三仁汤加减。丹参15g，生地15g，玄参10g，麦冬15g，黄连6g，连翘10g，郁金12g，杏仁10g，薏苡仁15g，滑石15g，芦根15g。水煎服，1日1剂。

③正虚邪恋型：相当于慢性期，已无菌毒血症，以神经功能失调为主。

症状　四肢无力，身体虚弱，或已有关节炎及活动受限，舌有淤点，脉沉细。

治法　益气养血化淤，清除余邪。

方药　独活寄生汤加减。党参12g，当归10g，熟地15g，白芍15g，赤芍10g，川芎10g，丹参30g，茯神12g，桑寄生15g，秦艽15g，独活10g，黄柏10g，鸡内金6g。水煎服，1日1剂，早晚分二次口服。

④单方验方：

方药　穿山龙2mL（含生药1g），每日肌内注射1次，15次1疗程。雄黄30g，研为细末，大蒜60瓣捣成泥状，作成60丸，每日3次，每次1丸，连服20天为一疗程。

预防　注意防治牲畜间的布鲁氏菌病，羊群气雾免疫，提高人体免疫力。加强畜产品卫生监督，对从事牲畜、兽医、畜产品加工人员，做好个人防护，并采取M/FONT > 104冻干活菌苗皮肤划痕接种免疫。

## 十二、羊大肠杆菌病

羊大肠杆菌病是Escherich于1885年发现，直到20世纪中叶才认识到该菌某些血清型具备致病性或者条件致病性，是引起动物和人败血症或严重腹泻的病源之一。依据致病机理的差异，可以将致病性大肠杆菌分为致病性大肠杆菌、侵袭性大肠杆菌、肠产毒性大肠杆菌和肠出血性大肠杆菌4种。随着大型集约化畜牧业的发展，致病性大肠杆菌对养殖业造成的损失日益明显，一般以侵袭羔羊为主，故又称羔羊大肠杆菌病。

### （一）病原

羊大肠杆菌病病原属肠杆菌科，埃希菌属中的大肠埃希菌，此菌在羊肠道内正常寄居，构成固定的细菌群，当羊正常生理机能受到破坏，致使羊肠道内微生态环境发生改变，导致大肠杆菌的生物特性发生变化而由正常菌群转变成本病的主要致病菌群，在出生不久，机体功能不健全以及抵抗力不强的羔羊更为明显。

特性：本菌抵抗力中等，但是，各个菌株之间可能有差异。一般均可用巴氏消毒剂杀死。常用消毒药几分钟内即可将其杀死。在潮湿阴暗的环境中可以存活不超过1个月，在寒冷而干燥的环境中存活较久，各地分离的大肠杆菌对抗菌药物的耐药性差异较大，并且极易产生耐药性。

（二）流行病学

患病动物和带菌动物是本病的主要传染源，通过粪便排出的病菌，散布于外界，污染水源饲料以及母畜的乳头和皮肤。当幼畜吮乳、舔毛、吃土是经消化道而感染。某些血清型菌株也可以经鼻咽部黏膜侵入动物体，并导致脑膜炎；或经子宫、产道、脐带、输卵管等感染。本病既可以水平传播又可以垂直传播，所以，加强消毒及卫生管理工作和母羊配种前接种大肠杆菌疫苗是预防本病的关键所在。

本病一年四季均可发生，多发生于出生数日至6周龄的羔羊，有些地方3~8月龄的羊也有本病的发生；肠型多见于7日龄以内的初生羔羊。呈地方流行，也有散发，该病的发生与气候不良、营养不足、场地潮湿污秽等有关系。放牧季节很少发生，冬季舍饲季节常发。集约化养殖场，羊密度过大，通风换气不良、饲养管理工具及环境消毒不彻底，可以加速本病的流行。另外，营养失调，如缺乏维生素、矿物质、蛋白质或蛋白质饲料偏高，母乳不足等也可导致羔羊发生大肠杆菌病。

（三）临诊症状

羊大肠杆菌病潜伏期为数小时至1~2天。根据症状不同可将其分为败血性和肠炎型两种。

（1）肠炎型。又称大肠杆菌性羔羊痢疾，多发于7日龄以内的羔羊。病初体温升高至40~41℃，不久即下痢，体温降至正常或略高。粪便开始呈黄色或灰色半液状，后呈液状，含气泡，有时混有血液和黏液，肛门周围、尾部和臀部皮肤被粪便污染。病羔羊腹痛、弓背、虚弱、严重的脱水、衰竭、卧地不起，有时候出现痉挛。如治疗不及时，可在24~36小时死亡，病死率15%~75%。

（2）败血型。主要发生于2~6周龄的羔羊，病羔体温升至41~42℃，精神委顿，四肢僵硬，迅速虚脱，运动失调，头常弯向一侧或向后仰，视力障碍、磨牙等。有的出现关节疼痛等关节炎症状，个别发生胸膜肺炎，听诊啰音，还有的濒死期从肛门流出稀粪，呈急性经过，多以 4 ~ 12 小时死亡，死亡率可达 80% 以上。

另外，近年来，也有育肥羊和成年羊感染大肠杆菌的报道。有些地区 3 ~ 8 月龄育肥羊发生败血性大肠杆菌病，发病急、死亡快。成年羊感染大肠杆菌的一般临诊症状主要表现为腹泻，很少死亡。

（四）病理变化

（1）肠炎型。患病羔羊剖检可见到尸体严重脱水，真胃、小肠和大肠内容物呈黄色半液状。黏膜充血，肠系膜淋巴结肿胀发红；胃膨胀，黏膜充血。有的肺脏呈初期炎症病变。从肠道各部分分离到致病性大肠杆菌。败血型患病羊急性死亡，一般无明显肉眼可见病变。病程稍长者可以从各内脏分离到大肠杆菌。剖检可见胸、腹腔和心包大量积液，内有纤维素；某些关节部位，尤其是肘、腕关节肿大，包膜下有小出血点；肺的心叶、尖叶、隔叶均有较大面积的充血、出血性病变，水肿明显，边缘增厚；脾脏出血、淤血，呈紫黑色；大肠内粪便干燥，肠淋巴结水肿、出血；肾皮质小点出血，髓质充血，有时切面有泡沫样液体流出，甚至肾有软化现象。

（2）肺炎型。有时可见化脓性—纤维素性关节。从肠道各部分分离到致病性大肠杆菌。剖检尸体严重脱水，真胃、小肠和大肠内容物呈灰黄色，黏膜充血，肠系膜淋巴结肿胀发红。有的肺呈初期炎症病变。羔羊大肠杆菌病症状有时与羊传染性胸膜肺炎、B 型产气荚膜梭菌引起的羔羊痢疾相似，诊断时注意区别。

（五）预防

疫苗接种，用羊大肠杆菌病灭活苗，全群普防，每年接种 3 次或两年接种 5 次，疫情严重场圈，母羊配种前接种一次绵羊、山羊败血型大肠杆菌都有较好免疫效果（皮下注射，3月龄以上2mL/只；3月龄以下0.5～1.0mL/只。免疫期5个月）。

（六）治疗

本病的急性经过，患羊往往来不及救治即死亡。对腹泻症状的用氟哌酸、恩诺沙星、沙拉沙星、氟苯尼考、链霉素、庆大霉素等进行治疗，但由于目前抗菌药物滥用，真正敏感的抗菌药物并不多，根据需要，采集样本，进行药敏试验筛选。也可以用乳酸菌素、整肠生、妈咪爱、金双歧等改善肠道菌群的活菌制剂配合胃蛋白酶、鸡内金片、蒙脱石治疗。

## 十三、羊沙门氏菌病

羊沙门氏菌病包括羊沙门氏菌性流产和羔羊副伤寒两个病。沙门氏菌病又名羔羊副伤寒，俗称血痢或黑痢，是羔羊的急性传染病。其特征是发生急性败血症和下痢。最常危害7～15日龄的羔羊，也可见于2～3日龄的羔羊。发病率约30%，死亡率约25%。

（一）病原

病原体为羊沙门氏菌。沙门氏菌分为三型，即羊流产沙门氏菌、都柏林沙门氏菌和鼠伤寒沙门氏菌，羔羊副伤寒的病原以后两种菌为主。沙门氏菌短小，两端钝圆，有鞭毛，能运动，为革兰氏阴性。对于不利的环境因素如日光、干燥、腐败及冷冻等都有较强的抵抗力，在水、土壤和粪便中能存活数月，但不耐热。一般消毒剂均可将其迅速杀死。感染山羊的沙门氏菌约有1 600个品系或血清型。

本菌有O、H、Vi 3种抗原，可用于菌型鉴定。

（二）流行病学

许多健康羊的粪便中均带有沙门氏菌。单纯的沙门氏菌并不一定引起发病，激发患病的主要因素是应激状态。

羔羊出生后 2～3 天发病的，主要是在于宫内发生了感染，或者是因为吞下羊水而受到感染。7～15 天龄发病的，是由于在出生后经消化道受到感染。主要传染来源是病羊。污染严重的圈棚、水、奶和用具等，都是造成传染的条件。当羔羊抵抗力降低时，沙门氏菌便迅速引起胃肠发炎。

病愈的羊可带菌数月，能够成为与其接触的健康羔羊的传染来源。

（三）临床症状

病的潜伏期未完全确定。发病后体温升高到 40～41℃，精神不好、下痢，粪便中混有血液，但不表现为血痢或黑痢。其中，常常有透明的黏液团及组织碎片。病羔食欲消失，体力衰弱，迅速消瘦，于第 2～3 天发生死亡。病久的出现肺炎及关节炎症状。有些病羊痊愈很慢，以致生长发育受到障碍，而变为侏儒羊，给生产上造成很大损失。

怀孕母羊感染表现流产。

（四）解剖病变

尸体解剖的主要病变是；真胃和小肠黏膜有炎症变化；黏膜潮红，有出血点。肠内容物稀薄如水。肠系膜淋巴结肿大。心外膜及肾皮质有小点出血。流产胎儿体表出血明显。

（五）诊断

根据发病日龄、症状及剖检可以作出初步诊断，从肠道和肠系膜淋巴结的细菌培养能够作出确诊。血清反应特异性很高，可使用平板快速凝集反应进行诊断。

本病最容易与球虫病相混淆。但球虫病患羊的粪便中血液更多，而且可以从显微镜下查到球虫。

（六）防治措施

1. 预防

由于沙门氏菌的品系很多，难以采用疫苗控制，预防方法主要应从卫生措施着手。

(1) 发现症状后，立刻严格隔离，以免扩大传染。同时，给予容易消化的奶；可以加入开水，少量多次喂给。

(2) 对于未发病的羔羊，为了增强抵抗力，可以用初乳及酸乳进行饮食预防。给予较长时间较大量的酸乳，可以使羔羊获得足够的抵抗力，用维生素A、乳酸菌素、整肠生、妈咪爱、金双歧等都能促进生长发育和预防肠道细菌的危害。也可以在羔羊出生后1~2小时皮下注射母血5~10mL进行预防。

2. 治疗

(1) 大量补液。在提高疗效中非常重要。

(2) 应用磺胺类或抗生素治疗，磺胺类可用磺胺脒，磺胺嘧啶钠、磺胺间甲氧嘧啶钠；抗生素可用；氟哌酸、恩诺沙星、环丙沙星、沙拉沙星、氟苯尼考、土霉素或金霉素，口服或肌内注射，将抗生素加入输液中效果更好。至少须应用5天。用量及用法可参照大肠杆菌病的治疗方法。

(3) 应用噬菌体治疗口服或静脉注射。往往在第一次应用后，即可见病情好转。

## 十四、羊坏死杆菌病

坏死杆菌病　是由坏死杆菌引起的多种畜禽的一种慢性传染病。临床表现皮肤。皮下组织和消化道黏膜的坏死，有时在内脏形成转移性坏死灶。

(一) 病原

坏死杆菌为革兰氏阴性、不能运动、不形成芽孢和荚膜的多形性厌氧菌。小者呈球杆菌［(0.5~1.5) μm×0.5μm］；大者呈长丝状，其大小为［0.75μm×(100~300μm)］，且多见于病灶及幼龄培养物中。普通苯胺染料可以着色，用稀石炭复红液或碱性美蓝加温染色，则出现浓淡不均匀着色。坏死杆菌广泛存在于自然界，在土壤、污泥塘、动物饲养场等处均可发现，甚至常见于健康家畜的粪便内。不均对外界的抵抗力不强，直射阳光经 8～10 小时死亡；60℃30 分钟即可杀死；2.5% 克辽林、0.5% 石碳酸、1% 福尔马林经 20 分钟，1% 高锰酸钾溶液 10 分钟，5% 来苏尔经 5 分钟可杀死本菌。

（二）流行病学

该病侵害各种哺乳动物和禽类，如绵羊、山羊、牛、马、猪、鹿、兔、鸡等，其中以猪、绵羊、牛、马最易感。人也偶尔感染，在动物的皮肤、口腔、肺部形成脓肿。实验动物家兔和小鼠最感，可在内脏中形成坏死性脓肿。传染来源是病畜或带菌动物，常由粪便排出病原菌，污染土壤、死水坑、畜舍、饲料和垫草，通过损伤的皮肤和黏膜而感染，身体任何部分都能成为传染门户。通常以蹄和四肢皮肤、口腔黏膜和生殖器黏膜发生较多。特别是在饲养管理不良、圈舍潮湿、家畜营养缺乏时，最易发病。常发生于多雨、潮湿和炎热季节，以 5～10 月最为多见。

（三）症状

潜伏期一般为 1～3 天或 1～2 周。

绵羊坏死杆菌病多见于山羊，常侵害蹄部，引起腐蹄病。蹄间隙、蹄踵和蹄冠红肿，有时蹄甲脱落。绵羊羔还可发生疮，在鼻、唇、眼部甚至口腔发生结节、水泡、随后成棕色痂块。重症病例若治疗不及时，往往由于在内脏器官形成转移性坏死灶而死亡。可见实质器官发生坏死灶。口腔及胃肠黏膜有纤维素—坏死性炎症。

（四）诊断

根据流行病学及临床症状可作出诊断。必要时，可进行细菌检查，从病、健组织交界处采取材料涂片，用稀释石碳酸复红或碱性美兰加热染色，可发现着色不均细长丝状坏死杆菌。

(五) 防治

加强饲养管理，改善饲养环境卫生，及时清除粪便，勤换垫草，保持圈舍清洁干燥。避免畜群拥挤和争食抵斗，防止发生创伤，如有创伤，则及时处理。注意蹄部的护理，不在低洼潮湿的地区放牧。

高床饲养的应注意检查创面是否有铁丝、铁钉等硬物，以防扎伤羊只蹄部。

(六) 治疗

先清除患部坏死组织后，用3%来苏尔溶液或1%高锰酸钾冲洗，或用6%福尔马林、30%硫酸铜脚浴，然后用抗生素软膏涂抹。为防止硬物刺激，可将患部用绷带包扎。当发生转移性病灶时，应进行抗生素全身治疗。

## 十五、羊李氏杆菌病

李氏杆菌病又称转圈病，是畜禽、啮齿动物和人共患的传染病，临诊特征是病羊神经系统紊乱，表现转圈运动，面部麻痹，孕羊可发生流产。

(一) 病原

病原为单核细胞增多症李氏杆菌。单核细胞增多症李氏杆菌分类上属李氏杆菌属，是一种规整革兰氏阳性小杆菌。在抹片中或单个分散，或排成“V”形或互相并列，无荚膜，无芽孢，有周身鞭毛，能运动。可生长温度范围广，4℃也能缓慢生长，本菌在pH值5.0以下缺乏耐受性，pH值5.0以上才能繁殖，至pH值9.6仍能生长，对食盐耐受性强，在含10%食盐的培养基中能生长，在20%食盐溶液内能经久不死。对热的耐受性比大多数无芽孢杆菌强，常规巴氏消毒法不能杀死它，65℃经30～40分钟才杀灭。一般消毒药都易使之灭活。本菌对青霉素有抵抗力，对链霉素、氯霉素、四环素族抗生素和磺胺类药物敏感。

家兔、豚鼠、小鼠对本病都易感，注射、滴眼均易引起发病。

（二）流行病学

自然发病在家畜以绵羊、猪、家兔的报道较多，牛和山羊次之，马、犬、猫很少；许多野兽、野禽、啮齿动物特别是鼠类都易感，且常为本菌的贮存宿主。本病为散发性，一般只有少数发病，但病死率很高。各种年龄的动物都可感染发病，以幼龄动物较易感，发病较急，妊娠母畜也较易感染。有些地区牛、羊发病多在冬季和早春。患病动物和带菌动物是本病的传染源。有患病动物的粪、尿、乳汁、精液以及眼、鼻、生殖道的分泌液都曾分离到本菌。家畜饲喂青贮饲料引起李氏杆菌的实例曾有一些报道。

传染途径还不完全了解。自然感染可能是通过消化道、呼吸道、眼结膜以及皮肤破伤。饲料和水可能是主要传染媒介。冬季缺乏青饲料，天气骤变，内有寄生虫或沙门氏菌感染时，均可为本病发生的诱因。

（三）临床症状

该病的潜伏期为 2～3 周。有的可能只有数天，也有长达 2 个月的。病羊初期体温短暂升高 1～2℃，不久降至常温。病羊精神沉郁，食欲减退，多数病例表现脑炎症状，如转圈，倒地、四肢作游泳姿势，颈项僵直。角弓反张，颜面神经麻痹，嚼肌麻痹，昏迷等，孕羊可出现流产。羔羊多以原发性急性败血症而迅速死亡，临床表现为精神沉郁、呆立、轻热、流涎、流鼻液、流泪、咀嚼吞咽迟缓。

（四）病理剖检

剖检一般没有特殊的肉眼可见病变。有神经症状的病羊，脑及脑膜充血，水肿，脑脊液增多，稍浑浊。流产母羊都有胎盘炎，表现子叶水肿坏死。

（五）诊断

病羊如表现神经症状、妊娠母羊流产等可怀疑本病。确诊需生物学实验诊断采血、肝、脾、肾、脑脊髓液、脑的病变组织等作触片或涂片，革兰氏染色镜检。如有革兰氏阳性，呈“V”形排列或并列的细小杆菌，可作出初步诊断，再用上述材料接种于0.5%～1%葡萄糖血琼脂平板上，得到纯培养物后，通过革兰氏染色、溶血检查、运动性检查、生化特性检查及血清学检查，即可确诊。荧光抗体染色可用于迅速鉴定本菌。另外，培养物的鉴定也可应用实验动物进行（用家兔或豚鼠做滴眼感染试验）。

类症鉴别：该病应与具有神经症状的疾病相区别，如羊的脑包虫病。患脑包虫的病羊仅有转圈或歇着走等症状，病的发展缓慢，不传染给其他羊。另外，应与有流产症状的其他疾病（羊伪狂犬）进行鉴别（主要靠实验室检查）。

（六）防治措施

平时须驱除鼠类和其他啮齿动物、体外寄生虫，不要从疫区引入畜禽。发病时应实施隔离、消毒、治疗等一般防疫措施。如怀疑青贮饲料与发病有关，须改用其他饲料。饲料中加入过瘤胃恩诺沙星和强力霉素可以防止本病的进一步蔓延。本病的治疗以链霉素较好，但易引起耐药性。广谱抗生素或磺胺类药物病畜大剂量应用有效；有神经症状的病羊可对症治疗注射盐酸氯丙嗪，按每千克体重用1～3mg。

## 十六、羊结核防治

关于羊结核病，过去记载，绵羊易感、山羊不易感，加上有人认为山羊对结核病有天然抵抗力，因而给一般人的印象是山羊不易受传染，以至发展到不易相信山羊能患结核病。事实证明，在有结核病牛的农牧场中，如果山羊与病牛常有接触机会，就很容易受到传染。有人曾在一个144只的奶山羊群中检验出26只结核病羊，占到全群的 18%。

（一）临床症状

羊结核病的症状与牛相似。轻度病羊没有临床症状，病重时食欲减退，全身消瘦，皮毛干燥，精神不振。常排出黄色稠鼻，甚至含有血丝，呼吸带痰音（呼噜作响），发生湿性咳嗽，肺部听诊有湿性罗音。有的病羊臂部、或腕关节发生慢性水肿。乳上淋巴结发硬肿大，乳房有结节状溃疡。

每当饲养管理不良时，即见食欲减退，迅速消瘦，奶量亦随之下降。尤其是在天气炎热的时候，最容易引起体温波动，症状也就随着加剧。病的后期表现贫血，呼气带臭味，磨牙，喜吃土，常因痰咳不出而高声叫唤。体温上升达 40 ~ 41℃，死前 2 天左右下降。贫血严重时，乳房皮肤淡黄，粪球变为淡黄渴色，最后消瘦衰竭而死亡，死前高声惨叫。

（二）解剖病变

根据剖检，病变大部分在肺脏和肠道，有时可侵及骨和睾丸。

我们剖检阳性反应的羊，所见病变在较轻病羊主要限于肺部、肺门淋巴结及纵膈淋巴结，严重时可以涉及肋膜、心包、肝脏及乳上淋巴结等处。肺的表面有粟子大、枣大至胡桃大之淡黄色脓肿，周围呈紫红色，最大的直径达 3cm，深度达 4cm，压之感软，切开时见充满干酪样内容物。常见肺表面有小米、大米以至花生米大的黄色及白色结节聚集成片，切时作磨牙声，内含稀稠不等的脓液或钙质。肺切面的深部亦有界限性脓肿。有的全肺表面密布粟粒样的硬结节。喉头和气管黏膜有溃疡。支气管及小支气管充有不同量的白色泡沫。纵膈淋巴结肿大而发硬，前后连成一长条，剧烈者长达 12cm，宽 4cm，厚 3cm，内含黏稠脓液。肋膜常有大片发炎，尤其与肺部严重病变区接触之处更为明显，发炎区域有胶样渗出物附着，发炎区之肋骨间有炎性结节，在此情况下，可见胸水呈淡红色，量增多。心包膜内夹有栗子大到枣子大的结节，内含干酪样内容物。

肝脏表面有大小不等的脓肿，或有聚集成片的小结节。此等小结节或含干酪样内容物，或硬如沙粒（因钙化），切时发出磨牙声。

乳上淋巴结肿胀，内含干酪样内容物，比肺中的浓稠，稍带灰色。

（三）诊断

由于结核病的症状不很明显，故用临床检查的办法（如叩诊、听诊和触诊）不易确诊。最便利的方法是采用结核菌素试验，以点眼法及皮内试验法最为可靠，皮下试验法没有什么诊断价值。

1. 点眼试验

用未稀释的牛型结核菌素，以点眼管滴入下眼睑的结合膜囊内，用量为 2 ~3 滴。点入左眼，以右眼作对照。点入以后，分别于第 2 小时、4 小时、6 小时、8 小时、10 小时、12 小时、24 小时进行观察，根据以下标准判断其反应结果：

阳性反应——眼结膜呈现显著的发红及肿胀，流出大量眼泪，并有黏液脓性分泌物从大眼角成条流出。羊只畏光，低头，精神不振。反应更重者，角膜呈灰白色。

（1）点眼试验阳性反应——眼睑肿。

皮内试验阳性反应：颈侧试验部胀，流泪，大眼角有脓性分泌物外流发热、弥漫性肿胀，有疼痛反应可疑反应——结膜发炎不显著，流出少量（比大米稍大）黏性分泌物。

（2）点眼阴性反应——眼无任何反常表现。或者流泪，最多有小米或大米大之白色眼眵，结膜并无发炎表现。

2. 皮内试验

是将未稀释之结核菌素 0. 1mL 注入颈侧皮内。注射部位在颈中部 1/3 处。于注射后每 24 小时测量皮厚一次，直到 96 小时为止，测量工具为游标卡尺，量记标准是推转游标卡尺到能感到夹住皮肤为止，然后放开捏着皮肤的手指，以游标卡尺不能自己滑脱为度（但稍为用力即可拉掉）。

判断时，将注射部位发热、痛感且有弥漫性肿胀定为阳性反应，对于注射部位只产生很小而有明显界限之结节者，定为阴性反应。以皮肤厚度而言，注射后皮肤增厚在 0.95cm 以上者，为阳性反应；增厚在 0.4～0.95cm 者为可疑反应；增厚在 0.4cm 以下者为阴性反应。对于肿胀、热、痛应特别注意，任何弥漫性之肿胀均可视为阳性反应。

另一种方法是使用稀释的结核菌素（结核菌素 1 份，加灭菌 0.5% 石炭酸蒸馏水 3 份）在肩胛部作皮内注射。剂量为：成年 0.2mL；3 个月至 1 岁 0.15mL；3 个月以下 0.1mL。于注射后 48 小时及 72 小时各观察 1 次，判定时参照牛的标准。对疑似反应者经 25～30 天在第一次注射的对侧再作一次复检，如仍为疑似反应，再经 25～30 天进行复检，仍为疑似反应者酌情处理。

在实践中，如果在较大的山羊群中进行试验，可以联合使用点眼与皮内试验两种方法。即先进行全群点眼试验，检出阳性反应者。然后对可疑反应者进行重复点眼，如果重复点眼仍然不能确定，最后采用皮内试验做确定诊断。这样既可达到诊断的准确性，又可避免在大群中作全群皮内试验的麻烦。

（四）防治

为了建立一个健康的羊群，一切方法都应以预防结核病的扩大传播为基础。

（1）将阳性反应的羊严格隔离；禁止与健康羊群发生任何直接或间接的接触，例如，放牧时应避免走同一道路及利用同一牧场。

（2）病羊所产的仔羊，立刻用 3% 克辽林或 1% 来苏尔溶液洗涤消毒，运到羔羊舍，用健康羊奶实行人工哺乳；禁止吸食病羊奶。

(3) 病羊奶必须在用巴氏灭菌法消毒后（最好煮沸）方可出售；禁止将生奶出售或运往健康羊场进行消毒。最好将病奶全部作成炼乳。

(4) 如果病羊为数不多，可以全部宰杀，以免增加管理上的麻烦及威胁健康羊群。

(5) 如要增添新羊，必须先作结核菌素试验，阴性反应的才可引进。

(6) 对于有价值的奶羊和优良品种的羊，可以采用链霉素、异烟肼（雷米封)、过瘤胃恩诺沙星、对氨基水杨酸钠或盐酸黄连素治疗轻型病例。对于临床症状明显的病例，不必治疗，应该坚决屠杀，以防后患。

## 十七、羊伪结核病

羊伪结核病由伪结核棒状杆菌引起疾病。伪结核棒状杆菌存在于土壤、肥料、肠道内和皮肤上，经创伤感染。该病在羔羊中少见，随年龄增长，发病增多。主要以化脓性、干酪性淋巴结炎为特征。近年来，山羊伪结核病在集约化养羊场的检出率和发病率呈上升趋势，严重影响养羊业的经济效益。

### (一) 病羊特性和历史

伪结核棒状杆菌为无芽孢革兰氏阳性菌，呈多形态，球形、棒状、偶尔呈丝状，是兼性细胞内寄生菌，他能够产生坏死性、溶血性外毒素，其主要成分为磷脂酶，导致感染的淋巴结和组织出血、坏死，该菌与结核分枝杆菌有非常相似的体表层结构和成分，故又称其为伪结核。1891 年，国外首次从羊肾脏脓肿中分离到该菌，先后从马、牛、羊、鹿、骆驼、猿、猪和人分离到该菌，1989 年我国研究成功该菌分离培养基，先从羊、猪中分离到该菌，并证明羊、猪的该菌有同源性。本菌抗干燥能力强，在环境中可以长期存活。对热和常用的消毒药敏感。

（二）流行病学

本病多见于绵羊和山羊，一年四季都可以发生，以舍饲羊多发，伪结核棒状杆菌存在于土壤、肥料、肠道内和皮肤上，主要通过创伤感染，尤其是皮肤黏膜擦伤、打斗、去势、去角、打号、掉牙之后发生较多，也可通过呼吸道、生殖道和消化道而传染。以群养或集约化饲养的山羊多发，常见于奶山羊，发病率可达7%～50%。发病无性别和品种间的差异。在年龄分布上，以1～4岁山羊多发，1岁以下的羔羊和5岁以上的山羊较少发生。本病是一种地方性疾病，发病多呈散发形式。温凉地区以初春和秋末为高发季节，河谷亚热带地区山羊发病无明显季节性。通常雨水少的年份发病率高，雨水多的年份发病率低。

（三）临床症状

根据病变发生部位，临床上可分为体表型、内脏型和混合型3种。其中，以体表型的病例多见，混合型次之，内脏型较少发生。

1. 体表型

病变通常局限于体表淋巴结，以腮腺、颈部及肩前淋巴结多见。病羊一般无明显的全身症状。病初淋巴结轻微隆起，触之硬实，有炎症反应，以后淋巴结逐渐增大，边缘界限分明，大小如核桃或鸡蛋，触诊无疼痛反应，化脓后质地柔软并有波动，脓肿自行破溃后，流出黄白色无臭味的黏稠胶样脓液。脓汁排除后患部结痂愈后，有的可在原处或近处再发生新的化脓灶，或形成瘘管，脓肿灶较大的可影响颈部活动和采食。有的可引起乳房淋巴结肿大化脓，乳汁性状异常，泌乳量下降。患羊贫血消瘦，生长发育受阻，病程较长，多呈良性经过。

2. 内脏型

患羊内脏器官感染后，可出现不同程度的全身症状，食欲缺乏，精神委顿，渐进性消瘦，贫血，被毛干燥。肺部患病时，有慢性咳嗽，鼻孔流出黏脓性鼻液，呼吸次数增加。引起胸膜炎和腹膜炎时，体温升高，呼吸困难，可导致死亡。病程可持续1～2个月或更长，致死率较高。

3. 混合型

兼有体表型和内脏型的症状。

（四）病理变化

剖检见尸体消瘦，被毛粗乱、干燥，体表淋巴结肿大，内含干酪样坏死物；在肺、肝、脾、肾和子宫角等处有大小不一、数量不等的脓肿。切开病灶，内含黄白色黏稠胶样脓汁，陈旧性病灶呈干酪样，周围有较厚的纤维素包囊包裹。

（五）诊断

在常发地区，根据体表淋巴结的特征性脓灶，即可作出初步诊断。必要时以无菌手术取未破溃的淋巴结中的脓汁进行涂片染色镜检，如为革兰氏阳性，抗酸染色阴性，呈多形性形态学特征，即可疑为伪结核棒状杆菌。进一步可用血琼脂平板分离培养、血清学试验等进行实验室确诊。

（六）防治

（1）平时应注意羊舍及运动场的清洁卫生，定期消毒，注意防止外伤。发生外伤后，及时进行外科处理。羊舍和饲槽的锐器、铁丝等应清除。

（2）坚持临床检查，发现病羊应隔离饲养，及时用青霉素或广谱抗生素（过瘤胃恩诺沙星、环丙沙星、庆大霉素、四环素、林可霉素、过瘤胃氟苯尼考、卡那霉素、先锋霉素、红霉素、新霉素），或结合使用磺胺类药物，早期可获得良好疗效。伪结核棒状杆菌对青霉素高度敏感，但因脓肿有厚包囊，疗效不好，据报道，早期用0.5%黄色素10mL静脉注射有效，如与青霉素并用，可提高疗效。

（3）体表成熟的脓肿，应采取外科手术方法切开排脓。方法是：将患羊保定，剪去患部被毛，用0.1%高锰酸钾溶液等消毒液对患部进行消毒。手术刀切开脓肿块，用力反复压出肿块内的脓汁，脓汁挤完后用注射器将稀碘液、碘伏、碘仿或新洁尔灭等消毒液注入囊腔多次冲洗，直致完全将脓汁冲净，在囊腔放入适量磺胺类或抗生素类药物。为预防继发感染，给患羊注射兽用青、链霉素。对内脏有病变的病羊，在治疗无效时应予淘汰。

## 十八、羊副结核

副结核又称副结核性肠炎，是牛、绵羊、山羊的一种慢性接触性传染病。临床特征为间歇性腹泻和进行性消瘦。

### （一）病原与流行特点

该病的病原为副结核分枝杆菌，革兰氏阳性小杆菌，具有抗酸染色特性，对外界环境的抵抗力较强，在污染的牧场、圈舍中可存活数月，对热抵抗力差，75%的酒精和10%漂白粉能很快将其杀死。

副结核分枝杆菌主要存在于病畜的肠道黏膜和肠系膜淋巴结，通过粪便排出，污染饲料、饮水等，经消化道感染健康家畜。幼龄羊的易感性较大，大多在幼龄时感染，经过很长的潜伏期，到成年时才出现临床症状，特别由于机体的抵抗力减弱，饲料中缺乏无机盐和维生素，容易发病；呈散发或地方性流行。

### （二）症状

病羊腹泻反复发生，稀便呈蛋黄色、黑褐色，带有腥臭味或恶臭味，并带有气泡。开始为间歇性腹泻，逐渐变为经常性而又顽固的腹泻，后期呈喷射状排出。有的母羊泌乳少，颜面及下颌部水肿，腹泻不止，最后消瘦骨立，衰竭而死。病程长短不一，病程4~5天，长的可达70多天，一般是15~20天。

（三）诊断要点

本病典型特征是进行性消瘦，长期顽固性腹泻和逐渐衰弱，感染初期常无临床表现，随着病程的延长，逐渐出现临床症状，如精神不振，被毛粗乱，采食减少，逐渐消瘦、衰弱，间歇性的腹泻，有的呈现轻微的腹泻或粪便变软。随着消瘦而出现贫血和水肿，最后病羊卧地不起，因衰竭或继发其他疾病（如肺炎等）而死亡。

剖检主要病变在消化道及肠系膜淋巴结、空肠、回肠和盲肠，特别是回肠的肠黏膜显著增厚，并形成脑回样的皱褶，但无结节、坏死和溃疡形成，肠系膜淋巴结肿大，有的表现肠系膜淋巴管炎。首次流行本病的羊场须通过细菌学和变态反应检查方能确诊，以便排除由于饲养不当引起的消瘦以及寄生虫病、肠结核病和某些中毒病等。

（四）鉴别诊断

该病应与胃肠道寄生虫病，营养不良，沙门氏菌病等相鉴别。

与寄生虫病的鉴别　寄生虫病在粪便中常发现大量虫卵，剖检时在胃肠道里有大量的寄生虫，肠黏膜缺乏副结核病的皱褶变化。

与营养不良的鉴别　营养不良多见于冬春枯草季节，病羊消瘦、衰弱；在早春抢青阶段，也会发生腹泻，但肠道缺乏副结核病的病理变化。

与沙门氏菌病的鉴别　该病多呈急性或亚急性经过，粪便中能分离出致病性沙门氏菌。

（五）防治

对疫场（或疫群）可采用以提纯副结核菌素变态反应为主要检疫手段，每年检疫4次，凡变态反应阳性而无临床症的羊，立即隔离，并定期消毒；无临床症状但粪便检菌阳性或补给阳性者均扑杀。非疫区（场）应加强卫生措施，引进种羊应隔离检疫，无病才能入群。在感染羊群，接种副结核灭活疫苗综合防治措施，可以使本病得到控制和逐步消灭。

## 十九、羊弯杆菌病

羊弯杆菌病原名羊弧菌病，由弯杆菌属中的胎儿弯杆菌诸亚种引起，主要使羊暂时性不育和流产。弯杆菌病是由弯杆菌属细菌引起的人和动物不同疾病的总称。胎儿弯杆菌可引起牛、羊不育与流产；空肠弯杆菌可引起人、马、牛的急性肠炎。

### （一）病原

该病病原为弯杆菌属中的胎儿弯杆菌、空肠弯杆菌、肝炎弯杆菌和痰弯杆菌黏膜亚种等，为革兰氏阴性菌。弯杆菌在感染组织中呈弧形、撇形或 s 形。其对干燥、阳光和一般消毒药敏感。胎儿弯杆菌又分为两个亚种：胎儿弯杆菌胎儿亚种和胎儿弯杆菌性病亚种。胎儿弯杆菌为革兰氏阴性的细长弯曲杆菌，呈 S 形、钝弯月形或鸥翅样形态，在老龄培养物中呈球形或螺旋状长丝（由多个“S”形菌体形成的链）。

### （二）流行病学

胎儿弯杆菌对人和动物均有感染性，羊感染可引起流产，病菌主要存在于流产胎儿以及胎儿胃内容物中。空肠弯杆菌可引起人和动物的腹泻，也可引起羊的流产，病菌主要存在于流产羊的胎盘、胎儿胃内容物以及血液和粪便中。正常动物的肠道中也有空肠弯杆菌存在。患病羊和带菌动物是传染源，主要经消化道感染。绵羊流产常呈地方性流行，在一个地区或一个羊场流行 1 ~ 2 年或更长一些时间后，可停息 1 ~ 2 年，然后又重新发生流行。

### （三）临床症状

感染母羊发生阴道卡他性炎症，胎儿弯杆菌常引起牛、羊的不育与流产。黏液分泌增多，黏膜潮红。妊娠期母羊因发生子宫内膜炎和阴道炎而致胚胎早期死亡被吸收或早期流产而不育。病羊发情周期不明显．大多数母羊在感染6个月后才可再次受孕。感染母羊多无先兆症状，常在妊娠以后3个月内发生流产。大多数母羊流产后可迅速恢复，又可正常怀孕。个别羊因子官炎和腹膜炎而死亡。

（四）诊断

（1）临床症状怀孕母羊多于后期（第4～5个月）发生流产，娩出死胎、死羔或弱羔。流产母羊一般只有轻度先兆有，少量阴道分泌物易被忽视。流产后阴道排出黏脓性分泌物。大多数流产母羊很快痊愈，少数母羊由于死胎滞留而发生子宫炎、腹膜炎或子宫脓毒症，最后死亡。病死率约5%。

（2）病理变化流产胎儿皮下水肿，肝脏有坏死灶。病死羊可见子宫炎、腹膜炎和子宫积脓。

（3）实验室检查取新鲜胎衣子叶和流产胎儿胃内容物做涂片，染色镜检，可见革兰氏阴性的胎儿弯杆菌。也可将病料接种于鲜血琼脂（每mL含杆菌肽2单位、新生霉素2μg、制霉菌素300单位），置于5%氧、10%二氧化碳和85%氮环境下（也可用烛缸法），37℃培养，进行病原分离鉴定，以便确诊。

（五）防治

1. 预防

（1）严格执行兽医卫生防疫措施。产羔季节流产母羊应严格隔离并进行治疗。流产胎儿、胎衣以及污染物要彻底销毁；粪便、垫草等要及时清除并进行无害化处理；流产地点及时消毒除害。染疫羊群中的羊不得出售，以免扩大传染。

（2）本病流行区。可用当地分离的菌株制备弯杆菌多价灭活菌苗，对绵羊进行免疫接种，可有效预防流产。国外用多价甲醛菌苗注射母羊，效果良好。

2. 治疗

应用四环素、环丙沙星、过瘤胃恩诺沙星、头孢菌素类、过瘤胃氟苯尼考和呋喃唑酮口服治疗。四环素按每千克体重日服20～50mg，分2～3次服完。过瘤胃氟苯尼考按每千克体重日服30～50mg，2～3次服完。呋喃唑酮按每千克体重日服5～10mg，分2～3次服完。早期应用可减少流产损失。

## 二十、绵羊传染性阴道炎

绵羊传染性阴道炎出现于绵羊的交配期，引起绵羊不孕、流产，甚至死亡。公羊也可以患病。病的流行很快。给养羊业带来一定的经济损失。

（一）病原

病原是一种链球菌。细菌存在于阴道黏膜及阴蒂的皱襞内，随着阴道分泌物而排出；在用分泌物所作的涂片内，呈革兰氏阳性。细菌的抵抗力不强。

（二）流行病学

通过自由交配传染。如能将种公羊与母羊分开管理，单独放牧，并在配种季节采用人工授精方法，即可防止本病的传播。

（三）临床症状

病的潜伏期为2～3天。病初阴道和阴唇黏膜发红、肿胀，有黏液脓性分泌物。以后，黏膜及黏膜下组织坏死，阴道壁的坏死层常累及深部组织。从阴道内排出黏液脓性液体，有时呈凝乳状，含有坏死组织脱落的碎片。

母羊的全身症状以病理过程为转移。初期焦急不安，站立时后腿分开，经常呈排尿姿势，定期出现里急后重。随着病理过程的进展，全身症状恶化，呼吸和脉搏加快，体温增高达41.7℃。

种公羊在病初表现无力、阳痿、频繁排尿、包皮黏膜和阴茎头肿胀，有病理性敏感及出血点。从包皮内排出血样分泌物，以后转变为黏液脓性，经过几天以后，包皮黏膜和阴茎发生坏死，以后坏死组织逐渐脱落。在此阶段，种公羊卧倒不起，呼吸困难，脉搏加快，体温增高达41.5～42℃。病羊食欲缺乏，反刍停止，如不及时治疗，容易引起死亡。

（四）诊断

根据临床症状、流行病学资料和细菌学检查等进行诊断。

（五）预防

（1）在交配之前，对母羊及种公羊进行详细的临床检查，对患有疑似传染性阴道炎的羊，禁止进行交配。

（2）将种公羊与母羊分开管理，单独放牧。

（3）采用人工授精方法配种。

（六）治疗

治疗方法根据病情轻重而有所不同。

（1）病的初期，用0.5%高锰酸钾或1%雷佛奴尔温溶液洗涤，同时，肌内注射青霉素溶液，每天3次，每次160万国际单位，继续治疗3～5天，林可霉素注射液5kg羊1mL或者磺胺类按50mg/kg体重，一般可以痊愈；用过瘤胃阿莫西林和过瘤胃恩诺沙星同时应用可有效控制。

（2）当组织发生坏死时，应刮去坏死组织，用雷佛奴尔或高锰酸钾溶液进行洗涤，并用青霉素和鱼肝油制成乳剂，每天涂布在生殖器官黏膜上，同时肌内注射青霉素，每次160万国际单位或者林可霉素注射液，5～7天，青霉素可以继续治疗10～15天。

## 二十一、羊蜱性脓毒血症

本病是羔羊的一种血液中毒症，发生于蜱活动最强的月份，常危害2～16周龄的羊，尤其是3～5周龄的羔羊。一旦感染死亡率可高达20%。

（一）病原

病原与羊乳房炎的主要病原相同，即金黄色葡萄球菌。细菌通过蜱的叮咬而进入身体，如果羔羊生活的时间长，便会到处发生脓肿，包括关节、腱鞘、肋骨、脊柱、脑、肝、脾、肾、心壁和肺部。

（二）症状

本病如果发生于成年羊，可引起母羊流产和公羊不育。病羊体温升高到 40～41.5℃，可持续 9～10 天。然后温度下降，但羔羊的体况已受到损害，对于其他疾病（如跳跃病或蜱性脓毒血症）的抵抗力降低。于退热之后 1 周左右，病羊表现食欲减少，精神萎靡。

（三）预防

本病尚无满意的疫苗作预防注射，应用抗生素进行预防注射更不实际。最好的方法是对于存在有蜱性脓毒血症问题的羊群，于羔羊出生后不久进行药浴。由于羔羊的被毛短，药浴的保护作用只能维持 14 天，因此，每间隔 2 周应再重复进行药浴。

（四）治疗

如果发现病羊较早，应每天注射青霉素、氨苄西林钠、头孢菌素类、庆大霉素，连用 5 天；亦可注射长效土霉素、强力霉素拌料防治。

## 第四节　羊其他病原引起的传染病防治

### 一、羊传染性胸膜肺炎

羊传染性胸膜肺炎又称羊支原体肺炎，是支原体所引起的一种高度接触性传染病，其临床特征为高热，咳嗽，胸和胸膜发生浆液性和纤维素性炎症，取急性和慢性经过，病死率很高。

(一) 病原

引起山羊传染性胸膜肺炎的病原体为丝状支原体山羊亚种。丝状支原体山羊亚种对红霉素高度敏感，对青链霉素不敏感。但是绵羊支原体对红霉素有一定的抵抗力。

(二) 流行病学

在自然条件下，丝状支原体亚种只感染山羊。3 岁以下的山羊最易感染，而绵羊支原体肺炎则可以感染山羊和绵羊。本病呈地方性流行，接触传染性强，主要通过空气飞沫经呼吸道传染。阴雨连绵，寒冷潮湿，羊群密集，拥挤等因素，有利于空气飞沫传染的发生；多发生在山地和草原，主要见于冬季和早春枯草季节，羊只营养缺乏，容易受寒感冒，因而机体抵抗力下降，较易发病，发病后病死率也较高。新疫区爆发，几乎都是引进或迁入病羊或带菌羊而引起。在牧区，健康羊可能由于放牧时与染疫羊发生混群而受害。发病后在羊群中迅速传播，20 天左右可波及全群。冬季流行期平均为 15 天，夏季可维持 2 个月以上。

(三) 症状

潜伏期短者 5 ~ 6 天，长者 3 ~ 4 周，平均为 18 ~ 20 天。根据病程和临床症状，可分为最急性、急性和慢性三型。

(1) 最急性。病初体温升高，可达 41 ~ 42℃，极度委顿，食欲废绝，呼吸急促而又痛苦的鸣叫。数小时后出现肺炎症状，呼吸困难，咳嗽，并流出浆液性鼻液，肺部叩诊成浊音和实音，听诊肺部肺泡音减弱、消失或捻发音。12 ~ 36 小时内渗出液充满肺并进入胸腔，病羊卧地不起，四肢直伸，呼吸困难，每次呼吸则全身颤动；黏膜高度充血，发绀；目光呆滞，呻吟哀鸣，不久窒息而亡。病程一般不超过 4 ~ 5 天，有的仅为 12 ~ 24 小时。

(2) 急性。最常见，病初体温升高，继之出现短而湿的咳嗽，伴有浆液性鼻漏。4 ~ 5 天后，咳嗽变干而痛苦，鼻液转为黏液、脓性并呈铁锈色，黏附于鼻孔和上唇，形成干涸的棕色痂垢。多在一侧出现胸膜炎变化，叩诊有实音区，听诊呈支气管呼吸音和摩擦音，按胸壁表现敏感，疼痛。这时候高热稽留不退，食欲锐减，呼吸困难和痛苦呻吟，眼睑肿胀、流泪、眼有黏液、脓性分泌物。口半张开，流泡沫状唾液，头颈伸直，腰背拱起，腹肋紧缩，怀孕羊70%～80%发生流产。最后病羊卧倒，极度衰弱委顿，有的发生膨胀和腹泻，甚至口腔中发生溃疡，唇、乳房等部皮肤发疹，濒死前体温下降至常温下，病期多为7～15天，有的可达1个月。幸而不死的转为慢性。

（3）慢性。多见于夏季，全身症状轻微，体温降至40℃左右。病羊间有咳嗽和腹泻，鼻涕时有时无，身体衰弱，被毛粗乱无光。在此期间，如饲养管理不良，与急性病例接触或机体抵抗力由于种种原因而降低时，很容易复发或出现并发症迅速死亡。

### （四）病理变化

多局限于胸部。胸腔常带有黄色液体，有时多达500～2 000mL，暴露于空气后期中有纤维蛋白凝块。急性病例的损害多为一侧，有两侧纤维素性肺炎；肝变区凸出于肺表，颜色有红色至灰色不等，切面呈大理石样；纤维素渗出液的充盈造成肺小叶间组织变宽，小叶界限明显，支气管扩张；血管内血栓形成。胸膜变厚、粗糙，上有黄色纤维素层附着，直至胸膜与肋膜，心包发生黏连。支气管淋巴结肿大，切面多汁并溢血点。心包积液，心肌松弛、变软。急性病例还可见肝、脾大，胆囊肿胀，肾肿大和膜下小溢血点。病程稍长者，肺肝变区结缔组织增生，甚至有包囊化的坏死灶。

### （五）诊断

由于本病的流行规律、临床症状和病例表现都很有特征，根据这三个方面做出综合诊断并不困难。确诊需要进行病原分离鉴定和血清试验。羊巴氏杆菌临床症状和病理变化有类似之处，注意区别。

（六）预防

免疫接种，用羊传染性胸膜肺炎（支原体肺炎）灭火苗预防。6个月以上的山羊每只接种5mL，6个月以下的每只接种3mL能有效预防本病的发生。平时预防，除加强一般措施外，关键是防止引入病羊或迁入带菌羊，新购入羊需要隔离观察后，方可混入大群。

（七）预防

传染性胸膜肺炎的预防就是每年秋季的9～10月注射传染性胸膜肺炎灭活疫苗进行注射，

（八）治疗

用新胂凡纳明（914）静脉注射，证明能有效的治疗本病。

（1）胸腔注射5%恩诺沙星10mL（胸腔注射对本病效果较好），具体做法为：病羊左侧卧保定在肩关节水平线上，距肘关节5cm处剪毛、消毒，垂直进针3～5cm穿透皮肤、肋间隙到达胸腔，但不能刺伤肺脏。在操作时穿透皮肤后感觉到进针的阻力突然间小，这是针尖到达了胸腔，当针尖刺入肺脏时可以感觉到针尖随着肺脏有节奏地来回运动，这时应当将针头稍稍抽回一些，回吸一下看看有没有血液回流，如果没有再注射。在操作中应注意注射针头和注射部位的消毒，以防止感染。

（2）胸腔注射还可以采用强力霉素、林可霉素、阿奇霉素等药物。胸腔注射每天注射1次，连续治疗5～7天，为一个疗程。

（3）对症状较重的病羊可采用输液治疗，5%碳酸氢钠50～80mL，10%葡萄糖100～150mL，乳酸红霉素50万单位，静脉注射一天1次，连用5～7天，静脉注射期间每天与输液间隔12小时，再肌内注射乳糖酸红霉素50万单位。在肺部炎症初期，为制止渗出，促进炎性分泌物消散吸收，可肌内注射呋噻咪4～5mL，维生素C 5mL。

(4) 对体温升高的病羊肌内注射氨基比林、柴胡或鱼腥草注射液进行对症治疗，缓解症状。对食欲不佳的病羊肌内注射胃肠舒注射液 5 ~ 8mL、胃动力注射液 5mL 或灌注反刍健胃散(液) 50 ~ 100g。

(5) 在饲料中添加抗生素对发病同群或者同场羊有较好的效果，每吨饲料添加土霉素 1 800 ~ 2 000 g 或过瘤胃氟苯尼考 300 ~ 500g 加强力霉素 200 ~ 400g，连续饲喂 3 ~ 5 天。用过瘤胃恩诺沙星按原粉计算加 200 ~ 300g，这个成本比较低，效果不错。

(6) 笔者临床治疗本病的方法是：如果刚刚出现发烧、咳嗽症状，用 30% 氟苯尼考配合 10% 强力霉素注射液（多西环素）按每千克体重各 0. 2mL 肌内注射或者 30% 替米考星按每千克体重 0. 1 ~ 0. 2mL 和银黄注射液每千克体重 0. 3 ~ 0. 5mL 肌内注射抗菌；同时，用地塞米松按 15 ~ 20mg 或者盐酸异丙嗪按人的二倍肌内注射；中期或者慢性病例，在用上面抗菌治疗的同时，用糖盐水加氯化钙静脉注射，用桔梗、二花、蒲公英、连翘、苏子、黄芩、各 15 ~ 20g 煎水另外加甘草片 20 ~ 30 片灌服。

(7) 治疗期间应注意对发病羊群加强饲养管理，以提高羊只的抵抗力，冬季应尽量保温，降低饲养密度，同时，保持合理的通风换气，可有效预防本病的发生。

(8) 康复后煎水用健胃舒肝散每只羊 50 ~ 100g 开水冲服，每天 1 ~ 2 次，连用 3 天。

## 二、羊衣原体病

绵羊、山羊的地方流行性流产是一种衣原体感染，由于病原在胎衣，特别是绒毛膜中驻足和繁殖，引起发炎，造成胎羔感染或流产。它不但引起流产也会造成肺炎、肠炎、眼角结膜炎、关节炎等。

（一）病原

本病的病原是衣原体。鹦鹉热衣原体，是介于细菌与病毒之间的一类独特微生物。鹦鹉热衣原体对酸碱的抵抗力较高，在 -70℃条件下可保存活力达几年。60℃30 分钟可以杀灭。乙醚和季铵盐类可在 30 分钟使其灭活。

（二）流行特点

病原可通过呼吸道、消化道及损伤的皮肤、黏膜感染，也可通过交配或用患病公羊的精液、人工授精感染；蜱、螨等吸血昆虫叮咬也可传播本病。多呈地方性流行。

（三）临床症状

本病的潜伏期和临床表现因动物种类不同、发病部位不同而有差别，短则几天，长则可达数周或者几个月，也可有不同的临床表现。

（1）流产型。又名地方流行性流产。羊的潜伏期为 50～90 天。临床症状表现为流产、死产或产弱羔。流产发生于怀孕的最后 1 个月。分娩后，病羊排出子宫分泌物达数天之久，胎衣常常滞留。病羊体温升高达 1 周左右。有些母羊因继发感染细菌性子宫内膜炎而死亡。羊群第 1 次爆发本病时，流产率可达 20%～30%，以后则每年 5% 左右，流产率的高低与初产母羊的多少有关系。流产过的母羊以后不再流产。

（2）肺肠炎型。本型主要见于 6 月龄以前的羊。潜伏期 2～10 天，病羊表现抑郁、腹泻，体温升高到 40.6℃，鼻流黏性分泌物，流泪，以后出现咳嗽和支气管肺炎。羔羊表现的症状轻重不一，有急性、亚急性和慢性之分，有的羊可呈隐性经过。

（3）关节炎型。又称多发性关节炎，主要发于羔羊。羔羊于病初体温上升至 41～42℃，食欲丧失，离群。肌肉僵硬，并有疼痛感，一肢甚至四肢跛行，肢关节触摸有疼痛表现。随着病情的发展，跛行加重，羔羊弓背而立，有的羔羊长期侧卧。发病率一般达 30%，甚至可达 80% 以上。如隔离和饲养条件较好，病死率低。病程 2～4 周。

(4) 角结膜炎型。又称滤泡性结膜炎，主要发生于绵羊，尤其是肥育羔和哺乳羔。衣原体侵入羊眼后，进入结膜上皮细胞的胞质空泡内，形成初体和原生小体，从而引起眼的一系列病变。病羊的单眼或双眼均可罹患。眼结膜充血、水肿，大量流泪，病的第 2～3 天，角膜发生不同程度的混浊，角膜薄翳、糜烂，溃疡和穿孔。混浊和淤血形成最先开始于角膜上缘，其后见于下缘，最后扩展至中心。经 2～4 天开始愈合。几天后，在瞬膜和眼睑结膜上形成直径 1～10mm 的淋巴样滤泡。某些病羊继发关节炎、跛行。肥育场羔羊的发病率可达 90%，但不引起死亡。病程一般为 6～10 天，但伴发角膜溃疡者，可长达数周。

(四) 剖检病变

剖检流产病羊的病变，可见胎盘的绒毛膜和子叶呈现坏死性变化，子叶呈黑红色、污灰色、土黄色，表面有多量坏死组织，绒毛膜有的地方水肿增厚，子宫黏膜有时充血、出血、水肿；剖检肺炎型死亡病羊的病变，可见肺有肝变病灶，对于细菌混合感染病例，可见化脓性肺炎和胸膜肺炎病变；肠炎型表现为肠道水肿、出血、溃疡；剖检多发性关节炎病羊的病变，可见全身关节肿大，腕、跗关节最显著，滑膜囊扩张，滑液呈混浊灰黄色，肝、脾可见肿大，淋巴结水肿。角结膜炎型可以见到角膜混浊、溃疡和结膜红肿。

(五) 诊断

根据流行特点、临床症状和剖检病变可做出初步诊断。确诊需进行实验室诊断。本病（病母羊地方性流行）应与布氏杆菌病、弯杆菌病等加以区别。

(六) 防治

在流行地区，用羊流产衣原体灭活苗对母羊和种公羊进行免疫接种。

（1）发生本病时，流产母羊及其所产弱羔应及时隔离。对污染的羊舍、场地等环境进行彻底消毒。

对大群羊用过瘤胃氟苯尼考配合强力霉素按每千克饲料 0.2g 原粉计算拌料，或者过瘤胃阿莫西林按每千克饲料 0.3～0.4g、连用 3～5 天，可以有效地防止本病的发生。

（2）流产型、肺炎型、肠炎型治疗可肌注青霉素，每次 160 万～320 万单位，1 天 2 次，连用 3 天。也可用多西环素按或者阿奇霉素每千克体重 15～20mg、氟苯尼考按每千克体重 25mg、四环素按每千克体重 10～20mg 等治疗。关节炎型的关节局部用鱼石脂涂抹，严重的用氟苯尼考或者林可霉素配合醋酸泼尼松龙注射，结膜炎患羊可用红霉素软膏、环丙沙星、氧氟沙星眼药水点眼治疗。严重的可以配合醋酸泼尼松龙滴眼液。

（3）大群防治每吨饲料加过瘤胃氟苯尼考 400～500g 配合强力霉素 200～250g；过瘤胃恩诺沙星 200～250g。

## 三、羊传染性无乳症

此病为一种接触传染性疾病，公羊、母羊及小羊都可患病。由于泌乳羊只患病时，乳汁发生改变和完全停止泌乳，而且可在发病牧场内迅速传播，故称为传染性无乳症。

### （一）病原

病原为无乳支原体。这种微生物非常多形。在一昼夜培养物的染色涂片中，可以发现大量的小杆状或卵圆形微生物。有时两个连在一起呈小链状。在两天的培养物中，见有许多小环状构造物。在 4 天培养物内呈大环状、丝状、大圆形，类似酵母菌和纤维物的线团。本菌对各种消毒药物抵抗力较弱，10% 石灰乳、3% 克辽林消毒时，都能很快将其杀死。

（二）流行病学

病羊和病愈不久的羊，能长期带菌，并随乳汁、脓汁、眼分泌物和粪尿排出病原体。本病主要经消化道传染，也可经创伤、乳腺传染。

（三）症状

分为乳房炎型、关节型和眼型3种类型。有的呈混合型。根据病程不同又可分为急性和慢性两种。

接触感染时潜伏期为12～60天；人工感染时为2～6天。

急性病的病期为数天到1月，严重的于5～7天死亡。慢性病可延续到3个月以上。绵羊羔、尤其是山羊，常呈急性病程，死亡率为30%～50%。

（1）乳房炎型。泌乳羊的主要表现为乳腺疾患。炎症过程开始于一个或两个乳叶内，乳房稍肿大，触摸时感到紧张、发热、疼痛。乳房上淋巴结肿大，乳头基部有硬团状结节。随着炎症过程的发展，乳量逐渐减少，乳汁变稠而有咸昧。因乳汁凝固，由乳房流出带有凝块的水样液体。以后乳腺逐渐萎缩，泌乳停止。有些病例因化脓菌的存在而使病程复杂化，结果形成脓汁，由乳头排出。患病较轻的，乳汁的性状经5～12天而恢复，但泌乳量仍很少，大多数羊的挤乳量达不到正常标准。

（2）关节型。不论年龄和性别，可以见到独立的关节型，或者与其他病型同时发生。泌乳绵羊在乳房发病后2～3周，往往呈现关节疾患，大部分是腕关节及跗关节患病，肘关节、髋关节及其他关节较少发病。最初症状是跛行逐渐加剧，关节无明显变化。触摸患病关节时，羊有疼痛发热表现，2～3天后，关节肿胀，屈伸时疼痛和紧张性加剧。病变波及关节囊、腱鞘相邻近组织时，肿胀增大而波动。当化脓菌侵入时，形成化脓性关节炎。有时关节僵硬，躺着不动，因而引起褥疮。

病症轻微时，跛行经3～4周而消失。关节型的病期为2～8

周或稍长，最后患病关节发生部分僵硬或完全僵硬。

（3）眼型。最初是流泪、羞明和结膜炎。2～3天后，角膜浑浊增厚，变成白翳。白翳消失后，往往形成溃疡，溃疡的边缘不整而发红。经若干天以后，溃疡瘢痕化，以后白色星状的瘢痕融合，形成角膜白斑。再经2～3天或较长时间，白斑消失，角膜逐渐透明。严重时角膜组织发生崩解，晶状体脱出，有时连眼球也脱出来。

一般认为，无乳症的主要病型是伴发眼或关节疾患（有时伴发其他疾患）的乳房炎型。

（四）解剖病变

通常乳腺的一叶或两叶变得坚硬，有时萎缩，断面呈多室性腔状，腔内充满着白色或绿色的凝乳样物质，断面呈大理石状。在乳房实质内布有豌豆大的结节，挤压时流出酸乳样物质，在此情况下，可以发现间质性乳房炎和卡他性输乳管炎。

在关节型病例，由于皮下蜂窝组织和关节囊壁的浆液性浸润，并在关节腔内具有浆液性—纤维素性或脓性渗出物，所以，关节剧烈肿胀。关节囊壁的内面和骨关节面均充血。关节囊壁往往因结缔组织增生而变得肥厚。滑液囊（主要是腕关节滑液囊）、腱和腱鞘亦常发生病变。

眼睛患病时，角膜呈现乳白色，眼前房液中往往发现浮游的半透明胶样凝块。严重时角膜中央出现大头针头大的白色小病灶，更剧烈时角膜中央发生界限明显的角膜白斑。角膜突出，呈圆锥状，其厚度常达3～4mm。角膜中央常发现直径2～4mm的小溃疡。极度严重时，角膜常常发生穿孔性溃疡，晶状体突出，有时流出玻璃体，有时并发全眼球炎。

（五）预防

（1）注射氢氧化铝疫苗，可以获得良好预防效果。

（2）耐过传染性无乳症的羊为长期带菌者和排菌者，因而有在长时间内散布感染原的危险性，安全牧场在补充绵羊及山羊时必须特别谨慎。

（3）在发现该病的地区，如未经详细检查，不许将羊只送到安全牧场（圈舍）或羊群中去。安全牧场（圈舍）的羊群不能在牧地或饮水处接触不安全牧场（圈舍）的羊群。

（4）发现疾病的牧场或羊群，必须采取下列措施。

①禁止赶羊通过发病的牧场，禁止分群、交换、出售，禁止发病区集中动物活动（市场、展览等）。

②隔离病羊和可疑病羊，应由专人护理和治疗；工作人员必须穿工作服。

③在挤奶羊群内，为了防止扩大传染，挤奶员在挤奶前应用肥皂水洗手，并用消毒药（如新洁尔灭）水擦洗羊的乳房。

④流产的胎儿与胎膜，必须迅速深埋。

⑤由羊群中隔离出病羊后，应将健羊转移到新牧地，给以新的饮水处。

⑥羊的圈舍及病羊所在的其他地方，都应进行清扫，并用石炭酸、3%来苏尔、2%苛性碱、3%~5%漂白粉等溶液消毒。同时，必须消毒蓐草和病羊排泄物。

⑦患眼型或关节型无乳症的病羊奶，在煮沸以后才准饮用。具有乳房炎症的病奶，须进行消毒或抛弃。

⑧被迫屠杀的病羊肉，须经仔细检查后方准利用，病羊的皮应用10%的新鲜石灰溶液消毒。

⑨在拉走最后一头病羊后经过60天，才准解除牧场及羊群内的一切限制。

（六）治疗

1. 全身治疗

（1）醋酰胺砷具有特效，可作成10%的溶液，每次0.1~0.2g，每日3次。

（2）单用“九一四”或青霉素，或者“九一四”与乌洛托品合用，都有良好效果。

（3）用红色素注射液 10 ~ 20mL、20% 的乌洛托品 15 ~ 20mL 或水杨酸钠 20 ~ 30mL，作静脉注射，均可获得可靠的效果。

（4）羔羊按 0.05g/kg 体重应用土霉素的干燥粉剂或者多西环素注射液按说明量加倍，每天早、晚各内服 1 次，治愈率可达 90% 以上。

（5）氟苯尼考配合强力霉素各按 0.2mL/kg 肌内注射，1 天 1 次，连用 3 ~ 5 天。

（6）对发病羊群或者受威胁羊群用过瘤胃恩诺沙星每吨饲料按纯粉计 200 ~ 300g、强力霉素 300 ~ 400g 或者过瘤胃替米考星 200 ~ 300g。

2. 局部治疗

（1）乳房炎。用 1% 碘化钾水溶液 10 ~ 20mL 作乳房内注射，每天 1 次，4 天为一疗程，或用 0.02% 呋喃西林反复洗涤乳房后，以青霉素 20 万 ~ 40 万单位，溶解于 1% 普奴卡因溶液 5 ~ 10mL，每天乳房内注射 1 次，5 天为 1 个疗程。

（2）关节炎。用消散软膏（碘软膏、鱼石脂软膏等）。将土霉素与复方碘液结合应用，效果更好。

（3）角膜炎。用弱硼酸溶液冲洗患眼，给眼内涂抹四环素可的松软膏，或每天用青霉素 10 万 ~ 20 万单位作眼睑皮下注射，都有良好效果。

## 四、羊传染性角结膜炎（红眼病）

羊传染性角膜结膜炎又称流行性眼炎、红眼病。主要以急性传染为特点，眼结膜与角膜先发生明显的炎症变化，其后角膜混浊，呈乳白色。

（一）病原

羊传染性角膜结膜炎是一种多病原的疾病，其病原体有鹦鹉热衣原体、立克次体、结膜炎支原体、奈氏球菌、李氏杆菌等，目前认为，主要由衣原体引起。

（二）流行特点

主要侵害反刍动物，特别是山羊，尤其是奶山羊，绵羊、乳牛、黄牛、水牛、骆驼等也能感染，偶尔波及猪和家禽。年幼动物最易得病。一般是由已感染的动物或传染物质导入畜群，引起同种动物感染，但也有通过接触感染，蝇类或某种飞蛾，可机械传递本病，患病的分泌物、如鼻涕、泪、奶及尿的污染物，均能散播本病。多发生在蚊蝇较多的炎热季节，一般是在5～10月夏秋季，以放牧期发病率最高，进入舍饲期也有少数发病的，多为地方性流行。

（三）症状

主要表现为结膜炎和角膜炎。多数病羊先一眼患病，然后波及另一眼，有时一侧发病较重，另一侧较轻。发病初期呈结膜炎症状，流泪，羞明，眼睑半闭。眼内角流出浆液或黏液性分泌物，不久则变成脓性。上、下眼睑肿胀、疼痛、结膜潮红，并有树枝状充血，其后发生角膜炎、角膜浑浊和角膜溃疡，眼前房积脓或角膜破裂，晶状体可能脱落，造成永久性失明。

（四）预防

有条件的种畜场（羊场），应建立健康群，立即隔离病畜，划定疫区，定时清扫消毒，严禁牛羊易感运动流动；新购买的羊只，至少需隔离60天，方能允许与健康者合群。定期用过瘤胃氟苯尼考、强力霉素、过瘤胃恩诺沙星拌料预防。

（五）治疗

将病羊放在黑暗处，避免光线刺激，使羊得到足够的休息，以加速其恢复。另外，病羊接触过的地方应彻底消毒。一般病羊若无全身症状，在半个月内可以自愈。发病后应尽早治疗，越快越好。

（1）用2%～4%硼酸液洗眼，拭干后再用3%～5%弱蛋白银溶液滴入结膜囊中，每天2～3次，也可以用0.025%硝酸银液滴眼，每天2次，或涂以青霉素、氟苯尼考、四环素软膏。如有角膜混浊或角膜翳时，可涂以1%～2%黄降尿软膏，每天1～2次。可用0.1%新洁尔灭，或用4%硼酸水溶液逐头洗眼后，再滴以5 000单位/mL普鲁卡因青霉素（用时摇匀），每天2次，重症病羊加滴醋酸可的松眼药水，并放太阳穴、三江穴血。角膜混浊者，滴视明露眼药水效果很好。

（2）用3%～4%的硼酸水、5%葡萄糖注射液或2%高锰酸钾溶液冲洗病眼，用四环素、红霉素、可的松软膏或用氧氟沙星或者环丙沙星眼药水点眼，或用青霉素、氯霉素或土霉素吹入眼内，每日2～3次，连用数天。

（3）中药疗法。硼砂10g、白矾10g、荆芥10g、玉金20g、薄荷20g，剪水喂服，每日1剂，连服3剂；野菊花、鲜桑叶、车前草各一把，生石膏20g，煎水喂服，每日1剂，连用数天。无论使用哪种方法治疗，都要连续使用，直到角膜透亮为止。只要治疗及时，绝大多数病羊可以在1～2周康复。如果不及时治疗，有可能引起角膜溃疡，甚至造成永久失明。

## 五、羊Q热

Q热是人畜共患的一种传染性疾病。在牛、绵羊、山羊及其他动物通常出现支气管炎、流产等临床症状，可传染给人。对人可引起一种急性的有时是严重的疾病，其特点是突然发生，剧烈头痛、高热，并常呈现间质性的非典型肺炎。

### （一）病原

病原为伯内特柯克氏体或称伯内特立克次氏体，属于柯克氏体属。该病原体能抵抗干燥和腐败，对物理和化学杀菌因素的抵抗力相当强大。病原体在黄油和干酪中可保存毒力数天到数周，有传染性的干燥血液可维持其传染性达6个月之久；蜱的粪便可保存病原体达一年半以上。2%福尔马林、1%来苏尔、5%过氧化氢可将其杀死。

（二）病的传染

多种蜱可携带伯内特柯克氏体，由吸血过程传递给动物，蜱的粪便也可散播病原体。现已确定，Q热在同种或不同种动物之间，可以直接接触传染，不需要昆虫媒介参与。

绵羊在自然感染或人工感染时，病原体大多数停留在乳房和胎盘上，因此严重感染的子宫分泌物及胎膜是传染其他羊只或人的主要传染来源。

由于蜱的吸血，把伯内特柯克氏体带入人体内而引起的传染，是最普通的传染途径。但是，由患病动物娩出的胎儿及其分泌物、奶、粪便等污染外界环境而引起传播也是常见的。在第二次世界大战期间，意大利很多服役人员因睡了被带菌动物污染的草褥子，而导致柯克氏体肺炎的暴发。带蜱的狗也可将病原体传播给动物和人。

（三）症状

在绵羊和山羊，可并发支气管肺炎和流产；牛也可并发流产。此外，家畜一些其他特有的疾病也可能与伯内特柯克氏体有关。有人认为，动物的Q热可能完全缺乏临床症状。

在人经14～28天的潜伏期之后，可以突然暴发。临床症状类似流感，其特点是体温升高，剧烈头痛，畏光，发热，怕冷，但不出现皮疹，也没有其他方面的皮肤损害。在发热期，病原体出现于血液，并可随尿、痰及奶排出体外，但病人与健康人之间很少传播。在人的病程通常较短，少数可长达数月，死亡率很低。

（四）诊断

（1）实验室诊断，包括用子宫流出物、胎盘和动物分泌物及排泄物作涂片镜检，并感染实验动物和鸡胚，作病原体的分离和鉴定。

（2）用病理材料直接涂片，以马夏维洛染色法或布鲁氏菌鉴别染色法染色，在镜检时可发现细胞内有大量红色球状或球杆状的柯克氏体。

（3）用病理组织悬浮液腹腔接种豚鼠、兔、小鼠、田鼠或鸡胚卵黄囊，可以分离病原体。

（4）用补体结合反应、凝集反应和变态反应等血清学方法可做出确诊。

（五）预防

（1）国外用乙醚浸出的卵黄囊疫苗和活的弱毒苗，预防兽医人员、饲养员和屠宰场工作人员的 Q 热，但预防效果不一致。

（2）预防病原体传播的其他措施，包括巴斯德高温法消毒鲜奶，对患病羊（包括牛）的胎盘、垫草及分泌物、排泄物污染的物质进行严格消毒处理或焚烧以及消灭传染媒介等。

（3）消灭传染媒介，包括消灭其他家畜体上的蜱。常用的灭蜱方法：一是捕捉；二是用 0.04% 二嗪农溶液或 0.032% 稀虫磷，或用 1% 敌百虫水溶液喷洒或洗刷畜体。对有蜱寄生的畜群，每半月进行 1 次。并对畜舍地面和墙缝用上述药液喷洒。

（六）治疗

（1）用抗生素治疗动物的伯内特柯克氏体感染，没有多大效果。目前，尚无理想的治疗方法。不过有人试验用氟苯尼考或者恩诺沙星有一定的效果。过瘤胃氟苯尼考或者过瘤胃恩诺沙星可以用于大群羊的口服或者拌料预防。

（2）用四环素和林可霉素治疗，效果不佳，有些病例长期应用抗生素仍可复发。

## 六、绵羊黄疸病（螺旋体病）

### （一）发病情况

根据流行病学调查，本病在2003年我国部分地方曾大面积流行，因为当时羊以吃树叶为主，树上经常打硫酸铜液以杀菌，怀疑为铜中毒，按铜中毒治疗未能控制住本病，用青霉素加链霉素治疗能使极少数羊好转。发病羊以怀孕3个月后和产后几天高发，大公羊很少发生，小绵羊散发，山羊基本不发病。进入6月以后有羊只发生，且呈上升趋势。

### （二）临床症状

病羊精神沉郁，异食、爱吃土，吃纸、干树皮、干草等物，病初体温升高（40℃）后很快体温转为正常，尿初发黄，如酱油状，粪便干黑，两头干，眼结膜初呈树枝状暗红色出血，后转为黄色，羊肚胀，呼吸稍快，鼻镜呈灰黄色，无汗，干燥，有少部分病羊鼻镜皮肤呈铁锈状坏死，部分孕羊流产。

### （三）剖检

皮肤内面黄染，血液稀薄如水，肝大、黄色、胆汁浓稠、胆囊变小，病重的浅表发黄，肌肉、脂肪明显。病轻的无变化，肾呈黑色坏死，肺肿大，膀胱积有红色尿液，因全身大部分呈黄色，当地群众称为黄病。

### （四）治疗

通过临床用药观察，采取头孢噻呋钠＋强力霉素大大提高了治愈率。具体方法如下：体重30～50kg的羊：安痛定1支10mL，头孢噻呋钠1支上午肌注，下午强力霉素灌服10g，连用5天，基本能治愈本病。病早期治愈率高，晚期治愈率低。因治愈好的羊，产后易复发，在产后喂强力霉素粉每天2次，每次1～2g，连喂3～5天，通过上述治疗，复发率大大降低，治愈率大大提高。

中药治疗

配方及用法：茵陈30g，栀子、黄柏各12g，党参、苍术、香附各15g，郁金12g，干姜6g，五味子10g，灵仙15g，甘草6g，大枣6枚（31g）。上药入水（约500mL）煎服，每日1剂，分2次服下。小儿可加白糖适量调匀，当茶饮。呕吐者加半夏9g；有热、两胁不舒者加柴胡9g，黄芩12g，白芍12g。

本药方服1剂后，黄疸指数和谷丙转氨酶可迅即降至正常数值。

（五）治疗体会

一是要说服群众早发现早治疗。二是本病必须连续用药。三是本病可能通过尿液传播，一定要做好粪便的消毒工作。四是要进一步做实验室诊断是否为钩端螺旋体。

## 七、羊脓包的治疗

任何组织或器官内形成外有脓肿膜包裹，内有脓汁储留的局限性脓腔时称为脓肿。本病近年来多见于山羊体表的脓包。

（一）病因

绝大多数由化脓性致病菌经皮肤、黏膜的伤口感染；强烈的刺激性化学药品漏注到静脉外或误注入皮下、肌肉也能引起。

致病因素浸人机体后，由于伤口细小，很快形成痂皮或上皮生长而密闭。致病因素持续作用，有机体则出现一系列的应答反应，局部发炎，白细胞浸润，释放溶菌酶，组织也发生坏死，病灶内中毒。白细胞、细菌在生活活动或死亡后分泌释放蛋白酶，将坏死组织溶解液化，形成脓汁，脓汁向四周扩散，病灶周围组织充血、水肿，白细胞浸润，形成肉芽组织，这层组织便是脓包膜。它可防止细菌、毒素扩散侵害周围健康组织，阻止炎性产物吸收。

小的脓肿受健康组织的压迫吸收或机化。较大的脓肿受健康组织的围拢，脓汁向表面发展，皮肤浸润变软，自溃脓汁流出。深部组织的脓肿或向深部发展的脓肿，表面压力大，脓肿膜破坏，可形成蜂窝织炎，若被淋巴、血液转移到其他部位，会形成转移性脓肿。

（二）临床症状

浅在性脓肿，发生于皮下、筋膜下、表层肌肉组织。初期局部肿胀，与周围的组织无明显的界限，而稍高出皮肤表面，触诊时局部温度增高，坚实，有剧烈的疼痛反应。后期肿胀与周围组织的界限明显，中心变软，皮肤可自行破溃流出脓汁。

深在性脓肿，主要发生于肌肉、肌间结缔组织、骨膜下。由于外被较厚的组织，因而局部表现不太明显，但局部常出现皮肤、皮下组织水肿。脓包膜常受到破坏，脓汁可沿解剖学通路流窜，形成流柱性脓肿或蜂窝织炎，此时，多伴有全身症状。对脓肿诊断有困难时，可穿刺确诊。

（三）防治措施

加强饲养管理，防止羊体刺伤，注射时要严格无菌操作。

治疗原则，初期促进炎性产物的吸收消散，防止脓肿形成，笔者用碘伏根据大小进行包囊内注射可以控制发展；后期促进脓肿成熟，排出脓汁。

急性炎症阶段，局部可包囊注射碘伏或者涂擦樟脑软膏、复方醋酸铅散、鱼石脂酒精、碘酊等，也可施行冷敷疗法。较大的病灶，可用普鲁卡因抗生素病灶周围封闭疗法。局部治疗的同时，应根据病畜的情况，配合应用抗生素、磺胺类药物及对症的全身疗法。

消炎无效时，局部应用鱼石脂软膏、鱼石脂樟脑软膏等刺激剂；温热疗法；促进脓肿成熟。待局部出现明显的波动时，应立即施行手术治疗。

脓肿切开法：在波动最明显的地方切开脓肿，切口的长度和深度要有利于脓汁的排出，不要破坏切口对侧的脓肿膜。必要时，可作辅助切口或反对孔。切开后排出脓汁，清除坏死组织，用防腐消毒液反复冲洗，用消毒棉球或纱布轻轻擦干，涂抹抗生素。脓肿较深或脓汁排出不畅时，可用碘秘泼糊剂（碘仿 16g、次硝酸秘 6g、液体石蜡 180mL）等的纱布条引流。

脓汁抽出法：在不宜作切口部位或较深的脓肿，用注射器将脓肿腔内的脓汁抽出，用生理盐水反复冲洗脓腔，抽净腔内液体，灌注抗生素溶液。

## 八、羊蜱传热

蜱传热是一种非接触性传染性疾病，发生于绵羊，偶尔发生于山羊。在蜱受病原感染的地区，几乎每只羔羊于出生后 2 周之内都会感染此病。

### （一）病原

致病因子是一种专性细胞内寄生性微生物，属于立克次氏体，称为羊欧立希氏病原体。存在于血液和脾组织的病原体在 20℃、4℃和 -79℃的条件下可保存活力分别为 10 天、13 天、155 天。

### （二）流行病学

蜱传热系由蓖麻子蜱传播的一种疾病。当携带病原体的蜱叮咬羊后，病原体即侵入羊体内的吞噬细胞，在细胞浆内增殖而引起疾病。传染来源是受病原体感染羊的血液。

### （三）临床症状

潜伏期 2～6 天，随后病畜体温升高到 40～42℃，经 2～3 周减退。在发热期，病原体可在血液中存在，特别是高热期，95% 颗粒性白细胞和单核细胞均含有欧立希氏病原体。体温减退后，血液中的病原体几乎消失，但仍是具有传染性，这种传染性可维持 2 年。少数病羊痊愈后又可复发。患病绵羊表现抑郁，体重明显下降；成年母羊肌肉强直，站立不稳，大约有 30% 的妊娠母羊流产，死亡率约 23%。患病羔羊很少出现临床症状；但是，由于白细胞减少使羔羊易患其他疾病。

（四）诊断

蜱传热通常是一种温和的或无症状的疾病。其诊断方法主要是取发热早期的血液制成血片，姬姆萨染色镜检。如果在颗粒性白细胞和单核白细胞的胞浆内发现特有的病原体，即可作出诊断。进一步的诊断可用新鲜的有传染性的血液静脉接种易感绵羊，亦可应用切除脾脏的豚鼠。

（五）防治

自然感染的羊只康复后可获得不同程度的免疫。虽然这种致病因子在康复羊只体内可维持多月，但血清中尚未查出确切的抗体。目前，尚无有效的疫苗。在疫区应该进行有规律的药浴。无病地区在引进羊只时必须进行严格的检疫，因为病原体和蜱都有可能随着羊只的流动而传播至其他安全地区。

消灭羊体和其他动物体上的蜱以及消灭畜舍中的蜱是有效的预防措施。常用的灭蜱方法如下。

（1）人工捕捉。用扫把扫或者捕捉的方法消除蜱。

（2）可用 0.04% 二嗪农溶液或 0.032% 稀虫磷，或用 1% 敌百虫水溶液喷洒或洗刷畜体。对有蜱寄生的畜群，每半月进行 1 次。并对畜舍地面和墙缝用上述药液喷洒。

（3）预防。用过瘤胃氟苯尼考配合强力霉素按每千克体重 20mg，每天 1 次拌料或者口服。

（4）治疗。用氟苯尼考注射液配合多西环素注射液、按说明书剂量，1 天 1 次，肌内注射。恩诺沙星或者氧氟沙星按每千克体重 5 ~ 10mg，肌内注射。

## 九、羊心水病

心水病，也叫牛羊胸水病，脑水病或黑胆病。由立克次氏体引起的绵羊，山羊，牛及其他反刍动物的一种以蜱伪媒介的急性，热性，败血性传染病。以高热，浆膜腔积水（如心包积水），消化道炎症和神经症状为主要特征。

本病主要发生于撒哈拉大沙漠以南的大多数非洲国家和突尼斯，加勒比海群岛也有该病的报道，因上述地方存在有传播媒介彩色纯眼蜱。

该病被认为是非洲牛、绵羊、山羊以及其他反刍动物最重要的传染病之一，急性病例死亡率高，一旦出现症状则预后不良。

### （一）病原

本病病原属于立克次氏体科的反刍兽考德里氏体，存在于感染动物的血管内皮细胞的细胞质内，尤其是大脑皮层灰质的血管或脉络膜丛中。姬姆萨染色为深蓝色。多形，但多呈球形，球形者直径为 200～500nm，杆状者为（200～300）nm ×（400～500）nm，成双者为 200nm × 800nm。本病原体在动物体的血管内皮细胞和淋巴结网状细胞中以二分裂、出芽和内孢子形成等方式进行繁殖。本病原体抵抗能力不强，必须保存于冰冻或液氮中，室温下很少能存活 36 小时以上，存在于脑组织中的病原体在冰箱中能保存 12 天以上，－70℃下能保存 2 年以上。本病原体可在小鼠和白化病的小鼠体内连续复制，最近也有细胞培养增殖的报道，在人工培养基上不生长。

### （二）流行病学

心水病仅由钝眼属蜱传播，主要传播媒介是希伯来钝眼蜱（尤其是在南非），钝眼蜱（尤其在博茨瓦纳和纳米比亚）和热带的希伯来钝眼蜱－彩饰钝眼蜱（主要在东非和加勒比海群岛），宝石花蜱和钝眼蜱和钝眼蜱（象蜱）已在实验上证明传播心水病。

两个北美种的斑点钝眼蜱（也称海湾钝眼蜱）和长延钝眼蜱，具有传播心水病的能力，前者广泛分布于美国的东部、南部和西部。

钝眼蜱为三宿主蜱，完成一个生活周期需要5个月至4年的时间，病原只能感染幼虫或若虫期的钝眼蜱，在若虫期和成虫期传播，所以，有很长时间的传播性；它不能通过卵传播。钝眼蜱具有多宿主性，可寄生于各种家禽、走禽、野生有蹄动物、小哺乳动物、爬行动物和两栖动物。

在非洲，心水病在外来品种的牛、绵羊、山羊和水牛中引起严重疾病，而在当地品种的绵羊、山羊中发病较轻微，在几个当地种的羚羊中发病不明显。南非大羚羊、黑角马和南非小羚羊对本病不易感。

用反刍兽考德里氏体接种白尾鹿，证明对心水病病原是敏感的，病畜出严重的临诊症状并伴有典型的死后病变，且死亡率高。小鼠和白化病小鼠对本病病原敏感。

（三）临诊症状

绵羊和山羊的潜伏期一般比牛短。静脉接种绵羊7～10天；牛7～16天出现发热反应。在自然条件下，易感动物被引进到心水病疫区后，14～18天可出现本病的症状。

由于宿主的易感性和病原株毒力的差异，心水病在临诊上可有4种不同的类型。

（1）最急性型。通常见于非洲，当外来的牛、绵羊、山羊等种畜引进到地方性心水病疫区时，常发生本病。开始发热和抽搐，突然死亡。在某些品种的牛中可见有严重的腹水。

（2）急性型。在外来的牛和当地的家养反刍动物中最常见。患畜突然发热，体温可达约41.7℃，继而出现食欲缺乏，精神沉郁，呼吸迫促。然后出现神经症状，最为明显的是不停地咀嚼，眼睑抽搐，伸出舌头并做圆圈运动，常作前蹄高抬的步态，站立时双腿分开，低头。在严重的病例神经症状增加，持续抽搐，肌肉震颤，在死前通常可看到奔跑运动和角弓反张，在病的后期，通常可见感觉过敏，眼球震颤，口流泡沫，偶尔可见腹水。急性型通常在出现症状1周内死亡。

(3) 亚急性型。特征是病畜发热，由于肺水肿引起咳嗽，轻微的共济失调。1～2周康复或死亡。

(4) 温和型和亚临诊型。也称为“心水病热”，发生在羚羊和对本病有高度自然抵抗力的非洲当地某些品种的绵羊和牛中。该型唯一的临诊症状是短暂的发热反应。

(四) 病理变化

病原体通过感染蜱侵入动物的血管内皮细胞和淋巴结网状细胞中进行分裂复制而导致一系列组织病变。常见的病理变化是心包积水，心包中可见有黄色到淡红色的渗出液，绵羊的渗出液比山羊的更浓稠。通常可见到腹水、胸水，纵隔水肿和肺水肿。心内膜下层有出血斑，其他部位的黏膜下层和浆膜下层也有出血。心肌和肝实质变性，脾大和淋巴结水肿，卡他性和出血性皱胃炎和肠炎等病变也较为常见。脑仅表现为充血，极少发生其他病变。

(五) 诊断

常发地区根据流行病学资料、临床症状和病理变化可作出初步诊断，但要确诊必须进行实验室诊断。

1. 标本采取

血液标本应在发热后2～4天采集最佳。血样脱纤维后，应立即感染动物，或置液氮或-70℃以下保存。发热期扑杀的山羊主要采取大血管内膜、脾、淋巴结、脑等组织。检查组织中的病原涂片或压片，必须风干，用甲醇固定2～3分钟后送检。

2. 直接镜检

经颈静脉或其他大血管内膜制备的涂片，或用大脑皮层、海马角或脊髓制备的压片，固定。经0.45μm滤膜滤过的姬姆萨氏染液染色20分钟。可见胞浆中有立克次氏体的包涵体，呈圆形，淡红色至紫红色，着色比胞核浅。一个细胞中可见1个到几个包涵体，大小为2～15μm。

病畜发热初期血液制备的白细胞培养物的超薄切片，用电镜检查，可见在胞浆中膜围绕的空泡内发育的成团立克次氏体（包涵体）。

3. 分离培养

迄今尚未能在细胞培养和鸡胚中增殖成功。用体温升至41℃或41℃以上感染立克次氏体的山羊血液制备的白细胞，悬浮于血浆中，于37℃培养。到第五天收获。同时用非感染山羊的血液制成白细胞培养物作对照。结果所有感染动物的白细胞培养物中，均有立克次氏体的包涵体。

4. 免疫荧光试验

用直接法检测立克次氏体。将异硫氰酸荧光素标记的特异性抗体，直接加在经洗涤并用冷丙酮固定的血管内膜，大脑压片以及有白细胞培养物的盖片上染色，洗涤，干燥，封片，镜检。感染细胞的细胞浆内，包涵体呈鲜绿色至黄绿色荧光。

5. 动物试验

用上述血和脑组织悬液静脉注射易感山羊、绵羊。于注射11天后开始发病，其症状和病变与自然感染相同。雪貂和小鼠是可靠的实验敏感动物，可用雪貂、小白鼠和白化病小鼠体内连续传代保存病原体。此外，近年来，DNA探针技术已被用于检测传播媒介蜱及感染动物中的反当兽考德里氏体。

6. 鉴别诊断

本病应与蓝舌病相鉴别，蓝舌病的传播媒介为库蠓属的蚊子，而心水病为钝眼蜱属的蜱。蓝舌病以发热，白细胞减少，口、舌、唇和胃肠道糜烂性炎症为主要特征，而心水病以发热、神经症状和浆膜腔积液为特征。

（六）防治措施

病羊在发病初期及时使用氯四环素，或氧四环素，或磺胺类药物治疗均有较好的疗效。大群预防用过瘤胃氟苯尼考、多西环素或者过瘤胃恩诺沙星效果很好。无本病地区应加强检疫，严禁从疫区引进的反刍动物及其产品。在流行地区灭蜱是预防本病的重要措施。在蜱活动季节，所有家畜每隔5天药浴一次，或把灭蜱药撒布到畜体上，并严防有蜱寄生的家畜进入无病地区。

## 十、绵羊类鼻疽

本病是一种慢性或急性的致死性疾病，其特征为内脏发生脓肿，尤其是肺、肝和脾脏发生脓肿。其临床表现和剖检变化和马鼻疽相似。

（一）病原

病原为类鼻疽假单胞菌，又名类鼻疽杆菌，与鼻疽杆菌同属于假单胞菌属。此菌在病灶中及初代培养物上呈短小的杆菌，长2~4nm，宽0.5nm，革兰氏染色阴性，呈明显的两极染色；在培养基上长期继代后呈多形性。此菌在普通琼脂及血液琼脂上容易生长，在甘油琼脂上生长更好。其培养物具有特殊的泥土气味。在固体培养基上菌落呈皱纹或黏稠状，具奶油色泽，有时可变为灰褐色；在麦康凯琼脂上于48小时后出现红色菌落。湿热和一般消毒剂易杀死此菌，但在干燥条件下可耐受较长时间。

此病发生于绵羊，山羊少见，其他家畜亦有发病的报导；最常受到感染的是野鼠，人也可感染；在实验动物中，豚鼠、家兔及大鼠对类鼻疽假单胞菌敏感。

（二）流行病学

病畜，特别是啮齿动物病程很长是主要传染源。通过粪便排出病原菌，污染饲料、牧草和水源。主要传染途径是消化道和皮肤创伤。通过试验已经证实跳蚤和蚊子可以传播此病。

（三）临床症状

自然病例，呈现咳嗽，呼吸困难，关节肿胀，跛行，病羊消瘦。病程约数周。实验感染的病例，表现体温升高，眼、鼻腔有大量分泌物。一些动物表现中枢神经症状，包括步态异常，头偏向一侧，转圈运动，眼球震颤，轻度强直性痉挛。当通过肌内、静脉或鼻腔内接种时，接种动物可于 8 ~9 天死亡。

（四）解剖病变

主要病变是肺脓肿，有些病例，肝、肾、脾中有脓肿。肺脓肿的包囊很厚，内含干稠的脓汁，脓汁呈绿色或黄绿色。脓肿的外围是一个肺炎区。在关节处亦可能有化脓性病灶。

（五）诊断

除根据症状和病变之外，还可作细菌学检查。实验室诊断包括：

（1）用 10% 鲜血琼脂或麦康凯琼脂分离类鼻疽假单胞菌；

（2）作运动力检查，可见到活跃的运动；

（3）作明胶液化试验，可液化明胶；

（4）腹腔感染豚鼠，豚鼠死后，在肝、肺、脾、网膜及肾脏有多数脓肿。

（六）防治

本病尚无有效疫苗，主要预防方法是灭鼠和清除病畜，注意羊群卫生。已证明类鼻疽假单胞菌对青霉素、链霉素、金霉素、多粘菌素治疗无效。但体外试验土霉素、强力霉素、恩诺沙星、氧氟沙星、氟苯尼考、新生霉素、磺胺嘧啶有应用价值，以土霉素、过瘤胃氟苯尼、过了恩诺沙星最好。因此，可试用于绵羊类鼻疽的预防和治疗。

## 十一、羊丹毒丝菌性多关节炎

丹毒丝菌性多关节炎俗称僵羔病，是引起绵羊羔四肢关节炎的一种慢性感染，以长期跛行和生长缓慢为特征。在20世纪30年代和40年代，病的发生率高，以后发病逐渐减少，可能是由于普遍重视新生羔脐带消毒与采用橡皮圈法断尾和去势的关系。

### （一）病原

本病是由红斑丹毒丝菌所引起。细菌呈杆状或弯曲状，不运动、不形成芽孢和荚膜，革兰氏染色阳性，长度为1～2μm。它存在于碱性土壤和粪里，在20℃可抵抗干燥数月，但70℃只存活5～10分钟。1%氯化汞、2%福尔马林或5%石炭酸均可将其杀死。

当羔羊脐带断端、断尾和阴囊切口的新鲜创受到污染后，该菌可慢慢生长，从局部的原发性感染进入血液，并被运送到许多脏器和四肢关节，形成慢性增生性关节炎。

### （二）临床症状

病的潜伏期为1～5周，病羔体温上升，有波动。1只至多只腿出现僵硬与跛行。患羔精神沉郁，食欲丧失，生长缓慢。患病关节柔软，并不显著增大。发病率通常变动于1%～10%，在某些群可达30%。最终死亡率报道不同，最高可达70%。病程可延长到数月。

### （三）解剖病变

尸检时，病羔体格小，很消瘦。膝关节、肘关节和腕关节通常均被感染。关节囊变厚，关节内面呈颗粒状而粗糙。关节软骨可能糜烂，每一糜烂灶约1mm。关节液增多，但非脓性。除关节外，原发性创伤可继续存在，继发性局灶性感染可见于肺、肝和肾脏。

病理组织学上，感染的关节囊由于纤维增生与淋巴细胞单核性巨噬细胞的浸润而变厚。

（四）诊断

根据症状、病损和实验室所见进行诊断。1～3月龄羔羊发生慢性僵硬的跛行，一个或多个关节轻度增大，可提示为本病。絮片状滑液增量而无脓汁，可作为支持性证据。发现对隐伏丹毒丝菌的阳性凝集效价以及从关节分离到细菌，即可确诊。

鉴别诊断需考虑衣原体性多关节炎、大肠杆菌性多关节炎、干酪性淋巴结关节炎以及白肌病。每一种关节炎的诊断均需要分离原因性病原体。白肌病在尸检时，可见到肌内的灰白色特征性变化。

（五）预防

应避免羔羊创伤污染，防止丹毒丝菌性多关节炎。在牧场或消毒的建筑物里产羔，方可保持环境无隐伏丹毒丝菌。应当在牧场或草场上新的临时性棚圈进行断尾和去势；应用橡皮圈断尾和去势可明显预防病的发生。对脐带断端应以碘酊或2%煤酚水溶液消毒。尾巴断端和阴囊切口应施行烧烙。注射猪丹毒疫苗有一定预防效果。药物预防以过瘤胃氟苯尼考、过瘤胃恩诺沙星、过瘤胃阿莫西林或者强力霉素拌料预防效果较好。

（六）治疗

在病的早期，每日肌内注射氟苯尼考25mg/kg或按每日5 000单位/kg体重肌内注射青霉素。一旦症状显著，一般收效不大。

## 十二、羊放线杆菌病

放线杆菌病为慢性传染病，牛最常见，绵羊及山羊较少，病的特征是头部、皮下及皮下淋巴结呈现有脓肿性的结缔组织肿胀。本病为散发性，很少呈流行性。牛与绵羊可以互相传染，在预防上必须重视。

（一）病原

为林氏放线杆菌。细菌呈杆状，在脓小粒中成为长链，为革兰氏阴性。主要侵害头部和颈部皮肤及软组织，可以蔓延到肺部，但不侵害其他内脏。本菌抵抗力微弱，单纯干燥和加热至50℃能迅速将其杀死。

（二）流行病学

本菌平常存在于污染的饲料和饮水中，当健羊的口腔黏膜被草芒、谷糠或其他粗饲料刺破时，细菌即乘机由伤口侵入柔软组织，如舌、唇、齿龈、腭及附近淋巴结。有时损害到喉、食道、瘤胃、肝、肺及浆膜。

（三）临床症状

常见症状为唇部、头下方及颈区发肿。有些病区由于脓肿破裂，其排出物使毛黏成团块，于是形成痂块。未破的病灶均为纤维组织，很坚固，含有黏稠的绿黄色脓液，脓内含有灰黄色小片状物。

（四）解剖病变

此病只侵害软组织，常通过淋巴管在其他部位引起迁徙性病灶，故淋巴结常受影响，这是本病与放线菌病最重要的区别之处。在山羊，肺部病变主要为微小之白色结节，突出表面。

（五）诊断

由实验室做镜检确定。与此病相似的疾病有放线菌病、口疮、干酪样淋巴结炎、结核病以及普通化脓菌所引起的脓肿等，在临床上应注意进行区别诊断。

一般而言，放线菌病主要危害骨组织，放线杆菌病则只侵害软组织。与口疮的区别是，本病为结节状或大疙瘩，而口疮，形成红疹和脓疱，累积一层厚的痂块。干酪样淋巴结炎却最常发生于肩前淋巴结和股前淋巴结，而且脓肿的性状与放线杆菌病完全不同。结核病很少发生于头部，而且结节较小。普通脓肿一般硬度较小，脓液很少为绿黄色。

（六）预防

（1）因为粗硬的饲料可以损伤口腔黏膜，促进放线杆菌的侵入，所以，为了预防，必须将稿秆、谷糠或其他粗饲料浸软以后再喂。

（2）注意饲料及饮水卫生，避免到低湿地区放牧。

（七）治疗

1. 碘剂治疗

（1）静脉注射10%碘化钠溶液，并经常给病部涂抹碘酒。碘化钠的用量为20～25mL，每周1次，直到痊愈为止。由于侵害的是软组织，故静脉注射相当有效，在轻型病例往往2～3次即可治愈。

（2）内服碘化钾或者其他碘制剂，每次1～1.5g，每天3次，作成水溶液服用，直到肿胀完全消失为止。

（3）用碘化钾0.2g溶于lmL蒸馏水中，再与5%碘酒2mL混合，一次注射于患部。

如果应用碘剂引起碘中毒，应即停止治疗5～6天或减少用量。中毒的主要症状是流泪、流鼻、食欲消失及皮屑增多。

2. 手术治疗

对于较大的脓肿，用手术切开排脓，然后给伤口内塞入碘伏纱布，1～2天更换一次，直到伤口完全愈合为止。有时伤口快愈合时又逐渐肿大，这是因为施行手术后没有彻底用消毒液冲洗，病菌未完全杀灭，以致又重新复发。在这种情况下，可给肿胀部分注入1～3mL复方碘溶液（用量根据肿胀大小决定）。注射以后病部会忽然肿大，但以后会逐渐缩小，达到治愈。

3. 抗生素治疗

给患部周围注射链霉素，每日 1 次，连续 5 天为一疗程。链霉素与碘化钾同时应用，效果更为显著。

## 十三、羊噬皮菌病

羊嗜皮菌病是一种皮肤病，亦称链丝菌病、嗜皮菌病、结毛病、腐毛病，是一种真菌性皮肤病，其特征是带有渗出性的增生性皮炎，浅表上皮坏死并有痂块形成。绵羊和山羊均可感染，绵羊多发，严重影响绵羊羊毛质量．可造成羊只渐进性消瘦甚至死亡。

（一）症状

在皮肤表面上出现小面积的充血，有的形成丘疹、有的形成豆粒大小的硬痂，病羊表现奇痒症状。不同的是成年羊可在全身摸到粟粒样的痂块，颈部及背部明显，羔羊口鼻出现疣状痂块，病情较为严重，死亡率高。种羊的病变主要表现在乳房、阴囊及腿的内侧。

（二）诊断

根据患病羊在皮肤上出现渗出性皮炎和痂块，并且有奇痒症状体温又无明显变化，即可初步诊断为本病。为了确诊本病，取病变的痂皮涂片，用革兰氏染色法染色后镜检，出现阳性分枝的丝菌，并有成行排列的球状孢子即可做出诊断。通过调查羔羊的发病率和死亡率高于成年羊。

（三）治疗与预防

用双铵盐消毒液 500 倍稀释后清洗病变部位，用 0.5% 络合碘，每日 1 次，连洗 3 日。用达克宁涂抹患部。同时用硫酸链霉素 10～15mg/kg 体重，青霉素 5 万～6 万国际单位/kg 体重，用地塞米松稀释，连用 3 天，或用复方肿节风注射液，羊 0.05mg/kg 体重，肌肉或静脉注射，每日 1 次，连用 3 天。

由于本病发病的主要原因是畜体潮湿或长期淋雨，圈舍通风不良，圈舍湿度过大。所以本病采取综合性防治措施，圈舍保持干湿度适宜、防治淋雨，就能减少该病的发生，对于病羊采取隔离治疗，用药及时合理就能治愈。

# 第三章　羊寄生虫病防治

很多养羊者认为自己已经驱虫了，而且是按一年两次或者3次驱虫，为什么还有虫，这有以下原因：一是羊的寄生虫有很多种，一次或者1～2种药不可能清除所有的寄生虫。如球虫、绦虫、线虫、吸血虫和体表寄生虫的用药是不一样的。二是剂量和疗程问题很多人驱虫为了省劲把驱虫药拌料或者饮水，有的尽管是实行单体驱虫，但仅注射或者口服一次，这样有的羊吃的剂量和注射疗程不够或者根本没有吃到药，起不到全部驱虫的目的，这样没有吃到有效剂量的药或者注射疗程不够的羊是带虫的又成为感染源，一般1～2个月羊群寄生虫又复发。笔者建议；一次驱虫要两个过程，第一次用药要剂量足，连用2～3天，一般等10～15天再用较大剂量驱虫2～3天才能是一个季节的驱虫。三是只注重用驱虫药忽视环境的清理和消毒，寄生虫虫卵抵抗力很强，在环境中可以长期存在，如果不彻底清理，它可以通过口腔、皮肤再次感染，特别是消毒的问题，现在市场上很多消毒药对寄生虫虫卵是不能杀灭的，所以选消毒药一定要选能消灭寄生虫虫卵的药，一般强酸、强碱和火焰消毒是比较很多方法。

驱虫的季节一般放牧羊是舍饲前15～21天和放牧前如果圈养一般是秋季（入冬前）和春季。专家提醒，对羊的寄生虫大群驱虫或者发病治疗后，要用舒肝健胃散按每千克羊1～2g拌料或者水煎后加水让羊饮用连用3～5天，使你的羊恢复和健康程度更好。

# 第一节 羊吸虫病防治

## 一、片形吸虫病

片形吸虫病是牛羊的主要寄生虫之一，它的病原体为片形科片形属的肝片吸虫和大片吸虫。前者存在于全国各地，并以我国北方较为普遍，后者在华南、华中和西南地区较常见。主要寄生于各种反刍动物的肝脏胆管中，猪、马属动物及人也可被感染。该病能引起急性或慢性肝炎和胆管炎，并伴发全身性中毒现象和营养障碍，危害相当严重，给畜牧业带来巨大损失。

（一）病原形态

（1）肝片形吸虫。背腹扁平，外观呈树叶状。虫体前端有一呈三角形的锥状突，其底部有1对你“肩”。口吸盘呈圆形，位于锥状突的前端。腹吸盘较口吸盘较大，位于其稍后方。生殖孔位于口吸盘、腹吸盘之间。雄性生殖器官的两个睾丸成分枝状，前后排列于虫体的中后部。雌性生殖器官的卵巢，成鹿角状，位于腹吸盘后的右侧。虫卵较大，长卵圆形，黄色或黄褐色，卵盖不明显，卵壳光滑。乱内充满卵黄细胞和一个胚细胞。

（2）大片形吸虫。虫体呈长叶状，体长与宽之比约为5∶1，虫体两侧缘比较平行，后端钝圆。“肩”部不明显。腹吸盘较口吸盘大约1.5倍。肠管和睾丸分枝更多且复杂，虫卵为黄褐色，长卵圆形。

（二）发育与传播

片形吸虫的终末宿主主要为反刍动物。中间宿主主为椎实螺科的淡水螺，在我国最常见的为小土窝螺。虫卵在适宜的温度（25～26℃）、氧气和水分及光线条件下，经10～20天孵化出毛蚴，毛蚴在水中游动，遇到中间宿主即钻入其体内。毛蚴在螺体内，经无性繁殖，发育成胞蚴、母雷蚴、子雷蚴和尾蚴几个阶段，最后尾蚴逸出螺体。尾蚴在水中游动，在水中或附着在水生植物上脱掉尾部，形成囊蚴。终末宿主饮水或吃草时，连同囊蚴一起吞食而被感染。囊蚴在十二指肠脱囊，一部分童虫穿过肠壁，到达腹腔，由肝包膜钻入到肝脏，经移行到达胆管；另一部分童虫钻入肠黏膜，经肠系膜静脉进入肝脏；还有一部分通过十二指肠胆管开口处逆行而上，到达胆管。

（三）症状与病变

片形吸虫病的症状可分为急性型和慢性型两种类型。急性型主要发生于夏末和秋季，多发生于绵羊，是由于短时间内吃进大量囊蚴所致。患畜食欲大减或废绝，精神沉郁，可视黏膜苍白，红细胞数和血红蛋白显著降低，体温升高，偶尔有腹泻，通常在出现症状 3 ~5 天死亡；慢性型多发生于冬季和春季。片形吸虫以宿主的血液、胆汁和细胞为食，并分泌毒素，造成宿主渐行性消瘦，贫血，食欲缺乏，被毛粗乱，眼睑、下颌水肿、有时也发生胸、腹下水肿。后期可能卧地不起，最后死亡。

片形吸虫病的急性病理变化包括肠壁和肝组织的严重损伤、出血，出现肝脏肿大。黏膜苍白，血液稀薄，血中嗜酸性细胞增加。慢性感染则引起慢性胆管炎、慢性肝炎和贫血。肝脏肿大、实质变硬、胆管增粗、常突出于肝表面，胆管内有磷酸（钙、镁）盐等沉积。

（四）诊断

根具临床症状、流行病学资料、粪便检查及死后剖检等进行综合判定。粪便检查多采用反复水洗沉淀法和尼龙兜集卵法来检查虫卵。急性病例时，可在腹腔和肝实质等处发现童虫，慢性病例可在胆管内检获多量成虫。

此外，免疫诊断法如 ELISA，IHA，血浆酶含量检测法等也可用于临床诊断。

(五) 预防与治疗

1. 预防措施

应根据本病的流行病学特点，制定出合适于本地区的行之有效的综合性预防措施。

(1) 预防性定期驱虫。驱虫的时间和次数可根据流行地区的具体情况而定。针对急性病例，可在夏、秋季选用肝蛭净等对童虫效果较好的药物。针对慢性病例北方全年可进行两次驱虫，第一次在冬末春初，由舍饲转为放牧之前进行；第二次在秋末冬初，由放牧转为舍饲之前进行。

(2) 生物发酵处理粪便。对于驱虫后的家畜粪便可应用堆积发酵法杀死其中的病原，以免污染环境。

(3) 消灭中间宿主椎实螺。利用兴修水利，改造低洼地，使椎实螺无适宜的生存环境；大量养殖水禽，用以消灭椎螺类；也可用化学灭螺法，用1：50 000的硫酸铜或氨水、生石灰等。

(4) 合理放牧。采取有效措施防治牛、羊、骆驼感染囊蚴。不要在低洼、潮湿、多囊蚴的地方放牧；在牧区有条件的地方，实行划地轮牧，降低牛羊的感染机会。

(5) 保证饮水和饲草卫生。最好饮用井水或质量好的流水，将低洼潮湿地的牧草割后晒干再喂牛羊。

2. 治疗药物

目前，常用药物如下，各地可根据药源和具体情况加以选用。

(1) 硝氯酚 (拜耳 9015)。只对成虫有效。粉剂：牛 3～4mg/kg体重，羊4～5mg/kg 体重，一次口服。针剂：0.5～1.0mg/kg 体重，羊0.75～1.0mg/kg 体重，深部肌内注射。

(2) 丙硫咪唑 (抗蠕敏)。牛 10mg/kg 体重，羊 15mg/kg 体重，一次口服，对童虫有良效，但对成虫效果较差。

(3) 溴酚磷 (蛭得净)。牛 12mg/kg 体重，羊 16mg/kg 体重，一次口服，对成虫和童虫均有良好的驱杀效果，可用于治疗急性病例。

（4）三氯苯唑（肝蛭净）。牛用10%的混悬液或含900mg的丸剂，按10mg/kg体重，经口投服；羊用5%的混悬液或含250mg的丸剂，按12mg/kg体重，经口投服。该药对成虫、幼虫和童虫均有高效去杀作用，亦可用于治疗急性病例。

（5）碘硝晴酚。牛10mg/kg体重，羊15mg/kg体重，皮下注射；或牛20mg/kg体重，羊30mg/kg体重，一次口服。该药对成虫和童虫均有较好的驱杀作用。

（6）保肝健胃。肝片吸虫危害最严重的器官是肝脏和胆囊，对发病羊及同群羊在驱虫后及时用“舒肝健胃散”（河南豫神劲牛公司生产）拌料或者水煎后让羊饮用，效果非常明显。

## 二、双腔吸虫病

双腔吸虫病是由双腔科双腔属的矛形双腔吸虫、东方双腔吸虫或中华双腔吸虫寄生于反刍动物牛、羊、骆驼和鹿的胆管和胆囊内引起的一种以胆管炎、肝硬化、代谢障碍和营养不良为特点的寄生虫病。

可感染马属动物、猪、犬、兔、猴及其他动物，偶见于人。该病分布广泛，我国各地均有发生。

### （一）病原形态

（1）矛形双腔吸虫。虫体狭长呈矛形，棕红色，体表光滑。口吸盘后是咽、食道和两支简单的肠管。腹吸盘大于口吸盘，位于体前端1/5处。睾丸2个，圆形或边缘具缺刻，前后排列或斜列于腹吸盘的后方。卵巢圆形，居于睾丸之后。卵黄腺位于体中部两侧。子宫弯曲，充满虫体的后半部，内含大量虫卵。虫卵似卵圆形，褐色，具卵盖，内含毛蚴。

（2）中华双腔吸虫。与矛形双腔吸虫相似，但虫体较宽扁，其前方体部呈头锥形，后两侧作肩样突。睾丸2个，呈圆形。边缘不整齐或稍分叶，左右并列于腹吸盘后。

（二）发育与传播

双腔吸虫在其生活史中，需要两个中间宿主，第一个中间宿主为陆地螺类，第二个中间宿主为蚂蚁。成虫在终末宿主的胆管或胆囊内产卵，虫卵随胆汁进入肠道，随粪便排至外界。虫卵被第一中间宿主吞食后，其内的毛蚴孵出，进而发育为母胞蚴、子胞蚴和尾蚴。尾蚴从子胞蚴的产孔逸出后，移行至陆地螺的呼吸腔，形成含尾蚴囊群的黏性球后从螺的呼吸腔排出，粘在植物或其他物体上。当含有尾蚴的黏性球被蚂蚁吞食后，尾蚴在其体内很快形成囊蚴。牛羊等家畜吃草时吞食了含囊蚴的蚂蚁而感染。囊蚴在终末宿主的肠内脱囊，由十二指肠经胆总管到达胆管或胆囊内寄生。

（三）症状与变化

多数羊症状轻微或不表现症状。一般表现为慢性消耗性疾病的临床特征，如精神沉郁、食欲缺乏、渐进性消瘦、可视黏膜黄染、贫血、颌下水肿、腹泻、行动迟缓、喜卧等。严重的病例可导致死亡；由于虫体的机械性刺激和毒素作用，可引起胆管卡他性炎症、胆管壁增厚、肝大等病理变化。

（四）诊断

在流行病学调查的基础上，结合临床症状进行粪便虫卵检查、死后剖检等进行确诊。

（五）治疗与预防

1. 治疗药物

目前，治疗本病可用以下药物。

（1）三氯苯酰嗪。羊 40 ~ 50mg/kg 体重，牛 30 ~ 40mg/kg 体重，配成 2% 的混悬液，经口腔灌服特效。

（2）丙硫咪唑。羊 30 ~ 40mg/kg 体重，牛 10 ~ 15mg/kg 体重，一次口服。

（3）六氯对二甲苯。（血防846）牛、羊剂量为200～300mg/kg体重，一次口服，连用两次。

（4）吡喹酮。羊60～70mg/kg体重，牛35～45mg/kg体重，一次口服。

2. 防治措施

根据双腔吸虫的生活史和本病的流行病学特点，采取综合性的防治措施。

（1）定期驱虫。最好在每年的秋末和冬季进行，对所有在同一牧地上放牧的牛羊同事驱虫，以防虫卵污染草场。

（2）改良牧地，消灭中加宿主。除去杂草、灌木丛等，以消灭中间宿主——陆地螺，也可用人工捕捉或在草地养鸡灭螺。

## 三、前后盘吸虫病

前后盘吸虫病是由前后盘吸虫科的前后盘属、殖盘属、腹袋属、菲策属及卡妙属等多种前后盘吸虫，寄生于牛、羊等反刍动物的瘤胃、真胃、小肠和胆管壁上引起的疾病。成虫一般危害不严重，但如果大量童虫寄生在真胃、小肠、胆管和胆囊时，可引起严重的疾病，甚至大批死亡。

本虫的分布遍及全国各地，南方的牛、羊都有不同程度的寄生，感染率和发病强常甚高，有的虫体多达1万个以上。

（一）病原形态

前后盘吸虫的种类繁多，虫体大小、颜色、形状及内部构造因种类不同而有差异。前后盘吸虫呈圆柱状，或梨形、圆锥形等，大小有的长数毫米，有的长20多mm。有两个吸盘，口吸盘位于虫体的前端，腹吸盘位于虫体的末端或亚末端，口、腹吸盘之比为1∶2，故名前后盘吸虫。虫体多呈深红色，或呈乳白色。有些具有腹袋。有的口吸盘后连有一对突出袋，角皮光滑，缺咽，有食道，有两肠管。睾丸分叶，常位于卵巢之前。卵黄腺发达，位于虫体两侧。虫卵呈椭圆形，淡灰色，较大。

（二）发育与传播

前后盘吸虫的发育史与肝片吸虫相似。成虫在牛、羊的瘤胃内产卵，卵进入肠道随粪便排出体外。虫卵在外界适宜的环境条件下孵出毛蚴；毛蚴进入水中，遇到中间宿主—扁卷螺，即钻入其体内，发育成为胞蚴、雷蚴和尾蚴。尾蚴离开虫体后，附着在水草上形成囊蚴。

羊由于吞食含有囊蚴的水草而受感染。囊蚴到达肠道后，童虫从囊内游离出来。童虫在附着瘤胃黏膜之前先在小肠、胆管、胆囊和真胃内移行，寄生数十天，最后到达瘤胃内发育为成虫。本病发生于夏秋季节。

（三）症状与病变

本病成虫危害轻微，主要是童虫在移行期间引起小肠、胆管、胆囊和真胃的损伤。主要症状表现为：出血性胃肠炎，顽固性拉稀，粪便呈粥样或水样。常有腥臭。病牛、羊消瘦，颌下水肿，严重时发展到整个头部以致全身。精神委顿，体弱无力，病程拖长后出现恶病质状态。病牛、羊逐渐消瘦，高度贫血，黏膜苍白，血液稀薄。到后期，病牛极度瘦弱，卧地不起，最后因衰竭而死亡。

（四）诊断

沉淀法检查出来粪便虫卵或结合临床症状、流行病学、死后剖检检出大量童虫即可确诊。

（五）治疗与预防

可参见肝片吸虫。

1. 治疗药物

（1）氯硝柳胺。剂量为 75 ~ 80mg/kg 体重，对童虫的疗效较好。

（2）硫双二氯酚（别丁）。60 ~ 100mg/kg 体重，混在少量精料中喂服。

2. 防治措施

可参考肝（姜）片吸虫病。

## 四、阔盘吸虫病

阔盘吸虫病是由歧腔科、阔盘属中的胰阔盘吸虫、阔盘吸虫和枝睾阔盘吸虫寄生在牛、羊等反刍动物的胰管内引起的疾病。阔盘吸虫也可寄生在人的胰脏（胰管）内。由于虫体刺激胰腺而产生炎症反应，结缔组织增生及机能紊乱，患畜呈现下痢、贫血、消瘦、水肿等症状，严重时可引起死亡。

阔盘吸虫主要分布于亚洲、欧洲及南美洲。在我国各地均有报道，但以东北、西北牧区及内蒙古自治区的广大草原上流行较广，危害较大。在我国以胰阔盘吸虫分布最广。

（一）病原形态

（1）胰阔盘吸虫。虫体扁平，半透明状，长卵圆形，体 6 ~ 8mm，宽 5 ~ 5.5mm。吸盘发达，口吸盘较腹吸盘大。咽小，食道短。睾丸 2 个，圆形或略分叶，左右排列在腹吸盘水平线的稍后方。雄茎囊呈长管状，位于腹吸盘前方与肠管分枝之间。生殖孔开口于肠管分叉处的后方。卵巢位于睾丸之后，虫体中线附近，受精囊呈圆形，在卵巢附近。子宫弯曲，在虫体的后半部，内充满棕色的虫卵。卵黄腺呈颗粒状，位于虫体中部两侧。

虫卵呈黄棕色或深褐色，椭圆形，两侧稍不对称，一端有卵盖，大小为（42 ~ 50）μm ×（26 ~ 33）μm，内含一个椭圆形的毛蚴。

（2）阔盘吸虫。虫体呈短椭圆形，体后端具一明显尾突。卵巢圆形，大多数边缘完整，少数有缺刻或分叶。睾丸呈圆形或边缘有缺刻。

（3）枝睾阔盘吸虫。呈前端尖、后端钝的瓜子形。长 4.49 ~

7.9mm，宽2.17~3.07mm。腹吸盘小于口吸盘。卵巢分叶5~6瓣。睾丸大而分枝。

（二）发育与传播

阔盘吸虫的发育需要两个中间宿主。第一个中间宿主为陆地螺类，胰阔盘吸虫第二个中间宿主为中华冬螽（zhong），阔盘吸虫的第二中间宿主为红脊草螽、尖头草螽，枝阔盘吸虫第二中间宿主为针蟋。成熟的卵从终末宿主体内随粪便排出体外，被第一中间宿主蜗牛吞食后在蜗牛体内孵化出毛蚴，进而发育成为母胞蚴、子胞蚴和尾蚴，子胞蚴移行从蜗牛的气孔排出，形成圆形的囊，内含尾蚴。第二中间宿主吞食从蜗牛体内排出的含有大量尾蚴的子胞蚴黏团后，子胞蚴在草螽体内经23~30天的发育，尾蚴即从子胞蚴中孵出，发育成为囊蚴。牛、羊由于在牧地吃草的时吞食了含有囊蚴的草螽的而受感染。

（三）症状与病变

胰阔盘吸虫寄生在牛、羊的胰管中，由于虫体的机械性刺激和毒性物质的作用，使胰管发生慢性增生性炎症，致使胰管增厚，管腔狭小，严重感染时，引起管腔闭塞，可使动物胰脏功能异常，引起消化不良。动物表现为消瘦，营养不良，下痢，贫血和水肿，粪便常含有黏液，严重时引起动物死亡。

（四）诊断

进行粪便检查，采用沉淀法发现虫卵即可作出确诊。

（五）预防与治疗

（1）六氯对二甲苯（血防846）。剂量为绵羊和山羊300~400mg/kg体重，口服。牛300mg/kg体重，口服。隔天1次，3次为一疗程。驱除阔盘吸虫效果良好。

（2）吡喹酮。剂量为绵羊90mg/kg体重，口服；山羊100mg/kg体重，口服。油剂腹腔注射剂量：绵羊30~50mg/kg体重；山羊30~50mg/kg体重；牛35~45mg/kg体重；驱虫率均在95%

以上。

## 第二节　羊绦虫病

### 一、莫尼茨绦虫病

莫尼茨绦虫病是由裸头科莫尼茨属的两种莫尼茨绦虫，即扩展莫尼茨绦虫和贝氏莫尼茨绦虫寄生于牛羊等反刍动物的小肠引起的一种蠕虫病。本病分布于世界各地，我国各地均有报道，呈地方性流行。主要危害羔羊和犊牛，影响幼畜的生长发育，严重感染时，可引起大批死亡。

（一）病原形态

莫尼茨绦虫为大型绦虫。在我国常见的有扩展莫尼茨绦虫和贝氏莫尼茨绦虫。虫体头节细小，近似球形，有 4 个吸盘，无顶突和小钩。成节内有两组生殖器官，睾丸分布在节片两侧纵排泄管之间，雌性生殖器官包括两个扇形分叶的卵巢和两个块状的卵黄腺，卵巢和卵黄腺构成环形将卵巢围在中间。节间腺位于节片后缘，扩展莫尼茨绦虫的节间腺为一列小圆囊状物，沿节片后缘分布；而贝氏莫尼茨绦虫的呈带状，位于节片后缘的中央。虫卵为三角形、四角形，虫卵内有特殊的梨形器。器内含六钩蚴，卵的直径为 56～67μm。

（二）发育与传播

莫尼茨绦虫在发育过程中需要一个中间宿主—地螨。终末宿主将虫卵和孕节随粪便排出体外，虫卵被中间宿主吞食后，六钩蚴穿过消化道，进入体腔，发育至具有感染性的似囊尾蚴，动物吃草时吞食了含似囊尾蚴的地螨而受感染。莫尼茨绦虫为世界性分布,，在我国的东北、西北和内蒙古的牧区流行广泛；在华北、华东、中南及西南各地也经常发生。农区较不严重。莫尼茨绦虫主要危害1.5~8个月的羔羊和当年生的犊牛。

（三）症状与病变

（1）症状。莫尼茨绦虫是幼畜的疾病，成年动物一般无临床症状。幼年羊最初的表现是精神不振、消瘦、离群、粪便变软，后发展为腹泻，粪中含黏液和孕节片，进而症状加剧，动物衰弱，贫血。有时有明显的神经症状，如无目的的运动，步样蹒跚，有时有震颤。神经型的莫尼茨绦虫病羊往往以死亡告终。

幼年羊扩展莫尼茨绦虫多发生于夏，秋季节，而贝氏莫尼茨绦虫病多在秋后发病。

（2）病变。尸体消瘦，黏膜苍白，贫血。胸腹腔渗出液增多。肠有时发生阻塞或扭转。肠系膜淋巴结，肠黏膜增生。肠黏膜出血，有时大脑出血，浸润，肠内有绦虫。

（四）诊断

在患羊粪球表面有黄白色的孕节片，形似煮熟的米粒，将孕节作涂片检查时，可见到大量灰白色，特征性的虫卵。用饱和盐水浮集法检查粪便时，便可发现虫卵。结合临床症状和流行病学资料分析便可以确立诊断。

（五）治疗与预防

1. 治疗药物

方案一

（1）硫双二氯酚。剂量为羊100mg/kg体重，一次口服。

（2）氯硝柳胺。羊的剂量为75~80mg/kg体重，做成10%水悬液灌服。

（3）丙硫咪唑。剂量为羊10~20mg/kg体重，做成1%水悬液灌服，1次/天连用2天；或者丙硫咪唑15mg/kg体重，每天2次，10天后排虫。

（4）吡喹酮。剂量为25~40mg/kg体重，疗效均好。

（5）吸虫驱虫以后必须用舒肝健胃散来保肝健胃，才能确保羊消化功能的恢复。

方案二

（1）丙硫苯咪唑，每千克体重 12～25mg，一次口服。

（2）硝氯酚（拜耳 9015）每千克体重 4～5mg，一次口服，对驱成虫有高效。

（3）氯氰碘柳胺钠，肌内注射每千克体重 5～10mg，口服 10～15mg，对成虫和 6～12 周未成熟的肝片吸虫均有效。

（4）硫双二氯芬（别丁）每千克体重 80～100mg，灌服，对驱成虫有效。

（5）第一日投服驱虫药物，第 3 天服用大黄苏打片按 1kg 体重 1 片清理胃肠道，第 5 天服用舒肝健胃散保肝健胃，从第一日投服驱虫药开始算起，第 8 天开始重复用药 1 次。

2. 预防措施

鉴于幼畜在早春放牧一开始即遭感染，所以，应在放牧后 4～5 周时进行“成虫期前驱虫”，第一次驱虫后 2～3 周，最好进行第二次驱虫。驱虫的对象应是幼畜；但成年动物一般为带虫者，是重要的感染源，因此，对他们的驱虫仍不应忽视。污染的牧地，特别是潮湿和深林牧地空闲两年后可以净化。土地经过几年的耕作后，地螨量可大大减少，有利于莫尼茨绦虫的预防。

## 二、无卵黄腺绦虫病

无卵黄腺绦虫属裸头科，无卵黄腺属。常见的虫种为中点无卵黄腺绦虫，寄生于绵羊和山羊的小肠中，经常与莫尼茨绦虫和曲子宫绦虫混合感染。中点无卵黄腺绦虫主要分布于西北及内蒙古牧区，西南及其他地区也有报道。

（一）病原形态

虫体为中型绦虫。头节上无顶突和钩，有 4 个吸盘。成节内有一套生殖器官，卵巢位于生殖孔一侧，子宫在节片中央。无卵黄腺和梅氏腺。睾丸位于纵排泄管两侧。虫卵被包在副子宫器内。虫卵内无梨形器，直径为21～38μm。

（二）发育与传播

生活时尚不清楚，有人认为啮虫类为中间宿主，现已确认弹尾目长角跳虫为其中间宿主，它吞食虫卵后，经20天可在其体内形成似囊尾蚴。牧羊在目的上食入含似囊尾蚴的小昆虫而受感染，在羊体内约经1.5个月的发育变为成虫。

（三）症状与病变

绵羊无卵黄腺绦虫病的发生具有明显的季节性，多发生于秋季与初冬季节，且常见于6个月以上的绵羊和山羊。有的突然发病，放牧中离群，不食，垂头，几小时后死亡。剖检见有急性卡他性肠炎并有许多出血点，死亡羊只一般膘情均好。

（四）诊断与防治

请参阅“莫尼茨绦虫”。

## 三、曲子宫绦虫病

曲子宫绦虫属于裸头科，曲子宫属。常见的虫种为盖氏曲子宫绦虫，寄生于牛、羊的小肠内。我国许多省区均有报道。

（一）病原形态

虫体为中型绦虫。头节小，有4个吸盘，无顶突。成节内含有两套生殖器官，睾丸为小圆点状，分布于纵排泄管的外侧；子宫管状横行，呈波状弯曲，几乎横贯节片的全部。虫卵呈卵圆形，直径为18～27μm，每5～15个虫卵被包在一个子宫器内。

（二）发育与传播

生活史不完全清楚，有人认为中间宿主是地螨，还有人实验感染啮虫类成功，但感染绵羊未获成功。

（三）症状与病变

动物具有年龄免疫性，4～5月前的羔羊不感染曲子宫绦虫，故多见于6月以上及成年绵羊。当年生的犊牛也很少感染，见于老龄动物。秋季曲子宫绦虫与贝氏莫尼茨绦虫常混合感染，发病多见于秋季到冬季。一般情况下，不出现临床症状，严重感染时可出现腹泻，贫血和体重减轻等症状。粪检时可在粪便中检获到副子宫器，内含5~15个虫卵。

（四）诊断与防治

参阅“莫尼茨绦虫”。

## 第三节　囊尾蚴病

### 一、细颈囊尾蚴病

细颈囊尾蚴病是由带状绦虫的幼虫阶段——细颈囊尾蚴所引起的。成虫寄生在犬、狼等食肉兽的小肠里，寄生于猪、黄牛、绵羊、山羊等多种家畜及野生动物的肝脏浆膜、网膜及肠系膜等处，严重时还可进入胸腔，寄生于肺部。细颈囊尾蚴病呈世界性分布，我国各地普遍流行，尤其是猪，感染率为50%左右，个别地区高达70%，且大小猪只都有感染，死猪的一种常见疾病。除主要影响中、小猪的生长发育和增重外，严重时可引起猪只死亡，对肉类加工业更可因屠宰失重和胴体品质而导致巨大的经济损失。

（一）病原形态

细颈囊尾蚴病俗称“水铃铛”，呈囊泡状，黄豆大或鸡蛋大，囊壁乳白色，囊内含透明液体和一个白色的头节。成虫泡状带绦虫体长1.5~2m，有250~300个节片组成，头节稍宽于颈节，顶突有两圈小钩；孕节子宫每侧有5~10个粗大分枝，每枝又有小分枝，全被虫卵充满。虫卵近似椭圆形，内含六钩蚴。

### （二）发育与传播

成虫泡状带绦虫寄生于犬、狼等食肉兽小肠，幼虫细颈囊尾蚴寄生于猪、黄牛、绵羊、山羊等多种家畜及野生动物的肝脏浆膜、网膜及肠系膜等处。成虫随粪便排出虫卵，被羊采食，在羊体消化道内六钩蚴逸出，钻入肠壁随血液循环到达肝实质，移行到肝表面，进入腹腔，附在肠系膜、大网膜等处，3 个月后发育成细颈囊尾蚴。细颈囊尾蚴被狗等终末宿主吞食后，在其小肠内伸出头节附着在肠壁上经 2～3 个月发育为成虫。

### （三）症状与病变

细颈囊尾蚴对幼畜致病力强，尤其对仔猪、羔羊与犊牛更为严重。在肝脏中移行的幼虫数量较多时，可形成虫道，引起出血性肝炎。病畜表现不安，流涎、不食、腹泻和腹痛。有时幼虫到达腹腔，可引起胸膜炎和腹膜炎，表现体温升高。成虫寄生期一般无临床症状。

### （四）诊断

生前诊断较困难，可用血清学诊断。一般在死后剖检发现细颈囊尾蚴可确诊。急性的易与肝片形吸虫相混淆。在肝脏中发现细颈囊尾蚴时，应与棘球蚴相区别，前者只有一个头节，壁薄而透明，后者壁厚而不透明。

### （五）治疗与防治

#### 1. 治疗药物

（1）吡喹酮。按 50～70mg/kg 体重，与液状石蜡按 1∶6 比例混合研磨均匀，分两次间隔 1 天深部肌内注射，可全部杀死虫体。

（2）硫双二硫酚。按 0.1mg/kg 体重喂服。

#### 2. 防治措施

（1）严禁犬类进入屠宰场，禁止把含有囊尾蚴的脏器丢弃喂犬。

（2）防制犬入猪、牛、羊圈舍，避免饲料、饮水被犬粪便污染。

（3）对犬定期驱虫，扑杀野犬。

## 二、棘球蚴病

棘球蚴病又称包虫病，由带状的细粒棘球绦虫的中绦期幼虫——棘球蚴寄生于羊、牛、马、猪和人的肝、肺等器官中引起的一种严重的人畜共患寄生虫病。通常呈慢性经过。危害严重。分布比较广泛，几乎遍及全世界各国，许多畜牧业发达的地区，多是本病的自然疫源地。

我国猪的感染主要流行于西北地区，而在东北、华北和西南地区也有报道，上海和福建等地屠宰场有零星发现。

### （一）病原形态

棘球蚴的形状常因其寄生部位的不同而有不少变化，一般近似球形，直径为5～10cm，有的仅有黄豆大，巨大的中体直径可达50cm，含囊液10余升。棘球蚴的囊壁分为两层，外为乳白色的角质层，内为生发层，生发层含有丰富的细胞结构，并有成群的细胞向囊腔内芽生出有囊腔的子囊和原头节，有小蒂与母囊的生发层相连接或脱落后游离于囊液内成为棘球砂。子囊壁的结构于母囊相同，其生发层同样可以芽生出不同数目的孙囊和原头节（有些子囊不能长孙囊和原头节，称为不育囊，能长孙囊和原头节的子囊成为育囊）。成虫细粒棘球绦虫很小，全长2～6mm，由一个头节和3～4个节片构成。头节有吸盘、顶突和小钩。成节含雌雄生殖器官各一套，生殖孔不规则交替开口于节片侧缘的中线后方，睾丸有35～55个，雄颈囊呈梨状；卵巢左右两瓣，孕节子宫膨大为盲囊状，内充满着500～800个虫卵，虫卵直径为30～36μm，外被一层辐射状的胚膜。

（二）发育与传播

寄生于犬科动物小肠的细粒棘球绦虫成熟后，虫卵或孕节随犬粪便大量排出，被猪、牛及羊等经口感染后，六钩蚴逸出进入血液循环，大部分停留在肝内，一部分到达肺寄生，少数到达其他脏器，经5~6个月发育为成熟的棘球蚴。犬在本病的流行上有重要的意义，犬科动物食入棘球蚴后，在小肠内经7周发育为成虫。本病在牧区严重感染，由于牲畜种类多，接触感染机会多，导致流行普遍。

（三）症状与病变

寄生数量少时，表现消瘦，被毛粗糙逆立，咳嗽等症状。多量虫体寄生时，肝、肺高度萎缩，患畜逐渐消瘦，肋下出现肿胀和疼痛，终因恶病质或窒息而死亡。猪的症状不如羊明显。剖检可见肝、肺体积增大，表面凹凸不平，可找到棘球蚴，同时可观察到囊泡周围的实质萎缩。也可偶然见到一些缺乏囊液的囊泡残迹或干酪变性和钙化的棘球蚴及化脓病灶。

（四）诊断

生前诊断较困难。根据流行病学和临床症状，采用皮内变态反应、IHA和ELISA等方法对动物和人的棘球蚴病有较高的检测率。对动物尸体剖检时，发现棘球蚴可以确诊。

（五）治疗与预防

1. 治疗药物

对绵羊棘球蚴可用以下药物。

（1）丙硫咪唑。剂量90mg/kg体重，连服2次，对原头蚴的杀虫率为82%~100%。

（2）吡喹酮。剂量25~30mg/kg体重，投服。这两种药也可用于对犬细粒棘球绦虫驱虫：

（3）吡喹酮。按5~10mg/kg体重，一次口服；吡喹酮药饵（蛋白淀粉型），按2.1mg/kg体重，驱虫率达100%。

（4）氢溴酸槟榔碱。按 1～2mg/kg 体重，绝食 12 小时后给予。

（5）盐酸丁奈咪片。犬按体重 25～50mg/kg 体重，绝食 3～4 小时投药。

2. 防治措施

（1）严格执行屠宰牛、羊的兽医卫生检验及屠宰场的卫生管理，发现棘球蚴应销毁，严禁喂犬。

（2）生前确诊较困难，可用免疫学诊断方法。

（3）加强畜牧卫生管理，避免饲料、饮水被犬粪污染。

## 三、脑包虫病（多头蚴病）

脑多头蚴病是由多头绦虫的幼虫——脑多头蚴（俗称脑包虫）所引起的。多头绦虫亦属带科带属。成虫在终末宿主犬、豺、狼、狐狸等的小肠内寄生。幼虫寄生在绵羊、山羊、黄牛、牦牛和骆驼等有蹄类的大脑、肌肉、延髓、脊髓等处。人也能偶然感染。他是危害绵羊和犊牛的严重寄生虫病，尤其两岁以下的绵羊易感。

（一）病原形态

脑多头蚴呈囊泡状，囊体由豌豆到鸡蛋大，囊内充满透明液体，囊壁有两层膜组成，外膜为角质层，内膜为生发层，其上有许多原头节，原头节直径为 2～3mm，数目 100～250 个。成虫长 40～100cm，头节有 4 个吸盘，熟节片有生殖器官一组，睾丸约 300 个，卵巢分两叶，孕节含充满虫卵的子宫，子宫两侧有 14～26 个侧枝，并有再分枝，但数目不多。卵为圆形，直径 41～51μm。

（二）发育与传播

成虫寄生在犬、豺、狼、狐狸等小肠，其孕节脱落后随宿主粪便排出体外，虫卵被中间宿主吞食，六钩蚴在胃肠道内逸出，随血流被带到脊髓中。经 2～3 个月发育为多头蚴。终末宿主吞食了含有多头蚴的脑脊髓，原头节附着在小肠壁上逐渐发育，经 47～73 天发育为成熟。

（三）症状与病变

有前期和后期的区别，前期症状一般表现为急性型，后期为慢性型；后期症状又因病原体寄生的部位不同且体积增大的程度不同而异。

前期症状：以羔羊的急性型最为明显，感染初期，六头蚴移行引起脑部炎症，表现为体温升高，患畜作回旋、前冲或后退运动；有时沉郁，长期躺卧，脱离畜群。

后期症状：典型症状为“转圈运动”，所以通常又将多头蚴病的后期症状称为“回旋病”。其转圈运动的方向与寄生部位是一致的，即头偏向病侧，并且向病侧作转圈运动。多头蚴囊体越大，动物转圈越小。对侧视神经乳突常有充血与萎缩，造成视力障碍以致失明。囊体大时，头骨，骨质变薄，松软，甚至穿孔，致使皮肤像表面隆起。

（四）诊断

由于多头蚴病经常有特异的症状，容易与其他病相区别；但要注意与某种特殊情况下莫尼茨绦虫病，羊鼻蝇蚴病以及脑瘤或其他脑病相区分，这些疾病一般不会有头骨变薄、变软和皮肤隆起的现象。此外还可用变态反应原（用多头蚴的囊液及原头蚴制成乳剂）注入羊的上眼睑内做诊断。近年来采用酶联免疫吸附试验（ELISA）诊断，有较强的特异性、敏感性，且没有交叉反应，是多头蚴病早期诊断的好方法。

（五）治疗与预防

1. 治疗药物

感染初期（急性型）尚无有效疗法。在后期多头蚴发育增大能被发现时，可根据囊包所在的位置，用外科手术将头骨开一圆口，先用注射器吸去囊中液体，使囊体缩小，而后摘除之。但这种方法法，一般只能应用于脑表面的虫体。在深部的囊体，如果采用 X 光或超声波诊断确定其部位，亦有施行手术之可能。

近年来用丙硫咪唑和吡喹酮进行治疗，获得较满意的效果。

2. 防治措施

只要不让犬吃到带有多头蚴的羊等动物的脑和脊髓，则此病即可得到控制。患畜的头颅脊柱应予烧毁；患多头绦虫的犬必须驱虫，对野犬。豺、狼、狐狸等终末宿主应予猎杀。

## 第四节　羊线虫病防治

### 一、血矛线虫病

血矛线虫病是指由毛圆科、血矛线虫属的捻转血矛线虫、柏氏血矛线虫寄生于反刍动物第四胃和小肠引起的线虫病。

（一）病原形态

捻转血矛线虫，虫体呈毛发状，因吸血而显现淡红色。表皮上有横纹和纵嵴。颈乳突显著。头端尖细，口囊小，内有一称背矛的角质齿。雄虫长 15 ~ 19mm，交合伞由细长的肋支持者着的长的侧叶和偏于左侧的由一个“Y”形背肋支持着的小背叶。雌虫长 27 ~ 30mm，因白色的生殖器官环绕于红色含血的肠道周围，形成了红线白线相间的外观，故称捻转线虫病，亦称捻转胃虫。阴门位于虫体后半部，有一个显著的瓣状阴门盖。有人以阴门盖的形状作为亚种的分类依据。卵壳薄、光滑、稍带黄色，虫卵大小为（75 ~ 90）μm ×（40 ~ 50）μm，新排出的虫卵含 16 ~ 32 个胚细胞。

寄生于牛的雌性柏氏血矛线虫，阴门盖呈舌片状；寄生于羊的雌虫，阴门盖呈小球状。与似血矛线虫和捻转血矛线虫相似，不同之处在于虫体较小，背肋较长，交合刺较短。

（二）发育与传播

捻转血矛线虫寄生于反刍动物的第四胃，偶见于小肠。虫卵随粪便排到外界，在适宜条件下大约经过一周发育为第三期感染性幼虫。感染前期的幼虫，在40℃以上时迅速死亡；但在冰冻条件下可生存很长时间。感染性幼虫带有鞘膜，在干燥环境中，可借休眠状态生存一年半。各期幼虫在外界环境中的生活习性和马圆形线虫的幼虫相似。

感染性幼虫被终末宿主摄食后，在瘤胃内脱壳，之后到真胃，转入黏膜的上皮突起之间，开始摄食。感染后第18天，虫体已发育成熟。成虫游离在胃腔内。感染后18～21天，宿主粪便中出现虫卵。成虫寿命不超过1年。

牛、羊粪和土壤是幼虫的隐蔽所。羊对捻转线虫有“自愈”现象。自愈反应没有特异性。自愈机制是使羊胃肠道线虫发生寄生变化的一种重要机制。

（三）症状与病变

本病最重要的特征是贫血和衰弱。急性型的以肥羔羊突然死亡为特征。死羊眼结膜苍白，高度贫血。亚急性型的特征是显著的贫血，患羊眼结膜苍白，下颌间和下腹部水肿，身体逐渐衰弱，被毛粗乱，放牧时落群，甚至卧地不起；下痢与便秘交替。

（四）诊断

根据本病的流行情况、患畜的症状，死羊或病羊的解剖结果做综合判断。粪便检查可用浮集法，但捻转血矛线虫的卵不易和其他线虫的卵相区别；必要时可以培养检查第三期幼虫。

（五）治疗与预防

可用左旋咪唑，丙硫咪唑，噻苯唑，甲苯唑或伊维菌素等药物驱虫。毛圆科其他各属线虫的治疗药物同此。

（1）预防性驱虫。可根据当地的流行病学资料做出规划。

一般春秋季节个进行一次，使用药物驱虫。

（2）注意放牧和饮水卫生。应避免在低湿的地方放牧；不要在清晨、傍晚或雨后放牧，尽量避免幼虫活动的那些时间，以减少感染机会，禁饮低洼地区的积水或死水，换饮干净的流水或井水，并建立固定的清洁的饮水地点。有计划地实施轮牧。

（3）加强饲养管理，补充精饲料，增强畜体的抗病力。

（4）加强粪便管理，合理将粪便集中在适当地点进行生物热处理，消灭虫卵和幼虫。

## 二、奥斯特线虫病

奥斯特线虫病是由奥斯特属的环纹奥斯特线虫、三叉奥斯特线虫（俗称棕色胃虫），寄生于反刍动物的真胃和小肠引起的疾病。

### （一）病原形态

虫体中等大，长10～12mm。口囊小。交合伞有两个侧叶和一个小的背叶组成。腹肋基本上是并行的，中间分开，末端又相互靠近；背肋远端分两枝，每枝又分出1或2个副枝。有副伞膜。交合刺较粗短。雌虫阴门在体后部，有些种有阴门盖，其形状不一。

### （二）发育与传播

奥斯特线虫的发育史和捻转血矛线虫相似，第3期幼虫在胃腺内进行发育和蜕化。感染后第8天，大部分幼虫已附着于与胃黏膜上。有些幼虫停留达6天后开始进行发育，虫体感染要到15天成熟，第17天可在粪便中发现虫卵。大部分虫体在60天内由宿主体内消失。奥斯特线虫较捻转血矛线虫耐寒，在较冷地区，奥斯特线虫发生较多。

### （三）症状与病变

严重感染时患畜有消瘦，贫血，衰弱和间歇性便秘等症状，严重时可引起死亡。

（四）诊断

粪便检查用浮集法检获虫卵即可确诊。

（五）治疗与预防

参照血矛线虫病。

## 三、毛圆线虫病

毛圆线虫病是由毛圆属的蛇形毛圆线虫、突尾毛圆线虫、艾氏毛圆线虫等，寄生于反刍动物真胃、小肠引起的疾病。大多数寄生于牛、羊、骆驼的小肠前部，较少在第四胃及胰脏。

（一）病原形态

毛圆属虫体细小，不大于7mm。呈淡红色或褐色。缺口囊和颈乳突。雄虫交合伞的侧叶大，背叶极不明显。腹肋是分开的，腹肋特别小，侧腹肋同侧肋并行；后侧肋靠近外背肋，背肋小，末端分为小枝。交合刺粗短，带有扭曲和隆起的嵴，褐色。有引器。雌虫阴门位于虫体的后半部。卵呈椭圆形，壳薄。

蛇形毛圆线虫是最常见的种类。雄虫长5～7mm，交合刺近于等长，末端有显著的三角形突起。是牛、羊体内最常见的种类。

突尾毛圆线虫雄虫长5.5～7.5mm，交合刺等长，交合刺较前一种为粗，色深，扭曲较明显，末端的三角形突起亦较粗大。寄生于绵羊，骆驼和人的小肠。

艾氏毛圆线虫寄生于牛、羊和鹿等的第四胃和小肠，亦寄生于马、猪和人等的胃。雄虫体长3.5～4.5mm，交合刺的长度不等，形状不同，中间有一分枝。

（二）发育与传播

虫卵随宿主粪便排到体外，在最适宜的温（27℃）、氧气和湿度等条件下经5～6天发育为第三期感染性幼虫。幼虫移行到牧草上被宿主吞食后感染。感染后 6 ~ 10 天，幼虫在小肠黏膜上蜕皮，第四期幼虫回到肠腔，蜕化，并继续发育。感染后 21 ~ 25 天，发育为成虫。

（三）症状与病变

严重感染第三期幼虫时，患畜发生腹泻，急剧消瘦，食欲消失，脱水，最后多引起死亡。断奶后至 1 岁的羔羊常发生本病。

急性病例胃肠黏膜肿胀，特别是十二指肠，轻度出血，附有黏液，刮取物于镜下可见到幼虫。慢性病例可见尸体消瘦，贫血，胃肠道黏膜羊常见病防治技术增厚、溃疡。

（四）诊断

根据临床症状，结合粪便检查检获虫卵即可确诊。

（五）治疗与预防

参见血毛线虫。

## 四、仰口线虫病（钩虫病）

仰口线虫病是由钩口科仰口属的牛仰口线虫和羊仰口线虫寄生于牛、羊的小肠引起的疾病。本病在我国各地普遍流行，可引起贫血，对家畜危害很大，并可以引起死亡。

（一）病原形态

本属线虫的头端向背部弯曲，口囊大，口缘有一对半月形的角质切板。雄虫交合伞的背叶不对称。雌虫阴门在虫体中部之前。

羊仰口线虫呈乳白色或淡红色。口囊底部的背侧有一个大背齿，背沟由此传出，底部腹侧有一对小的亚腹侧齿。雄虫体长 12.5 ~ 17mm。交合伞发达。背叶不对称，右外背肋比左面的长，并且有背干的高处伸出。交合刺等长，褐色。无引器。雌虫长 15.5 ~ 21mm，尾端钝圆。阴门位于虫体中部前不远处。虫卵的大小为（79 ~ 97）μm ×（47 ~ 50）μm，两端钝圆，胚细胞大而数少，内含暗黑色颗粒。

牛仰口线虫的形态和羊仰口线虫相似，但口囊底部腹侧有两对亚腹侧齿。另一个区别是雄虫的交合刺长，3.5～4mm. 雄虫体长10～18mm，雌虫长24～28mm。卵的大小为106μm×46μm，两端钝圆，胚细胞成暗黑色。此外，我国南方的牛有莱氏旷口线虫，口端稍向背面弯曲，口囊浅，其后是一个深大的食道漏斗，内有两个小的亚腹侧齿。口缘有4对大齿和一个不明显的叶冠。雄虫长9.2～11mm，雌虫长13.5～15.5mm。卵的大小为（125～195）μm×（60～92）μm。

（二）发育与传播

虫卵在潮湿的环境中，在虫卵内形成幼虫；幼虫从卵内逸出，经两次蜕化，变为感染性幼虫。牛、羊是由于吞食了被感染性幼虫污染的饲料或饮水，或感染性幼虫钻进牛、羊的皮肤而受感染的。

牛仰口线虫的幼虫经皮肤感染，幼虫从牛的表皮钻入后，随即脱去皮鞘，随血液循环流到肺发育，并经过第三次蜕化而成为第四期幼虫。之后上行的咽，重返小肠，并进行第四次蜕化而成为第五期幼虫。约在侵入皮肤后的50～60天发育为成虫。经口感染时，幼虫在小肠内直接发育为成虫，所需要的时间约为25天。经皮肤感染的可以有85%的幼虫得到发育，而经口感染只有12%～14%的幼虫得到发育。

（三）症状与病变

患畜表现进行性贫血，严重消瘦，下颌水肿，顽固性下痢，粪带黑色。幼畜发育受阻，还有神经症状如后躯萎缩和进行性麻痹等，死亡率很高。死亡时，红细胞降至1 700万～2 500万，血红蛋白降至30%～40%。

（四）病理变化

尸体消瘦，贫血，水肿，皮下有浆液性浸润。血液色淡，水样，凝固不全。肺有淤血性出血和小点出血。心肌松软，冠状沟水肿。

肝呈淡紫色，松软，质脆。肾呈棕黄色。心包腔、胸腔、腹腔有异常浆液。十二指肠和空肠有大量虫体，游离于肠内容物中或附着于肠黏膜上。肠黏膜发炎，有出血点。肠内容物呈褐色或血红色。

（五）诊断

用浮集法检查粪便，发现虫卵，或剖检发现虫体时，即可确诊。

（六）治疗与预防

参看捻转血矛线虫病。由于仰口线虫的卵和幼虫不耐干燥，尤应特别注意牧场排水。

## 五、食道口线虫病

反刍动物食道口线虫病是由食道口科，食道口属的几种线虫的幼虫及其成虫寄生于反刍动物肠壁与肠腔引起的。由于有些食道口线虫的幼虫阶段可以使肠壁发生结节，故又名结节虫病。此病在我国各地的羊、牛中普遍存在，并常引起病发病；有病变的肠管多因不适于制作肠衣而遭废弃。故结节虫病给畜牧业经济造成的损失是很大的。

（一）病原形态

本属线虫的口囊呈小而浅的圆筒形，其外周唯一显著的口领。口领周围有叶冠。有颈沟，其前部的表皮可能膨大形成头囊。颈乳突位于颈沟后方的两侧。有或没有侧翼。雄虫的交合伞发达，有一对等长的交合刺。雌虫阴门位于肛门前方的附近；排卵器发达，呈肾形。虫卵较大。

常见种类有哥伦比亚食道口线虫，主要寄生于羊，也寄生于牛和野羊的结肠；辐射食道口线虫寄生于牛的结肠。

（二）发育与传播

虫卵随宿主粪便排到体外，在外界温度为25～27℃时，10～17小时孵出第一期幼虫，经7～8天蜕化两次变为第三期幼虫。宿主摄食了被感染性幼虫污染的青草和饮水而遭感染。感染后第4天，幼虫在囊内进行第三次蜕化；到第6～8天，大部分幼虫已完成第三次蜕化，并自结节中返回肠腔，在其中发育。到第27天，第四期幼虫发育完成。到第32天，97%的幼虫已发育到第五期。到第41天，雌虫产卵。有些幼虫可能移行到腹腔，并生活数日，但不能继续发育。哥伦比亚结节虫和辐射结节虫在肠壁中形成结节。

（三）症状与病变

在食道口线虫中，以哥伦比亚食道口线虫危害较大，羊常见病防治技术主要是引起大肠的结节病变。牛以辐射食道口线虫的危害较大，幼虫阶段在小肠和大肠壁中形成结节，影响肠蠕动、食物的消化和吸收。患畜首先表现出明显的持续性腹泻，粪便呈暗绿色，有很多黏液，有时带血，最后可能由于体液失去平衡，衰竭致死。在慢性病例，表现为便秘和腹泻交替进行，消瘦，下颌间可能发生水肿，最后虚脱而死。

（四）诊断

根据临床症状，结合尸体剖检的结果进行诊断。结节虫卵和其他圆线虫卵很难区别，所以，生前诊断比较困难。但可以将虫卵培养至第三期幼虫阶段，根据其特征，作出判断。

（五）治疗与预防

可用噻苯唑、芬苯达唑、左咪唑或伊维菌素等驱虫。

## 六、毛首线虫病

毛首线虫病是由毛首科、毛首属的绵羊毛首线虫、球鞘毛首线虫寄生于牛、羊等大肠（主要是盲肠）引起的。因虫体前部呈毛发状，故又称毛首线虫；整个外形又像鞭子，前部细，像鞭梢，后部粗，像鞭杆，故又称鞭虫。我国各地都有报道。主要危害幼畜。

（一）病原形态

虫体呈乳白色。前为食道部，细长，内含由一串单细胞围绕着的食道，后为体部，短粗，内有肠和生殖器官。雄虫后部弯曲，泄殖腔在尾端，有 1 根交合刺，包藏在有刺的交合刺鞘内；雌虫后端钝圆，阴门位于粗细交界处。卵呈棕黄色，腰鼓形，卵壳厚，两端有塞。

（1）绵羊毛首线虫。雄虫长 50～80mm，雌虫长 35～70mm。食道部占虫体全长的 2/3～4/5。虫卵大小为（70～80）μm ×（30～40）μm。

（2）球鞘毛首线虫病。其交合刺的末端膨大形成球形。发育与传播绵羊毛首线虫的雌虫在盲肠产卵，卵随粪便排出体外。卵在适宜的温度和湿度条件下，发育为壳内含第 1 期幼虫的感染性虫卵，宿主吞食了感染性虫卵后，第 1 期幼虫在小肠后部孵出。钻入肠绒毛间发育；到第 8 天后，移行到盲肠和结肠内，固着于肠黏膜上，感染后 12 周发育为成虫。

（二）症状与病变

轻度感染时，有时有间歇性腹泻，轻度贫血，因而影响羊的生长发育。严重感染时，食欲减退，消瘦，贫血，腹泻；死前数日，排水样血色便，并有黏液。

病变局限于盲肠和结肠。虫体的头部深入黏膜，广泛地引起盲肠和结肠的慢性卡他性炎症。有时有出血性肠炎，通常是淤斑性出血。严重感染时，盲肠和结肠黏膜有出血性坏死，水肿和溃疡，还有和结节虫病时相似的结节。

（三）诊断

虫卵形态特征，易于辨识。用粪便检查时发现大量虫卵或剖检时发现虫体，即可确诊。

（四）治疗与预防

用左咪唑、苯硫咪唑等驱虫药。预防同猪蛔虫。

## 七、羊肺线虫病

羊肺线虫病是由网尾科和原圆科的线虫寄生在羊气管、支气管、细支气管乃至肺实质，主要引起羊支气管炎和肺炎为特征的一种寄生虫病。其中，网尾科的丝状网尾线虫较大，致病力较强，是危害羊的主要寄生虫。而原圆科线虫较小，为小型肺线虫，危害相对较轻。

本病多见于潮湿地区，常呈地方性流行，可造成羊尤其是羔羊大批死亡，引起严重的损失。肺线虫病在我国分布广泛，是羊常见的蠕虫病之一。

（一）病原及流行特点

网尾线虫的虫体呈丝状，白色，口囊很小，口缘具四个小唇片。雄虫交合伞发达，中后侧肋融合，末端分开或完全融合，前侧肋末端不膨大，背肋 2 个，末端各有 3 个分枝。交合刺等长；黄褐色，短粗，呈多孔性构造，有引器。胎生网尾线虫雄虫长 40～50mm，雌虫长 60～80mm。丝状网尾线虫雄虫长 30mm，雌虫长 35～44.5mm；雌虫阴门位于虫体中部。虫卵椭圆形，大小为（120～130）μm×（80～90）μm，卵内含第 1 期幼虫。

小型肺线虫种类繁多，其中，缪勒属和原圆属线虫分布最广，危害也最大。该类线虫虫体纤细，长 12～28mm，肉眼刚能看见；口由 3 个小唇片组成，食道长柱形，后部稍膨大；交合伞背肋发达。小型肺线虫不同于大肺线虫，在发育过程中需要中间宿主的参加。

（二）临床症状

羊群遭受感染时，首先个别羊干咳，继而成群咳嗽，运动时和夜间更为明显，此时呼吸声亦明显粗重，如拉风箱。在频繁而痛苦的咳嗽时，常咳出含有成虫、幼虫及虫卵的黏液团块。咳嗽时伴发罗音和呼吸促迫，鼻孔中排出黏稠分泌物，干涸后形成鼻痂，从而使呼吸更加困难。

病羊常打喷嚏，逐渐消瘦，贫血，头、胸及四肢水肿，被毛粗乱。羔羊症状严重，死亡率也高，羔羊轻微感染或成年羊感染时，则症状表现较轻。小型肺线虫单独感染时，病情表现亦比较缓慢，只是在病情加剧或接近死亡时，才明显表现为呼吸困难、干咳或呈暴发性咳嗽。

羔羊症状严重，死亡率也高，羔羊轻微感染或成年羊感染时，则症状表现较轻。小型肺线虫单独感染时，病情表现亦比较缓慢，只是在病情加剧或接近死亡时，才明显表现为呼吸困难、干咳或呈暴发性咳嗽。

（三）病理变化

剖检变化主要表现在肺部，可见有不同程度的肺膨胀不全和肺气肿，肺表面隆起，呈灰白色，触摸时有坚硬感；支气管中有黏性或脓性混有血丝的分泌团块；气管、支气管及细支气管内可发现不同数量的大、小肺线虫。

（四）诊断

可依据其症状表现在粪便中查到第一期幼虫，做出确诊。分离幼虫的方法很多，常用漏斗幼虫分离法，其步骤是：取羊粪15~20g，放在带筛（40~60目）或垫有数层纱布的漏斗内，漏斗下接一短橡皮管，并用水止夹夹紧；加入40℃温水至淹没粪球为止，静置1~3小时，此时幼虫游走水中，并穿过筛孔或纱布沉于橡皮管底部；接取橡皮管底部粪液，经沉淀后弃去上层液，取其沉渣镜检即可。镜下幼虫的形态特征：丝状网尾线虫第一期幼虫虫体粗大，体长0.5~0.54mm，头端有1纽扣状突起，尾端钝圆，肠内有明显颗粒，色较深。各种小型肺线虫第一期幼虫较小，长 0.3～0.4mm，头端无纽扣状突出，尾端或呈波浪状，或有 1 角质小刺，有的分节。

（五）防控措施

（1）保持羊场的清洁干燥，防止潮湿积水，注意饮水清洁。

（2）成年羊与羔羊应分圈饲养和分群放牧，有条件的地方为羔羊设置专门的牧场。

（3）在本病流行的地区，每年定期对羊群进行 1～2 次普遍驱虫，并对患病羊进行及时有效的治疗。常用的驱虫药物有左旋咪唑、阿苯达唑或伊维菌素等，对各种肺线虫引起的羊肺线虫病均有良好的疗效。如左旋咪唑的剂量按每千克体重 10～15mg 内服；阿苯达唑按每千克体重 10～20mg，也可用伊维菌素按每千克体重 0.2mg 剂量给羊皮下注射；可以分别用药或者同时用药都是安全的。其驱虫率可达 97%～100%。在驱虫期间，粪便应集中收集，进行生物热发酵无害化处理。

## 八、原圆线虫病

原圆线虫病是由原圆科原圆属、缪勒属等几个属的多种线虫寄生于羊的肺泡、毛细支气管、细支气管、肺实质等处引起的。此类线虫多系混合感染，虫体细小，有的肉眼刚能看到，故又称小型肺丝虫病。该病分布很广泛，对于羊的感染率高，感染强度大，危害最大的为原圆属和缪勒属。

（一）病原形态

①此等线虫非常细小，有的肉眼刚能看到。雄虫交合伞不发达，雌虫阴门靠近后体端。卵胎生。常见的种有：毛样缪勒线虫，是分布最广的一种，寄生于羊的肺泡、细支气管、胸膜下结缔组织和肺实质中。雄虫长 11～26mm，雌虫长 18～30mm。交合伞高度退化，雌虫尾部是呈螺旋状卷曲，泄殖孔周围有很多乳突。②柯氏原圆线虫，为褐色纤细的线虫，寄生于羊的细支气管

和支气管。雄虫长 24.3 ~ 30.0mm，雌虫长 28 ~ 40mm。交合伞小，交合刺呈暗黑色。

（二）发育与传播

原圆线虫的发育需要多种陆地螺类或蛞蝓类（kuoyu）作为中间宿主。成虫产出的虫卵随粪便排到外界，1 期幼虫进入中间主体内，并蜕皮两次，发育到感染期的时间，感染性幼虫可自行逸出或留在中间宿主体内，牛，羊吃草或饮水时，摄入感染性幼虫或含有感染性幼虫的中间宿主而受感染，幼虫移出，钻入肠壁，随血流移行至肺，在肺泡、细支气管以及肺实质中发育为成虫。

原圆科线虫的幼虫对低温、干燥的抵抗力均强。在干粪中可生存数周，在湿粪中的生存期更长。在 3 ~ 6℃ 的低温下，比在高温下生活得好。能在粪便中越冬，冰冻 3 天后幼虫仍有活力，12 天后死亡。直射阳光可迅速使幼虫致死。幼虫通常不离开粪便移行，因为螺类以羊粪为食。幼虫感染螺类之后，遇冰冻停止发育，如遇适宜温度可迅速发育到感染期、在螺体内的感染性幼虫，其寿命与螺的寿命同长，为 12 ~ 18 个月。4 月龄以上的羊，几乎都有虫寄生，甚至数量很多。

（三）症状与病变

轻度感染时只引起咳嗽，当病情加剧和接近死亡时，有呼吸困难、干咳或爆发性咳嗽等症状，叩诊肺部可以发现较大的突变区。并发网尾线虫时，可引起大批死亡。

由于虫体的寄生和刺激。引起局部炎性细胞浸润、肺萎缩和实变，继之其周围的肺泡和末梢支气管发生代偿性气肿和膨大；当肺泡和毛细支气管膨大到破裂时，细菌乘机侵入引起支气管肺炎；受害的肺泡和支气管脱落的表皮阻塞管道，该处发生细胞浸润和结缔组织增生，最后羊成为小叶性肺炎，呈圆锥状轮廓，灰黄色；在肺脏边缘病灶切面的涂片上，可见到成虫和幼虫。

（四）诊断

根据症状和流行病学情况怀疑该病时，进行粪便检查，发现多量1期幼虫时可以确诊为本病。大约每克粪便中有150条幼虫时，被认为是有病理意义的荷虫量。1期幼虫长300～400μm，宽16～22μm。缪勒线虫的1期幼虫尾部呈波浪形弯曲，背侧有一小刺；原圆线虫的幼虫亦呈波浪形弯曲，但无小刺。应注意与网尾线虫的区别。剖检时在发现成虫、幼虫、虫卵和相应的病理变化时也可以确诊为本病。

（五）治疗与预防

预防应避免在低洼、潮湿的地段放牧，减少与陆地螺类接触的机会；放牧羊只应尽可能地避开中间宿主活跃的时间，如雾天、清晨和傍晚；成年羊与羔羊应避免同群放牧，因为成年羊往往是带虫者，是感染源；根据当地情况可以进行计划性驱虫（参考网尾线虫病的防治）。驱虫药参考网尾线虫病【可用左旋咪唑（按8～10mg/kg体重）、丙硫咪唑（10～15mg/kg体重）口服，阿维菌素或伊维菌素（0.2mg/kg）口服或皮下注射】。

## 九、羊脑脊髓丝虫病

病原体为丝状科，丝状属的指形丝状线虫和唇乳突丝状线虫幼虫。

指形丝状线虫的微丝蚴，体长249.3～400μm，宽8.4～9.0μm，外被囊鞘，虫体能在鞘膜内前后活动，故在染色标本中常见首尾鞘膜长度不一。体态弯曲自然，多呈“S”形、“C”形或其他弯曲形，也有扭成一结或两结的，具有头隙，一般长沃于宽。尾端尖细，自肛孔后有排列直至尾尖的尾核3～5个。距头端18.77%处有神经环。排泄孔位于神经环后，孔旁排泄细胞显著。尾部有肛孔，但常不甚明显。

绝大部分虫体均能见到神经环，食道的肌、腺部以及肠道，而尾部的侧附肢以及扣状突起明显存在，虫体的生殖器官未发育。

（一）生活史

成虫于牛腹腔内产出微丝蚴（胎生），微丝蚴进人宿主的血液中，半周期性地出现于末梢血液中，中间宿主—蚊类吸血时进人蚊体，经 14 天左右发育成为感染性微丝蚴（第三期幼虫），然后集中到蚊的胸肌和口器内，当带有此类虫体的蚊吸取羊血液时，将感染性幼虫注入非固有宿主羊体内，可经淋巴（血液）侵人脑脊髓表面，发育为童虫，长 1.5 ~4.5cm，形态结构类似成虫。在其发育过程中，引起脑脊髓丝虫病。

（二）流行病学

1. 发病季节

分布于温带与亚热带地区，适宜于中间宿主—蚊类的滋生。本病仅在夏秋两季流行，与蚊子的活动相一致，从 6 月开始 10 月终止，其中，8 月为发病高峰，个别地区冬、春季节也有病例出现。

2. 发病与地势的关系

海拔 1 800m 以上地区，发病率约为 2%，海拔 1 200 ~1 800m 约为 8%，海拔 1 200m 以下约为 10%，本病流行与海拔的高低成反比关系。

3. 其他因素

如果将牛（主要是黄牛）和羊混养在一处（含放牧），有的地方将牛养在楼下，羊养在楼上，则此病易于流行。反之，牛、羊分群，特别是隔地饲养则发病少或根本不发病。羊的年龄、性别对虫体的易感性无明显差异。而羊的品种，如乳山羊（引进萨能羊）较易感，绵羊则不易感。

（三）症状

1. 急性型

发病急骤，神经症状明显。羊在放牧时突然倒地不起，眼球上翻，颈部肌肉强直或痉挛或颈部歪斜，呈兴奋、骚乱、空嚼及叫鸣等神经症状。此种急性抽搐过去后，如果将羊扶起，可见四肢强直，向两侧叉开，步态不稳，如醉酒状。当颈部痉挛严重时，病羊向斜侧转圈。

2. 慢性型

此型较多见，病初患羊无力，步态踉跄，多发生于一侧后肢，也有两后肢同时发生的。此时体温、呼吸、脉搏无变化，患羊可继续正常存活，但多遗留臀部歪斜及斜尾等症状；运动时，容易跌倒，但可自行起立，继续前进，故病羊仍可随群放牧，母羊产奶量仍不降低。当病情加剧，两后肢完全麻痹，则患羊呈犬坐姿势，不能起立，但食欲精神仍正常。直至长期卧地，发生褥疮才食欲下降，逐渐消瘦，以致死亡。

（四）病理变化

本病的病理变化，是随着丝虫幼虫逐渐进入脑脊髓发育为童虫的过程中引起的寄生性、出血性、液化坏死性脑脊髓炎，并有不同程度的浆液性、纤维素性脑脊髓膜炎而展开的。病变主要是在脑脊髓的硬膜，蛛网膜有浆液性、纤维素性炎症和胶样浸润灶，以及大小不等的呈红褐色、暗红色或绛红色的出血灶，在其附近有时可发现虫体。脑脊髓实质病变明显，以白质区为多，可见由于虫体引起的大小不等的斑点状、线条状的黄褐色破坏性病灶，以及形成大小不同的空洞和液化灶，膀胱黏膜增厚，充满絮状物的尿液，若膀肤麻痹则尿盐沉着，蓄积呈泥状。组织学检查，发病部的脑脊髓呈现非化脓性炎症，神经细胞变性，血管周围出血、水肿，并形成管套状变化。在脑脊髓神经组织的虫伤性液化坏死灶内，可见有大型色素性细胞，经铁染色，证实为吞噬细胞，这是本病的一个特征性变化。

（五）诊断

根据流行病学和临床症状，可作出初步诊断。病初患羊总是后肢强拘，提举伸扬不充分，蹄尖拖地，行动缓慢，甚至运步困难，步样踉跄，斜行。可试用牛腹腔丝虫提纯抗原，进行皮内反应试验，实践证明，对本病具有早期性和相当的特异性，可用于早期诊断。

（六）防治

（1）在本病流行季节，对羊只以每 3 ~4 周用海群生、锑制剂或左旋咪哇的治疗剂量，普遍用药 1 次。

（2）搞好环境卫生是消灭蚊子最有效的预防方法。在蚊子飞翔季节常以杀蚊药物喷洒羊舍或烟熏。

（3）羊舍应建在干燥通风处，远离牛圈，应尽量防止羊与牛的接触。

（七）治疗

（1）海群生（乙胺嗪）。每千克体重 50 ~100mg，口服，隔日 1 次，2 ~4 次为一疗程。

（2）酒石酸锑钾。用 4% 酒石酸锑钾静脉注射，按每千克体重 8mg 计算，隔日 1 次，注射 3 ~4 次。

（3）左旋咪唑。对初发病羊（5 天内灼发病羊），剂量按每千克体重 10mg，配成 10% 的溶液皮下注射，每天 1 次，或者每千克体重 8mg，1 天 2 次，连用 2 ~4 天，疗效 100% 。

（4）伊维菌素与 4% 酒石酸锑钾交替使用，第 1、第 3 天用伊维菌素按每千克体重 0. 2mg，分早、中、晚三次静注，在每天用药前静注 10% 葡萄糖 500mL，加入 10% 维生素 C 20mL。

## 第五节　羊血吸虫病防治

### 一、羊焦虫病

羊焦虫病是一种血液寄生虫病，主要表现为持续高温，呼吸困难，后期出现眼结膜苍白、黄染、贫血，还有血红蛋白尿。

（一）病原

该病主要发生在3～10月，发病高峰期在4～5月，是由吸血蜱在吸血过程中引起的，羔羊、幼羊易感染，而2岁以上的成年羊则很少发病，外地引进的羊比当地的羊更易发病，感染羊发病后，死亡率很高。

（二）临床症状

病初体温升高达40～42℃，稽留热型；脉搏，呼吸加快，且显呼吸困难，肺泡音粗粝；精神沉郁，喜卧地；食欲减退；便秘或下痢；可视黏膜初充血，继而苍白贫血并带有黄疸，有时有小点状出血；有的羊可见尿液混浊，颜色发黄或血尿；后期站立不稳，行走困难，常因心肌衰竭而死亡；病程6～15天，急性病例常在发病2～3天死亡。

（三）病理变化

外观消瘦，被毛无光泽；肌肉苍白；体表淋巴结肿大，尤其是肩前淋巴结；全身淋巴结呈现不同程度的肿大，充血和出血；腹腔液体增多；肠黏膜有少量的出血点；肾呈黄褐色，表面有灰白色结节和出血点，肝、脾、胆囊均明显肿大，并有出血点；心包液增多，心外膜及心冠脂肪有出血点。

（四）诊断

通过流行性病学、临床症状、病理变化可作出初步诊断，

确诊还需实验室进一步诊断。在病羊发病初期采血本涂片姬

姆萨染色境检，在红细胞内看到圆形，豆点样虫体即可确诊。

（五）治疗

1. 三氮脒（贝尼尔，血虫净）

5～7mg/kg 稀释成 5% 的水溶液深部肌肉分点注射，配合多西环素注射液效果更好，连用 2～3 天。

2. 对症治疗

（1）对患病羊要加强护理，减少外出放牧，补充精料。

（2）对高热患羊，可用解热药如安乃近、安痛定、萘普生治疗。

（3）抗生素治疗　该病在发病过程中易引起继发感染，在治疗过程中配合适当的抗生素，如青霉素类、头孢类、林可霉素等。

（4）强心补液　可用一些补充能量的强心剂，如葡萄糖、右旋糖酐、三磷酸腺酐；也可用安钠咖、樟脑磺酸钠等，来提高心肌的兴奋性。

（5）调整胃肠道的功能　对食欲减退，反刍减弱的，用舒肝健胃散或者食母生、乳酶生、酵母粉改善胃肠道机能；也可用复合维生素 B 肌内注射

（六）预防

（1）羊焦虫病的发生与蜱的活动密切相关，灭蜱是预防本病的关键。在春夏易发病季节，每隔 15 日用 3% 敌百虫或 0.05% 双甲脒药浴。

（2）药物预防。贝尼尔按 2mg/kg 体重稀释成 5% 的溶液深部肌内注射。

（3）搞好检验检疫。不从流行区引进，新引进的羊只，做好隔离观察，把好检疫关。

## 二、羊血吸虫病

羊的血吸虫病是由分体科分体属和东毕属的吸虫寄生在门静脉、肠系膜静脉和盆腔静脉内，引起贫血、消瘦与营养障碍等疾患的一种蠕虫病。分体属的血吸虫寄生于人、绵羊、山羊、水牛、黄牛、猪、马属动物、犬、猫、家兔和30多种野生动物，流行于长江以南包括台湾省在内的十余个省、自治区，是危害十分严重的人畜共患寄生虫病。东毕属的各种吸虫分布较广，几乎遍及全国，宿主范围包括绵羊、山羊、黄牛、水牛、骆驼、马属动物及一些野生动物。东毕吸虫不引起人的血吸虫病，仅其尾蚴可引起人的皮肤炎症，但不能在人体内进一步发育。

（一）病原

（1）分体属该属在我国仅有日本分体吸虫1种。虫体呈细长线状。雄虫乳白色，体长10～20mm，宽0.5～0.97mm。口吸盘在体前端；腹吸盘较大，具有粗而短的柄，位于口吸盘后方不远处。体壁自腹吸盘后方至尾部两侧向腹面卷起形成抱雌沟，通常雌虫居于沟内呈合抱状态。睾丸7个，呈椭圆形，单行排列在腹吸盘的下方。食管在腹吸盘的背面处分成两支肠管，这两支肠管在虫体的后1/3处又合并为单盲管。雌虫呈暗褐色，体长12～26mm，宽约0.3mm。卵巢呈椭圆形，位于虫体中部偏后方两肠管合并处前方。卵膜在卵巢的前部。卵黄腺呈较规则的分枝状，位于虫体后1/4部。子宫自卵膜延至腹吸盘后方的生殖孔处，内含虫卵50～300个。虫卵呈短卵圆形，淡黄色，长70～100μm，宽50～80μm。卵壳薄，无盖，在卵壳一端侧上方有一小刺，卵内含毛蚴。

（2）东毕属东毕属中较重要的虫种有土耳其斯坦东毕吸虫、彭氏东毕吸虫、程氏东毕吸虫和土耳其斯坦结节变种。土耳其斯坦东毕吸虫虫体呈线状。雄虫乳白色，体表平滑无结节；体长

4.2～8mm，宽0.36～0.42mm；口、腹吸盘均不发达；腹吸盘后体壁向腹面卷曲形成抱雌沟（雌雄虫体通常也呈合抱状态）；睾丸70～80个，颗粒状，呈不规则的双行排列于腹吸盘的下方，也有个别虫体以单行排列。雌雄虫的两肠管支也在虫体后部吻合为单盲管，伸达虫体末端。雌虫呈暗褐色，体长3.4～8mm，宽0.07～0.12mm；卵巢呈螺旋形，位于两肠管合并处前方；卵黄腺位于卵巢之后的单肠管两侧，达肠管末端；子宫短，在卵巢前方；子宫内通常只有1个虫卵。虫卵无卵盖，长20～77μm，宽18～26μm。卵的两端各有1个附属物，一端的比较尖，另一端的钝圆。

（二）生活史

日本分体吸虫与东毕吸虫的发育过程大体相似，包括虫卵、毛蚴、母胞蚴、子胞蚴、尾蚴、童虫及成虫等阶段。其不同之处是：日本分体吸虫的中间宿主为钉螺，东毕吸虫为多种椎实螺；此外，它们在宿主范围、各个幼虫阶段的形态及发育所需时间等方面也有所区别。其发育过程如下：雌虫在寄生的静脉末梢产卵，产出的虫卵一部分随血流到达肝脏，一部分沉积在肠黏膜下层的静脉末梢。肠壁上的虫卵在血管内成熟后，虫卵内毛蚴分泌的溶细胞物质使虫卵周围肠组织发炎、坏死、破溃，虫卵进入肠道随粪便排出体外，并在外界水中孵出毛蚴。毛蚴遇中间宿主钉螺或椎实螺即迅速钻入螺体内，经母胞蚴、子胞蚴和尾蚴阶段的发育后，尾蚴离开螺体入水中。羊等终末宿主饮水或放牧时，尾蚴即钻入羊皮肤或通过口腔黏膜进入体内，体内的虫体也可通过胎盘感染胎儿。在终末宿主体内的童虫又侵入小血管或淋巴管，随血流到达其寄生部位发育为成虫。

（三）流行特点

日本分体吸虫分布于中国、日本、菲律宾及印度尼西亚，近年来在马来西亚亦有报道。在我国广泛分布于长江流域及其以南的 13 个省、市、自治区（贵州省除外），计 372 个县市。主要危害人和牛、羊等家畜。

我国现已查明，除人体外，有 40 余种哺乳动物为日本分体吸虫的易感动物，包括啮齿类和各种家畜。耕牛、沟鼠的感染率为最高。黄牛的感染率和感染强度一般均高于水牛。黄牛年龄愈大，阳性率也愈高；水牛的阳性率却随年龄的增长有下降趋势，水牛还有自愈现象。但在长江流域和江南，水牛不仅数量多，而且接触“疫水”频繁，故在本病的传播上可能起主要作用。人和动物的感染与接触含有尾蚴的疫水有关。感染多在夏、秋季节。感染的途径主要为经皮肤钻入感染，也可经吞食含有尾蚴的水、草经口腔和消化道黏膜感染，还可经胎盘由母体感染胎儿。该病的流行必须具备 3 个条件：虫卵能落入水中并孵化出毛蚴；毛蚴感染钉螺；在钉螺体内发育逸出的尾蚴能接触并感染终末宿主。一般钉螺阳性率高的地区，人、畜的感染率也高；凡有病人及钉螺阳性的地区，就一定有病牛。钉螺的分布与当地水系的分布是一致的，病人、病畜的分布与当地钉螺的分布也是一致的，具有地区性特点。

（四）临床症状

日本分体吸虫大量感染时，病羊出现腹泻，粪中带有黏液、血液，体温升高，黏膜苍白，日渐消瘦，生长发育受阻，可导致不孕或流产。通常绵羊和山羊感染日本分体吸虫时症状较轻。感染东毕吸虫的羊多取慢性过程，主要表现为颌下、腹下水肿，贫血，黄疸，消瘦，发育障碍及影响受胎，发生流产等，如饲养管理不善，最终可导致死亡。

（五）病理变化

尸体明显消瘦、贫血和出现大量腹水；肠系膜，大网膜，甚至胃肠壁浆膜层出现显著的胶样浸润；肠黏膜有出血点、坏死灶、溃疡、肥厚或瘢痕组织；肠系膜淋巴结及脾变性、坏死；肠系膜静脉内有成虫寄生；肝脏病初肿大，后则萎缩、硬变；在肝脏和肠道处有数量不等的灰白色虫卵结节；心、肾、胰、脾、胃等器官有时也可发现虫卵结节。

（六）实验室检查

可采用水洗沉淀法，镜检可疑病羊粪便中有无虫卵的存在。也可应用毛蚴孵化法查找毛蚴，其方法是，将水洗沉淀物倒入三角瓶中，加清水至离瓶口约 1cm 处，温度保持在 20～30℃，24 小时内观察 3～4 次，如出现形状大小一致、针尖形、透明发亮、有折光性并在水面下方 4cm 以内的水中做水平或略斜向直线运动的虫体，则为毛蚴。此外，也可刮取直肠黏膜做压片，镜检虫卵。

免疫学诊断包括皮内反应、环卵沉淀反应、补体结合反应、间接血凝试验、对流免疫电泳和酶联免疫吸附试验等方法，对证明是否感染具有一定的参考价值。

（七）防治措施

（1）治疗可选用下列药物。

①硝硫氰胺（7505）剂量按每千克体重 4mg，配成 2%～3% 水悬液，颈静脉注射。

②吡喹酮剂量按每千克体重 20～30mg，一次口服。

③硝硫氰醚（7804）剂量按每千克体重 60～80mg，灌服。

④六氯对二甲苯（血防 846）剂量按每千克体重 700mg，平均分成 7 份，每天 1 次，连用 7 天，灌服。

（2）预防日本分体吸虫病对人的危害很严重。因此，对该病应采取综合性措施，要人、畜同步防治。预防措施除了积极查治病畜、病人，控制感染源外，还应抓好消灭钉螺、加强粪便管理以及防止家畜感染各个环节。

灭螺是切断日本分体吸虫生活史、预防该病流行的重要环节。可以利用食螺鸭子等消灭钉螺；结合农田水利建设，改造低洼地，使钉螺无适宜的生存环境；常用的方法是化学灭螺，如用五氯酚钠、氯硝柳胺、溴乙酰胺、茶子饼、生石灰等在江湖滩地、稻田等处灭螺。加强粪便管理，人、畜粪便应进行堆积发酵等杀灭虫卵后再利用，管好水源，严防人、畜粪便污染水源。防止家畜感染，关键要避免家畜接触尾蚴。饮水要选择无钉螺的水源，用专塘水或用井水。凡疫区的牛、羊均应实行安全放牧，建立安全放牧区，特别注意在流行季节（夏、秋）防止家畜涉水，避免感染尾蚴。

同时，消灭沟鼠等啮齿类动物在预防该病的流行上有重要意义。此外，我国正在加强抗日本分体吸虫病虫苗的研制工作，这将为该病的预防开辟光明的前景。

## 三、羊附红细胞体病

附红细胞体是一种血液寄生体，目前没有明确的分类，该病主要经过体表寄生虫传播，可以引起羊群发生以消瘦、体温升高、贫血、黄疸、死亡为特征的感染性疾病。其最大危害是造成红细胞免疫功能丧失和红细胞溶解。

### （一）发病情况

该病一年四季都有发生，一般在秋冬季发病较多，主要症状为消瘦、贫血、拉稀、体温升高等。用青霉素、链霉素、安痛定、地塞米松和磺胺类药物治疗、病情不能缓解，如果将血液涂片直接镜检，在红细胞可以见到数量不等的虫体寄生在羊红细胞上，可初诊为羊附红细胞体病。采取治疗血吸虫病的药物（血虫净）和其他对症治疗药物进行治疗，绝大多数病羊可以痊愈，同时，对场地进行严格的消毒和加强饲养管理，可以很快得到控制。

笔者在国内最早开展附红细胞体免疫方面的研究，发现动物附红细胞体对猪、牛羊、兔、禽等动物和人都有感染性，但出现临床症状需要红细胞达到一定的感染率和感染强度才能表现。笔者研究的结果是正常情况下红细胞感染率在80%以上，感染强度是6~8个虫体才能自然发病，否则只有在机体抵抗力下降、气候剧烈变化或者环境恶劣才能发病。目前该病的传播途径不十分明了。

(二) 临床症状

病羊体质较差，下颌肿大、消瘦、精神沉郁、食欲减少、反刍次数减少、被毛粗乱、拉稀。有的四肢无力，步态不稳，喜卧。病初体温升高，高达42℃。眼结膜黄染，有时腹泻，并伴有轻微呼吸道症状，流涕；中期贫血、黄疸；后期眼球下陷，结膜苍白，极度消瘦，精神萎靡，个别有神经症状，最后衰竭而死。

(三) 剖检症状

对病死羊只进行解剖，可见羊体明显消瘦，主要为血液稀薄，有的呈酱油色，有的呈淡黄色或淡红色，血液凝固不良；肺的表面有出血点，切开有多量泡沫，心脏质软，心外膜和冠状脂肪出血和黄染；肝脏肿大变性，呈土黄色或黄棕色，并有出血点；肾脏肿大变性，有贫血性梗死区；膀胱黏膜黄染并有深红色出血点；脾脏肿大并有出血点。

(四) 实验室检验

1. 细菌分离

无菌取病死羊的肺、肾、肝，接种普通营养琼脂平板和鲜血平板，培养48小时后，无细菌生长。

2. 血涂片镜检

取发病羊耳静脉血1滴于载玻片上，用等量生理盐水稀释后，轻盖盖玻片，置于高倍显微镜下观察，发现红细胞大部分变形，呈菠萝形、菜花状，被许多球形虫体附着包围。血浆中亦有少量圆形虫体，在红细胞内可见附红细胞体，具有较轻的折光性，中央发亮，形似空泡，在血浆内可以见到有虫体快速游动。

3. 染色镜检

从病羊耳静脉采血制成血涂片，干燥后固定，经瑞氏染色，镜检，可见到红细胞呈淡红色，附红体呈淡蓝色，单个或成串地附着在红细胞表面，呈圆形。根据发病情况、临床症状、剖检变化、实验室检验，可诊断为羊附红细胞体病。

（五）防治措施

（1）加强饲养管理，补充精料以增强羊只的抗病力。同时，保证羊舍通风干燥。

（2）使用有效驱虫药物消灭羊舍、羊体的软蜱等体表寄生虫，另外，还要加强灭蚊、蝇和消毒。

（3）对怀孕母羊可用多西环素等肌注。

（4）使用血虫净（贝尼尔）5～9mg/kg 体重，用生理盐水稀释成 5%～7% 溶液，臀部深层肌内注射，每 2 天用药 1 次，连用 2～3 次。同时注射多西环素注射液每 5kg 体重 1mL，每天 1 次；或者青蒿素注射液按说明量加倍使用；用解热药对症治疗，控制继发感染。在疾病恢复期，结合使用牲血素，有利于病羊康复。

（5）对症状严重的羊采用（3）、（4）两项药物联用。

（六）防治体会

（1）附红细胞体病大多呈隐性经过，但在应激条件下动物抵抗力下降、气候突然变化或者环境卫生条件差、寄生虫感染严重等呈急性经过而出现明显症状。羊附红细胞体病多与饲养管理不善，放牧羊群在冬春，更替季节时饲草品质极差，如不添加精料导致羊体质下降所致。因此，加强饲养管理，添加精料，消除一切应急激因素，严格消毒、灭蚊蝇、驱虫，可有效地控制本病的发生。

（2）由于羊附红细胞体病的传播与体表寄生虫有关。当时发现羊体有很多软蜱，因此，可采取以下措施预防。保证羊舍通风干燥，定期消毒，保持卫生。同时，定期灭虫驱虫，每年春秋两季分别用敌百虫、阿维菌素彻底驱虫两次。药物预防：在每年发病季节前，用贝尼尔、土霉素或者四环素等预防注射，10～15天重复1次，可防治本病发生。

（3）目前，认为具有较好疗效的药物有四环素、土霉素、贝尼尔、环丙沙星、黄色素、多西环素等，而青链霉素、磺胺类药物等无效，但可起对症治疗作用。

## 四、羊弓形虫病

这是由猫、豹和猞猁等一些猫科动物所引起的一种寄生虫病，是一种人畜共患病。羊受感染后的表现特征是流产、死胎和产出弱羔。

弓形虫病流行广泛，无论在山区、平原、湖泊周围、江河两岸以及沿海地区的山羊、绵羊、猪、牛、兔都可感染。其他各地也不同程度地存在。

### （一）病原及其形态特征

病原为龚地弓形虫。弓形虫属于孢子虫纲的原生动物，它是一种细胞内寄生虫，在巨噬细胞、各种内脏细胞和神经系统内繁殖。

根据弓形虫发育的不同阶段，将虫体分为速殖子、包囊、裂殖体、配子体和卵囊5种类型。前两型在中间宿主体内发育，后3型在终末宿主体内发育。

### （二）生活史

弓形虫的终末宿主是猫。猫体内的弓形虫在小肠上皮细胞内进行有性繁殖，最后形成卵囊。

随着猫粪排出的卵囊，在适宜条件下于数日内完成孢子化。人、多种哺乳动物及禽类是中间宿主，当中间宿主吞食孢子化卵囊后，卵囊中的子孢子即在其肠内逸出，侵入血流，分布到全身各处，钻入各种类型的细胞内进行繁殖。中间宿主也可因吃到动物肉或乳中的滋养体速殖子而感染。

当猫吃到卵囊或其他动物肉中的滋养体时，在猫肠内逸出的子孢子或滋养体一部分进入血流，到猫体各处进行无性繁殖。

本病的感染与季节有关，7～9月检出的阳性率较3～6月为高。因为7月、8月、9月3个月的气温较高，适合于弓形虫卵囊的孵化，这就增加了感染的可能性。

（三）症状

急性病的主要症状是发热、呼吸困难和中枢神经障碍。本病可引起患羊早产、流产和死产。当虫体侵入子宫后，新生羔羊在生后头数周内死亡率很高。有些母绵羊和羔羊死于呼吸系统症状（流鼻、呼吸困难等）和神经症状（转圈运动）。妊娠羊常常于分娩前4周出现流产，在某些地区和国家，本病可能是羔羊生前死亡的重要原因之一。

（四）剖检

剖检可见脑脊髓炎和轻微的脑膜炎。颈部和胸部的脊髓呈严重损害。在发炎区有孢囊状结构和典型的弓形虫。

（五）诊断

（1）虫体检查。弓形虫存在于神经细胞、内皮细胞、网状细胞、胎膜、白细胞和肝实质细胞等多种细胞内，检查时最好将新鲜的脊髓液离心沉淀，迅速将沉淀物干燥，然后固定和染色。

（2）补体结合试验。与一般补体结合方法相同。

（3）皮内反应试验。感染后3～4周出现阳性反应。

（4）间接红细胞凝集试验。本法适用于人、畜弓形虫病的生前诊断和流行病学调查，但是否能用于急性感染的诊断，有待研究。

（5）免疫酶标记诊断。检查弓形虫病，有较高的特异性，比一般染色法检出率高，可作为弓形虫病的快速诊断法。

（六）预防

1. 避免羊只吞食猫、狗的粪便。

2. 采用预防传染的一般卫生措施。

3. 英国制出一种控制绵羊弓形虫病的疫苗，也可以用于山羊，每年注射1次。但不能用于怀孕羊。注射疫苗以后3周内的羊奶不能供人饮用。

（七）治疗

应在传染的初期抓紧治疗，对急性病例可应用磺胺类药物，或与抗菌增效剂联合使用，均有良好效果。

（1）磺胺-6-嘧啶。效果良好，可配成10%溶液，按60～100mg/kg体重进行皮下注射。第二天用药量减半，连用3～5天。可有效阻抑滋养体在体内形成包囊。也可配合甲氧苄胺嘧啶（14mg/kg体重）采用口服法，每日1次，连用4次。

（2）磺胺嘧啶加甲氧苄胺嘧啶。用量为前者70mg/kg体重，后者14mg/kg体重，每日口服2次，连用3～4天。

（3）磺胺甲氧吡嗪加甲氧苄胺嘧啶。用量为前者30mg/kg体重，后者10mg/kg体重，每日口服1次，连用3～4天。

## 第六节　羊其他原虫病

### 一、隐孢子虫病

隐孢子虫病是一种人畜共患的寄生虫病，能够危害羔羊、犊牛、猪、雏鸡和人。

（一）病原

病原为隐孢子虫，是一种原生动物寄生虫，形状类似于球虫，但比球虫小得多。山羊羔一旦受到感染，在羔羊群中传染很快。隐孢子虫的卵囊在5%次氯钙溶液、4%碘仿溶液中经18小时不死亡，在粪便中经4～16个月仍保持着生命力。正因为该寄生虫的抵抗力很强，受污染的圈舍很不容易彻底消毒。

（二）病的传播

该病的传染，主要来源于病畜粪便排出的大量卵囊，污染了饲料、饮水和环境，通过消化道感染。免疫功能低下、缺乏或免疫缺陷的羔羊容易发生。饲养管理条件不良，卫生条件差都可成为疫病流行的重要因素。病的发生无明显的季节性，但以温暖多雨季节发病率较高。

（三）症状

因为隐孢子虫侵害羔羊的回肠和盲肠，能引起羔羊肠炎，故病羔表现顽固性腹泻，严重时发生脱水而衰弱死亡。病程常为急性经过。患病较轻者能自愈，但可反复发作。

（四）预防

（1）加强孕羊饲养管理；羔羊出生后，尽早给予足量初乳，以增强羔羊抵抗力。

（2）一旦腹泻，及时输液，防止脱水严重。

（3）尽可能不从曾流行地区购入羔羊。

（五）治疗

目前尚无特效药物疗法。可参照采用球虫病的治疗方法。陕西省研制出一种治疗隐孢子虫病的止泻粉，对犊牛的临床治愈率达90%以上，可以试用于羔羊。笔者临床上用痢特灵、甲硝唑配合青蒿素、鸦胆子配合白头翁、苦参煎水口服有一定的效果。巴龙霉素虽然不能根除体内的小隐孢子虫，但可缓解患者的腹泻症状和减少其包囊排出量。螺旋霉素对症状改善有一定疗效。口服大蒜素（大蒜新素）每次20～40mg，首次加倍，每天4次，粪检时卵囊大多转为阴性。阿奇霉素对慢性隐孢子虫病患羊获得缓解或达到清除病原体。微生态制剂对控制腹泻症状有明显效果。对腹泻严重者可试用前列腺素抑制剂，如吲哚美辛（消炎痛）。

## 二、羊球虫病

球虫是羊消化道疾病的主要病原之一，引起羊只下痢，消瘦，贫血，发育不良，甚至发生死亡，尤其对羔羊、长途运输羊危害较大。羊球虫病呈世界性分布，全世界报道的绵羊球虫有 14 种，山羊球虫有 15 种。各种品种的绵羊、山羊均有易感性；羔羊极易感染，时有死亡，成年羊一般为带虫者。

### （一）病原形态

从动物粪便排出的球虫卵囊呈圆形或椭圆形，外有囊膜，囊内含有一个呈球状结构的原生质小体即合子。孢子化囊含 4 个孢子体。

### （二）发育与传播

当羊吞食了感染性卵囊后在体内肠道上皮细胞繁殖，经无性繁殖和配子生殖后形成卵囊后排出体外。在适宜条件下，经过孢子生殖过程，即发育为感染性的卵囊。临床多见于羔羊、长途运输的羊和抵抗力差的羊发病。

### （三）症状与病变

人工感染的潜伏期为 11 ~ 17 天。因感染种类、感染强度、羊只年龄、机体抵抗力以及饲养管理条件等的不同而取急性或慢性过程，病羊精神不振，消瘦，贫血，下痢，粪便带血或黏液，有恶臭。小肠肠黏膜上有淡白、黄色圆形或卵圆形结节，粟粒至豌豆大，常成簇分布。十二指肠和回肠有卡他性炎症。

### （四）诊断

根据临床表现、病理变化和流行病学可做出初步诊断。最终确诊需要在粪便中检出大量的卵囊。

(五) 治疗与预防

治疗药物可选用磺胺二甲基嘧啶，50mg/kg 体重，混料投服，连用 20 天；氨丙嗪 25mg/kg 体重，连用 14 ~ 19 天；地克珠利、常山酮、磺胺氯吡嗪钠、磺胺喹噁啉（SQ）和磺胺二甲基嘧啶（SM2）也具有良好的防治效果。在流行地区，可用以上药物治疗量的半量做预防用，连续用药 10 天。同时，应加强羊舍清洁卫生，及时清除粪便，保持室内干燥。

笔者临床用复方磺胺对甲氧嘧啶或者复方磺胺对甲氧嘧啶按每千克体重 25mg 口服效果很好。

# 第七节　羊体表寄生虫防治

## 一、疥螨病

疥螨病是由疥螨科、疥螨属的疥螨寄生于马、牛、羊、骆驼、猪、犬等多种家畜以及狐狸、狼、虎、猴等野生动物表皮下的一种皮肤病。

(一) 病原形态

成虫身体呈圆形，微黄白色，大小不超过 0.5mm，体表多皱纹。疥螨的种类很多，差不多每一种家畜和野兽体上都有疥螨寄生。各种疥螨在形态上极为相似，多数学者认为只是一种(疥螨属疥螨)，寄生各种动物体上的都是变种，各变种虽然也可偶然传染给本宿主以外的其他动物，但在异宿主身上存留时间不长。发育与传播疥螨的发育为不完全变态，全部发育过程都在动物体上度过，包括卵、幼虫、若虫、成虫四个阶段，其中雄螨为一个若虫期，雌螨为两个若虫期。疥螨的口器为咀嚼式，在宿主表面挖凿隧道，以胶质层组织和淋巴液为食，在隧道内进行发育和繁殖。雌螨在隧道内产卵，卵孵出幼螨，幼螨由隧道爬到皮肤表面，然后钻入皮内造成小穴，在其中蜕皮变为若螨。若螨有大小两型：小型的是雄螨的若虫，蜕化为雄螨；大型的是雌螨的若虫。雄螨化出后在宿主表皮上与新化出的雌螨进行交配，交配后雄螨不久即死亡，雌螨在宿主表皮找到适当部位以螯肢和前足跗（fu）节末端爪挖掘虫道产卵，产完卵后死亡，寿命约为4～5周，疥螨整个发育过程为8～22天，平均为15天。

（二）症状与病变

（1）山羊疥螨。主要发生于嘴唇四周、眼圈，鼻背和耳根部，可蔓延至腋下、腹下和四肢曲面等无毛及少毛部位。

（2）绵羊疥螨。主要在头部明显，嘴唇周围、口角两侧，鼻子边缘和耳根下面。发病后期病变部位形成坚硬白色胶皮样痂皮，农牧民叫做“石灰头”病。

（三）诊断

对有明显症状的疥螨病，根据发病季节、巨痒、患部皮肤病变等可确诊。但症状不明显时，对犬、猫的疥螨病则需要刮取患部和健康部交界处的皮肤，镜检螨虫，虫体少时，可用10%氢氧化钠消化后再镜检。

（四）治疗与预防

1. 治疗药物

目前，比较常用而疗效较高的治疗药物有以下几种。

（1）局部用药或注射。对已经确诊的螨病病畜，应及时隔离治疗。

①溴氰菊酯：0.05%浓度的药液喷洒；

② 2%碘硝酚注射液：以10mg/kg体重的剂量一次皮下注射；

③1%的伊维菌素注射液：以0.02mg/kg体重的剂量一次皮下注射。

（2）药浴疗法。其方法最适用于羊。此法既可以治疗又可以预防疥螨病。药浴可用木桶、旧铁桶、大铁锅或水泥浴池进行，亦可用新疆旋-8型家畜淋浴装置或呼蒙-10型家畜机械化药浴池，应根据具体条件选用。

山羊在抓绒后，绵羊在剪毛后5~7天进行。

药浴应选在无风晴朗的天气进行。

老弱幼畜和有病羊应分群分批进行。药浴前让羊子饮足水，以免误饮中毒。药浴时间为1分钟左右，注意浸泡羊头。

药浴后应注意观察，发现羊只精神不振、口吐白沫，应及时治疗，同时也要注意工作人员的安全。如一次药浴不彻底，可过7~8天后进行第二次。

药浴可用双甲脒0.05%浓度的药液；贝特0.05%浓度的药液；蝇毒磷0.05%浓度的水乳液；螨净0.025%浓度的药液等。药物温度应保持在26~38℃，药液温度过高对羊体健康有害，过低影响药效，最低不能低于30℃，大批羊只药浴时，应随时增加药液，以免影响疗效。药液的浓度要准确，大群药浴前应先做小群安全试验。

2. 防治措施

根据疥螨的生活史和本病的流行病学特点，采取综合性的防治措施。

（1）畜舍要宽敞，干燥，透光，通风良好，不要使畜群过于密集。畜舍应经常清扫，杀虫，特别是在药浴或者注射，体表杀虫同时要对圈舍、羊床、运动场的杀虫，定期消毒（至少每两周一次），饲养管理用具应定期消毒。

（2）经常注意畜群中有无发痒、掉毛现象，及时挑出可疑患畜，隔离饲养，迅速查明原因。发现患畜及时隔离治疗。中小家畜无种用或经济价值者应予以淘汰。隔离治疗过程中，饲养管理人员应注意经常消毒，以免通过手、衣服、和用品散布病原。治愈病畜应先隔离观察20天，如未再发，在用一次杀虫药处理，方可入群。

（3）引入家畜时，应事先了解有无螨病存在。引入后应详细作螨病检查，最好先隔离观察一段时间（15~20天），确无螨病症状后，经杀螨药喷洒再并入畜群中去。

（4）每年夏季剪毛后对羊只应进行药浴，是预防羊螨病的主要措施。对曾经发生过螨病的羊群尤为重要。

## 二、痒螨病

各种动物都有痒螨寄生，形态上都很相似，但彼此不传染，即使即使传染上也不能孳生，各种都被称为马痒螨的亚种。

### （一）病原形态

呈长圆形，体长0.5~0.9mm，肉眼可见。体表有细皱纹。雄虫体末端有尾突，腹面后端体两侧有2个吸盘。雄性生殖器居第4足之间。雌虫腹面前部正中有产卵孔，后端有纵裂的阴道，阴道背侧有肛孔。雌性第二若虫的末端有2个突起供接合用，在成虫无此构造。

### （二）发育与传播

痒螨的口器为刺吸式，寄生于皮肤表面，吸取渗出液为食。雌螨多在皮肤上产卵，约经3天孵化为幼螨，采食后进入静止期，蜕皮成为第一若螨，采食24小时，经过静止期蜕皮成为雄螨或第二若螨（“青春雌”）。第二若螨蜕皮变为雌螨雌螨采食1~2天后开始产卵，一生可以产卵约40个，寿命约为42天。痒螨整个发育过程10~12天。

### （三）症状与病变

（1）绵羊痒螨病。该病对绵羊的危害特别严重，多发生于密毛的部位，如背部、臀部，然后波及全身。病羊的表现首先是羊毛结成束和体躯下泥泞不洁，然后看到零散的毛丛悬垂于羊体，好像披着棉絮，继而全身被毛脱光。患部皮肤湿润，形成黄色痂皮。

（2）山羊痒螨病。主要发生在耳壳内面，在耳内生成黄色结痂，将耳道堵塞，使羊变聋，食欲缺乏甚至死亡。

（四）诊断

对有明显症状的痒螨病，根据发病季节、剧痒、患部皮肤的变化等，确诊并不困难。但症状不够明显时，则需采取患部皮肤上的痂皮，检查有无虫体，才能确诊。

（五）治疗与预防

发现患畜时，首先进行隔离，并消毒一切被污染的场所和用具，同时，加强对患畜的护理。治疗可采用下述药物：

①伊维菌素：按 0.2mg/kg 体重，一次肌内注射。

②10% 除虫精乳机：用 2.5～5kg 温水稀释后涂擦患部，重症者 7 天后再用 1 次。

③20% 戊酸氰醚脂酸油（杀灭菊酯、速灭虫净、S－5602）：用 5～10kg 水稀释后涂檫患部，重症 7 天后再用 1 次。

## 三、蠕形螨病

蠕形螨病是由蠕形螨科中各种蠕形螨寄生于家畜及人的毛囊或皮脂腺而引起的皮肤病，该病又称为毛囊虫病或脂螨病。各种家畜均有其专一的蠕形螨寄生，有犬蠕形螨、牛蠕形螨、猪蠕形螨。绵羊蠕形螨、马蠕形螨等。犬和猪蠕形螨较多见，牛、羊也常有此病。寄生于人体的有毛囊蠕形螨和皮脂蠕形螨两种。

（一）病原形态

虫体细长呈蠕虫样，半透明乳白色，一般体长 0.14～0.44mm，宽 0.045～0.065mm。全体分为颚体、足体和末体 3 个部分。颚体（假头）呈不规则四边形，由一对细针状的螯肢、一对分三节的须肢及一个延伸为膜状构造的口下板组成，为短喙状的刺吸式口器。足体（胸）有 4 对短粗的足，各足基节与躯体腹壁愈合成扁平的基节片，不能活动。末体（腹）长，表面具有明显的环形皮纹。雄虫的雄茎自足体的背面突出。雌虫的阴门为一狭长的纵裂，位于腹面第4对足的后方。

（二）发育与传播

蠕形螨寄生在家畜的毛囊和皮脂腺内，全部发育过程都在的宿主体上进行。雌虫产卵与毛囊内，卵孵化为3对足的幼虫，幼虫蜕化变为4对足的若虫，若虫蜕化变为成虫。研究证明犬蠕形螨尚能生活在宿主的组织和淋巴结内，并有部分在此繁殖。本病的发生主要是患畜与健康家畜相互接触，或者健康家畜与被患畜污染的物体接触，通过皮肤感染。虫体离开宿主后在阴暗潮湿的环境中可生存21天左右。

（三）症状与病变

蠕形螨钻入毛囊皮脂腺内，以针状的口器吸取宿主细胞内含物，由于虫体的机械性刺激和排泄物的化学刺激使组织出现炎性反应，虫体在毛囊中不断繁殖，逐渐引起毛囊和皮脂腺的袋装扩大和延伸，甚至增生肥大，引起毛干脱落。此外由于腺口扩大，虫体进出活动，易使化脓性细菌侵入而继发毛脂腺炎、脓疱。有的学者根据虫体侵袭的组织中淋巴细胞和单核细胞的显著增加认为引起毛囊破坏和化脓是一种迟发型变态反应。

（1）羊蠕形螨病。产寄生于羊的眼部、耳部及其他部位，除对皮肤引起一定损害外，也在皮下生成脓性囊肿。

（2）牛蠕形螨病。一般初发于头部、颈部、肩部、背部或臀部，形成小如针尖至大如核桃的白色小囊瘤，常见的为黄豆大，内含粉状物或脓状稠液，并有各期的蠕形螨，也有只出现鳞屑而无疮疖的。

（3）蠕形螨的病理变化主要是皮炎、皮脂腺－毛囊炎或化脓性急性皮脂炎－毛囊炎。

（四）诊断

本病的早期诊断较困难，可疑的情况下，可切开皮肤上的结节或脓疱，取其内容物作涂片镜检，以发现病原体。

（五）治疗与预防

发现患畜时，首先进行隔离，并消毒一切被污染的场所和用具，同时加强对患畜的护理。治疗可用以下药物。

①14%碘酊：涂擦患处6～8次；

②5%福尔马林：浸润5分钟，隔3天1次，一共5～6次；

③甲酸苄酯乳剂：25%或50%苯涂擦患部。

④伊维菌素：0.2～0.3mg/kg体重，皮下注射，间隔7～10天重复用药。对脓疱型重症病例还应同时选用高效抗菌药物，对体质虚弱的患畜应补充营养，以增强体质和抵抗力。

## 四、羊蜱虫病

羊蜱虫病是指寄生在羊体表的一类吸血节肢动物蜱所引起的疾病。目前，我国已知蜱类117种，分属硬蜱科和软蜱科，临床上报道人兽感染的蜱虫疾病多为硬蜱感染。

羊被蜱侵袭，多发生于放牧采食过程中，寄生部位主要在被毛短少部位，发病率很高，尤以羔羊和青年羊易患，一般在70%以上，个别地方达100%。

（一）症状

山羊蜱虫病是由蜱虫引起的，蜱虫是常见的吸血外寄生虫，可引起宿主贫血、消瘦、体温升高，影响羊的生长发育，对养殖业造成较大的经济损失。放牧的养殖模式使羊极易感染蜱虫病，轻者生长缓慢、消瘦、不安、厌食，严重者出现瘫痪、神经症状，甚至导致死亡。

（二）蜱虫的危害

蜱虫主要的危害不仅仅是造成羊发生贫血症状，主要是蜱是很多疾病的传播媒介，羊的无浆体病、血液寄生虫病、心水病，立克次氏体病等，对人也可以造成发病死亡，武汉专家从蜱体发现一种造成人发病死亡的病毒叫“淮阳山病毒”。所以对蜱虫的防治显得非常重要。

（三）防治

常用于羊体药浴的药物可选0.05%双甲脒、0.1%马拉硫磷、0.1%辛硫磷、0.05%地亚农、1%西维因、0.0025%溴氰酯、0.05%毒死蜱、0.003%氟苯醚菊酯、0.006%氯氰菊酯等。药浴要选择在晴朗天气进行，浴前要饮足水，免得药浴时因口渴误饮药液。药浴时间一般在80~100秒，药液的深度以淹没羊体全身为原则，头部要在水中浸至少2次，要使羊只全身都受到药液浸泡。浴后不能马上放牧，有外伤的羊禁止药浴。

（四）羊舍灭蜱

羊舍是蜱虫生活繁殖的适宜场所，雌虫在地下或石缝中产卵孵化成幼虫。有发病羊的羊舍，为改变原有适宜蜱虫生活和繁殖的环境，应用灭蜱虫药物喷洒墙壁、地面、饲槽等处的缝隙及小洞，用新鲜石灰乳粉刷并堵塞缝隙。每月在栏舍内及周围喷洒1次1%敌百虫液。

（五）放牧员防护

放牧员尽量穿浅色衣服，以便容易看清楚趴衣服上的蜱虫。穿长袖衣衫，裤脚塞到袜子内，防治蜱虫爬进裤脚内。有条件者，进入有蜱虫地区要穿防护服，扎紧裤脚、袖口和领口。离开林地或者草木地时，应相互检查，勿将蜱虫带回羊场内。

## 五、羊狂蝇蛆

羊狂蝇蛆病是由羊狂蝇的幼虫寄生于羊的鼻腔及其附近的腔窦中引起的疾病。有的地方也称为“脑蛆”。

（一）病原形态

成虫比家蝇大，长10~12mm。头大呈半圆形，黄棕色，基部膨大、光滑。胸部黄棕色并有黑色纵纹。腹部有褐色及银白色的斑点，翅透明。有蝇体产出的第一期幼虫长 1mm，呈淡黄白色，前后呈梭形。第二期幼虫体上的刺不显著。第三期幼虫体长可达 30mm，无刺，各节上有深棕色的横带。腹面扁平，后端如刀切状，有 2 个明显的黑色气孔。

（二）发育与传播

成蝇既不采食也不寄生生活。出现于每年的 5 ~ 9 月，雌雄交配后，雄蝇即死亡。雌蝇生活至体内幼虫形成后，在炎热晴朗无风的白天活动。遇羊时即突然冲向羊鼻，将幼虫产于羊的鼻孔内鼻孔周围。雌蝇产完幼虫后死亡，刚产下的幼虫经 2 次蜕化变为三期幼虫。当患羊打喷嚏时，幼虫被喷落地面，钻入土内化蛹。蛹期 1 ~ 2 个月，其后羽化为成蝇，成蝇寿命为 2 ~ 3 周。

本虫在北方较冷地区每年仅繁殖一代，而在温暖地区，每年可繁殖两代。此外，绵羊的感染率比山羊高。

（三）症状与病变

成虫在侵袭羊群产幼虫时，羊只不安，互相拥挤，频频摇头、喷鼻，或以鼻孔抵于地，或以头部埋于另一只羊的腹下或腿间，严重扰乱羊的正常生活和采食，使羊生长发育不良且消瘦。当幼虫在羊鼻腔内固着或移动时，机械地刺激和损伤鼻黏膜，引起发炎和肿胀，鼻腔流出浆液性或脓性鼻液，鼻液在鼻孔周围干涸，形成鼻痂，致鼻孔堵塞、呼吸困难。患羊表现为打喷嚏、摇头，甩鼻子，磨牙，磨鼻，眼睑水肿，流泪，食欲减退，日益消瘦；数月后症状逐步减轻。但到发育为第三期幼虫时，虫体变硬、增大，并逐步向鼻孔移行，症状又有所加剧。

在寄生过程中，少数第一期幼虫可能进入鼻窦，虫体在鼻窦中长大后，不能返回鼻腔，而致鼻窦发炎，甚或病害累及脑膜，此时可出现神经症状，最终可导致死亡。

（四）诊断

根据症状、流行病学和尸体剖检，可作出诊断。为了早期诊断，可用药液喷入鼻腔，收集用药后的鼻腔喷出物，发现幼虫后，可以确诊。出现神经症状时，应与羊多头蚴病和莫尼茨绦虫病相区别。

（五）治疗与预防

治疗可用以下药物：

伊维菌素：0.2mg/kg 体重，1%溶液皮下注射。

氯氰柳胺：5mg/kg 体重，口服，或用 2.5mg/kg 体重皮下注射，可杀死各期幼虫。

用敌敌畏按 0.5$m^2$/mL，放在烧热的铁皮上，熏蒸。

## 六、虱

虱属于昆虫纲、虱目，为哺乳类和禽类体表的永久性寄生虫，具有严格的宿主特异性。体扁平，灰白或灰黑色，眼退化或无，触角 3～5 节，足粗短。发育属不完全变态。

（一）病原形态

虱分两大类，一类是吸血的，叫兽虱或吸血虱；另一类是不吸血的，叫做毛虱或羽虱。

兽虱　长 1～5mm，背腹扁平，头狭长，头部宽度小于胸部，触角短。口器刺吸式。胸部 3 节融合为一。卵为黄白色，（0.8～1）mm×0.3mm，长椭圆形，粘附于家畜被毛上。

毛虱或羽虱前者寄生于兽类，后者寄生于禽鸟类。羽虱体长 0.5～10mm，背腹扁平，有的体宽而短，有的细长。头端钝圆，头部的宽度大于胸部。

（二）发育与传播

虱为不完全变态，其发育过程包括卵、若虫和成虫 3 个阶段。自卵发育到成虫需 30～40 天。每年能繁殖 6～15 代。雌虱产完卵死亡，雄虱交配后死亡。

兽虱以吸食动物的血液为生，羽虱和毛虱以宿主的羽毛、被毛及皮屑为食物。秋冬季节，家畜的被毛增长、绒毛厚密、皮肤表面的湿度增加，有利于虱的生存繁殖，故虱数量增多。在夏季，虱数量显著减少。

虱主要通过直接接触传播，此外还可通过各种用具、褥草、饲养人员等间接接触。饲养管理与卫生不良地畜群，虱较多。

（三）症状与病变

兽虱吸血时，分泌毒素，引起痒觉，致家畜不安以及采食和休息受影响。若皮肤被咬伤或擦破，可能继发细菌感染或伤口蝇蛆症。严重感染可能引起化脓性皮炎，有脱皮和脱毛现象。患畜如经常舔吮患部，可造成食毛癖，在胃内形成毛球，产生严重后果。

毛虱虽不吸血，但其在体表爬动并啮食毛屑时可引起痒感，使羊只不安，擦破或咬伤皮肤，有些毛虱尚可在被毛基部咬破皮肤啮食渗出物。严重时也和兽虱一样可引起患畜消瘦，幼畜发育不良，毛、肉、乳的产量或质量下降。

（四）诊断

在寄生部位很容易发现成虫和虱卵，即可作出诊断。

（五）治疗与预防

1. 治疗药物

（1）双甲脒、溴氰菊酯等杀虫剂体表喷雾。

（2）伊维菌素或阿维菌素：0.3mg/kg 体重，一次皮下或肌内注射；每天 0.1mg/kg 体重，混如入饲料饲喂，连用 7 天。间隔两周用一次。

2. 防治措施

加强饲养管理，要经常梳刷畜体，勤换垫草，保持畜舍清洁卫生和通风、干燥。对畜群要定期检查，及时治疗。

## 七、蚤

蚤病一般是由蠕形蚤引起的。蠕形蚤属于蠕形蚤科蠕形蚤属和羚蚤属的蚤类。我国甘肃、青海、宁夏、新疆、西藏等高寒地区普遍存在，主要寄生于马、牛、羊、犬、猫及某些野生动物的体表。

（一）病原形态

蠕形蚤的体型较大，分头、胸、腹三部分。雄虫体小，左右扁平，深棕色，有一般跳蚤的外观；雌虫当体内虫卵成熟是腹部迅速增大，有时可达黄豆大小，呈卵圆形，色深灰，此时，由于其体型很像有条纹的蠕虫，所以叫“蠕形蚤”。

（二）发育与传播

蠕形蚤的发育为完全变态，分为卵、幼虫、蛹和成虫 4 个阶段。成虫于晚秋开始侵袭动物，冬季产卵，初春死亡。据观察，成虫从 10 月起，先后发现于灌木林、石头窝、石头缝及牛粪堆中，在干燥滩上则少见。以后即寄生于家畜与野兽（黄羊、野牛、野驴和野鹿等）体上，以 12 月寄生最多，至次年青草长出后消失。

（三）症状与病变

蠕形蚤寄生在家畜的体表，吸食大量血液，引起家畜皮肤发炎和奇痒，并在寄生部位排出带血色的粪便和灰色虫卵，使被毛染成污红色或形成血痂，尤其白色被毛的家畜更为明显。严重侵袭可以起家畜迅速贫血、消瘦、虚弱。在马有时因为局部发痒而与其他物体摩擦或自行啃咬造成外伤，在羊可引起被毛损坏，易于脱落，在气候骤变的情况下能造成死亡。

（四）治疗与预防

消灭畜体的蠕形蚤可用拟除虫菊酯类或敌百虫等杀虫药喷洒畜体或局部涂擦，效果良好。细毛绵羊对敌百虫敏感，须慎用。

夏初撤离冬圈以后，秋末冬初进入冬圈以前，都应对冬圈及其周围环境进行一次彻底清理，并喷洒杀虫药液。

# 第四章　羊普通疾病防治

## 第一节　羊呼吸系统疾病防治

### 一、羊感冒

（一）感冒的类型

羊感冒是四季常见的外感病，尤以冬春两季气候多变时候多见。是羊的多发病和常见病，临床上将感冒分为风寒感冒、风热感冒、病毒性感冒、（暑湿性感冒、时行感冒）。临床常见的是风寒感冒、风热感冒，感冒本身是个普通的小病，应该很容易控制，但往往在治疗的时候不是那么容易，原因就是没有区分感冒的性质（风寒或者风热），况且羊发生以后危害最大的是其继发病，如肺炎、肠道疾病等是造成羊死亡的主要原因。

（二）感冒发生的原因

（1）风寒感冒是因风吹受凉而引起的感冒，秋冬发生较多，早春也有发生。

（2）风热感冒是感受风热之邪所致的表证。《诸病源候论·风热候》：“风热病者，风热之气，先从皮毛入于肺也。肺为五脏上盖，候身之皮毛，若肤腠虚，则风热之气，先伤皮毛，乃入肺也。其状使人恶风寒战，目欲脱，涕唾出。

（三）感冒的临床症状

（1）风寒型感冒。鼻塞、喷嚏、咳嗽、颈部不愿意活动、遇到寒冷被毛异立，全身震颤等，苔薄白，畏寒、低热，吐稀薄白色痰，肌肉疼痛，咽喉红肿疼痛，流清涕，口不渴或渴喜热水，脉象是浮紧，浮脉的意思是阳气在表，轻取即得。

（2）风热型感冒。鼻塞、流涕、咳嗽、头痛，舌苔带点黄色，也可能白色，舌体通常比较红。发热重，痰液黏稠呈黄色或带黑色，喉咙痛，通常在感冒症状之前就痛，便秘，浓涕，通常黄色，口渴多喜欢饮冷水。脉象通常为数脉或洪脉，就是脉搏比正常的为快，为大。

（3）病毒性感冒。

①暑湿性感冒：鼻塞、流涕、咳嗽，采食量减少，畏寒、发热。腹痛、腹泻等症状。

②时疫感冒：鼻塞、流涕、咳嗽、食欲缺乏，高热，头痛或剧烈，全身酸痛、疲乏无力、羊不愿意活动，放牧掉队，羔羊或老龄羊可能并发肺炎或心力衰竭等症状。

### （四）治疗原则区分

风寒型感冒：以辛温解表，宣肺散寒为原则。风寒感冒主治方是桂枝汤，伤寒论首方，也称和剂之王（麻黄汤也主治风寒感冒，但在南方慎用）。

风热型感冒：以辛凉解表为原则。

暑湿性感冒：治疗应以清暑、祛湿、解表为主。此类型感冒多发生在夏季。

时疫感冒：治疗应以清热解毒、疏风透表为主。病人的症状与风热感冒的症状相似。

### （五）感冒的治疗

#### 1. 风寒感冒的治疗

治疗风寒感冒的关键就是需要辛温解表，宣肺散寒，有很多方法的，喂姜糖水、喂姜粥等等。风寒感冒主治方是桂枝汤，伤寒论首方，也称和剂之王麻黄汤也主治风寒感冒，但在南方慎用。配合抗生素预防肺炎的发生。

2. 风热感冒

应选用桑菊感冒片、银翘解毒片、羚翘解毒片、Vc银翘片、复方感冒灵片等。按照说明服用，病情重时可以加倍用量，羔羊酌减。同时配合通便和防治肺炎及通便药物。忌用羌活丸、理肺（参苏、通宣）丸等。

3. 表里两感（风寒和风热混合型感冒）

症状为高热、恶寒、四肢酸痛、不愿意活动、大便干燥、小便发黄、舌苔薄黄、舌头红赤。应选用表里双解、解表治理的药物，如：防风通圣丸（散）、重感灵片、重感片等。同时配合抗生素预防肺炎发生，注意不宜单用银翘解毒片、强力银翘片、桑菊感冒片或牛黄解毒片等，因疗效欠佳。

若属流行性感冒可服用复方大青叶冲剂、感冒冲剂等。

胃肠型感冒与暑热感冒：症状为恶寒发烧、热度不高、反胃吐草、腹痛泻下，或四肢倦怠、苔白、脉浮等。应选用藿香正气水、香霍散等。同时配合防治酸中毒的药物，胃肠型感冒者不能选用保和丸、山楂丸、香砂养胃丸等。

4. 西医治疗以解热镇痛、抗菌消炎为主

肌内注射复方氨基比林5～10mL，或用30%安乃近5～10mL，或用复方奎宁、百尔定、穿心莲、柴胡、鱼腥草等注射液。为防止继发感染，可与抗生素药物同时应用。青霉素160万单位、硫酸链霉素50万～100万单位，加蒸馏水10mL，头孢菌素类、氨苄西林钠、林可霉素、分别肌注，日注2次。当病情严重时，也可静脉注射头孢菌素类或者氨苄西林钠，同时，配以皮质激素类药物，如地塞米松等治疗。

感冒通2片，1日3次内服。

（六）感冒药的方剂与功能主治

1. 风寒感冒药物

（1）桂枝汤。

主治方是桂枝汤组方，桂枝10g、白芍10g、炙甘草6g、生姜3片、红枣6枚，恶风寒较甚者，宜加防风、荆芥、淡豆豉疏散风寒；体质素虚者，可加黄芪益气，以扶正祛邪；兼见咳喘者，宜加杏仁、苏子、桔梗宣肺止咳平喘。

功能主治：解肌发表，调和营卫，主治：外感风寒表虚证。发热，恶风寒，鼻鸣、干呕，苔白不渴，脉浮缓或浮弱者。

（2）麻黄汤。

组方：麻黄（9g）、桂枝（6g）、杏仁（12g）、炙甘草（3g）。

功能主治：恶寒发热，咳喘，脉浮紧。

①用于外感风寒，恶寒发热，四肢疼痛，羊不愿活动，鼻塞，脉浮紧等表实证。本品能宣肺气，开腠理，散风寒，以发汗解表。常与桂枝相须同用，增强发汗解表力量，如麻黄汤。

②用于风寒外束，肺气壅遏所致的喘咳证。能开宣肺气，散风寒而平喘。与杏仁、甘草配伍，即三拗汤，可增强平喘功效；若兼内有寒饮，可配伍细辛、干姜、半夏等，以温化寒饮而平喘止咳，如小青龙汤；若属热邪壅肺而致喘咳者，可与石膏、杏仁、甘草等配伍以清肺平喘，即麻杏石甘汤。

③用于水肿而兼表证，为宣肺利尿之要药，本品发汗利水，有助于消散水肿，常与生姜、白术等同用，如越婢加术汤。

④取麻黄温散寒邪的作用，配合其他相应药物可以治风湿痹痛及阴疽、痰核等证。

2. 风热感冒中成药制剂

（1）抗病毒口服液。

组方：板蓝根、石膏、芦根、生地黄、郁金、知母、石菖蒲、广藿香、连翘。

功能主治：清热祛湿，凉血解毒。用于风热感冒，温病发热及上呼吸道感染，流感、腮腺炎等病毒感染疾患。

（2）板蓝根颗粒。

成分：板蓝根。辅料为蔗糖、糊精。

功能主治：清热解毒，凉血利咽。用于肺胃热盛所致的咽喉肿痛、口咽干燥；急性扁桃体炎、腮腺炎见上述证候者。

（3）银翘解毒片。

成分：金银花、连翘、薄荷、荆芥、淡豆豉、牛蒡厂（炒）、桔梗、淡竹叶、甘草。辅料为淀粉、羧甲基淀粉钠、硬脂酸镁、滑厂粉、薄膜包衣预混剂。

功能主治：辛凉解表，清热解毒。用于风热感冒，发热头痛，咳嗽，口干，咽喉疼痛。

（4）牛黄解毒片。

成分：牛黄、雄黄、石膏、大黄、黄芩、桔梗、冰片、甘草。

功能主治：清热解毒。用于火热内盛，咽喉肿痛，牙龈肿痛，口舌生疮，目赤肿痛。

（5）防感宝贝。

成分：乳清蛋白、乳铁蛋白。

功能主治：清热祛湿，凉血解毒。用于风热感冒，发热头痛，咳嗽，口干，咽喉疼痛，支气管炎等细菌病毒感染疾病。

## 二、羊支气管炎

支气管炎是支气管黏膜表层或深层的炎症，常以重剧咳嗽及呼吸困难为特征，多发生于冬春两季。根据病程可分为急性和慢性两种。

### （一）病因

急性支气管炎主要是受寒感冒，支气管黏膜下的血管收缩，黏膜缺血而防御机能降低，为感染创造了适合的条件；吸入含有刺激性的物质，如氨、二氧化硫、真菌孢子、尘埃、烟及有毒的气体；液体或饲料的误咽，都是原发性支气管炎的原因。本病也可继发于喉、气管、肺的疾病或某些传染病（口蹄疫、羊痘等）与寄生虫病（肺丝虫）。

慢性支气管炎常由急性支气管炎的病因未能及时除去延续而来，或继发于全身及其他器官疾病。

（二）临床症状

急性大支气管炎症的主要症状是咳嗽。病初呈干、短并带疼痛的咳嗽。以后变为湿性长咳，痛感减轻，有时咳出痰液，同时鼻腔或口腔排出黏性或脓性分泌物。胸部听诊可听到啰音。体温一般正常，有时升高 0.5～1℃，全身症状较轻。若炎症侵害范围扩大到细支气管，则呈现弥漫性支气管炎的特征。全身症状重剧，体温升高 1～2℃，呼吸疾速，呈呼气性呼吸困难，可视黏膜呈蓝紫色，有弱痛咳。

慢性气管炎也是以咳嗽、流鼻、气管敏感和肺部啰音为特征。体温正常，无全身变化。由于病期拖长和反复发作，病羊日渐消瘦和贫血，直至极度衰竭而死亡。

（三）防治

（1）首先要加强饲养管理，排除致病因素。给病羊以多汁和营养丰富的饲料和清洁的饮水。圈舍要宽敞、清洁、通风透光、无贼风侵袭，防止受寒感冒。

（2）在治疗上，祛痰可口服氯化铵 1～2g，吐酒石 0.2～0.5g，碳酸铵 2～3g。其他如吐根酊、远志酊、复方甘草合剂、杏仁水等均可应用。止喘可肌内注射 3% 盐酸麻黄碱 1～2mL。慢性气管炎常用下列处方：

盐酸氯丙嗪 0.1g，盐酸异丙嗪 0.1g，人工盐 20g，复方甘草合剂 10mL，一次灌服，1 日 1 次，连用 1～2 次。

（3）控制感染，以抗生素及磺胺类药物为主。可用 10% 磺胺嘧啶钠 10～20mL 肌内注射，也可内服磺胺嘧啶 0.1g/kg 体重（首次加倍），每天 2～3 次。肌内注射青霉素 80 万～160 万单位或链霉素 0.5g，每日 2～3 次。直至体温下降为止。

（4）中药治疗，可根据病情，选用下列处方：

杷叶散，主用于镇咳。

杷叶 6g、知母 6g、贝母 6g、冬花 8g、桑皮 8g、阿胶 6g、杏仁 7g、桔梗 10g、葶苈子 5g、百合 8g、百部 6g、生草 4g 煎汤，候温灌服。

紫苏散：止咳祛痰。

紫苏、荆芥、前胡、防风、茯苓、桔梗、生姜各 10～20g、麻黄 5～7g、甘草 6g 煎汤，候温灌服。

## 三、羊肺炎

### （一）发病原因

（1）因感冒而引起。如圈舍湿潮，空气污浊，而兼有贼风，即容易引起鼻卡他及支气管卡他，如果护理不周，即可发展成为肺炎。

（2）气候剧烈变化。如放牧时忽遇风雨，或剪毛后遇到冷湿天气。严寒季节和多雨天气更易发生。

（3）羊抵抗力下降。在绵羊并未见到病原菌存在，人类肺炎球菌在家畜没有发现，但当抵抗力减弱时，许多细菌即可乘机而起，发生病原菌的作用。

（4）异物入肺。吸入异物或灌药入肺，都可引起异物性肺炎（机械性肺炎）。灌药入肺的现象多由于灌药过快，或者由于羊头抬得过高，同时，羊只挣扎反抗。例如，对臌胀病灌服药物时，由于羊呼吸困难，最容易挣扎而发生问题。

（5）肺寄生虫引起。如肺丝虫的机械作用或造成营养不良而发生肺炎。

可为其他疾病（如出血性败血病，伪结核等）的继发病。往往因病中长期偏卧一侧，引起一侧肺的充血，而发生肺炎。一旦继发肺炎，致死率常比原发疾病为高。

（二）症状

症状因病因的性质而异。其发展速度大多很慢，但在小羊偶尔也有急性的。初发病时，精神迟钝，食欲减退，体温上升达40～42℃，寒战，呼吸加快。心悸亢进，脉搏细弱而快，眼、鼻黏膜变红，鼻无分泌物，常发干而痛苦的咳嗽音。以后呼吸愈见困难，表现喘息，终至死亡。死亡常在1周左右，死亡率的高低不定。

（三）预防

加强调养管理，这是最根本的预防措施。为此应供给富含蛋白质、矿物质、维生素的饲料；注意圈舍卫生，不要过热、过冷、过于潮湿，通气要好。在下午较晚时不要药浴，因没有晒干机会。剪毛后若遇天气变冷，应迅速把羊赶到室内，必要时还应给室内生火。远道运回的羊只，不要急于喂给精料，应多喂青饲料或青贮料。

（四）治疗

对呼吸系统的其他疾病要及时发现，抓紧治疗。

为了预防异物性肺炎，灌药时务必小心，不可使羊嘴的高度超过额部，同时灌入要缓慢。一遇到咳嗽，应立刻停止。最好是使用胃管灌药，但要注意不可将胃管插入气管内。

由传染病或寄生虫病引起的肺炎，应集中力量治疗原发病。

首先要加强护理，发现之后，及早把羊放在清洁、温暖、通风良好但无贼风的羊舍内，保持安静，喂给容易消化的饲料，经常供应清水。

采用抗生素或磺胺类药物治疗，病情严重时可以两种同时应用。即在肌内注射青霉素或链霉素的同时，内服或静脉注射磺胺类药物。采用四环素或卡那霉素，则疗效更为满意。四环素50万单位糖盐水100.0mL溶解均匀，一次静脉注射，每日2次，连用3~4天。卡那霉素100万单位一次肌内注射，每日2次，连用3~4天。

对症治疗：根据羊只的不同表现，采用相应的对症疗法。例如当体温升高时，可肌注安乃近或内服阿司匹林1g，每日2~3次。当发现干咳、有稠鼻时，可给予氯化铵2g，分2~3次，1日服完。

还可以按下列处方给药：磺胺嘧啶6g、小苏打6g、氯化铵3g、远志末6g、甘草末6g混合均匀，分为3次灌服，1日用完。

当呼吸十分困难时，可用氧气腹腔注射。此法简便而安全，能够提高治愈率。剂量按100mL/kg体重计算。注射以后，可使病羊体温下降，食欲及一般情况有所改善。虽然在注射后第一昼夜呼吸频率加快（41~47次），呼吸深度有所增加，但经过2~3天后可以恢复正常。

为了强心和增强小循环，可反复注射樟脑油或樟脑水。如有便秘，可灌服油类或盐类泻剂。

## 第二节 羊消化系统疾病防治

### 一、羊木舌病

养羊注意秋季木舌病，木舌病主要原因有天气潮湿，草上有毒素（一般认为是放线菌或者真菌毒素），羊吃了草后毒气从粪便中排不出来，引起内火，羊的身体承受不了，有的毒火跑到嘴上，舌头上。要想不会出现这个情况，喂羊的草要用清水过滤一下，喂点清火的板蓝根之类的药粉就行。

中医认为，羊木舌病是心经积热、舌体肿硬的一种实热症。

西医认为，是放线菌感染或者炎症但无论怎么解释此病的症状特点是：舌体肿大发硬，形似木棍，不能自由活动。此病常发生在秋季，多因秋季气候干燥加之运动过重、奔走过急或久渴失饮、乘热过量喂食谷料等，致使热邪积于心胸，上攻于舌所致。

治疗：首先用捣碎的大葱叶在羊的舌面上揉擦，直至舌软为止。然后再选用下列方法进行治疗：

（1）黄连5g、郁金10g、连翘9g、玄参9g、大黄10g、黄芩9g、牛蒡子9g、桔梗9g、赤芍9g、金银花5g、薄荷5g、甘草5g，一起研成末，开水冲候温后，加入蜂蜜30g、鸡蛋清1个，一次灌服，每天1次，连用3天；

（2）黄柏10g、黄连5g、白芨9g、白蔹9g、白矾5g，一起研成末，开水冲调成糊状装入布袋，含于口中，两端用绳系于头上；

（3）青黛50g，冰片少许，研成细面，每次少许涂于舌面上，每天3次，连用数日；

（4）用消毒的针头点刺舌底数处，扎出血液后不断用干净的井水冲，也可收到良好的治疗效果。

## 二、羊食道阻塞

### （一）病因

主要是由于羊抢食、贪食大块食物或异物，又未经咀嚼便囫囵吞下所致，或在垃圾堆放处放牧，羊采食了菜根、萝卜、塑料袋、地膜等阻塞性食物或异物而引起。继发性阻塞见于异嗜癖（营养缺乏症）、食管狭窄、扩张、憩室、麻痹、痉挛及炎症等病程中。

### （二）症状与诊断

本病发病急速，采食顿然停止，仰头缩颈，极度不安，口和鼻流出白沫。用胃导管探诊，胃管不能通过阻塞部。因反刍、嗳气受阻，常继发瘤胃臌气。诊断依据胃管探诊和X射线检查可以确诊。若阻塞物部位在颈部，可用手外部触诊摸到。

（三）防治

应采取紧急措施，排除阻塞物。治疗过程中应滑润食管的管腔，解除痉挛，消除阻塞物。治疗中若继发臌气，可施行瘤胃放气术，以防窒息。可采用吸取法，若阻塞物属草料团，可将羊保定好，送入胃管，用橡皮球吸水，注入胃管中，再吸出，反复冲洗阻塞食团，直至食管通畅。也可用送入法，若阻塞物体积不大、阻塞在贲门部，应先用胃管投入10mL石蜡油及2%普鲁卡因10mL，滑润解痉，再用胃管送入瘤胃中。砸碎法，若阻塞部位在颈部，阻塞物易碎，可将羊放倒于地，贴地面部垫上布鞋底，用拳头或木槌打击，击碎阻塞物。

## 三、羊前胃的功能

羊属于反刍动物，其胃为复胃，由瘤胃、网胃（又称蜂巢胃）、瓣胃（又称重瓣胃）和皱胃（又称真胃）4个部分组成。前3个胃的黏膜没有腺体组织，相当于单胃动物（猪）的无腺区，合称前胃；他们有着重要的作用，它是反刍动物植物纤维消化和水分、电解质吸收进行再循环的主要器官。羊的4个胃在运动形式、消化、吸收机能上具有不同的作用和特点。反刍动物和单胃动物在消化生理方面的主要区别是前胃消化。今天我和大家就羊前胃的功能与前胃疾病作以探讨。

（一）羊瘤胃的功能

羊的瘤胃可以比作是一个巨大的生物发酵罐，具有贮藏、浸泡、软化粗饲料的作用。成年绵羊的瘤胃容积约24L，能容纳20kg左右的内容物。瘤胃具有恒定的微生物生存环境，比如温度、酸碱度、阴阳离子浓度等，为微生物的生长繁殖创造适宜条件。瘤胃的消化在反刍动物的营养中占有重要地位。羊刚出生时，瘤胃体积很小，随着羊的生长发育，其瘤胃也快速发育，羔羊刚出生时瘤胃和网胃的体积和只占4个胃的1/3，3月龄时达85%，基本达成年水平。反刍动物可以有效地消化纤维物质含量高的粗饲料，反刍活动和瘤胃消化发挥了重要作用，对饲料颗粒的磨碎非常必要，由于饲料颗粒大于1mm则不能通过网胃－瓣胃出口。反刍动物在采食和反刍的过程中，可以分泌大量的弱碱性唾液，流入瘤胃，作为很好的缓冲剂，中和碳水化合物发酵产生大量的挥发性脂肪酸。瘤胃上皮可以有效地吸收 $Na^+$，$K^+$，$Cl^-$ 等离子，而对挥发性脂肪酸的吸收率可达75%，吸收速度顺序为丁酸 > 丙酸 > 乙酸，在调控瘤胃内环境方面起着重要作用。根据瘤胃内容物的形态，可分为固相和液相两部分。反刍动物不断地采食饲料和饮水，瘤胃中发酵后又不断地流入后部消化道，稀释率和外流速度是重要的指标，它们受饲料的种类，加工和瘤胃液渗透压影响，又影响着挥发性脂肪酸、氨态氮、pH值和微生物蛋白的合成效率。

瘤胃内容物包含经口腔进入的食糜，瘤胃分泌物与脱落的组织。

（1）运动作用。在瘤胃运动作用下，使食糜与唾液充分混合，维持瘤胃内酸碱平衡；通过瘤胃运动将食糜向后推送入网胃继续进行消化和吸收。

（2）消化作用。通过瘤胃发酵作用，使羊将其他单胃动物难以利用的纤维物质分解为可被利用的挥发性脂肪酸（简称VFA，主要包括乙酸、丙酸和丁酸等）。经研究表明，羊所采食的干物质有40%～60%在瘤胃中消化，其中，80%的碳水化合物、50%～60%的饲料粗纤维，50%～70%的有机物，8%～10%的粗脂肪也在瘤胃中消化。瘤胃中消化的能量占总消化能的40%～80%。

（3）瘤胃微生物。瘤胃微生物包括细菌、产甲烷菌、真菌与原虫，还有少数噬菌体。瘤胃微生物对饲料的发酵是导致反刍动物与非反刍动物消化代谢特点不同的根本原因。这是瘤胃与微生物相互选择的结果。细菌包括：纤维降解菌、淀粉降解菌、半纤维降解菌、蛋白降解菌、脂肪降解菌、酸利用菌、乳酸产生菌、其他菌。每克瘤胃内容物含有109～1 010个细菌，原虫主要为纤毛虫与鞭毛虫。每克瘤胃内容物含有105～106个原虫。

（4）温度。瘤胃内容物达到相对稳定的状态后，其温度为38～41℃，平均为39℃。受饲料种类和饮水温度的影响，它又影响着饲料的消化。

（5）pH值。瘤胃内容物pH值是食糜中挥发性脂肪酸与唾液中缓冲盐相互作用以及瘤胃上皮对挥发性脂肪酸吸收及随食糜流出等因素综合作用的结果。导致pH值范围一般为6～7。主要受采食与反刍时间，日粮精粗比与日粮颗粒大小的影响，对瘤胃消化代谢的影响主要表现在对纤维物质的降解及挥发性脂肪酸的吸收。瘤胃内容物含氧量一般很少。酸碱缓冲能力反刍动物分泌的大量唾液中含有碳酸盐和磷酸盐，起缓冲液的作用，饲料pH值在6.8～7.8范围内，可以对其很好的缓冲，因此，在设计日粮时应考虑。

（6）渗透压。渗透压以渗透摩尔来表示（Osmoles）。一个渗透摩尔（1 000个毫渗透摩尔，mOsm）含有6×1023个溶解离子/L溶液。冰点每下降1.86℃相当于1 000mOsm/L。正常情况下瘤胃内容物渗透压为260～340mOsm/L，平均280mOsm/L。渗透压受采食时间、饮水、精粗比和添加剂的影响，对挥发性脂肪酸的吸收、瘤胃微生物、饲料消化率、水分吸收外流速度和唾液分泌有影响。临床上见到的瘤胃有大量水就是瘤胃渗透压的改变造成的。

（7）气体。来源于空气及发酵产生的挥发性脂肪酸，二氧化碳和甲烷等。组成：二氧化碳占65.5%，甲烷占28.8%，氧气占0.1%～0.5%，少量的氮气，氢气。5只奶羊排放量相当于一辆小汽车的排放量，所以外国（荷兰）对牛收嗳气税（开玩笑说是放屁税）。

（二）网胃的功能

网胃是反刍动物的第二个胃，他的功能就是把瘤胃内容物进行筛选，将长度小于1mm的瘤胃内容物通过网－瓣口送入瓣胃，将长度大的瘤胃内容物送回瘤胃再消化，将质量重的物体沉到瘤胃底如金属物、泥沙等。网胃由于是筛选器官，如果有尖锐的东西进入，容易损失，所以临床常见损失性网胃炎网胃－心包炎。

（三）瓣胃的功能

瓣胃是反刍动物的第三个胃，瓣胃的功能就是把网胃送过来的食物和消化液进行再消化吸收，将网胃送进来是食物通过叶瓣的运动机械性研磨进一步粉碎，以利于真胃的消化，将进来的水和电解质通过叶瓣吸收，水和电解质进入血液，流经唾液腺体形成唾液，以调节瘤胃的酸碱平衡。当羊缺乏水的时候容易形成瓣胃干燥造成瓣胃阻塞（百叶干）。

## 四、瘤胃鼓气

羊瘤胃臌气一年四季都可发生，一般春、夏季常见，多于食后不久发病。是由于瘤胃内产气过多或嗳气受阻而形成。

（一）发病原因

（1）原发性原因。主要由于采食大量容易发酵的饲料；吃入品质不良的青贮料，腐败、变质的饲草，过食带霜露雨水的牧草等，都能在短时间内迅速发酵，在瘤胃中产生大量气体。特别是在开春后开始饲喂大量肥嫩多汁的青草时最危险。若羊误食某些麻痹胃的毒草，如乌头、毒芹和毛茛等，常可引起中毒性瘤胃臌气。另外，饲料或饲喂制度的突然改变也易诱发本病。

（2）继发性原因。继发于某些疾病之后，是该疾病的一种临床症状。瘤胃臌气常继发于食管阻塞、麻痹或痉挛、创伤性网胃炎、瘤胃与腹膜粘连、慢性腹膜炎、网胃与膈肌粘连等。

（二）临床症状

病羊站立不起，背拱起，头常弯向腹部，不久腹部迅速胀大，左侧更为明显，皮肤紧张，叩之如鼓。呼吸困难，表现非常痛苦，张口伸舌呼吸。鼓胀严重时，病羊的结膜及其他可视黏膜呈紫红色，食欲废绝，反刍停止，脉搏快而弱，间有嗳气或食物反流现象，有时直肠脱出如不及时抢救，则倒地死亡。

（三）防治

1. 预防

（1）防止羊采食过量的多汁、幼嫩的青草和豆科植物（如苜蓿）以及易发酵的甘薯秧、甜菜等。不在雨后或带有露水、霜等草地上放牧。

（2）大豆、豆饼类饲料要用开水浸泡后再喂。

（3）做好饲料保管和加工调制工作，严禁饲喂发霉腐蚀饲料。

（4）放牧前先喂少量干草或者氧化锌可以降低发病率。

2. 治疗

原则是排气减压，制止发酵，恢复瘤胃的正常生理功能。

用健胃消胀灵该药品是牛羊病专家研究治疗牛羊鼓气、积食、前胃迟缓、瘤胃酸中毒的纯中药特效制剂，羊按每千克体重2g本品具有促进瘤胃蠕动、消胀、治疗酸中毒、通便等功能；对瘤胃鼓气效果非常好。

（1）膨气严重的病羊要用胃管进行瘤胃放气。膨气不严重的用消气灵10mL或者液状石蜡油100mL，加水200mL，灌服。

（2）为抑制瘤胃内容物发酵，可内服防腐止酵药，如将鱼石脂10～20g、福尔马林5～10mL、1%克辽林10～20mL加水配为1%～2%溶液，内服。

（3）促进嗳气，恢复瘤胃功能，其方法是向舌部涂布食盐、黄酱、或将一棵树根衔于口内，促使其呕吐或嗳气。静注 10% 氯化钠 300mL，内加 10% 安钠咖 5～10mL。

（4）对妊娠后期或分娩后的病羊或高产病羊，可 1 次静脉注射 10% 葡萄糖酸钙 50～150mL。

（5）瘤胃鼓气控制后要及时用舒肝健胃散按 1kg 体重 1g 水煎后灌服或者饮水，连用 3～5 天，有利于消化系统功能的恢复，减少因发病造成的损失。

## 五、瘤胃积食

### （一）病因

诱发本病的主要原因是羊在饥饿后采食或者偷食了大量谷草、玉米、大豆、精料等，或贪食大量的青草、红花草、胡萝卜等饲料，而大量饮水而引发积食。

长期舍饲的羊突然变换可口的饲料，采食过多；或由放牧转变为舍饲，采食干枯饲料而不适应。羊在长途运输后影响消化功能，也有因前胃弛缓、创伤性网胃炎、瓣胃干结、瘤胃塑料薄膜阻塞等病常继发生本病。

### （二）临床症状

不食或者食欲、反刍减退，腹围膨大，左肷充满，触诊瘤胃呈面团状、用拳头压迫的压痕恢复较慢。叩诊胃呈触音，饲喂多汁或易膨胀的饲料引起发病时，触诊瘤胃则稀软，叩诊呈半浊音，听诊瘤胃蠕动音减弱，甚至完全消失。病重的牛，食欲停止，鼻镜干燥，呼吸困难，黏膜发绀，脉搏增加，无并发症，体温一般正常。发病后期，体力衰弱，四肢无力，发生战栗，走路不稳，有时卧地呈昏睡状态。

### （三）治疗

治疗原则以排除积食，抑制发酵，解除自体中毒、兴奋瘤胃，恢复机能为主。应加强护理，停食 1～2 日。

西药疗法

排除胃内积滞，增强胃活动：

（1）用消积抗酸灵。该药品是牛羊病专家研究治疗牛羊积食、前胃迟缓、瘤胃酸中毒的纯中药特效制剂，羊按每千克体重 2g 本品具有促进瘤胃蠕动、消胀、导泻、治疗酸中毒、通便等功能；对瘤胃积食效果非常好。

（2）排除胃内积滞。可使用盐类泻剂硫酸镁 100～150g，同时可加入鱼石脂 10～15g，溶于大量饮水中 1 次灌服。液状石蜡或植物油 100～200mL，75% 酒精 20～50mL，1 次灌服。应用泻剂后，也可用毛果芸香碱 0.05～0.2g，或用新斯的明 0.01～0.2g，皮下注射，兴奋前胃神经，促进瘤胃内容物运动，心肾功能不佳与孕牛忌用。

（3）增强瘤胃蠕动。用酒石酸锑钾 4～6g，加大量水灌服或让患畜自饮，每日 1 次，连续 2～3 天。灌服泻剂 6～8 小时后，可皮下注射氨甲酰胆碱注射液 0.1～0.3mg，必要时，经 6～8 小时后可重服 1 次。

（4）当酸碱平衡失调时，可用 5% 碳酸氢钠溶液 100～300mL，静脉注射。或用 10% 溶液石灰水 200～400mL，灌服。如果反复注射碱性药物，出现碱中毒症状，呼吸急速，全身抽搐时，可用稀盐酸 10～15mL，内服。

（5）病程较久者，应改善中枢神经系统调节机能，增强心脏活动，促进血液循环和胃肠蠕动，解除自体中毒症。可用 10% 氯化钙溶液 50mL、20% 强心安钠 5～10mL，静脉注射。或用 5% 葡萄糖生理盐水 500mL、强心安钠 5～10mL、维生素 C 1g 静脉注射，每天 1 次。静脉注射可以强心补液，保护肝肾功能，促进新陈代谢，防止脱水。

（6）严重病例要及时用 10% 石灰水或者小苏打水反复洗胃，

特别严重的要及时实行瘤胃切开手术，取出积食并用10%石灰水或者小苏打水反复洗胃到洗出的瘤胃液pH值达到6.5～7。要静脉注射维生素C、碳酸氢钠注射液、葡萄糖酸钙等。

（7）瘤胃积食控制后要及时用舒肝健胃散按1kg体重2g水煎后灌服或者饮水，连用3～5天，有利于消化系统功能的恢复，减少因发病造成的损失。

## 六、瘤胃酸中毒

这个病一般在瘤胃鼓气、瘤胃积食等过程中发生，它本来不是一个独立的疾病，但由于其危害严重、特别是在规模化养殖条件下羊饲喂精料的比例较大，形成慢性瘤胃酸中毒的情况较多，所以，把它作为一个病来介绍。

瘤胃酸中毒系瘤胃积食的一种特殊类型，又称急性碳水化合物过食、谷物过食、乳酸酸中毒、消化性酸中毒、酸性消化不良以及过食豆谷综合征等，是因过食了富含碳水化合物的谷物饲料，于瘤胃内发酵产生大量乳酸后引起的急性乳酸中毒病。在临床上以精神沉郁、瘤胃膨胀、脱水等为特征。

（一）病因

（1）饲养人员为了快速育肥而喂了过量精料。或者料喂量增加过快，羊不适应而发病。

（2）精料和谷物保管不当而被羊大量偷吃。

（3）霉败的玉米、豆类、小麦等人不能食用时，常给羊大量饲喂而引起发病。

（4）肥育羊场开始以大量谷物日粮饲喂肥育羊，而缺乏一个适应期，则常暴发本病。

病程稍长的病例，持久的高酸度损伤瘤胃黏膜并引起急性坏死性瘤胃炎，坏死杆菌入侵，经血液转移到肝脏，引起脓肿。非致死性病例可缓慢地恢复，并迟迟地重新开始采食

（二）临床症状

（1）轻症者。偶尔有腹痛、厌食，但精神尚好，通常拉稀便或腹泻，瘤胃蠕动减弱，可以几天不见反刍，一般 3～4 天不经治疗可以自愈。

（2）重症者。24～48 小时后卧地不起，部分走路摇摆不定或安静站立，食欲废绝，不饮水。体温 36.5～38.5℃偏低，心跳次数增加，伴有酸中毒和循环衰竭时更加快（心率每分钟在100 次以内治疗比每分钟达 120～140 次效果好），呼吸快浅，每分钟 60～90 次。几乎都有腹泻，如无腹泻是一种不好的预兆，粪便色淡，有明显的甘酸味，早期死亡的粪便无恶臭。过食谷类时粪中有未消化的谷粒、麦子、黄豆等还可见已发芽的麦粒。24～48 小时开始脱水，并且是逐渐加重的。作瘤胃触诊时，可感内容物坚实和面团样，但吃得不太多时有弹性或有水样内容物，听诊可听到较轻的流水音，重病牛走路不稳，呈醉步，视力减退，冲撞障碍物，眼睑保护反射迟钝或消失，可发生蹄叶炎，慢性蹄叶炎可在发病后几星期到几个月之后，急性病例发现无尿，随输液治疗而出现排尿是一种好现象。

经 48 小时之后，卧地不起，如安静躺卧，把头转向腹肋部，对刺激反应明显降低，往往是预后不好的表现，常可在 1～3 天死亡，因此必须紧急治疗。如果病情有缓和，可见心率下降，体温回升，瘤胃开始蠕动，有大量软便排出。有些病牛病情好转后3～4 天又转严重，因严重的瘤胃炎和腹膜炎而死亡。有些重症怀孕母牛，如果尚能存活，可能在 10 天到 2 周后发生流产。

有采食或偷食过量谷物类饲料、大量块根水果类的事实，根据临床症状即可确诊。为防误诊可将胃内容物、血、尿作实验室诊断，检查其 pH。

（三）剖检

两眼下陷；瘤胃内容物为粥状，酸性与恶臭；瘤胃黏膜脱落，有出血变黑区；皱胃黏膜出血；心肌扩张柔软；肝轻度淤血，质地稍脆，病期长者有坏死灶。

（四）诊断

依据过食谷物的病史及临床表现即可确诊。必要时可抽取瘤胃液，测定 pH 值，pH 值通常为 4 左右。

（五）预防

避免羊过食谷物饲料的各种机会，肥育场的羊或泌乳的奶羊增加精料要缓慢进行，一般应给予 7～10 天的适应期。每个周用消积抗酸灵一次，可以有效地防止积食的发生。已过食谷物后，可在食后 4～6 小时灌服土霉素 0.3～0.4g 或青霉素 50 万国际单位，可抑制产酸菌，有一定的预防效果。

富含淀粉的谷物饲料，每日每头羊的喂量以不超过 1kg 为宜，并应分两次喂给。据西北农林科技大学试验，每日喂给玉米粉的量达 1.5kg 时，其发病率几乎达 100%。因此，控制喂量就可防止本病的发生。此外，奶山羊泌乳早期补加精料时要逐渐增加，使之有一个适应过程。阴雨天，农忙季节，粗饲料不足时要注意严格控制精料的喂量。

（六）治疗

本病的治疗原则是：排除胃内容物，中和酸度，补充液体并结合其他对症疗法。若治疗及时，措施得力，常可收到显著疗效。可用下述方法进行治疗。

（1）用消积抗酸灵。该药品是牛羊病专家研中和牛羊积食、前胃迟缓、瘤胃酸中毒造成的胃肠道腐败产物的纯中药特效制剂，羊按每千克体重 2g 本品具有促进瘤胃蠕动、消胀、治疗酸中毒、通便等功能；对瘤胃酸中毒效果非常好。

（2）瘤胃切开术疗法。当瘤胃内容物很多，且导胃无法排出时，可采用瘤胃切开术。将内容物用石灰水（生石灰 500g，加水 5L，充分搅拌，取上清液加 1～2 倍清水稀释后备用）冲洗、排出。

术后用5%葡萄糖生理盐水1L，5%碳酸氢钠200mL，10%安钠咖5mL，混合一次静脉注射。补液量应根据脱水程度而定，必要时一日数次补液。

（3）瘤胃冲洗疗法。这种疗法比瘤胃切开术方便，且疗效高，常被临床所采用。其方法是：用开口器开张口腔，再用胃管（内直径1cm）经口腔插入胃内，排出瘤胃内容物，并用稀释后的石灰水1～2L反复冲洗，直至胃液呈近中性为止，最后再灌入稀释后的石灰水0.5～1L。同时全身补液并输注5%碳酸氢钠溶液。

（4）控制和消除炎症。可注射抗生素，如青霉素、链霉素、四环素或庆大霉素等。

对脱水严重，卧地不起者，排除胃内容物和用石灰水冲洗后，还可根据病情变化，随时采用对症疗法。

（5）轻型病例。如羊相当机敏，能行走，无共济失调，有饮欲，脱水轻微，或瘤胃pH值在5.5以上者。可投服氢氧化镁100g，或稀释的石灰水1～2L，适当补液。一般24小时开始吃食。

（6）瘤胃鼓气控制后，要及时用舒肝健胃散按1kg体重2g水煎后灌服或者饮水，连用3～5天，有利于消化系统功能的恢复，减少因发病造成的损失。

## 七、前胃迟缓

羊的前胃包括瘤胃、网胃和瓣胃。前胃弛缓又称脾胃虚弱。病羊前胃收缩力减弱，食物在胃内不能正常消化和向后推送而腐败分解，产生有毒物质，引起消化障碍和全身机能紊乱。本病的特征是病羊食欲减退，前胃蠕动减弱，反刍和嗳气减少或丧失等。

（一）发病原因

长期饲喂粗硬劣质难以消化的饲料，饲喂刺激小或缺乏刺激性的饲料，饲喂品质不良的草料或突然变换草料等，均可引起本病发生。瘤胃鼓气、瘤胃积食、创伤性胃炎及酮病等疾病的经过中，也常继发前胃弛缓。

（二）临床症状

病羊食欲减退或废绝，反刍缓慢，次数减少或停止，瘤胃蠕动无力或停止，肠蠕动音减弱。排粪迟滞，便秘或腹泻，鼻镜干燥，体温正常。病程长，逐渐消瘦，触诊瘤胃有痛感，胃内充满粥样或半粥样内容物。最后极度衰弱，卧地不起，头置于地面，体温低于正常温度。

（三）防治

治宜兴奋瘤胃，制止异常发酵，并积极治疗原发病。

（1）如果有瘤胃胀气症状用健胃消胀灵口服，按每千克体重2g，一天1次或2次。

（2）如果表现瘤胃积食的用消积抗酸灵按每千克体重2g，一天2次。

（3）治疗前胃迟缓要及时用舒肝健胃散按1kg体重2g水煎后灌服或者饮水，连用3～5天，有利于消化系统功能的恢复，减少因发病造成的损失。本品具有促进瘤胃蠕动、消胀、治疗酸中毒、通便等功能；对前胃迟缓效果非常好。

（4）酒石酸锑钾5g长水200mL用法：溶解后一次灌服，每日1次，连用2次。

（5）新斯的明注射液　羊用2～4mg，2小时重复一次。

（6）10%氯化钠注射液300mL 5%氯化钙注射液30～80mL 10%安钠咖注射液3～6mL，10%葡萄糖注射液500mL，用法：一次静脉注射。

（7）胰岛素50单位　用法：一次皮下注射。

（8）松节油 10mL 常水 200mL　用法：一次灌服。说明：松节油可用鱼石脂 5g 替代。

（9）党参 30g、白术 30g、陈皮 30g、茯苓 30g、木香 30g、麦芽 60g、山楂 60g、建曲 60g、生姜 60g、苍术 30g、半夏 25g、豆蔻 45g、砂仁 30g。

用法：共为细末，可以用 3～5 只羊，开水冲调，分两次灌服。说明：用于虚寒型。

（10）党参 30g、白术 30g、陈皮 30g、茯苓 30g、木香 30g、麦芽 60g、山楂 60g、建曲 60g、佩兰 30g、龙胆草 45g、茵陈 45g。

用法：共为细末，可以用 3～5 只羊，开水冲调，分两次灌服。说明：用于湿热型。

（11）针灸穴位：脾俞、百会、肚角。针法：电针或白针。

## 八、创伤性网胃—心包炎

本病是由于金属（如针、钉、铁丝）等尖锐异物进入网胃后，刺伤或穿透网胃壁，进而损伤腹膜、膈肌以及心包的系列炎症损伤。单纯损伤网胃称创伤性网胃炎；如影响到腹膜称创伤性网胃腹膜炎；如损伤方向朝膈肌、心脏，当异物伤及心包时，称创伤性网胃心包炎，个别病例还可损伤心肌。本病主要见于牛、羊。

（一）病因

本病主要是由于采食混有金属尖锐异物（如钉子、铁丝、别针、缝针、发夹等）的饲料或于畜舍附近和牧地上舔食以上物品引起。

羊采食粗放、迅速，不经细嚼即行下咽，囫囵吞咽，口黏膜对机械性刺激敏感性差，同时，舌、颊部黏膜上具有朝向后方的乳头，致异物易于咽下。咽下的异物，形状粗钝且体积较大的，多数可在瘤胃和网胃内长期停留，或个别特别小的可随粪便排出体外。尖锐的金属异物，当瘤胃收缩时，随食糜进入网胃。由于网胃体积小，收缩力强，因此，异物很易刺伤网胃壁而引起创伤性炎症。刺入网胃壁的异物，在分娩、努责、过食、剧烈运动以及瘤胃积食、瘤胃鼓气等腹内压急剧增高的情况下，往往继续向前，穿通横膈而刺伤心包，引起创伤性网胃—心包炎，有时也能穿入肝、脾、肺、胸腔、腹腔等处，并继发细菌感染，而招致炎症、坏死、脓肿等病变。

（二）症状

正常羊网胃一般也有异物，但这些异物在未刺入胃壁时，并不引起症状。当一些能使腹压升高的因素如分娩、瘤胃积食等作用于网胃时，其中的异物有可能刺入胃壁。初期呈现轻度的前胃弛缓症状。如异物穿通胃壁，或炎症反应较剧时，则表现不食，前胃蠕动明显减弱或废绝。精神沉郁，被毛逆立，拱背，四肢集拢于腹下，肘头外展，肘肌震颤，不愿伏卧，下坡，转弯或卧下时表现小心，甚至呻吟。压迫或叩打剑状软骨区，可能呈现疼痛反应，反刍困难，体温初期升高，以后可能维持在正常范围，白细胞总数增高。

如异物刺伤下腹壁，则剑状软骨区敏感，局部叩诊可能出现局限性鼓音，发生泛发性腹膜炎时，腹腔穿刺液呈浆液纤维尼白性，易凝固，镜检可见大量白细胞和红细胞。

异物损伤其他脏器时，表现顽固的前胃弛缓，如果引起肝、脾、肺的脓肿，则呈现出体温弛张热型，白细胞总数增多等变化。

创伤心包炎时，初期，两层心包膜变为粗糙，且有大量纤维素附着，故常出现心包摩擦音。心包腔内大量液体渗出后，摩擦音消失而出现拍水音，叩诊心浊音区扩大，听诊心音遥远，心动快速，由于渗出液的压迫，静脉回流障碍而现颈静脉高度努张。同时，由于淋巴回流障碍而现颌下，肉垂水肿。心包穿刺液呈红黄、灰黄色浑浊带纤维素片甚至恶臭的腐败液。

（三）诊断要点

初期呈前胃弛缓症状，食欲减退，反刍减少，嗳气增多，间歇性瘤胃鼓气，便秘或下痢。病羊行动和姿势异常、站立时肘头外展，呆心，弓腰，磨牙，不愿卧地，肘肌颤抖，躲避触摸甚至不断呻吟，体温升高，脉搏加快，愿走软路、上坡路，而异下坡路和急转弯。

刺伤心包时，可听到心包击水音和心包摩擦音，叩诊心音界扩大。血液回心受阻时颈静脉努张，伴有颌下、胸前或腹下水肿，体温先升高后下降。严重消化障碍，逐渐消瘦。

实验室检查，白细胞总数增多，有时达正常的 2～3 倍，嗜中性粒细胞增多，核左移，淋巴细胞减少，应用副交感神经兴奋剂皮下注射可使病情加重。患创伤性网胃心包炎时，X 线胸部透视检查显示心脏体积极度增大，可见有铁钉等异物穿透网胃至横膈及心包；心区超声检查显示液平面。金属探测仪检查网胃及心区，呈阳性反应。

应与纤维民蛋白性胸膜炎、心包膜炎、肺炎等疾病相区别。

（四）预防

预防本病主要应避免饲料中混入金属异物，温暖季节可用水捞草，使异物沉入水底。要经常检查铁丝制作的饲具，有锈蚀脱落情况，及时更换修理。饲料加工过程中，可用磁铁吸引，或在抖料叉上加装磁铁防止金属异物混入场院及饲料内。羊群可定期使用金属探测器进行探查，并使用金属摘除器取出网胃和瘤胃内的金属异物。

（五）治疗

对早期病例置于前高后低位置，促使异物由胃壁退回，同时每天用普鲁卡因青霉素 300 万单位、链毒素 200 万单位分两次肌内注射，连续数天。或将一种羊用小型磁铁（由铅、钴、镍合金制成）投入网胃，同时结合抗生素疗法，可望收到治愈效果。

确诊后尽早施行手术，经瘤胃内入网胃中取出异物；或者经腹腔，在网胃外取出异物，并将网胃与膈之间的粘连分开，同时，用大剂量抗生素或磺胺类药物进行注射，预防继发感染。

心包穿刺治疗，在左侧第4～6肋间，肩关节水平线下约1～2cm，沿肋骨前缘刺入皮下，再向前下方刺入，接上注射器边抽吸边进针，直到吸出心包渗出液为止，同时要掌握穿刺深度，以免损伤心肌而导致死亡，并要防止空气溢入胸腔，经穿刺排出渗出液后，要注射抗生素防止感染。

## 九、瘤胃炎—肝脓肿综合征

瘤胃炎—肝脓肿综合征（RLAC）也称肝脓肿（liver abscesses）。瘤胃炎是原发性的，是异常发酵与食入刺激物引起的，而肝脓肿则是坏死杆菌从瘤胃炎性部位入侵的结果。本病多发于肥育的绵羊和山羊。

### （一）病因

#### 1. 瘤胃损伤

发生于以下两种情况。

（1）瘤胃炎。当羊进入肥育场时，常常经历从粗饲料转变为精饲料的快速过程，同时瘤胃细菌从革兰氏阴性杆菌改变为革兰氏阳性链球菌。新的微生物群体发酵淀粉以生成乳酸，在严重的酸中毒病例，其酸度可引起瘤胃上皮坏死、发炎和出血以及固有层的炎症。

（2）在传染性脓疱性皮炎（口疮）或者羊痘感染的病程中，口腔的病毒与唾液混合进入瘤胃。在损伤部位病毒入侵上皮细胞并在上皮中连续产生水泡，丘疹和溃疡以及固有层的急性炎症。这种病损可能在瘤胃的任何部位中发展。

2. 坏死杆菌入侵

瘤胃环境的坏死杆菌从瘤胃损伤部位入侵，进入固有层，透入门脉血管而到达肝脏。在肝脏里，细菌形成外毒素，杀白细胞素，杀白细胞素有保护细菌对抗白细胞的作用。迅速生长的细菌引起血管血栓及使肝细胞坏死，而细菌和死亡的组织转变为脓肿。某些细菌可能通过肝脏并形成肺脓肿。在羔羊可引起肝肺坏死杆菌病，在一些地区引起严重损失。

（二）症状

急性瘤胃炎的一般病变，特别是乳酸引起的病变，可能被酸中毒的症状遮盖。但传染性脓疱性皮炎所引起的瘤胃及口腔病变，则引起厌食、沉郁和体重降低。严重时表现为肝肺坏死杆菌病，体温升高（见坏死杆菌病）。

（三）剖检

通常在瘤胃前囊可能有急性炎症或慢性溃疡。急性型出现上皮坏死，上皮下水肿、出血和表面渗出物。慢性型，受损的黏膜无乳头，坚实有溃疡。溃疡由隆起的上皮所围绕。结缔组织收缩的愈合溃疡表现为星芒状瘢痕。有单个或多个肝脓肿，每个脓肿由脓汁包围的中央肝坏死块和一个结缔组织壁所组成。

（四）诊断

瘤胃炎和肝脓肿是少见的。根据肝脓肿和瘤胃黏膜急性坏死及溃疡，洗过的瘤胃黏膜上的瘢痕组织诊断本病。

（五）预防

对肥育羊从维持的粗饲料日粮过渡为肥育的精料日粮至少需要10天，进入肥育场的羔羊，应及早接种口疮疫苗，预防瘤胃炎，口服土霉素、磺胺类或者过瘤胃抗生素避免肝脓肿。

## 十、羊青草消化代谢障碍综合征（青草抽搐）

羊青草消化代谢障碍综合征，又叫青草抽搐、青草瘟。近几年来很多养羊的朋友咨询，自己养的羊在春、夏和早秋季节出现口吐青色酸水、食欲减退、精神欠佳、四肢无力、腹泻的症状或者精神狂躁、抽搐的症状。笔者综合全国各地的发病情况，并对临床见到的病例进行发病情况调查、实验室诊断，临床症状分析和病理解剖，发现该病主要发生在每年的5～9月，是青草供应充足的季节，冬季基本没有该病的发生，发病羊几乎在这个季节全部吃的是青草，而且临床症状，全国各地基本一样，病理变化主要表现代谢障碍性病变，而这些情况都是由于羊采食大量单纯的青草引起的，所以，我们将其暂时称为羊“青草消化代谢障碍综合征”。

（一）发病原因

本病主要发生在放牧的春、夏和早秋季节，一般在每年的5～9月高发，这个季节是青草的旺盛期，羊主要以采食青草为主，由于青草供应比较充足，很多养羊者基本不补充干草，由于这个季节青草含水分很大，蛋白、能量物质丰富，粗纤维尚未发育完善比较容易消化，极易引起发病，主要原因是：

采食了豆科植物、苜蓿等蛋白含量较高的植物较多。

采食露水草、雨后草和不卫生的青草后，由于其水分和细菌较多。

青草虽然容易消化但一些营养物质相对含量较低。

青草含水量较多羊在采食后反射性地引起羊唾液分泌较少，消化酶和碱性唾液少。

青草容易在瘤胃内发酵产酸和尸胺等有害物质。

以上这些原因都容易引起瘤胃内容物发酵产酸和大量的有害物质造成代谢紊乱出现自体中毒的发生。

（二）临床症状

1. 精神沉郁型

病羊表现毛缺乏光泽，精神委顿，反应淡漠，卧多立少，不愿走动，强行驱赶，行走无力，不驱赶时又卧下，有的表现四肢不灵活，步态摇晃。耳、鼻、四肢末梢发凉，口吐白沫或者青色酸水，眼球下陷，鼻镜干燥，口腔黏膜潮红，后期结膜淡白或发绀，舌质薄软无力，舌苔淡白。体温一般正常或偏低，继发肺部炎症的稍高。呼吸加快，羊安静时心跳稍快而弱，稍有骚动不安心跳马上加快，可达110～130次/分，节律不齐，严重的可在颈部和背部听到明显的心音，稍有惊动则表现出不安恐惧。瘤胃蠕动音微弱或消失，部分羊表现腹胀或者鼓气症状，部分病例瘤胃结实或者松软。病情严重的羊瘤胃内积满多量液状内容物，随着羊在运动时随着腹部的摆动或用手撞击瘤胃部，可听到明显的击水声。病情较轻的还能多少吃些草料，病情较重的草料均不吃。大部分羊可见出现拉稀症状，粪便呈灰绿色或者褐色。前期糊状，后期水样。病羊均喜欢舔食碱土，如羊场砖墙上、墙根下的白色碱土。

2. 精神狂躁

多在放牧时离群，突然表现惊恐不安，感觉过敏。吼叫，乱跑，步态不稳，像喝醉酒样，倒地并四肢强直，阵发性肌肉痉挛，双眼圆睁、牙关紧闭，口吐白沫，1～2分钟后症状消失，病畜安静躺卧，但受外界的声响和触摸等刺激，可再次发作。体温升高，呼吸、脉搏数增加，不用听诊器可听到心跳声（心音），不及时治疗，可在1小时内死亡。有的表现头颈强直并高抬，痉挛性频繁排尿和不断排粪。

（三）病理变化

发病死亡羊解剖可见瘤胃内有大量的未消化的青草或者青绿色液体，有酸味，肠道轻度胀气，内有深绿色内容物，有腐败气味，肠壁变薄，肝脏轻度肿大，颜色变深，肾脏轻度肿大，肺脏部分表现水肿，严重的胸腔有积液。

（四）预防

（1）由舍饲转入放牧的羊要有一个过渡期或者羊群每天在放牧前，先定量饲喂干草，一般不低于全天采食量的20%。

（2）羊在放牧期间每天补充小苏打5～10g或者每周用1～2次消积抗酸灵。

（3）羊由舍饲转为放牧时，饲料中添加氧化镁或碳酸镁50～100g，每1～2周1次。

（五）治疗

（1）生石灰0.5kg，温水10kg，混合取掉沉渣澄清洗胃，洗到pH值6.5～7.0。

（2）用健胃消胀灵或者消积抗酸灵按每千克体重2g，每天1次，严重的每天2次。

（3）5%碳酸氢钠注射液50～300mL，生理盐水500～1 000mL，维生素C 10～20mL，维生素$B_1$，10～20mL，混合静脉注射，每天2次，每次间隔8～10小时。

（4）用25%硫酸镁20～50mL，缓慢静脉注射。再静脉注射少量氯化钙。

（5）出现神经兴奋症状时，用盐酸氯丙嗪每千克体重1～3mg肌内注射。出现沉郁症状注射尼可刹米注射液。

（6）出现心脏衰竭用10%安钠咖3～5mL，肌肉或静脉注射。

注意：

①要根据羊的大小确定用药量。

②如果后期继发肺炎用抗生素配合治疗。

## 十一、羊酸中毒

近年来，随着养羊业的发展，养羊的规模化程度也不断提高，但目前羊的规模化养殖还没有一套成熟的程序，大家都在不断地探索，在规模化条件下养羊，由于羊存栏量的增多，密度的加大，羊的生活习性的改变，对羊的应激加大，羊流通范围、流通量也不断扩大，所以造成有些原来很少发生的疾病，有明显的增加，包括传染病和普通病都有不同程度的增加，特别是营养代谢性疾病的发生有明显增高的趋势，笔者在临床上经常见到羊发生一种体温正常、采食量和反刍减少或者停止、喜卧或者瘫软为特征的疾病，该病发病急、死亡快、由于很多人常常误诊为其他疾病或者治疗不及时造成死亡率很高，为了查清该病的发病原因，我们从发病情况、病理变化、血液生化等方面进行了调查和检测，现报告如下供同道交流。

（一）发病原因调查

我们对发病的情况进行了广泛的调查发现，引起羊发病的原因很多，我们临床上对 617 例发生酸中毒的病羊统计发现情况如下。

（1）临床没有其他疾病发生而直接出现酸中毒症状的占 66.6%（411/617），其原因有以下几个方面。

①精料饲喂不合理：很多人对科学养羊没有正确的认识，有的用养猪的概念养羊，认为多吃精料，多睡觉就能生长快，喂的精料过多，精料就会在瘤胃内发酵产物酸（主要是乳酸），瘤胃吸收以后就会造成机体酸中毒而危及生命。

②饲草处理不合理：本病一般在青草旺盛的季节多发，主要是青草里面含有大量的半纤维容易消化也容易发酵产酸。再有就是有的人把草粉碎变成草粉或者草面喂羊，羊是反刍动物瘤胃需要有一定长度和硬度草的刺激才能正常蠕动，草需要一定的长度才能形成草团吐出来进行反刍，如果长期喂草面或者很短的草粉（时间短了影响不大）时间长了瘤胃慢慢地习惯，减少蠕动次数和蠕动的强度，慢慢就会呈现瘤胃迟缓，草在瘤胃内停留时间就长也会变质发酵产酸，同时羊的反刍减少，唾液分泌减少，唾液主要是含消化酶和碱性的物质，唾液少了，一方面唾液消化酶就

少，草料的消化就慢容易发酵产酸；另一方面就是唾液有调节瘤胃酸碱平衡的作用，唾液分泌少了不能中和瘤胃产的酸酸就会被瘤胃吸收引起机体酸中毒。

③草料的质量问题：不干净的草料和饮水霉变的草料，造成细菌和真菌及毒素大量的进入瘤胃繁殖产酸和细菌、真菌毒素引起瘤胃功能的改变出现酸中毒和细菌或者真菌毒素中毒，损失更大。

④羊的活动量小的问题：羊是一种喜欢活动的动物，特别是山羊如果活动量小，羊的胃肠道蠕动就会减弱，不利于消化，所以，圈养羊或者雨雪天气羊不能运动容易发生酸中毒，这个情况我们临床发现占很大比例，圈养活动量小的羊场和阴雨天气临床上酸中毒病例明显增多。

（2）其他疾病继发酸中毒的占 33.4%（206/617）：主要包括感冒、热性病、炎症、瘤胃鼓气、瘤胃积食、前胃迟缓、网胃炎、瓣胃阻塞等其他一些疾病影响瘤胃功能时，引起瘤胃内容物积聚发酵产酸被瘤胃吸收引起机体酸中毒。

（二）临床症状

羊发生酸中毒一部分有发烧、瘤胃鼓气、瘤胃积食、前胃迟缓的病史，在这些疾病症状的基础上出现新的症状，有一大部分（66.6%411/617）是直接表现酸中毒症状，酸中毒一般如果没有细菌感染一般体温正常或者前期体温正常，后期稍低。采食量和反刍减少或废绝，精神沉郁，低头呆立，急性型突然倒地，腹部胀气，前期吐草、严重的口流酸臭味清水或者泡沫，呼吸和心率加快，呼出酸臭味的气体，慢性型发病羊前期不愿运动，放牧落群，中期喜卧，四肢无力，后期卧地不起或者瘫软。瘤胃有鼓气、积食或者瘤胃内有很多液体，特别是瘤胃积液用手触动有波动感或者水的响声。口腔和舌部前期发红，一般一天后出现灰白色或者青紫色，尾部或者肛门周围出现青灰色。后期多数表现眼窝下陷的脱水症状。急性病例发病后一般12～24小时死亡，慢性病例从发病到死亡5～10天不等，一般发病后如果治疗不及时2～4天死亡。

（三）病理变化

酸中毒发病死亡病羊急性型见到口鼻流有泡沫或者酸臭的液体，口腔黏膜呈青灰色，腹部膨大或者正常，气管有数量不等的白色泡沫，肺脏膨大20%～40%，肺脏呈暗灰色、灰褐色或者红褐色，肝脏呈深紫褐色，严重的呈褐色，瘤胃内有大量的气体、液体或者食物呈酸臭味，肠道充满气体或者液体，部分肠段表现充血水肿，肠系膜淋巴结肿大明显，部分病死羊表现为充血或者出血，肾脏轻度肿大色泽变深，质地正常。

慢性死亡病例外观可见，眼窝下陷，尸体干枯，口腔黏膜呈灰白色，很少病死羊口腔内有酸臭的液体，肺脏膨大不明显，肺脏颜色呈青灰色或者灰褐色，瘤胃内有大量的食物或者液体，气味酸臭，瘤胃角质层容易剥落，肠壁变薄，肠道内有大量的液体，肠系膜淋巴结高度肿大，呈灰白色，肝脏呈紫褐色，肾脏稍肿大，质地正常。

（四）血液生化测定

我们对发病羊采血进行生化测定发现发病羊二氧化碳结合力明显降低，血糖较正常低20%～40%，血钾较正常高25%～35%。

（五）防治

（1）预防。加强饲养管理，保证羊的每天活动量，科学搭配草料比例，在放牧季节和饲喂精料多的情况下每天给羊补充碳酸氢钠或者氧化锌，预防酸中毒的发生。

（2）治疗。首先查找病因，去除病因，鼓气的先去除鼓气症状，瘤胃积食严重的洗胃或者泻下去除积食，前胃迟缓的健胃。

①调整瘤胃酸碱平衡：用消积抗酸灵按2g/kg体重或者大黄苏打片按每千克体重1片，根据严重程度按每天1次或者2次。

②控制发酵：用复方新诺明或者土霉素控制胃肠道微生物发酵。

③对发病初期或者病情较轻的病例肌肉分点注射果糖酸钙注射液每2.5kg体重1mL。每天1次用2～3天。

④强心缓解机体酸中毒：严重病例用10%葡萄糖混合葡萄糖酸钙注射液按10∶1的比例缓慢静脉注射，

碳酸氢钠注射液根据病情和体重按0.25～1mL/kg体重，静脉缓慢推注。缓解全身性酸中毒的危害。

⑤调节胃肠道功能：由于酸中毒对胃肠道运动功能有较大影响，所以在治疗的中后期重点调整胃肠道功能，用健胃散或者胃肠道蠕动促进剂调节胃肠功能。

⑥平衡胃肠道微生物区系：由于酸中毒造成胃肠道微生物结构的改变对胃肠道细菌区系影响较大，所以在治疗的中后期重点平衡胃肠道微生物区系，用微生态制剂调节胃肠道微生物平衡或者用健康羊的反刍物、健康羊的胃内容物饲喂病羊。

（六）防治体会

（1）羊酸中毒是过去我们忽视的一个消化代谢性疾病。近年来，随着羊的规模化养殖的发展和养羊方式的改变、精料饲比例的加大，发病率明显升高，临床上由于重视不够，误诊率较高，造成损失较大。

（2）原发性发生的羊酸中毒，往往临床诊断不清楚，容易被误诊为其他疾病治疗。如果是在瘤胃鼓气、瘤胃积食、前胃迟缓、真胃阻塞、创伤性网胃炎的基础是发展起来的，临床治疗往往重视对原发病的治疗，很多时候原发病控制了，但最后羊死亡了，这就是忽视了酸中毒的存在造成的治疗失误。

（3）羊酸中毒的诊断重点是了解原发病、饲养情况，临床症状的重点是：一般体温正常，前期出现吐草、口吐酸水或者泡沫；不愿活动、四肢无力；瘤胃内有气体、大量食物或者液体；口色青紫，呼吸深快。

（4）血液生化测定。二氧化碳结合力降低、血糖降低、血钾增高等生化指标。

（5）治疗重点。前期去除病因、调整前胃酸碱平衡，强心、缓解机体酸中毒、中后期恢复前胃功能和恢复微生物区系。

（6）我们临床治疗的过程中发现，在治疗酸中毒的首次用碳酸氢钠注射液缓解机体酸中毒的时候不能一次性的快速把血液pH值调整到正常范围，如果这样容易造成呼吸减慢，细胞内和脑内的酸离子不能被中和或者排出继续对细胞和脑神经进行危害造成快速死亡。

（7）通过我们的调查研究发现，羊的酸中毒既有原发原因也有继发原因，临床发病很多没有瘤胃鼓气、瘤胃积食、真胃阻塞症状，羊突然出现酸中毒症状，这个与羊在规模化养殖条件下，活动量小，放牧期青草采食量大，青草容易消化产酸；规模化圈养精料饲喂量大，在瘤胃内发酵产酸多而被吸收引起的。

（8）鉴于以上的情况我们建议羊的酸中毒以后作为一个消化代谢性疾病进行讨论和治疗。

## 十二、羊瓣胃阻塞（百叶干）

羊瓣胃阻塞是由于羊瓣胃的收缩力减弱，食物通过瓣胃时积聚，不能后移，充满叶瓣之间，水分被吸收，内容物变干而致病。

（一）病因

通常见于前胃弛缓，可分原发性和继发性两种。原发性阻塞的原因一般是长期饲喂麸糠等含有泥沙的饲料，或粗纤维坚硬的饲草，饲料突然更换、质量低劣，缺乏蛋白质、维生素以及微量元素，饲养不正规，缺乏运动等都可引起发病；继发性阻塞常见于皱胃阻塞、皱胃变位、生产瘫痪、部分中毒病、急性热性病等。

（二）症状

病羊发病初期，鼻镜干燥，食欲、反刍缓慢；粪便干少，色黑。后期反刍、排粪停止。听诊瘤胃蠕动音减弱，瓣胃蠕动音消失，常可继发瘤胃积食和臌气。触诊瓣胃区（羊右侧第7～9肋的肩关节水平线上）病羊表现疼痛不安。随着病情发展，瓣胃小叶可发生坏死，引起败血症，体温升高，呼吸、脉搏加快，全身症状恶化而死。

（三）防治措施

①预防：本病应注意饲料、饲草质量，营养平衡，加强饲养管理。

②治疗：轻症。可内服泻剂和促进前胃蠕动的药物。用硫酸镁60～100g，加水1 000mL或液状石蜡150mL，内服；或用硫酸钠50～80g、番木鳖酊2mL、大蒜酊20mL、大黄末10g，加水6～10L，1次灌服。为促进前胃蠕动，可用10%氯化钠50～100mL、10%氯化钙20mL、20%安钠咖液10mL，静脉1次注射。

重症：采用瓣胃注射。站立保定，注射部位在羊右侧第8～9肋间与肩关节水平线交界处下方2cm处。剪毛消毒后，用12号7cm长的注射针头，向对侧肩关节方向刺入4～5cm深。可先注入生理盐水20～30mL，随即吸出一部分，如液体中有食物或液体被污染时，证明已刺入瓣胃内。然后注入25%硫酸镁30～40mL、石蜡油100mL、0.5%普鲁卡因10～15mL；再以10%氯化钠溶液50～100mL、10%氯化钙10mL、5%葡萄糖生理盐水150～300mL，混合后静脉一次注射。等瓣胃内容物松软后，可皮下注射0.025%氨甲酰胆碱0.5～1mL。

中药治疗：选用健胃、止酵、通便、润燥、清热剂，效果佳。方剂组成为：大黄 9g、枳壳 6g、二丑 9g、玉片 3g、当归 12g、白芍 2.5g、番泻叶 6g、千金子 3g、山栀 2g，剪水内服。或用大黄末 15g，人工盐 25g、清油 100mL，加水 300mL，1 次内服。

## 十三、羊真胃阻塞（皱胃阻塞）

羊真胃阻塞，亦称皱胃积食，主要由迷走神经调节机能紊乱，皱胃内容物滞积、胃壁扩张、体积增大、形成阻塞，继发瓣胃秘结，引起消化机能极度紊乱、瘤胃积液、自体中毒和脱水的严重病理过程，常常导致死亡。

（一）病因

主要由于饲养管理、饲料改变不当所致；有的是由于消化机能和代谢机能紊乱发生异嗜的结果；也见于迷走神经调节机能紊乱，继发前胃弛缓、皱胃炎、小肠秘结、创伤性网胃炎等疾病。

（二）症状

初期前胃弛缓，食欲减退或消失，尿量少、粪便干燥，随着病情发展，反刍停止，肚腹显著增大，肠音微弱有时排少量糊状棕褐色恶臭粪便，混有少量黏液。

（三）诊断

（1）细致调查有无采食异物史。

（2）了解病羊所表现的消化机能障碍是否呈渐进性，即食欲由减退到废绝，反刍由次数减少到停止，胃蠕动音逐渐减弱至消失。

（3）药物治疗效果不良，甚至引起病情加重。

（四）防治

（1）预防。加强饲养管理，去除致病因素，定时定量饲喂，供给优质饲料和清洁饮水。要科学搭配日粮，给予全价饲料，防止因营养物质缺乏而发生异嗜癖，同时，要加强饲养管理，保证羊舍、运动场及饲草饲料的卫生洁净，严防异物混入草料中。

（2）治疗。

①早期消积化滞，防腐止酵，瘤胃灌服硫酸镁 100～150g、石蜡油 200～300mL、鱼石脂酒精溶液 20mL、吗丁啉 4～6 片；严重的用硫酸钠或者硫酸镁 15g、植物油 50mL、甘油 30mL、生理盐水 100mL，混合真胃注射；注射后 10 小时，可以用胃肠兴奋剂，如氨甲酰胆碱、复合 B 注射液、新斯的明等注射，促进胃肠道蠕动。后期防脱水，忌用泻药。

②中期改善神经系统调节，加强胃肠机能，增强心脏功能促进循环，防脱水和自体中毒。10% 的氯化钠 30～50mL，20% 的安钠咖 3～5mL，5% 的葡萄糖生理盐水 250～500mL，静脉注射。维生素 C 5～10mL 肌内注射；另外，可用抗生素防继发感染。

③皱胃阻塞药物治疗多数效果不好，确诊后要及时施行瘤胃切开术，取出内容物，冲洗瓣胃和皱胃，达到疏通。

## 十四、羊真胃炎（皱胃炎）

羊真胃炎又称真胃炎，是由于饲养管理不当，脂溶性维生素缺乏，长途运输或者其他疾病继发而发生。

（一）病因

（1）饲料粗硬，调理不当，饲料霉败或质量不佳；奶牛长期饲喂糟粕、豆渣或粉渣，营养不足，缺乏蛋白质和维生素；饲喂不定时，时饱时饥，突然变换饲料，放牧突然转为舍饲；体质衰弱，长途运输，惊恐等均影响消化机能，而导致皱胃炎的发生。

（2）中毒、前胃疾病、消化道疾病、代谢病、某地急性或慢性传染病等均能促使真胃炎的发生和发展。

（二）症状

急性病例：精神沉郁，垂头站立，眼睑半闭，无神无力。被毛污秽、蓬乱，鼻孔干燥，结膜潮红、黄染。口黏膜被覆黏稠唾液，口腔内散发出难闻的气味。食欲减退或消失，有时磨牙，瘤胃轻度嘭气。瘤胃收缩力微弱，次数减少；触诊右腹部真胃区，病羊有痛感。便秘，粪便干硬，表面被覆黏液。体温不高或降低。泌乳减少或停止。末期，病情急剧恶化，全身衰弱，精神极度沉郁，呈昏迷状态，甚至虚脱。慢性病例：病羊呈长期消化不良，慢性鼓气异嗜。口腔内有黏稠唾液和黏液，舌苔白，散发着臭味。粪便干硬。末期，体质虚弱，精神沉郁，有时呈昏迷状态。

（三）诊断

根据消化不良，慢性鼓气，触诊皱胃区敏感，眼结膜与口腔黏膜黄染，便秘等症状，必要时参照血液学检查，可初步诊断为皱胃炎。

（四）治疗

早期清理胃肠，抑菌消炎，晚期应强行输液，是本病的治疗原则。

（1）病初，用硫酸镁或人工盐 100g，温水 1 000mL 内服。拉稀粪以后，用磺胺脒 5～10g、碳酸氢钠粉 15g，加水 200mL 内服，1 日 2 次，连服 5 日。

（2）病情严重者，及时用抗生素，同时还须用 5% 葡萄糖氯化钠注射液 200～500mL，20% 安钠咖注射液 3～5mL、40% 乌洛托品注射液 10～20mL 静脉注射。

## 十五、羊腹泻的鉴别诊断与防治

（一）腹泻类型

依照发病原因大致可分为物理化性性腹泻、消化性腹泻、中毒性腹泻、药物性腹泻、寄生虫性腹泻和病源微生物性腹泻等。

1. 理化性腹泻

饮冷水、吃冰雪草、露水草、或者吃喝了含有刺激性的化学物质造成胃肠蠕动加快或者黏膜损伤；例如，喝了高浓度的消毒药水、强酸或者强碱水、石灰污染了草料，一些草料中化学物质超高等，羔羊圈舍地面温度低。引起腹泻；又如春季放牧时，羊只采食了含水量的青嫩牧草，引起腹泻等物理因素引起的腹泻。单纯的物理性的腹泻就是物理因素如温度、含水量造成羊只肠道蠕动加快、肠内容物过度稀释造成的；只要控制住发病因素，一般腹泻可自行停止，如控制不及时也可转化为其他腹泻。

2. 消化性腹泻

消化道无法对所采食的饲料完全消化吸收，指羊采食了较多的精料、奶类等饲料。刺激肠道蠕动并减少吸收水分，排出稀便。例如，羔羊人工喂奶粉过量，浓度过高引起的拉稀，成年羊采食精料过多排出“胎样粪便”或拉稀。

3. 中毒性腹泻

如采食了山葱、达紫香、发霉蜕变的饲料、巴豆等含有毒素的草料。由于毒素刺激了胃肠道蠕动，并造成肠道性脱水引起羊只腹泻。羊只腹泻是自我维护的生理反应，具有排除毒素的作用，减少毒素被机体吸收。

4. 寄生虫性腹泻

如线虫、绦虫、球虫、隐孢子虫、吸虫等，羊只消化道内有大量寄生虫寄生。肠道内的寄生虫除了对肠黏膜造成破坏外，还会产生毒素，使羊肠道消化食物的能力下降并造成肠道感染，加速肠道蠕动，从而引起腹泻。

5. 药物性腹泻

给羊只口服具有泻下作用的药物如硫酸镁、大黄、长期、大剂量的给羊口服抗生素药品造成的胃肠道菌群失调等。

6. 病源微生物性腹泻

大肠杆菌、痢疾杆菌、沙门氏杆菌、魏氏梭菌、螺旋体感染等，也是羊发生比例较高、危害性较大的腹泻类型。他们都可引起羊的腹泻，并有可能发生较高的死亡率。

（二）各种类型腹泻的鉴别诊断

腹泻的临床表现及病理解剖变化等各方面都存在一定的差异，由于各类型腹泻产生的原因不同。其症状、病变和化验情况，如表 4－1 所示。

**表 4－1　腹泻症状、病变和化验情况**

| 腹泻类型 | 症状 | | | 实验室检查 |
|---|---|---|---|---|
| | 体温 | 排泄物 | 其他 | |
| 理化性腹泻 | 不升高 | 粪便无恶臭 | 无或轻微 | 无特异性病原菌或虫卵 |
| 消化性腹泻 | 不升高 | 含有奶块或可看到未消化的饲料 | 无或轻微 | 无特异性病原菌或虫卵 |
| 中毒性腹泻 | 升高 | 程度轻或发病慢，可见腹泻，排泄物有时可见肠黏膜 | 一般有呕吐现象，可检查出有毒植物碎片 | 无特异性病原菌或虫卵 |
| 寄生虫性腹泻 | 升高 | 排泻物异味较大，可检查到有成虫、虫卵或节片 | 羊只较瘦、驱虫间隔时间长 | 可镜检出虫卵或虫体 |
| 药物性腹泻 | 不升高 | 无恶臭气味 | 有服药史 | 无异常 |
| 病源微生物性腹泻 | 升高 | 体温升高明显，食欲差，精神不振，死亡率高，肠黏膜脱落，粪便中有肠黏膜上皮，气味恶臭，排泄物呈胨状，具有传染性 | 有其他症状，如不同水不同环境源表现轻重程度不同，发病年龄存在差异，眼结膜脱水严重，眼窝下陷，结膜无血色 | 病源微生物培养可发现致病菌或病毒 |

### （三）防治方法

症状是各种疾病的外在反应，羊腹泻疾病不是一种独立的疾病。因此，在防治上要首先找发病原因，进而消除发病因素，然后采取对症治疗的方法进行救治。

1. 理化性腹泻

多发生于羔羊，多由温度和饮用水引发。所以，应采用各种保温措施如产羔合地面多铺一些干燥垫草，尽量不饮冷水，注意羊舍保温，如不呈现脱水和转化为其他疾病一般不须用药治疗。化学物质引起的，要及时找到原因，去掉发病原。采取保护胃肠道黏膜，对症治疗。

2. 消化性腹泻

主要控制精料、豆科牧草的喂量，控制羊只的饲料采食量。饲料变化要逐渐进行，要有一个合理的过渡期，使羊只有一个逐渐适应的过程；对人工哺乳的羔羊，喂奶粉要定时、定温，定浓度、定每天饲喂次数、定每次饲喂量，防止其消化不良疾病的发生。对腹泻较重的羊只可静脉注射5%葡萄糖溶液或0.9%生理盐水，补充电解质和水分，口服活性炭、矽碳银片或多酶片。

3. 寄生虫性腹泻

可先口服丙硫苯咪唑或左旋咪唑，根据检出的寄生虫卵种类采用药物驱虫。如球虫引起的用磺胺类、常山酮、地克珠利等；隐孢子虫引起的用大蒜素、阿奇霉素、螺旋霉素、微生态制剂等，吸虫引起的用氯氰碘柳胺钠、硝氯酚等，一般情况下。隔7～10天后再用1次驱虫药物，用药量按药品说明书，口服驱虫药在早晨羊只空腹时进行。

4. 中毒性腹泻

可允许有一定时间的腹泻，羊体质较好的情况下。有利毒素排出，但是，要控制不要使羊脱水。同时，可以投服一定的解毒药品。如达子香和山葱中毒，可以口服绿豆面，每只羊每次灌服

50～100g，配合肌内注射阿托品，缓解中毒症状。对中毒羊静脉注射5～10%葡萄糖注射液，维生素C注射液40～60mL，青霉素160万单位，链霉素200万单位，地塞米松2～4mL，速尿2～4mL，如羊只呈现心力衰竭症状可肌内注射强心剂适量。

5. 药物性腹泻药

一般消除引进腹泻的药物因素即可。严重的临床用葡萄糖、维生素C、口服白陶土、活性炭解毒，或者根据不同的药物使用相应的解毒药物。

6. 病源微生物性腹泻

（1）防控方法。要做好羊圈舍、料槽、水槽和运动场地的消毒工作，对尚未发生群发性腹泻的羊群及时隔离。同时要及时消灭羊舍内的蚊蝇，防止其对饲料和饮水造成污染。消毒药品以火碱、百毒杀的效果较好和经济本钱低，浓度分别为1%～2%和四百分之一。同时，及时给羔羊注射三联四防疫苗，防止羔羊下痢的发生。

还要采取饮用水消毒的方法进行群体防控。方法如下：配种0.1%～0.5%高锰酸钾水溶液任羊只饮用，对于已经发生群发性腹泻的羊群。连饮3天，停1天。以后每隔2天饮1天，每天2次，1周后停饮。

（2）治疗方法。对于细菌性引起的羊腹泻，可以用喹诺酮类药物进行肌内注射或静脉注射。要针对不同病原菌的情况用不同的抗生素；同时，可根据腹泻严重程度进行适当补液、强心、补充电解质等技术措施。

（3）治疗羊只腹泻时的一些错误做法容易造成羊只消化不良。

①口服抗生素：口服抗生素的危害在于抗生素杀灭了羊消化道内的协助羊消化粗纤维的微生物。从而引起各种羊只消化障碍性疾病。用户往往单纯用止泻性抗生素治腹泻。

②多酶片开水冲服：高温会使酶类制剂的活性降低或完全丧失。而起不到协助羊只消化饲料的目的，正确的做法是用 30～40℃的温水冲服。

③只注射止泻抗菌药而不补液：实际的治疗过程中。而忽视补液的重要性，其结果是羊只不腹泻了但因脱水也同样引进死亡。用药停。有的朋友发现羊只不腹泻了就停止了用药治疗，不但造成治疗不彻底，病羊反复发病，一次比一次重，治愈率也会相应降低，同时反而增加了用药本钱。

④若羊排出的粪便稀软，含水量多，而腹泻又不是因寄生虫引起（可根据显微镜检验粪便中是否有虫体或者虫卵来判断）的，可每只羊用穿心莲针剂 5～10mL、每千克体重用氯霉素针剂 10～20mg，一次肌内注射，或每只羊口服土霉素片剂 5～10 片。

若病羊粪便稀软不成形，粪便中有时可见到虫体（如绦虫节片），镜检有大量虫卵，病羊体质瘦弱，可让其按每千克体重 10mg 的量口服丙硫咪唑片剂，隔半月再喂同剂量药剂 1 次。一般情况每个季度驱虫 1 次，春秋季尤应进行驱虫。其他寄生虫要根据检测情况有针对性用驱虫药物。

若病羊粪便很稀，且带有黏液、血液或脓液，但无寄生虫，可每千克体重用磺胺嘧啶钠 0.07g、青霉素 3 万单位，一次性肌内注射，同时每只口服土霉素片剂 5～10 片（根据病羊体重适量用药）。

若病羊是因吃了霉变的草料、饮用不干净水或吃食过饱而发生拉稀、腹胀、腹痛时，则口服菜籽油或蓖麻油即可。菜籽油用量：羔羊每只 20～50mL，成年羊每只 300mL；蓖麻油用量：羔羊每只 10mL，成年羊每只 50mL。一次灌肥。

## 十六、羊便秘

便秘是指粪便排出困难的疾病，山羊及绵羊均可发生，绵羊比山羊多见。仔山羊中以人工哺乳者比较容易发生。

（一）病因

（1）初生小羊受到寒湿，未得初乳或哺乳过多；

（2）吃干草多而饮水不足：如冬季由放牧转为舍饲的初期，常由于水缸结冰及温水供应不足而容易发生；

（3）日粮中含有大量谷物；

（4）缺乏运动，特别是怀孕的羊容易发生；

（5）高热疾病引起胃肠蠕动力减弱。

（二）临床症状

初生小羊患病时，时常伏卧，后腿伸直，哀叫，表示痛苦。有时起卧不安，显示疯狂状态。

大羊发病时，最主要的症状是不时作伸腰动作。严重者面部表情忧郁、离群、不食，常后顾腹部，起卧极不安宁；静卧霎时即又起立前行，或者毫无方向的走动，变换一个地方又重新卧下。

（三）预防

（1）人工哺乳仔山羊时，必须做到定时定量。

（2）冬季由放牧转为舍饲期间，必须供给足量饮水，并争取多运动。尤其在转为舍饲的初期，更应特别注意。

（四）治疗

只要治疗及时，一般均无生命危险。治疗方法如下。

（1）用稀薄温暖的肥皂水或石碱水灌肠。若无灌肠器，可用小橡皮管与漏斗连接，将橡皮管的另一头插入肛门，徐徐将肥皂水灌入肠内。灌入水量不限制，见羊努责时，可让其自由排出，然后再反复灌入。如果肥皂不方便，即单独用温水反复灌入，亦有疗效。

（2）灌肠以后，假如不能治愈，可再给以泻盐 80 ~ 100g 或石蜡油 150 ~ 180mL。在一般情况下，于灌肠之后十余分钟即可痊愈，无须再给泻剂。

(3) 给予容易消化的调养性饲料，如水分多的绿色饲料。

## 十七、肠变位

肠变位是肠管的位置发生改变，同时伴发机械性肠腔闭塞，肠壁的血液循环也受到严重破坏，引起剧烈的腹痛。本病发病率很低，但死亡率高。

肠变位通常包括肠套迭、肠扭转、肠缠结及肠箝闭四种。肠套叠是某一部分肠管套叠在邻部肠腔内，多见于小肠。肠扭转是肠管沿自身的纵轴或以肠系膜基部为抽的扭转而引起肠腔闭塞，易发生于空肠，特别是接近回肠的空肠。肠缠结又名肠缠络或肠绞榨，即一段肠管以其他肠管、精索、韧带、肠系膜基部、腹腔肿瘤的根蒂、粘连脏器的纤维束为轴心进行缠饶而形成络结，引起肠管的闭塞不通，常见于空肠。肠箝闭又名肠嵌顿或疝气，为肠管的一段陷于先天孔或后天的病理孔中，致肠管发生闭塞不通，如腹股沟孔，肠系膜破裂孔，网膜孔等。其中，以肠套叠较为常见。

(一) 病因

(1) 羊只的强烈运动、猛烈跳跃或过分努责，使肠内压增高、肠管剧烈移动而造成。

(2) 当长时间饥饿而突然大量进食（特别是刺激性食物时），由于肠管长时间的空虚迟缓，前段肠管受食物刺激，急剧向后蠕动，而与其相连的后一段肠管则仍处于空虚迟缓状态，因此容易发生前段肠管被套入后段肠腔中而发生肠套叠。

(3) 冰冻霜打，腐败发霉以及刺激性过强的饲料，使肠道受到严重的刺激，导致肠管蠕动异常，引起发病。

(4) 此外还可继发于肠痉挛、肠炎、肠麻痹、肠便秘等内科病及某些寄生虫病。

（二）症状

病常突然发生，呈持续性严重腹痛症状，出现许多不自然姿势，如摇尾、踢腹、起卧、犬坐、后肢弯曲或前肢下跪，有时两前肢屈曲而横卧。病羊精神极度痛苦，目光凝视，全身不时发抖，磨牙，呻吟。食欲废绝，结膜充血，呼吸迫促，脉搏弱而快(100~200次/分钟)。体温一般正常，如并发肠炎及肠坏死时，体温可升高。病初频频排粪，后期停止。腹围常常增大。肠蠕动音微弱，以后完全消失。病的后期由于肠管麻痹，虽腹痛缓解，而全身症状恶化，预后多不良。病程可由数小时到数天，重症时3~4小时即可死亡。

（三）病理剖检

可发现病变部位肠道的各种变化。

（四）预防

针对病因，加强饲养管理。

（五）治疗

原则是镇痛和恢复肠道的正常位置。应尽快确诊，进行手术整复。这里仅简述肠套叠的手术疗法。肠套叠一旦发生，就会引起急性肠梗阻，后果非常严重。

最有效的疗法，为施行开腹整复术，而且必须争取时间及早进行。手术步骤如下。

1. 术前准备

除作好一般器材的消毒外，应备好0.25%普鲁卡因、青霉素、硫化钠、甘油、磺胺噻唑软膏、磺胺脒及水合氯醛。

2. 手术过程

(1) 保定。将羊前后肢分别绑在一起，使左侧向下放倒，由二人固定。

(2) 将右肷部的毛剪到最短程度，再于该部涂以硫化钠与甘油（2∶8）的配合剂，使毛完全脱光。

（3）内服水合氯醛 8～10g，令其睡眠，然后用3%来苏尔水和70%酒精对术部进行清洗消毒。

（4）用0.25%普鲁卡因对术部进行矩形局部麻醉。然后切开长约15cm之切口，沿腹肌伸入右手，通过盲肠底摸寻坚硬的患部。

（5）取出患部，检查其颜色，如呈暗紫色，有腐烂趋势者，表示为患病部位，此时，应用外科刀切开患部的两端，并用灭菌肠线进行肠管断端缝合，然后给缝合部位涂以磺胺噻唑软膏，以防粘连与发炎，最后轻轻放回原位，如果病变部位颜色稍红，无腐烂趋势者，可用两手拇指和食指推压使套叠复位。

（6）把腹膜和肌内分别进行连续缝合，皮肤行结节缝合，并用脱脂棉和纱布包扎伤口。

3. 术后处理

（1）将羊放在安静清洁而干燥的隔离室，给予适量的温水与流食。

（2）避免给予泻剂及任何可以增强肠蠕动的药品，以防肠管断裂与粘连。

（3）第2～3天有的羊体温略升，精神委靡，食欲缺乏，此为肠炎表现，可给予消炎收敛制酵剂。

（4）第3天可开始给予青草，但应避免给多蛋白饲料。

## 十八、直肠脱

直肠脱出是直肠末端的一部分向外翻转，或其大部分经由肛门向外脱出的一种疾病。

（一）病因

发病原因是肛门括约肌脆弱及机能不全，直肠黏膜与其肌层的附着弛缓或直肠外围的结缔组织弛缓等，均可促使本病的发生。直肠脱出多见于长期便秘、顽固性下痢、直肠炎、母羊分娩时的强烈努责，或久病体弱，或受某些刺激因素的影响。使直肠的后部失去正常的支持固定作用而引起。

（二）症状

病初仅在排粪或卧地后有小段直肠黏膜外翻，排粪后或起立后自行缩回。如果长期反复发作，则脱出的肠段不易恢复，形成不同程度的出血、水肿、发炎，甚至坏死穿孔等。病羊排粪十分困难，体况逐渐衰退。

（三）防治

首先要排除病因，及时治疗便秘、下痢、阴道脱出等原发病。认真改善饲养管理，多给青绿饲料及各种营养丰富的柔软饲料，并注意适当饮水，这是预防发病和提高疗效的重要措施。

（1）病初，若脱出体外的部分不多，应用1%明矾水或0.5%高锰酸钾水充分洗净脱出的部分，然后再提起患羊的两后腿，用手指慢慢送回。

（2）脱出时间较长，水肿严重时，可用注射针头乱刺水肿的黏膜，用纱布衬托，挤出炎性渗出液。对脱出部的表面溃疡、坏死的黏膜，应慎重除去，直至露出新鲜组织为止。注意不要损伤肠管肌层，然后轻轻送回。为了防止复发，可在肛门上下左右分四点注射1%普鲁卡因酒精溶液20mL；也可在肛门周围作烟包袋口状缝合，缝合后宜打以活结，以便能随意缩紧或放松。

（3）对黏膜水肿严重及坏死区域较广泛的病羊，可采用黏膜下层切除术。在距肛门周缘1cm处，环形切开直达黏膜下层，向下剥离，翻转黏膜层，将其剪除，最后将顶端黏膜边缘，用丝线作结节缝合，整复脱出部分，肛门口再作烟包袋口状缝合。

术后注意护理，并结合症状进行全身治疗。

## 十九、绵羊肝炎

肝炎是绵羊常发生的疾病。其特征为肝脏发生脂肪变性，甚至造成肝硬化。

（一）病因

（1）细菌引起。通过剪毛、断尾或去势伤，化脓杆菌或假结核杆菌通过血液途径达到肝脏。

（2）寄生虫引起。肝片形吸虫的幼虫破坏了肝实质，成虫可使胆管发生硬化。

（3）中毒引起。可能为植物性中毒，亦可能为矿物性中毒。矿物性中毒常由砷、铅、铜、磷等所引起，其结果为肝细胞坏死和发生脂肪变性。过量的四氯化碳及四氯乙烯；真菌毒素亦可使肝细胞遭到严重破坏。

（4）传染病引起。巴氏杆菌病及李氏杆菌病等均可使肝脏出现粟粒性病灶；患结核病时，肝脏可能出现结节；当放线杆菌病发展为全身性时，亦可能影响到肝脏；受到诺维氏梭菌传染时，会发生坏死性肝炎。

（二）症状

主要症状为厌食，常伴有便秘或腹泻。可见黏膜出现黄疸，特别从结膜上容易看到。在严重病例，当分开被毛时亦可见皮肤发黄，皮肤瘙痒，脉搏徐缓，精神沉郁或兴奋，共济失调，抽搐或痉挛，或呈昏睡状态，甚至发生肝昏迷。在肝脏上发生坏死和脓肿时，亦可能不显症状，如果出现症状，则表现全身障碍，如体温升高、食欲消失、精神沉郁及衰弱，最后僵卧而死。

（三）剖检

不论对于细菌毒素或有机毒与无机毒，肝脏均非常敏感。受到毒物侵害的结果，肝细胞即发生坏死过程——核浓缩、核崩解及核溶解，同时细胞浆内形成小的脂肪珠，这些脂肪珠逐渐增大，最后完全占据细胞所有空间。坏死可以存在于肝小叶的边缘，亦可发生在中央，这是根据毒物的特性及其达到肝小叶的途径而决定。随着肝实质的破坏，肝间质增多，因此，整个肝脏变为肿大。从切面上可以看到有许多斑点。所有上述变化均为慢性肝炎的特征。

在患急性肝炎时，肝脏肿大而呈浅褐色，肝组织变脆。当有化脓细菌存在时，最初产生局限性坏死，以后则形成脓肿。这些情况发生于干酪样淋巴结炎，有时见于坏死杆菌病。但许多坏死杆菌病病例并不发生脓肿，而有许多发硬的灰色坏死区域。

（四）诊断

根据病羊消化不良，黄疸，容易兴奋或昏迷，结合血液检查GOT 和 LDH3 活性显著增高等，可作出诊断。

（五）防治

改善饲养，停止饲喂霉败饲料和有毒饲草，给予富含碳水化合物和维生素的饲料。

采用清肠、利胆、保肝、排毒等综合方法进行治疗药用健胃舒肝散效果很好，或根据发病原因而定。除舒肝健胃散外，但大多数肝炎的治疗效果都较差。

## 第三节　羊营养代谢性疾病防治

### 一、羊异食癖

羊异食癖是由于代谢机能紊乱，味觉异常的一种非常复杂的多种疾病的综合征。临床特征为家畜到处舔食、啃咬通常认为无营养价值而不应该采食的东西。一般多发生于冬季和早春舍饲的羊。

（一）病因

矿物质缺乏，特别是钠盐不足，钠的缺乏可因饲料里钠不足，也可因饲料中钾盐过多而造成；维生素缺乏，特别是 B 族维生素的缺乏，因为，这是体内许多与代谢关系密切的酶及辅酶的组成成分，当其缺乏时，可导致体内代谢紊乱；蛋白质和氨基酸缺乏。饲料蛋白质含量不足时，特别是硫元素的缺乏，可引起食毛症。矿物质锌的缺乏，可能会造成啃毛的现象。

（二）症状

羊异食癖一般以消化不良开始，接着出现味觉异常和异食症状。患羊舔食、啃咬、吞咽被粪便污染的饲料或垫草。舔食墙壁、食槽、砖、瓦块等，对外界刺激的敏感性增高，以后迟钝。被毛无光泽，贫血、消瘦。羊有时可发生食毛癖，多见于羔羊。

（三）预防

改善饲养管理，给予全价日粮；河南豫神劲牛动物保健品有限公司生产的羊 TMR 颗粒饲料能够满足羊只所需的各种营养，可以有效地预防羊只维生素及矿物质的缺乏症。该病的预防一般不需要加特殊的药品，做好饲料的合理饲喂即可。

（四）治疗

根据地区土壤缺乏的矿物质情况，缺什么补什么。严重时可以适当添加一些富含矿物质及维生素的饲料，满足羊只对此类营养物质的需要即可。

## 二、维生素 A 缺乏症（干眼病）

此病容易发生于舍饲绵羊、怀孕绵羊及羔羊。其特征为角膜及结膜干燥，视力衰退。

（一）病因

由于日粮中缺乏维生素 A。故在长期舍饲而得不到青绿饲料时，羊群中即容易见到此病。

在正常情况下，维生素 A 可以在体内贮存，当饲料中的含量较低时，即可以调动贮存部分以供应需要。但在遇到长期天旱、下雪或缺乏青绿饲料时，体内贮存的维生素 A 即被用尽，因此如果这时羊的视力不好，即可认为是由于维生素 A 的缺乏所致。

（二）症状

当维生素A缺乏时，视网膜中视紫质的合成遇到障碍，以致影响到网膜对弱光刺激的感受，故形成夜盲症。病羊表现畏光，视力减退，甚至完全失明。

由于角膜增厚，结膜细胞萎缩，腺上皮机能减退，故不能保持眼结膜的湿润，而表现出眼干燥症。由于腺上皮的分泌物减少，不能溶解侵入的微生物，便更加重了结膜炎症及角膜软化过程。有时变化可以涉及角膜深层。

在缺乏维生素A时，机体其他部分的上皮也会发生变化。例如消化道及呼吸道的黏膜上皮变性，分泌机能减低，引起骨骼发育不良，繁殖机能障碍，以及容易遭受传染病的侵害。

成年羊缺乏维生素A时，身体并不消瘦。故患有眼干燥症的羊，体况可能仍然很好。

（三）预防

（1）注意改善饲养。在配合日粮时，必须考虑到维生素A的含量；每日应供给胡萝卜素0.1~0.4mg/kg体重。

（2）对于孕羊要特别重视供给青绿饲料，冬季要补充青干草、青贮料或红萝卜。

（四）治疗

给日粮中加入青绿饲料及鱼肝油，可以迅速获得治愈。鱼肝油的口服剂量为20~50mL。当消化系统紊乱时，本着节约精神，可以皮下或肌内注射鱼肝油，用量为5~10mL，分为数点注射，每隔1~2天1次。亦可用维生素A注射液进行肌内注射，用量为2.5万~5万单位。

## 三、羊钴缺乏症

（营养不良，地方性消瘦）

钴缺乏症，又称营养不良，丛林病、地方性消瘦，海岸病、湖岸病等。本病临床上以食欲减退、贫血和消瘦的特征。仅发生于绵羊、山羊和牛等反刍动物。

钴是一种微量元素，在羊体内的正常含量不超过两万分之一，但在维持机体的正常生长和健康上都具有非常重要的作用。

（一）病因

主要是由于土壤中含钴量太少，因而羊吃到的饲料中钴量不能满足需要。

根据研究证明，所有高等动物都需要维生素 $B_{12}$。在正常情况下，绵羊第一胃中微生物的生长、繁殖都需要钴，并利用钴合成维生素 $B_{12}$。维生素 $B_{12}$不仅是反刍动物的必需维生素，而且是瘤胃微生物的必需维生素。但当牧草中缺乏钴时，则维生素 $B_{12}$ 合成不足，直接影响瘤胃微生物的生长繁殖，从而影响纤维素的消化。维生素 $B_{12}$是甲基丙二酰辅酶 A 变位酶的辅酶，因此，缺钴时，可引起反刍动物能量代谢障碍，使动物消瘦和虚弱。钴还加速体内铁的动员，促进造血功能。由此可知，放牧在缺钴草地上的羊群，容易患钴缺乏症。

自从发现钴缺乏症与摄入的钴量有关以后，跟着就发现到影响该病出现的很多因素。例如在春、夏季中，牧地的钴量减少，该病出现即较多；当草地上的含钴量一年比一年减少时，该病亦逐年增多；由于不同植物种类中的含钴量有所差异，因而放牧在不同草地上的绵羊，其发病情况亦不相同。

（二）症状

主要表现为渐进性的消瘦和虚弱，最后发生贫血症，结膜及口、鼻黏膜发白。常常发生下痢，眼睛流出水样分泌物。毛的生长也受到影响。

小羊比成年羊的表现严重。但只要钴缺乏达到数月，任何年龄的羊都会死亡。如果将病羊转移到钴正常地区，可以很快痊愈，若返回发病地区，又会重新发病。

（三）诊断

在怀疑患有钴缺乏症时，试用钴制剂治疗，观察有无良好反应。最重要的是先要获得确切的诊断。但困难的是，此病的症状与很多病的症状相同，尸体剖检也没有特征性变化，因此常常会在诊断上造成混淆。为了获得正确诊断，最好是对土壤、牧草进行钴的分析，土壤钴含量低于3mg/kg，牧草中钴含量低于0.07mg/kg，可认为是钴缺乏。同时，要注意与寄生虫、铜、硒和其他营养物质缺乏引起的消瘦症相区别。

（四）预防

根据大群试验，每只羊每月给予1次250mg的钴，具有显著的预防效果，而且也不至于发生中毒。如果在饲料中含有0.07～0.8μg/g干物质的钴，即可供给钴的最低需要量，而保证羊只的正常健康。

（五）治疗

（1）在疾病还不十分严重时，如果能移到其他地区，往往可以迅速恢复。

（2）羔羊在瘤胃未发育成熟之前，可肌内注射维生素$B_{12}$，每次100～300μg。

（3）口服氯化钴或硫酸钴，用法为每羊每天1mg钴，连用7天，间隔两周后重复用药，或每周2次，每次2mg，或每周1次，每次7mg钴。亦可按每月1次，每次300mg等，不仅可减少死亡，而且可使动物生长较快。

## 四、羊锌缺乏症

锌缺乏是由于饲料中锌含量不足引起的一种营养缺乏病。其临床特征是生长缓慢，皮肤角化不全，繁殖机能紊乱。

（一）病因

在山羊可用低锌饲料实验引起本病，其特征是皮肤增厚，角化不全。并有自然发病的报道，在日粮中添加锌可以恢复。用缺锌饲料喂羔羊，大约6周后发生临床症状，证明动物组织中已没有锌的贮备。此外，饲料中常存在一些干扰锌吸收利用的因素，如钙、镉、铜、铁、铬、钼、锰、磷、碘以及植酸等。如果这些元素配合比例失当可造成锌缺乏。

（二）症状

绵羊自然病例的特征是脱毛和皮肤增厚，产生皱纹，诱发的羔羊病例表现为生长缓慢，流涎，跗关节肿胀，皮肤出现皱纹，在蹄和眼睛周围有开放性皮肤损害。

公羊羔缺锌最显著的特征之一是睾丸发育障碍，精子生成完全停止。用含锌2.44mg/kg饲料饲喂公羊羔，20～24周便可发生上述症状。含锌17.4mg/kg饲料已足够维持生长，但对睾丸的正常发育和精子生长则需要含锌32.4mg/kg饲料。严重缺锌的幼龄羊实验病例还表现大量流涎，在眼睛周围、鼻、足部和阴囊等处皮肤角化不全，蹄壳脱落，羊毛营养不良并脱落，羊毛被严重沾污并产生一种刺激性气味。

（三）诊断

依据临床症状和血清锌水平降低可以作出诊断。正常绵羊血清锌水平为12～18μmmol/L，缺乏锌时可降至2.8μmmol/L。

（四）预防

标准的建议剂量是在每吨饲料加碳酸锌或硫酸锌180g。补饲锌可使患畜明显增重。补饲含不饱和脂肪酸的油类也具有良好的预防作用。

（五）治疗

饲料中补加0.02%的碳酸锌，或每天注射2～4mg/kg体重锌，连续注射10天有良好效果。每天口服0.4g硫酸锌，或每周注射0.2g硫酸锌，也是一种有效的治疗方法。

## 五、羊铜缺乏症

铜缺乏症发生于土壤缺乏铜的地区，其特征是：成年羊影响毛的生长；羔羊发生地方流行性共济失调和摆腰病。

（一）病因

（1）原发性铜缺乏。长期饲喂低铜土壤上生长的饲草、饲料是常见的病因。通常饲料（干物质）含铜量低于3mg/kg，可以引起发病。3～5mg/kg为临界值，8～11mg/kg为正常值。

（2）继发性铜缺乏。虽然日粮含有充足的铜，但铜的吸收受到干扰，如采食在高钼土壤生长的牧草，或钼污染所致的钼中毒。此外，硫也是铜的拮抗元素。实验证明，当日粮中硫的含量达1g/kg时，约有50%的铜不能利用。铜的拮抗因子还有锌、铅、镉、银、镍、锰等。在缺乏钴的某些海滨地区，也往往存在此病。

铜是体内许多酶的组成成分或活性中心，例如与铁的利用有关的铜蓝蛋白酶，与色素代谢有关的酪氨酸酶，与软骨生成有关的赖氨酰基氧化酶，与结缔组织生长有关的胺氧化酶，与磷脂代谢关系密切的细胞色素氧化酶以及与氧化作用有关的超氧歧化酶等。当铜缺乏时，相关酶活性下降，因而出现贫血、毛退色，关节肿大，骨质疏松，神经脱髓鞘等。

（二）症状

成年羊的早期症状为：全身黑毛的羊失去色素，而产生出缺少弯曲的刚毛。典型症状为衰弱、贫血、进行性消瘦。通常均发生结膜炎，以致泪流满面。有时发生慢性下痢。

严重病羊所生的羔羊不能站立，如能站立，也会因运动共济失调而又倒下，或者走动时臀部左右摇摆。有时羔羊一出生就很快发生死亡。不表现共济失调的羔羊，通常也很消瘦，难以肥育。

病羊血中的铜含量很低，下降到 0.1～0.6mg/L。羔羊肝脏含铜量在 10mg/kg 以下。

(三) 剖检

在共济失调的羔羊，其特征性变化为：脑髓中发生广泛的髓鞘脱失现象，脊髓的运动径有继发变性。脑干变化的结果，造成液化和空洞。

(四) 诊断

主要根据症状、补铜后疗效显著及剖检进行诊断。单靠血铜的一次分析，不能确定是铜缺乏，因为血铜在 0.7mg/L 以下时，说明肝铜浓度（以肝的干重计）在 25mg/kg 以下，但当血铜在 0.7mg/L 以上时，就不能正确反映肝铜的浓度。

(五) 预防

绵羊对于铜的需要量很小，每天只供给 5～15mg 即可维持其铜的平衡。如果给量太大，即储存在肝脏中而造成慢性铜中毒。因此，铜的补给要特别小心，除非具有明显的铜缺乏症状外，一般都不需要补给。

为了预防铜的缺乏，可以采用以下几种方法。

(1) 最有效的预防办法是，每年给牧草地喷洒硫酸铜溶液。给砥盐中加入 0.5% 的硫酸铜，让羊每周舔食 100mg，亦可产生预防效果。但如舔食过量，即有发生慢性铜中毒的危险，必须特别注意。

(2) 灌服硫酸铜溶液：成年羊每月一次，每次灌服 3% 的硫酸铜 20mL。1 岁以内的羊容易中毒，不要灌服。当在将产羔的母羊中发现第一只出现行走不稳的症状时，如果给所有将产羔母羊灌服硫酸铜1g（溶于30mL水中），于1周之后即可能防止损失。产羔前用同样方法处理2～6天，即可防止羔羊发病。

## 六、羊碘缺乏症（大脖子肿）

碘缺乏时的主要特征是甲状腺发生非炎症性增大，故又称甲状腺肿。

（一）病因

（1）原发性碘缺乏。主要是羊摄入碘不足。羊体内的碘来源于饲料和饮水，而饲料和饮水中碘与土壤密切相关。土壤缺碘地区主要分布于内陆高原、山区和半山区，尤其是降雨量大的沙土地带。土壤含碘量低于0.2～0.25mg/kg，可视为缺碘。羊饲料中碘的需要量为0.15mg/kg，而普通牧草中含碘量0.006～0.5mg/kg。许多地区饲料中如不补充碘，可产生碘缺乏症。

（2）继发性碘缺乏。有些饲料中含碘拮抗物质，可干扰碘的吸收和利用，如芜菁、油菜、油菜籽饼、亚麻籽饼、扁豆、豌豆、黄豆粉等含拮抗碘的硫氰酸盐、异硫氰酸盐以及氰苷等。这些饲料如果长期喂量过大，可产生碘缺乏症。

缺碘时，甲状腺素合成和释放减少，引起幼畜生长发育停滞，成年家畜繁殖障碍，胎儿发育不全。甲状腺素还可抑制肾小管对钠、水的重吸收，使钠、水在皮下间质潴留等。

（二）症状

根据所知，成年绵羊只发生单纯性甲状腺肿，而其他症状不明显。新生羔羊表现虚弱，不能吮乳，呼吸困难，很少能够成活。

病羔的甲状腺比正常羔羊的大，因此，颈部粗大，羊毛稀少，几乎像小猪一样。全身常表现水肿，特别是颈部甲状腺附近的组织更为明显。

（三）诊断

临床甲状腺肿大易于诊断。无甲状腺肿时，如果血液碘含量低于 24μg/L，羊乳中碘低于 80μg/L 可诊断为碘缺乏。

（四）剖检

从病理切片检查，可见甲状腺完全没有胶质。腺泡上皮常为柱状。

（五）防治

在患甲状腺肿的地区，应用碘化钾可以有效地控制和防止病的发生。一般给食盐中加入 0.01% ~0.03% 的碘化钾即有良好效果；碘化钾的具体给量可以根据地区的缺碘情况来决定。总之，必须从思想上重视预防工作，经常采用碘盐，防止发生碘缺乏症。

## 第四节　羊中毒性疾病防治

羊发生中毒比其他家畜都少，尤其是山羊中毒更少。因为山羊嗅觉非常锐敏，一般不吃劣等草料，而且有些毒物其他家畜吃了可以中毒，而山羊吃了却无毒害。但羊中毒的机会仍然很多，必须给予足够重视。

（一）中毒的原因

（1）植物性中毒。对羊有毒的植物种类很多，如：采食萱草根、疯草、蕨类、羊踯躅（即闹羊花）、映山红、马樱丹、山蟛蜞菊、喜树叶、蜡梅、昆明山海棠等等。

（2）无机元素。如氟、钼、铜、硒、等，常通过饮水或被植物吸收富积而引起群发性中毒。

（3）动物毒素。如被毒蛇、毒蜂、毒蜘蛛咬蜇而中毒。

（4）农药污染。如有机氯、有机磷杀虫剂、灭鼠剂、灭螺剂等，在使用过程中污染牧草或饮水而引起中毒。

（5）药物中毒。如驱虫药、抗生素、麻醉剂以及某些中药等，因使用不当，剂量或浓度过大都会引起中毒。

（6）饲料中毒。如饲料霉变常可引起真菌毒素中毒，谷物过食而引起瘤胃酸中毒。食盐过量引起的食盐中毒以及菜籽饼、棉籽饼引起的中毒等。

（7）人为投毒。虽属偶然事件，但也不能忽视。

中毒的症状是多种多样的，一般表现都是非常迅速而剧烈的；由肠胃道的严重发炎（甚至是出血性的），迅速发展成为全身虚弱和神经紊乱（兴奋、痉挛、麻痹等等）。中毒的羊口角流出泡沫，发生呕吐和下痢，精神极不好，头下垂，眼无神，腹部疼痛，磨牙、呻吟，甚至发生痉挛。步行不稳，严重时卧地不起，四肢开张，结膜充血，四肢及鼻端冷凉，陷于昏迷状态。怀孕羊往往发生流产。

因中毒死亡的羊，在剖检时血液凝固不良或完全不凝固。消化道大多数有显著变化，如黏膜充血、出血、溃疡及坏死等。肌肉和实质脏器常发生变性。有些急性中毒可能没有什么变化。

（二）中毒性疾病的诊断

要根据一批羊的同时突然发病，而且症状相同等情况。发病之前的饲料种类具有极大的参考价值。

为了确定毒物的种类，必须进行调查研究，详细询问所喂的饲料，以及可能吞食的毒物种类。如果有死亡的羊只，应把肠胃的内容物送化验室进行化学分析。

（三）中毒的治疗原则

尽快促进毒物排除，应用解毒剂，实施必要的全身治疗和对症治疗。

1. 促进毒物排除，减少毒物吸收

（1）洗胃。食后4~6小时，毒物尚在胃内，可用温水或生理盐水，毒物明确时，可加适当解毒剂，插入胃管反复洗出瘤胃内容物，必要时可施行瘤胃切开术洗胃。

（2）轻泻或灌肠。中毒发生时间较长，大部分毒物已进入肠道，宜用泻剂和灌肠，一般用盐类泻剂并配伍活性炭或另灌淀粉浆，以吸附毒物，保护肠黏膜，阻止毒物吸收。用温水深部灌肠，也可促进毒物排除。

（3）放血和利尿。毒物已吸收入血时，可根据羊的体质，放血 100 ~200mL，或内服利尿素 1 ~2g，以促进毒物排出。

2. 应用解毒剂

在毒物性质未明确之前，可采用通用解毒剂；当毒物种类已经或大体明确时，可采用一般解毒剂和特效解毒剂。

（1）通用解毒剂。活性炭 2 份，氧化镁 1 份，鞣酸 1 份，混合均匀。羊 20 ~40g，加水适量灌服。方中活性炭可吸附大量多数毒物；氧化镁可中和酸类毒物；鞣酸可使生物碱，某些甙类和重金属盐类沉淀。因此，通用解毒剂对一般毒物都有一定解毒作用。

（2）一般解毒剂。适用于毒物在胃肠内未被吸收时，包括中和解毒、沉淀解毒和氧化解毒。

（3）特效解毒剂。如有机磷农药中毒用解磷定，亚硝酸盐中毒用美兰，砷中毒用二巯丙醇等，其用法用量详见各有关中毒病的治疗。

3. 维护全身机能及对症疗法

为稀释毒物，促进毒物排出，增强肝脏解毒机能，可静脉大量注射复方氯化钠溶液或 25% 葡萄糖溶液（100 ~200mL），每天 2 ~3 次，直到病羊脱离危险期为止。如遇昏迷时应给予兴奋剂，如内服咖啡因 1 ~1. 5g；当心脏衰弱时，可用樟脑水、安钠咖等；肺水肿时，静脉注射葡萄糖酸钙；呼吸衰竭时，可用 25% 尼可刹米等。

关于中毒的预防　因为中毒的发生主要是由于饲养管理上的

疏忽，因此，必须从各方面加强饲养管理，切实贯彻执行“预防为主”的方针。

（1）认真执行饲养管理的有关制度。必须大力宣传可能引起中毒的各种因素，依靠群众去自觉地进行预防。

（2）对于农药及剧毒药品必须严加保管。

（3）放牧之前应先了解牧地是否有毒草。舍饲期间应考虑饲料种类，不要用不适宜的饲料喂羊。

## 一、羊亚硝酸盐中毒

本病是由于摄入含亚硝酸盐的植物、腐败草、腐败菜或水而引起的中毒性高铁血红蛋白症，主要表现皮肤黏膜呈蓝紫色及缺氧状态。

（一）病因

（1）白菜、萝卜叶、甜菜、莴苣叶、南瓜藤、甘薯藤，未成熟的燕麦、小麦、大麦、黑麦、苏丹草等幼嫩时硝酸盐含量高，如堆放过久、雨淋、腐烂或堆放发热，使硝酸盐还原，或煮熟后低温缓焖延缓冷却时间，可使饲料中的硝酸盐转化为亚硝酸盐。

（2）大量使用硝酸铵、硝酸钠施肥，使饲料含量增多。

（3）在羊舍、粪堆、垃圾附近的水源，常有危险量的硝酸盐存在，如水中硝酸盐含量超过200～500mg/L，即可引起中毒。绵羊亚硝酸盐每千克体重67mg即可致死。

（二）临床症状

（1）有的不显症状即死亡。

（2）急性。沉郁，流涎，呕吐，腹痛，腹泻（偶尔带血），脱水。可视黏膜发绀。呼吸困难，心跳加快，肌肉震颤，步态蹒跚，卧地不起，四肢划动，全身痉挛。

（3）慢性。前胃弛缓，腹泻，跛行，甲状腺肿大。

(三) 诊断要点

吃了发酵腐败的青饲料或喝了含硝酸盐的水而发病，沉郁，流涎，腹痛，呕吐，肌肉震颤，卧地则四肢划动，全身痉挛，血色暗褐或似酱油。剖检可见胃肠黏膜充血、出血、易脱落。取胃内容物液滴于滤纸上，加10%联苯胺液1~2滴，再加上10%醋酸1~2滴，滤纸变为棕色，即证明有硝酸盐。或从静脉取血液5mL放试管内振荡15分钟，血液仍呈暗褐色（正常血则变为鲜红色）

(四) 鉴别诊断

(1) 氢氰酸中毒。黏膜、血液呈鲜红色。

(2) 马铃薯中毒。有马铃薯采食病史，神经症状明显，有出血和黏膜苍白病变。

(3) 水蓬中毒。有水蓬病史，脑神经症状及颌下水肿。

(五) 防治措施

(1) 用美蓝每千克体重8mg配成溶液（美蓝1g溶于酒精10mL中，加生理盐水9mL）缓慢静注或分点肌注，必要时2小时后再注射1次。同时，皮注维生素C 6~10mL。

(2) 用甲苯胺蓝配成5%溶液，按0.5%的溶液每千克体重静注或肌注0.5mL，疗效比美蓝高。

(3) 用0.1%高锰酸钾水洗胃。

(4) 重症羊再用含糖盐水500~1 000mL、樟脑磺酸钠5~10mL、维生素C 6~8mL静注。

## 二、羊氢氰酸中毒

本病是由于羊采食了含有氰甙的植物或误食氰化物，在胃内经酶水解和胃酸的作用，产生游离的氢氰酸而发生的中毒病。

(一) 病因

(1) 因采食了含氰甙的植物而中毒。含氰甙的植物较多，如高粱苗、玉米苗、马铃薯幼苗、亚麻叶、木薯、桃、李、杏、枇杷的叶子及桃仁、杏仁等。

(2) 由于误食了氰化物农药污染的饲草或饮用了氰化物污染的水。

氢氰酸的氰离子（$CN^-$）能迅速与氧化型细胞色素氧化酶的 $Fe^{3+}$ 结合，使其不能还原为还原型细胞色素氧化酶的 $Fe^{2+}$，从而丧失其传递电子、激活氧分子的作用，使生物氧化的呼吸链中断，导致细胞呼吸停止，造成组织缺氧。由于氧未利用而相对过剩，静脉血中含氧合血红蛋白而呈鲜红色。由于中枢神经系统对氧特别敏感，首先遭到毒害，终因呼吸中枢和心血管运动中枢麻痹而死亡。

(二) 症状

发病很急，病初兴奋不安，表现出一系列消化器官的机能紊乱，如流涎、呕吐、腹痛、胀气和下痢等。接着心跳及呼吸加快，精神沉郁。后期全身衰弱，行走摇摆，呼吸困难，结膜鲜红、瞳孔散大。最后心力衰竭，倒地抽搐而死。最急性者，突然极度不安，惨叫后倒地死亡。

(三) 解剖病变

尸僵不全。尸体不易腐败。切开时见血色鲜红，凝固不良。口腔内有血色泡沫，胃肠黏膜充血，甚至出血。气管、支气管及喉头的黏膜有出血点，肺脏充血或出血。

(四) 诊断

依据食入含氰甙植物或被氰化物污染饲料或饮水的病史，发病急速，呼吸困难，血液呈鲜红色等临床特征，可作出诊断。必要时可对饲料和胃内容物作氢氰酸检查。

(五) 防治

(1) 严禁在生长含氰甙植物的地方放牧，对氰化物农药应严加保存，以防污染饲料和饮水。

(2) 发病后采用特效解毒药，迅速静脉注射3%亚硝酸钠溶液，剂量为6～10mg/kg体重，然后再静脉注射5%硫代硫酸钠，剂量为1～2mL/kg体重。或用10%对二甲氨基苯酚（4－DMAP），剂量为10mg/kg体重，静脉注射。

## 三、霉变饲料中毒

霉变饲料中毒是潮湿季节易发生的中毒性疾病之一，由羊采食了发霉变质的饲料引起，主要临床症状依饲料的霉变程度与采食的多少和采食时间的长短而有所不同。轻者出现胃肠炎、拉稀，怀孕母羊流产，慢性的造成肝脏伤害，重者出现神经症状甚至死亡。

（一）症状

羊中毒后精神不振，食欲减退或废绝，生长发育不良，消瘦，腹痛，腹泻；羔羊常出现神经症状，行走不稳，瘫痪，震颤，体温一般正常；怀孕母羊会出现流产和死胎。如果真菌进入肺脏羊表现慢性长期的咳嗽，抗生素治疗不见效果。

（二）病理变化

中毒死亡羊表现脱水，皮肤干燥，眼窝下陷，黏膜青白色，胃肠道黏膜脱落，前胃角质容易剥离，真胃、肠道黏膜水肿，严重的有出血斑点，急性病例肝脏前期於血肿胀，中后期色泽变淡或者硬化，慢性病例可用见到大小不等的白色肿瘤结节。如果真菌侵害肺脏可用见到肺脏的化脓灶或者增生的结节。

（三）诊断

在生产中可通过检查了解饲料是否有发霉、变质、变色、变味现象，了解使用时间与发病时间是否相符，以及所有喂同种饲料的动物都发病等情况综合分析进行诊断外，还需做实验室诊断方可确诊。

（四）预防

（1）防止饲料发霉变质，饲料贮藏室要保持通风干燥，对被真菌污染的仓库应熏蒸消毒（每立方米用福尔马林40mL，高锰酸钾20g，水20mL，密闭熏蒸24小时）。

（2）对被真菌污染的饲料可在每吨饲料中添加脱霉剂500～1 000g。

（五）治疗

（1）停喂霉变饲料，如果羊是轻微中毒，换料即可，不需用药。如症状较重，可用吸附剂如蒙脱石，面粉，也可以及时用缓泻剂，如大黄、硫酸镁或者硫酸钠。

（2）对严重病例可辅以补液强心，用安钠咖注射液5～10mL，5%葡萄糖注射液250～500mL，5%碳酸氢钠注射液50～100mL，一次静注，维生素C注射液5～10mL肌内注射。

（3）对有神经症状的加镇静剂，用盐酸氯丙嗪按羊每千克体重1～3mg的量注射（出现神经症状的，多预后不良）。

## 四、水蓬中毒

本病不但发生于绵羊，而且可见于牛。山羊因择食性强，很少发生。病的主要特征是发生脑神经症状及颌下水肿。

（一）病因

由于长期干旱，别的牧草大多枯死，只有水蓬生长茂盛，特别在庄稼旱死后的耕地和撂荒地上唯有水蓬生长，羊只由于饥饿，往往因采食量过多而发生中毒。

水蓬学名灰蓬属藜科、灰蓬属。

水蓬的蛋白质含量几乎等于零，脂肪含量很低，灰分含量高，达到22.7%。当羊经常采食水蓬之后，由于大量盐分进入体内不能排出，引起组织水肿。由于机体组织内排出盐分和水分，便增加了心脏负担，以致最后导致心力衰竭而死亡。

### （二）症状

发病羊只以成年绵羊为最多，山羊及当年羔羊极少发生，病羊一般膘情良好。在羊群中首先出现脑神经症状的病羊，以后颌下水肿的病羊逐渐增多，而患脑神经症状的羊很少。

尽管症状不同，但体温都不高，一般在38.1～39.5℃，心跳不快。其他症状因类型不同而异。

（1）脑神经型。发生最急，一般无先驱症状，突然抽搐倒地、颤抖、四肢乱动、磨牙、空口咀嚼，不停眨眼。有的羊四肢踏地如“踏步走”，有的向前冲或作转圈运动，口中大量流涎，轻症的嘴噙不住草；有的羊不能站立，头弯向一侧，沉郁而死。这种脑神经症状的羊死亡率较高，最急性的4～5小时死亡。有些可以恢复，但恢复后许多天不能摄食，有的羊步态蹒跚。

（2）颌下水肿型。这种病羊最为多见，发生比较缓慢，起初发现颌下出现一个水包，以后水包很快肿大，触摸时感到皮肤松弛、无热、无痛、有波动感，刺破后流出白色、清亮而稍黏的液体。如不穿刺放水，很快肿及整个嘴部、头部；随后出现腹水，腹部胀大。触诊腹部时有水样波动，如不及时治疗，多于3～4天内死亡。颌下水肿型的死亡率较之脑神经型为低。

### （三）剖检

病死的羊，一般膘情较好，第一、第二胃内积有大量水蓬梗。

患脑神经症状型死亡的羊，剖检所见：肺脏变为青紫色，心内膜有出血点，脑蛛网膜血管充血严重，切面可见灰白质中有多数针尖大的出血点。以颌下水肿症状为主死亡的羊，剖检可见心肌松弛；肝脏肿大呈土黄色；肺呈青紫色；肠管松弛，无弹性，易破，切面呈胶冻状；腹水多，有的达到5 000mL以上；个别羊皮下组织黄染。

（四）诊断

在长有水蓬的地里放牧的羊，吃了大量水蓬之后，当天即可发病。急性症状为脑神经症状，慢性者表现为颌下水肿。病羊体温不高，故可排除有神经症状的李氏杆菌病。

（五）预防

在圈舍补饲后放牧，或转移草场放牧，均有预防效果。

（六）治疗

（1）脑神经型。单独应用抗生素或磺胺类药物治疗，疗效为0%～30%。如配合应用强心剂及兴奋呼吸剂，如肾上腺素、安钠咖、茶碱及樟脑水等，可以提高疗效。

（2）颌下水肿型。应用汞撒利、茶碱、安钠咖或双氢克尿塞等强心利尿剂治疗，连续用药2～3天，效果较好；极大部分可以治愈，只有个别羊有复发现象。

## 五、黑斑病红薯中毒（烂红苕中毒）

红薯发生黑斑病以后，病部干硬，表层形成黄褐色或黑色斑块，味苦。绵羊和山羊吃了都会发生中毒。本病在20世纪80年代以前发病比较多，近年来，随着红薯种植面积的减少发病很少。

（一）病因

由于吃了一定量的黑斑病红薯。黑斑病的主要病原真菌是红薯长喙壳菌。此外，甘薯储藏期间由于损伤部位感染软腐病菌，引起甘薯软腐病，受害部位产生出有酒味的黄色液体，后期长出白色绒毛菌丝，顶端有黑色颗粒。这类病菌能使红薯产生有毒的苦味质，又称甘薯酮及其衍生物——甘薯醇、甘薯宁，羊吃了大量的这种有毒物质，即可发生中毒。甘薯酮（苦味质）及其衍生物能耐受高温，经煮，蒸，发酵都不能破坏其毒性。

（二）症状

绵羊体温升高，呼吸脉搏加快。有时呼吸困难，发出吭声。粪便变软，常有黏液，尿量减少。严重时精神不振，脉搏无力，打战，7～10天死亡。死后口鼻流出白色泡沫。

山羊中毒时，脉搏可高达170次/分钟，呼吸可增加到120次/分钟，腹部发胀，喘息。呼气长度可为吸气长度的4～5倍，有臭味。咳嗽带吭音，有渴欲，尿量减少。四肢集于腹下，拱背站立，鼻流少量水样液体。粪便带黏液、血丝，甚至带有脓块。死前发出长声哀叫。

（三）剖检

心脏充满凝固血块，左右心室出血，心耳轻度淤血。胸腔有大量黄色液体。肺肿大，高度充血、淤血及出血，间质气肿，切开时流出大量泡沫，肺淋巴结肿大。气管内含有白色泡沫状黏液。脾轻度肿胀，边缘有点状出血。肾出血。肝大，高度出血。胆囊稍肿大，呈金黄色，充满黄绿色胆汁。第四胃皱襞有充血及出血。肠系膜淋巴结肿大。小肠充血及出血。结肠有条纹状出血。直肠有炎症。

（四）诊断

依据吃烂红薯病史，临床上发病突然，呼吸、脉搏加快，尤其是有显著的呼吸困难，即可建立初步诊断。如要确诊，还需要结合病理剖检变化和人功发病试验。

（五）预防

（1）加强对红薯的保管和储藏，防止发霉腐烂；用甲基布托津溶液浸泡种薯，可有效防治感染发病；把霉烂的红著和育苗后的残余红薯妥善处理，防止羊只采食。

（2）不要给羊喂烂红著，或者彻底切去烂斑以后再喂。

（六）治疗

治疗时，主要在于排除毒物，解毒，缓解呼吸困难。

（1）排除毒物。中毒早期可用氧化剂及泻剂。

内服1%高锰酸钾100～200mL；用1%～2%双氧水洗胃；灌服硫酸钠60～80g或硫酸镁60～80g，氧化镁10～15g混合灌服；用大量温水反复多次灌肠，排除有毒物质；静脉放血50～100mL，然后输入糖盐水或生理盐水200～300mL。

（2）解毒。

① 20%～40%葡萄糖溶液100mL，5%小苏打水溶液100mL，静脉注射。

②复方氯化钠注射液或生理盐水250～500mL，静脉注射，每日2～3次。

（3）缓解呼吸困。静脉注射5%～10%次亚硫酸钠溶液150～200mL，加维生素C注射液（500mg）。严重呼吸困难时，可以皮下输氧，进行抢救。

（4）中药疗法。白矾、贝母、白芷、郁金、黄芩、大黄、葶苈、甘草、石苇、黄连、龙胆各6～9g，蜂蜜30g。

水煎，调蜜灌服。

## 六、萱草根中毒（野黄花菜根中毒）

一些萱草属植物含有毒成分——萱草根素，能引起动物中毒死亡。自然发病见于放牧绵羊和山羊，临床上以轻瘫、四肢麻痹、双目失明为特征，故有“瞎眼病”之称。20世纪50年代，本病曾在我国黄花菜种植地区发病比较多，陕西北部和甘肃的西南部，河南东部，给当地养羊业造成很大损失。

（一）病因

本病的发生是由于吃了有毒的萱草根。自然发病有明显的季节性与地方性，北方均在每年的冬春枯草季节，牧草缺乏，表层土壤解冻，萱草根适口性很好，羊只因刨食而发生中毒，或因捡食移栽抛弃的根而发病。我们曾用小黄花菜根饲喂20多只试验羊，最小喂量为250g，全部中毒，瞎眼死亡。小黄花菜又名红萱，亦称小萱草，其根有毒，有毒成分为萱草根素，不含萱草根素的黄花菜别名金针菜、黄花菜，用这种黄花菜根喂试验羊，最大喂量达6 250g，并未发生中毒，但大量采食也有中毒的病例。据国外实验认为，萱草根素在体内作为一种自由基的可逆发生器，只要小量的萱草根素到达作用部位，就可能不断产生自由基而扩大其毒害作用，损害中枢髓鞘质内稳定的蛋白质，从而导致失明和中枢神经症状。

（二）症状

食入萱草根的数量不同，症状出现的时间和严重程度有很大差异。轻度中毒病羊，由于食入萱草根数量较少，一般采食后3～5天发病。病初精神稍迟钝，尿橙红色，食欲减退，反应迟钝，离群呆立。继之双目失明。失明初期表现不安，盲目行走，易惊恐或行走谨慎，四肢高举或转圈运动。随后，除失明外，其他恢复如常，可以人工喂养。重度中毒的病羊，由于食入萱草根数量较大，发病十分迅速。表现低头呆立，或头抵墙壁，胃肠蠕动加强，粪便变软，排尿频数，不断呻吟，空口咀嚼，眼球水平颤动，双目瞳孔散大、失明，眼底血管充血，视乳头水肿。行走无力，继之四肢麻痹，卧地不起，咩咩哀叫，终因昏迷，呼吸麻痹而死亡。

（三）剖检

肝脏表面呈紫红色，切面结构不清；部分肝细胞肿大，有的呈颗粒变性和坏死。肾稍肿大，肾小球充血，肾小管上皮细胞颗粒变性，有的坏死。肠道有轻度出血性炎症。膀胱胀大，呈淡紫色，其内充满橙红色尿液。脑膜、延髓及脊髓软膜上常有出血斑点。脑及脊髓的不少神经细胞变性、坏死、肿胀或浓缩，神经胶质细胞增生，多现卫星化或嗜神经现象；白质结构稀疏，常出现边缘不整齐的空洞；神经纤维有的断裂或髓鞘脱失。

（四）诊断

可依据特征临床症状，如双目失明，肢体瘫痪，结合采食萱草根的病史及病理学检查，可以作出诊断。必要时可进行毒物分析，最简单的方法是用薄层层析法做萱草根素的定性检验。

（五）防治

做好宣传工作，杜绝羊采食萱草根的机会，在萱草属植物化学分类的基础上，清除有毒品种，注意引进无毒品种，避免中毒是完全可能的。

尚无有效治疗方法。

## 七、蓖麻叶中毒

在种蓖麻的地区常会遇到这种病例，其特征是发生致死性拉稀。

（一）病因

由于羊吃了大量的蓖麻叶、蓖麻饼、蓖麻子而发生。因为蓖麻籽含有生物碱（蓖麻碱）和有毒蛋白蓖麻素，都是有毒的物质，蓖麻素的毒性更强。蓖麻素是一种血液毒，能使纤维蛋白原转变为纤维蛋白，使红细胞发生凝集。因此，一经吸收，首先在肠黏膜血管中形成血栓，导致肠壁出血、溃疡以及出血性胃肠炎。进入循环后，则造成各组织器官血栓性血管病变，并发生出血、变性和坏死，从而表现出相应的器官机能障碍和重剧的全身症状。

（二）症状

中毒绵羊反刍停止，耳尖、鼻端和四肢下端发凉，精神萎靡。严重的倒卧地上，知觉消失，体温降低0.5～1℃，呼吸和脉搏次数减少，1～3小时死亡。

吃蓖麻子中毒的山羊，一般在2小时左右发病，开始时精神不振，呆立不动，不吃、不反刍，瘤胃胀气。严重时腹痛、拉稀，甚至便血。粪便很快由稀糊状变为稀水样。由于拉稀量多而频繁，很快发现肛门失禁，全身脱水。病羊不停地发出痛苦的叫声，叫声由大而小，最后昏睡虚脱，一般于8小时左右死亡。

（三）剖检

胃肠黏膜发炎严重，有明显的出血。大网膜、肠系膜、肝脏、肾脏、淋巴结及中枢神经系统都有出血现象。

（四）诊断

1. 根据病史及症状特点进行诊断

2. 检验蓖麻毒素

（1）取病羊胃内容物10～20mL（死羊取10～20g），加蒸馏水一倍，浸泡后过滤。

（2）用滤液5mL，加磷钼酸液5mL，在水浴锅中煮沸。

（3）判定：如煮沸后溶液呈绿色，冷后加氯化铵液，由绿变蓝，再在水浴锅上加热，变为无色，即为蓖麻毒素阳性反应。反之则无毒。

（五）预防

（1）不要在种有蓖麻的地区放羊。

（2）用蓖麻叶子或蓖麻饼作饲料时，必须先经过蒸煮，并且不可喂得太多，必须由少到多逐渐增量。

（3）教育小孩子不要用蓖麻叶或者子喂羊。

（六）治疗

（1）前期。主要治疗原则是破坏及排除毒物。

①破坏蓖麻素和蓖麻碱：用0.5～1%鞣酸或0.2%高锰酸钾溶液洗胃。

②排除毒物：可灌服盐类泻剂（如硫酸钠或硫酸镁）及黏浆剂。也可以放血50～100mL，接着静脉注射复方氯化钠溶液200～300mL。

（2）中后期。主要原则是强心、止痛和保护收敛胃肠黏膜。

为此，可反复注射安钠咖或樟脑水及安乃近。还可灌服白酒，用量为小羊30～40mL；大羊40～70mL，严重时间隔5～10分钟再灌1次。保护收敛剂可采用鞣酸蛋白、鞣酸、次硝酸铋和矽碳银等。

## 八、马铃薯中毒

马铃薯中毒是由于饲喂了其发芽，腐烂块根或开花、结果期的茎叶所致的一种中毒病。主要表现特征是神经机能紊乱，胃肠功能障碍。

（一）病因

（1）马铃薯全株含龙葵素，主要存在于花、幼芽和茎叶内。在完好成熟的马铃薯块根内含龙葵素很少（0.004%），一般不引起中毒。贮存马铃薯块根的龙葵素含量明显增多，发芽、变质、腐烂的马铃薯，龙葵素含量更高，块根可达1.8%，芽体可达4.76%，极易造成中毒。

（2）腐烂的马铃薯还含有腐败毒素，未成熟的马铃薯茎中还含有硝酸盐，有的可达4.7%

（3）龙葵素能直接刺激胃肠黏膜，引起胃肠炎。吸收后损害中枢神经系统，破坏红细胞的完整性。

（二）症状

（1）神经型。主要表现兴奋、狂暴、沉郁、昏睡、痉挛、麻痹、共济失调等神经症状。多呈急性，一般经2～3天死亡。

（2）胃肠型。主要是不同程度的胃肠炎症状，而神经症状轻微或完全缺乏，多呈慢性，一般预后良好。

（3）皮疹型。皮肤出现干性疹或小泡性皮炎，俗称“马铃薯疹”。

此外，绵羊还常呈现溶血性贫血和血尿。

（三）剖检

黏膜苍白，胃肠道有出血性炎症，胃内有消化不全的马铃薯残渣，实质器官出血，心腔积有凝固不全的暗黑色血液。肝脏肿大淤血，皮肤有疹性病变。

（四）诊断

根据病史，临床症状结合病理剖检变化，可建立诊断。必要时可检验胃内容物或马铃薯内龙葵素的含量。

（五）预防

避免用出芽，腐烂的马铃薯或未成熟的青绿茎叶喂羊。

（六）治疗

目前还没有特效药物。为尽快排除胃肠内容物，可用0.1%过锰酸钾洗胃，然后用硫酸镁100g加水灌服，或用石蜡油500mL，一次灌服。有神经症状时。可根据情况，用10%溴化钙20～30mL，一次静脉注射，或用2.5%氯丙嗪2mL，一次肌内注射。发生胃肠炎时，可用1%鞣酸溶液100～200mL，一次灌服，结合腹腔封闭疗法，也可参考胃肠炎的治疗方法。发生皮疹时，可用10%葡萄糖酸钙溶液20～30mL，静脉注射。皮肤涂擦硫黄水杨酸软膏。对采食马铃薯茎叶中毒的病羊，还可用大剂量维生素C或小剂量美兰，以解除高铁血红蛋白血症。

## 九、羊苦楝子中毒

（一）病因

多因误食楝树根皮及果实而引起。

（二）发病特征

以不食、腹痛、全身发绀，呼吸困难，四肢无力，起卧不安，口吐白沫等为特征。

（三）临床治疗

治宜催吐解毒，强心保肝。

［处方1］

（1）1%硫酸铜溶液50～100mL。用法：一次灌服。

（2）1%硫酸阿托品注射液2～10mL。用法：一次皮下注射。

（3）50%葡萄糖注射液250mL、10%安钠咖注射液5～10mL。用法：一次静脉注射。

［处方2］

（1）藜芦9～15g。用法：加水煎汤，一次灌服。

（2）麻仁15g、莱菔子15g、玄明粉15g。用法：前两味煎汤，冲入玄明粉一次灌服。

（3）针灸。山根、太阳、耳尖、尾尖、涌泉、蹄头。

## 十、乳草中毒

乳草中毒即马利筋中毒，是绵羊的一种急性植物中毒病，在临床上以神经紊乱，共济失调，身体虚弱和呼吸困难为特征。乳草属有许多种，如唇形乳草、短小乳草、多毛荚乳草等。

### （一）病因

乳草含有抑制性生物碱，类固醇配糖体和痉挛性类树脂。乳草，特别生长期乳草味道不好，一般羊不吃。在饿急和乳草特别丰富的情况下，羊容易吃下中毒剂量的乳草。最小中毒量为体重的0.05%～2%。

### （二）症状

羊食入中毒量乳草后，12～16小时发病。早期阶段，精神沉郁，食欲下降，数小时后变得虚弱，震颤，共济失调，摔倒或卧下，接着发生麻痹，特别是后肢麻痹，继而不能活动。有些病羊出现痉挛与反复惊厥，瞳孔散大，脉搏加快，体温升高，呼吸困难，张口喘气。有些病例出现腹泻，严重病例陷入昏迷及死亡。

(三) 诊断

依据接近乳草的病史及临床症状，可作出初步诊断。在瘤胃内容物中发现病原性乳草碎片即可确诊。

(四) 防治

尚无有效治疗方法，不让饥饿羊接近乳草，以防中毒。

## 十一、棉子饼中毒

羊吃了大量的棉子饼及棉叶后，可以引起中毒。

(一) 病因

棉子饼含粗蛋白质25%～40%，是家畜的良好精料，但棉子饼及棉叶中含有毒棉酚。有毒棉酚称游离棉酚，是一种细胞毒和神经毒，对胃肠黏膜有很大的刺激性，所以，大量或长期饲喂可以引起中毒。当棉子饼发霉、腐烂时，毒性更大。游离棉酚通过加热或发酵，可与棉籽蛋白的氨基结合成为比较稳定的结合棉酚，毒性大大降低，游离棉酚可与硫酸亚铁离子结合，形成不溶性铁盐而失去毒性。

(二) 症状

当羊吃了大量棉子饼时，一般在第二天可出现中毒症状。如果采食量少，到第10～30天才能表现出症状。中毒轻的羊，表现食欲减少，低头拱腰，粪球黑干，怀孕母羊流产。中毒较重的，呼吸困难，呈腹式呼吸，听诊肺部有罗音。体温升高，精神沉郁，喜卧于荫凉处。被毛粗乱，后肢软弱，眼怕光流泪，晶体混浊，发绿光，严重的失明。中毒严重的，兴奋不安，打战，呼吸急促。食欲废绝，下痢带血，排尿困难或尿血，2～3天死亡。

(三) 剖检

肝脏肿大，质脆，呈黄色，有带状出血。肺充血，水肿，间质增宽。胃肠黏膜出血。心肌松软，心内外膜有出血点。肾盂和肾实质水肿，肾乳头充血。部分表现晶体混浊。

(四) 预防

(1) 用棉子饼作饲料时，应加入10%大麦粉或面粉煮沸1小时以上，或者加水发酵，或用硫酸亚铁与棉籽饼中的棉酚按1:1配合，减少毒性。喂量不要超过饲料总量的20%。喂几个星期以后，应停喂一周，然后再喂。

(2) 不要用腐烂发霉的棉子饼和棉叶作饲料。

(3) 对怀孕期和哺乳期的母羊以及种公羊，不要喂棉子饼和棉叶。

(五) 治疗

(1) 停喂棉子饼和棉叶，让羊饥饿1天左右。

(2) 用0.2%高锰酸钾或3%碳酸氢钠洗胃和灌肠。慢性的可以加0.2%硫酸亚铁拌料。

(3) 内服泻剂，如硫酸钠，成年羊80~100g，加大量水灌服。

(4) 静脉注射10%~20%葡萄糖溶液300~500mL，并肌内注射安钠咖3~5mL。结合应用维生素C、维生素A、D效果更好。

## 十二、疯草中毒

棘豆属和黄芪(紫云英)属植物的亲缘关系密切，形态特征颇为相似。有毒棘豆和有毒黄芪对动物几乎有相似的毒害作用，都可引起以神经症状为主的慢性中毒，因此，这类植物统称为疯草，所引起的中毒病称疯草中毒或者疯草病。我国疯草包括棘豆属的小花棘豆、黄花棘豆、甘肃棘豆、急弯棘豆、宽苞头棘豆、冰川棘豆、毛瓣棘豆等，黄芪属的变异黄芪和茎直黄芪。疯草是危害我国草原养羊业最严重的一类毒草，造成了巨大的经济损失。

(一) 病因

(1) 含脂肪族硝基化合物。国外部分有毒黄芪含米瑟毒甙)，化学名称为3－硝基－1－丙基－β－D吡喃葡糖甙，羊吃了这种疯草后，经体内代谢转变为3－硝基丙酸和亚硝酸盐。3－硝基丙酸能抑制琥珀酸脱氢酶和延胡索酸酶，导致三羧酸循环不能正常进行而死亡；亚硝酸盐可引起高铁血红蛋白血症，严重时可导致死亡。我国有阿拉善黄芪等16种黄芪含脂肪族硝基化合物，但还未见此类黄芪中毒的报道。

（2）含有毒生物碱。一些疯草含吲哚兹啶生物碱苦马豆素，能抑制溶酶体的酸性α－甘露糖甙酶和高尔基氏体的甘露糖甙酶Ⅱ，引起甘露糖贮积和糖蛋白合成异常，并导致细胞空泡化和器官功能障碍。另外，小花棘豆还含有臭豆碱、野决明碱、N－甲基野靛碱和鹰爪豆碱等生物碱。截至目前，除了苦马豆素之外，其他生物碱在疯草中毒当中的作用还有待进一步研究和评价。

（3）聚硒作用。有人根据国外资料，怀疑我国疯草中毒是含硒量过高引起的。但是，我国疯草中毒羊的血液和组织中的含硒量明显低于中毒量，在临床上也没有慢性硒中毒的特征症状；在地理环境上，疯草中毒的地区多为缺硒区或条件缺硒区域。

（4）本病的发生与自然生态环境有关。疯草在一些地区发展为优势种，这不仅与其抗逆性强，耐干旱、耐寒等特性有关，更重要的是草场管理不善，放牧压力过大，草场退化及植被破坏等，为疯草的蔓延和密度的增加创造了条件。疯草适口性不佳，在牧草充足时，羊并不主动采食，只有在可食牧草耗尽时才被迫采食。因此，常于每年秋末到春初发生中毒。干旱年份有暴发的倾向。

（5）采食疯草数量与发病有关。大量采食疯草，羊可在10余天内发生中毒，少量连续采食需1月到数月才能表现临床症状。

（二）症状

（1）山羊。病初精神沉郁，反应迟钝，站立时后肢弯曲；

中期头部呈水平震颤，颈部僵硬，行走时后躯摇摆，追赶时易摔倒；后期四肢麻痹，卧地不起，心律不齐，最终衰竭死亡。

（2）绵羊。头部震颤，头、颈皮肤敏感性降低，而四肢末梢敏感性增强，随着病情的发展，表现步态蹒跚如醉，失去定向能力，瞳孔散大，终因衰竭而死亡。

妊娠绵羊和山羊易发生流产，或产出畸形胎儿。公羊表现性降低，或无性交能力。

疯草中毒的初期，若停食疯草，改食优良牧草，中毒症状逐渐消失，2 周左右可恢复正常。

（三）剖检

尸体极度消瘦，血液稀薄，腹腔有少量清亮液体，有些病例心脏扩张，心肌柔软。组织学检查，主要是神经及内脏组织细胞空泡化。

（四）诊断

疯草中毒可根据采食疯草的病史，结合运动障碍为特征的神经症状，不难作出诊断。当羊只安静或卧地时，可能看不出中毒症状，当给予刺激或用手捏提一下羊耳，便立即出现摇头不止或突然倒地不起等典型疯草中毒症状。

（五、）预防

（1）禁止羊只在疯草特别多的草场上放牧。

（2）用除草剂杀灭疯草。2,4 – DJ 酯、司它隆、百草敌等单独使用或复配使用，对疯草有很好的杀灭作用。但是，疯草种子在其草场上贮量很大（400 ~ 4 300 粒/$m^2$），要保持疯草密度低于危害羊群的程度，定期喷药是必要的。最好能结合草场改良及草场管理措施，才能取得良好效果。

（3）合理轮牧。在有疯草的草场放牧 10 ~ 15 天，再在无疯草或疯草很少的草场上放牧 10 ~ 15 天或更长一点时间，然后又在有疯草的草场放牧，如此反复，可以避免中毒。

（六）治疗

目前，尚无有效治疗方法。牧民有在疯草中毒后灌服酸菜水、米醋、酸奶等治疗经验，但经治疗试验证明没有效果。对轻度中毒的病羊，及时转移到无疯草的安全牧场放牧，适当补饲，一般可不药而愈。严重中毒的羊，无恢复希望。

## 十三、羊毒芹菜中毒

毒芹多生长在低洼潮湿的草地，尤其在溪水流过的地方，其形态与芹菜相类似，根茎幼嫩，味甜，羊特别喜食，但其含有毒水芹素，羊吃后易发生中毒。

（一）症状

病羊兴奋不安，有强直性和阵发性痉挛，病羊倒地后头向后仰，瞳孔放大，牙紧闭，腹下有紫斑点，驱赶前行时步态不稳。不反刍，口流涎，呕吐，腹痛，胀肚，严重时下痢，心跳、呼吸急促，终因呼吸中枢麻痹而死亡。死羊胃肠黏膜出血，脑膜充血，心内、外膜和皮下组织有出血点，心、肾等器官有散在出血。

（二）毒物检验

有条件的可取胃肠内容物20～30g，加10%的苏打水50mL，再加戊酸30～40mL，搅拌后过滤，把滤液加温蒸发后，在所得的黄色沉渣中加入少量硫酸，若为紫红色，则为毒芹中毒。

（三）治疗措施

发现吃毒芹的病羊，可立即给其洗胃，有条件的可用清水1 000mL加木炭末50～100g洗胃。没有木炭末可加10%的米醋于1 000mL水中洗胃，每20分钟灌1次。洗胃后再灌服碘溶液，每次50～100mL，隔2～3小时再服1次。也可灌服10%的鞣酸500～1 000mL。还可给病羊按每千克体重用白酒100mL加等量水，一次灌服，同时，根据病羊出现的其他症状进行对症治疗。

## 十四、山羊腊梅叶中毒

家畜腊梅叶中毒可见于山羊、耕牛和猪。其特征为神经系统和呼吸系统机能扰乱，属于地区性季节性中毒。散发于3～9月，以4～5月最多。

（一）病因

山羊非常喜吃腊梅枝叶，当进行腊梅树整枝时，山羊容易因食多量腊梅叶而中毒。6～7月腊梅结子，如误食少量种子也可引起中毒，说明种子的毒性比叶子毒性更大。

腊梅又名岩马桑、铁筷子、臭腊梅、黄梅花，据《中国植物图鉴》引《救荒本草》记载其有毒，以后的研究证明，腊梅的有毒成分对试验动物的延髓及脊髓有侵害作用，主要有毒成分是生物碱，如美洲蜡梅碱、蜡梅碱、蜡梅啶、叶坎质等，这些生物碱在体内的分解产物与5－羟色胺相似，对脑和脊髓神经的作用因受体不同而产生抑制和兴奋等不同效应。因而蜡梅碱等能引起其反射性兴奋及痉挛，并使心脏衰弱，呼吸加快，体温升高。

（二）病状

山羊误食大量腊梅叶之后，一般经1～3小时出现明显的中毒症状。根据表现情况可将临床症状分为轻型和重型两种。

（1）轻型。惊恐、两耳直立、眨眼，眼结膜潮红。全身发抖，以臀部肌内更为明显。肛门收缩，后躯站立不稳，两后肢僵硬外展，夹尾，排尿，尿液清亮。腹胁煽动，呼吸迫促。角热，皮温增高及敏感。口干、色红、温热，体温在40℃以上，呼吸和心跳每分钟在100次以上，胸部听诊，肺泡音粗历，心跳快而弱。响音或刺激皮肤均可引起阵发性痉挛，但安静时尚能采食青草和饮水。

（2）重型。突然倒地，四肢和全身呈强直性痉挛，角弓反张，大声嘶叫，眨眼，眼球震颤，结膜发绀。腹胁煽动，呼吸困难，口干、色红、温热，角热，皮温增高、敏感。胸部听诊，肺泡音粗历；心跳快而弱、心音被强的肺泡呼吸音掩盖。体温在41℃以上，呼吸和心跳每分钟在100次以上。强直性痉挛，每次持续时间5～10分钟，间隔时间为10～30分钟，间歇期时羊可扶起，并能采食少量青草。强直性痉挛的程度和间隔时间根据中毒程度和外界刺激的有无而定。强直性痉挛过程越强，持续时间越长，间隔期越短。与此同时，由于呼吸肌也发生痉挛性收缩，病羊常因窒息而死亡。

病程一般为3～6天，能因天热、声音或接触、移动等刺激作用而使病情恶化。

（三）剖检

尸体强直，头颈后仰。瘤胃臌气，肛门哆开，黏膜黑红而湿润。肺脏表面呈不均匀的灰白色，边缘水肿。气管和肺充血，有轻度肺气肿，支气管内有微量的白色泡沫。心内充满凝血块，心肌有出血点。胸腺有小出血点。瘤胃内充满蜡梅叶片，并无特殊气味；第四胃黏膜呈弥散性出血。肝轻度肿大，质脆，被膜易剥离，胆囊空虚。延脑及脊髓充血。

（四）诊断

本病有大量采食腊梅叶的病史。临床呈现间歇性强直性痉挛、呼吸困难，心跳快、心音弱。体温在41℃以上，不难作出诊断。但应注意与炭疽和破伤风等区别，因为本病发生突然，死亡迅速，并伴有高温，容易误诊为炭疽；又因有显著的强直性痉挛，常易误诊为破伤风。炭疽尸僵不全，天然孔出血，血液不易凝固，而本病尸僵完全，血凝良好；破伤风牙关紧闭，两耳竖立，全身持续强直痉挛，而本病常呈间歇性强直性痉挛，间歇期尚能采食少量青草和饮水。

（五）预防

必须贯彻“预防为主”的方针，认真作好预防工作。

(1) 每年 3 ~ 9 月，特别是 4 ~ 5 月，要大力宣传，不要让羊吃大量的腊梅叶。

(2) 不要在腊梅生长茂盛的牧地放牧，更不能用腊梅叶垫圈。

(六) 治疗

(1) 将病羊放在阴凉光暗的安静处，避免外界刺激的影响。

(2) 初期进行洗胃并给以泻剂。

(3) 出现神经症状时，要给以镇静、解痉药，如肌内注射硫酸镁或内服水合氯醛（也可以灌肠）。

(4) 解毒、解热。可用葡萄糖注射液、安基比林及樟脑水等。但樟脑对延脑有兴奋作用，在呼吸高度障碍时应慎用。

(5) 中医辨证施治。以清热息风为治则。药用黄连、黄芩、龙胆、山枝、生地、麦冬、桑叶、二花、连翘、勾藤、僵蚕、蝉蜕、白芷、石菖蒲、白芍、茯神等，随证增减。

## 十五、羊蕨类中毒

蕨中毒是动物采食蕨属植物后所致疾病的总称。蕨属植物在世界上分布广泛，其中欧洲蕨或简称蕨，可引起反刍动物以骨髓损害为特征的全身出血综合征以及以膀胱肿瘤为特征的地方性血尿症。蕨还可引起单胃动物间或绵羊的硫胺素缺乏症，并已证实对多动实验动物有致癌性。我国南部和亚洲一些地区分布的毛叶蕨也具有与欧洲蕨相似的毒性作用。

(一) 病因

(1) 蕨叶含大量硫胺酶。这是导致单胃动物中毒的主要原因。蕨中硫胺酶可使体内的硫胺素大量分解破坏，而导致硫胺素缺乏症。反刍动物的瘤胃可生物合成硫胺素，一般采食蕨不会导致硫胺缺乏症，但绵羊大量采食蕨也能因体内硫胺素大量破坏而发生脑灰质软化症。

（2）含有毒素。这些毒素有蕨素、蕨苷、异槲皮苷、紫云英苷等。有人认为这些毒素具有“拟放射作用”或具有一种“再生障碍性贫血因子”，但其在蕨中毒发生上的意义尚不能肯定。Niwa（1983）从蕨中分离出原蕨苷，试验证明，原蕨苷可像直接饲喂蕨一样诱发大鼠肠、膀胱及乳腺肿瘤，也可引起犊牛类似于牛蕨中毒的骨髓损伤。因此，原蕨苷被认为是蕨中毒的毒素又是中毒原因。

（二）症状与剖检

（1）“亮盲”（bright blindness）。绵羊摄食蕨可引起进行性视网膜萎缩和狭窄。患羊永久失明，瞳孔散大，眼睛无分泌物，对光反射微弱或消失。病羊经常抬头保持怀疑和警惕姿势。

（2）脑灰质软化。澳大利亚学者发现绵羊采食蕨的食用变种和碎米蕨后，其硫胺酶可使体内硫胺素遭到破坏而导致脑灰质软化。其症状有无目的行走，有时转圈或站不动，失明，卧地不起，伴有角弓反张，四肢伸直，眼球震颤和周期性强直阵挛性惊厥。

（3）引起出血综合征。这种综合征多见于牛，也可发生于绵羊，但症状和病变比较缓慢和轻微。最初体况下降，皮肤干燥和松弛。其后，体温升高，下痢或排黑粪，鼻、眼前房和阴道出血。在黏膜和皮下以及眼前房可见点状或淤斑状出血。血液有粒细胞减少和血小板数下降。后期呼吸和心率增数，常死于心力衰竭。

（4）膀胱及其他部位肿瘤。长期采食蕨的老龄绵羊中可出现血尿和膀胱肿瘤。Mccrea 等（1981）在 5 年的饲喂试验中，诱发出绵羊的膀胱移行细胞癌及颌部的纤维肉瘤等肿瘤。

（三）诊断

根据典型临床表现和接触蕨类植物的病史以及剖检变化，不难作出诊断。

（四）预防

（1）加强饲养管理，减少，接触蕨的机会，是预防蕨中毒的重要措施。如放牧前补饲，避免到蕨类植物茂密区放牧（特别是在春季，蕨叶萌发时期），缩短放牧时间，剔除混入饲草中的蕨叶等。

（2）用化学除草剂防除蕨类植物，用黄草灵较为理想，因其使用安全、稳定、经济、高效及高选择性而成为那些以蕨为主而某些有价值牧草需保留地区的首选除草剂。

（五）治疗

尚无特效疗法。多采用综合对症疗法，对脑灰质软化早期可用盐酸硫胺素，剂量为 5～15mg/kg，每 3 小时注射一次。开始静脉注射，以后改为肌内注射，连用 2～4 天。还可口服多量硫胺素，连用 10 天。

## 十六、羊喜树叶中毒

喜树叶中毒是采食喜树叶所致的一种以腹泻、脱水、肌颤为主要临床特征的急生中毒病。本病 1986 年首次发现于四川雅安地区的奶山羊。

喜树为旱莲属的多年生落叶乔木，又名旱莲、千张树、野芭蕉、水栗、天梓树、水漠子及南京梧桐等，为我国所特有，广泛分布于长江流域、西南各省以及广西、中国台湾的山地疏林，或栽培于路旁、庭院。

（一）病因

喜树枝叶茂盛，枯叶期短（12～2 月），易被奶山羊采食，特别是农忙季节畜主常采集喜树叶饲喂而导致中毒。按 10g/kg 体重给奶山羊灌服喜树叶干粉 2～3 次，可引起急性中毒并导致死亡。喜树根、茎、果、叶的有毒成分主要有喜树碱、10－羟喜树碱、11－羟喜树碱、18－羟喜树碱、甲氧基喜树碱、去氧喜树碱、喜树次碱等。试验证实，叶中喜树碱含量高，毒性大，最容易造成中毒。喜树碱进入机体后，少量经肾随尿排泄，绝大部分随胆汁分泌进入肠道，并形成肝肠循环。喜树碱肝肠循环在本病的发生发展上起重要作用。

（二）症状和剖检

病羊初期精神沉郁，目光呆滞，食欲减少，腹泻。随后病情加重，食欲废绝，瘤胃蠕动消失，反刍停止，排血样稀粪，脱水，呻吟。后期体温降低，呼吸困难，全身震颤，颈项强直，卧地不起。大多于5~9天死亡。检验所见主要包括：白细胞数明显减少；红细胞压积容量升高；血清COT增高；有蛋白尿和血尿。尸检所见为瘤胃黏膜脱落，皱胃和肠出血性炎症；肝脏质地变硬，边缘钝圆，胆囊胀大，充满胆汁；镜下可见肝细胞颗粒变性、空泡变性。肾脏出血，肾小管上皮细胞颗粒变性。

（三）治疗

无特效疗法。可应用大剂量吸附剂吸附胃肠道内的有毒生物碱，阻止其肝肠循环。试验证明，活性炭10g/kg体重混悬于2L复合电解质溶液中（葡萄糖20g，氯化钾1.5g，碳酸氢钠2.5g，氯化钠3.5g，溶于1L水），一次灌服，隔日重复1次，可获得满意疗效。

## 十七、昆明山海棠中毒

昆明山海棠又名掉毛草（四川会理，西昌）、黄荆条、黄鳝藤（四川会理）、钩笔藤（四川盐边）、火把花、胖关藤、六方藤、紫金藤（云南），系卫矛科雷公藤属多年生落叶藤本，分布于长江流域及西南各省区。放牧牛、羊大量采食，可引起急性中毒。少量长期采食可发生慢性中毒。

（一）病因

昆明山海棠茎、叶春季萌发较早，在其他牧草尚未返青之前，已经生长丰盛。加之其根系发达，繁殖力强，面积不断扩大，牛、羊在这些地区放牧，容易采食而发生中毒。昆明山海棠含有生物碱雷公藤次碱。近年，吴双民等给山羊灌服昆明山海棠茎、叶粉10g/kg体重或其生物碱0.008g/kg体重，24小时1次，连续3次，均复制出急性中毒模型。对小鼠的试验证明，雷公藤和昆明山海棠根中的生物碱能抑制肉芽组织增生、免疫细胞功能、白细胞生成和精母细胞分裂。据kupchan等报道，雷公藤茎中的生物碱有抗白血病的作用。上述这些毒性效应，很可能是基于雷公藤次碱能选择性地抑制DNA和RNA合成过程中的关键酶，使细胞的有丝分裂受阻，导致组织的变性甚至坏死。

（二）症状

（1）急性中毒。牛、羊采食大量昆明山海棠茎叶后24～48小时出现症状，主要表现为精神沉郁，呼吸急促，流鼻液，反刍减少，食欲减退，瘤胃蠕动减弱。至48～60小时，症状加剧，肌内震颤，个别羊开始拉稀，尿少。至60～72小时，病羊不吃不喝，反刍停止，卧地不起，哀鸣，呼吸极度困难，口腔流出大量液体，体温降低，心跳疾速而微弱，迅速衰竭死亡。病羊红细胞数增加，白细胞数减少。血浆尿素氮和肌酐含量升高。血清GOT和AKP活性升高。尿液pH值下降。主要病理变化是，心、肝、肾等实质器官充血、出血、变性和坏死。

（2）慢性中毒。牛、羊长期少量采食昆明山海棠，经过2～3个月之后才开始发病。病畜食欲减少，腹胀，瘤胃内有大量积液，粪干，间或拉稀、尿少。母畜不孕，孕畜流产。

（三）防治

无特效疗法。预防在于禁止在有昆明山海棠生长的地区放牧；不采摘其嫩枝和叶饲喂动物；铲除昆明山海棠。根据群众经验，铲除昆明山海棠茎之后涂上桐油，可阻止其再生。

## 十八、乌头中毒

乌头通称草乌，属于毛茛科，为多年生直立草本，生于山谷、道旁或森林边缘，高50～100cm。我国南北各地均有分布。

（一）病因

由于乌头的萌芽比一般青草为早，因此在开始放牧时期，羊只容易误食乌头而发生中毒。或由于用药不当，如用药量过大以及连续服用而引起中毒。

乌头的全株均有毒，以块根最毒，种子次之，叶又次之。其有毒成分主要为乌头碱和新乌头碱以及次乌头碱等，以乌头碱毒性最强。乌头碱类生物碱主要侵害神经。经消化系统系统吸收和心血管系统运输。引起迷走神经高度兴奋，并直接作用于心肌，引起阵发性心动过速，早搏，传导延缓和阻滞，心室扑动和颤动。终至心肌无力收缩，停止搏动。由于抑制呼吸中枢，引起呼吸困难，终至呼吸衰竭。

（二）症状

中毒绵羊食欲消失、流涎、磨牙、呕吐、瞳孔散大、凝视；仰颈抬头，呻吟不安；肌内震颤，尤其是后躯。严重时有痉挛和角弓反张现象，不能站立；心悸亢进，呼吸困难。体温一般较正常为低。有的羊发生食管逆蠕动现象。瘤胃中食物较多时，可出现膨胀。无疝痛表现。

山羊有疝痛表现，常常叫唤，有时眩晕，不能起立，多因麻痹而死。

（三）预防

为了预防乌头中毒，在乌头刚萌芽时期，避免到长有乌头的地方去放牧。或者先在无乌头的地区放牧，等羊吃到半饱后，再赶到有乌头的地方去。

有时长有乌头的地区青草很茂盛，乌头的比例较少，仍然可以充分利用那里的青草。

（四）治疗

（1）初期，立即用0.1%高锰酸钾或0.5%鞣酸溶液洗胃，并灌服活性炭250g，静脉注射葡萄糖盐水。

（2）灌服甘草末，疗效很好。剂量为大羊8～10g、小羊3～5g。

（3）为了缓和迷走神经兴奋，增强心脏机能，可皮下注射阿托品2～10mg，必要时加入葡萄糖液中缓慢静脉注射1～2次。

（4）若中毒时间较长，迷走神经末梢麻痹，呼吸衰竭时，可皮下注射硝酸士的宁0.002～0.004g，同时，给予强心剂。

## 十九、羊断肠草中毒

黑勾叶俗称雀舌头棵、甜条、断肠草等，属于大戟科，为多年生灌木，高1m左右，叶互生，形似雀舌头，边缘整齐，4月发芽生长，幼嫩时为红绿色，毒性最强，羊吃了即引起中毒，逐渐长大时变为青绿色，即无毒害作用。

（一）病因

绵羊由于采食一定量的黑勾叶幼苗而发生中毒。有毒成分可能是生物碱，但已知国外的戴氏雀儿舌头含有毒成分氰甙。

（二）症状

中毒羊精神委顿，食欲废绝，不愿走动。呆立、低头、后肢开张。体温升高。心跳加快。呼吸增加达60次/分钟，呈腹式呼吸。口流涎，吐出白色泡沫；头摇晃、磨牙，不断空嚼，有时呻吟。结膜潮红或发绀，瞳孔放大，并有胀气现象。

（三）解剖病变

皮肤正常。口角有白色泡沫。结膜及口腔黏膜呈灰紫色。体表淋巴结一般无变化。右心室显著扩张，肺尖叶及心叶急性气肿。胃内的饲料中夹杂有绿色食物，胃黏膜充血，附有黏液。肝大，边缘钝，呈棕红色。肾充血。其他器官无眼观变化。

（四）诊断

根据放牧地区有黑勾叶生长，并结合临床症状进行诊断。

（五）预防

尽量避免到有黑勾叶的地区放牧，尤其在有毒黑勾叶开始长出时更应注意。

（六）治疗

要及早发现，并及时用甘草、食用醋及葡萄糖进行治疗，可以防止死亡。

具体方法步骤如下。

（1）将中毒羊放于阴凉羊舍，保持安静；

（2）灌服甘草 15～25g、食用醋 100～150mL；

（3）静脉注射 25% 的葡萄糖 40～150mL。

（4）可参照氰化物治疗方法。

经上述各法处理后，一般可在 12 小时内恢复正常。

## 二十、羊闹羊花中毒

闹羊花又名“黄牯牛花、黄杜鹃”，它的花、叶、根均含马醉木素和杜鹃花精，具有强烈的麻醉性和胃毒。

（一）发病季节

春天是羊放牧的好季节，闹羊花中毒事件屡有发生，以农历清明至小满季节发生为多，中毒较轻的及时治疗能愈，中毒严重的可引起死亡，养殖户应引以为戒，避免不必要的经济损失。

（二）临床症状

闹羊花中毒主要临床表现，误食后 1 小时左右出现症状，羊呈酒醉样，走路摇晃，四肢发软，甚至不能站立，倒地，四肢乱扒，全身肌肉震颤或痉挛，口流白沫，呕吐黄绿色胃内容物、鸣叫、磨牙严重，心跳加快，呼吸不畅，瘤胃略鼓气，瞳孔散大，体温一般正常，严重的体温下降。

（三）防治

不要到有闹羊花的山地放牧，割草时不要混入闹羊花，发生羊中毒，要立即叫兽医抢救，不得耽误。

治疗用药一是肌内注射樟脑或樟脑磺酸钠3～5mL，皮下注射硫酸阿托品3～5mg。二是用鲜韭菜1kg左右，加适量水捣碎取汁，生鸡蛋3～5个，去壳和韭菜汁一起灌服，用鲜松针叶200～300g捣碎灌服或者鲜豆浆加鸡蛋3～5个灌服，中毒不是很严重的经上述治疗后都能好转，严重的同时要用10%葡萄糖200～500mL、维生素C 10～15mL输液、解毒、护肝治疗，注射速尿排毒。

## 二十一、蛇毒中毒

蛇毒中毒是由于家畜在放牧过程中被毒蛇咬伤，蛇毒通过伤口进入体内引起中毒，称为蛇毒中毒。我国蛇的分布甚广，常出入于草原丛林之中，因此，羊被毒蛇咬伤机会较多，必须引起重视。

（一）病因

在山地常可见到毒蛇，当羊群放牧时，便可能发生蛇咬伤。有些地区因毒蛇咬伤而引起羊只死亡的情况并不少见。

（二）症状

毒蛇有毒腺和毒牙（无毒蛇没有），当毒蛇咬伤动物时，毒液通过牙管注入机体，而发生中毒。蛇毒是蛋白质混合物，有20多种氨基酸，按其引起临床症状的不同可分为神经毒，血液循环毒和混合毒。神经毒主要影响乙酰胆碱的合成与释放和抑制呼吸中枢；血液循环毒主要侵害心血管系统和溶血作用。混合毒兼有神经毒和血液循环毒的毒性。通常一种蛇只含一类毒素，如眼镜蛇的神经毒，蝮蛇以血液循环毒为主。无伦咬伤羊体哪一部分，伤痕都不明显。如果咬伤部位有大量血管，毒素能够迅速进入血液，并加速有机体的中毒。咬伤后的伤势程度与咬伤的部位有关。

（1）头部咬伤。轻症时，口唇、鼻端、颊部及颌下腺极度肿胀。有热痛表现，呼吸稍困难，缓慢而长。患羊表现不安，不吃。结膜潮红。心脏正常。刺肿胀部时，有淡红色或黄色液体。严重时上下唇不能闭合。鼻黏膜肿胀，鼻道狭窄，呼吸非常困难，很远即能听到漫长的呼吸音。结膜肿胀，呈红黄色。有的患羊垂头，站立不动或卧地不起。全身发汗，肌内震颤，体温稍升高。心悸亢进，有时心跳间歇。

（2）四肢咬伤。以球关节咬伤较多。表现为被咬部位肿胀、热痛，甚至肿胀可上达腕关节。患羊跛行，患肢不能负重，站立时以蹄尖着地。严重时，肿胀可达臂部，跛行明显，有时卧地不起。食欲缺乏，精神沉郁。体温 39～40℃。心悸亢进。结膜黄红色。如果咬伤四肢的大静脉，可以引起迅速死亡。

（3）全身症状。因毒素不同而异。神经毒的全身症状，首先是四肢麻痹，由于呼吸中枢和血管运动中枢麻痹，导致呼吸困难，血压下降，休克以至昏迷，常死于呼吸麻痹和循环衰竭。血液循环中毒的主要症状是全身战栗，继之发热，心跳加快，血压下降，皮肤和黏膜出血，有血尿、血便，死于心脏停搏。

（三）治疗

绵羊对蛇毒非常敏感，被咬伤以后，很难治愈。当急救咬伤的羊只时，首先将羊放在安静凉爽的地方，然后采用以下方法治疗。

（1）防止毒素吸收和促使毒素排除。给伤口的上部绑上带子，肿胀处剪毛，涂以碘酒。施行深部乱刺，促使排血。然后用3%～5%高锰酸钾进行冷湿敷。

（2）破坏毒素。为了中和蛇毒，应静脉注射2%高锰酸钾，每次注射50mL。注射速度要缓慢，一般应在5～10分钟注射完毕。

为了加速氧化毒素，在用高锰酸钾静脉注射以后，还应再给咬伤的周围局部注射1%高锰酸钾、2%漂白粉或双氧水。还可静脉注射5%～10%硫代硫酸钠30～50mL。

局部封闭胰蛋白酶200单位加入5%普鲁卡因40mL作局封，或在结扎的上方行套式封闭。

(3) 对患部施行冷敷。

(4) 当有全身症状时，为了支持心脏机能，应该内服或皮下注射咖啡因，或者注射葡萄糖氯化钠等渗溶液或复方氯化钠溶液。用地塞米松、强的松或者氢化可的松注射。

(5) 根据不同的蛇毒注射对应的或者多价抗蛇毒血清（抗毒素），有人建议用抗羊巴氏杆菌血清和抗炭疽血清，每次静脉注射剂量为10mL，皮下注射剂量为30mL。亦可在肿胀部位的四周进行点状注射，用量为40～80mL。

如果在咬伤的当天注射，2～3天后即可消肿。如在咬伤后第2天注射，4～5天才可消肿。

在应用血清的同时，应该使用强心剂。

治疗延迟时，应隔日作重复注射。

(6) 乱刺以后，结患部涂搽氨水，然后以0.25%普鲁卡因溶液在患部周围进行封闭。经过以上处理，轻者经12～24小时即可见愈，重者须再重复处理1次。

(7) 遇到呼吸困难而有窒息危险时，应及时施行气管切开术。

(8) 草药治疗。鬼臼（俗称独脚莲）具有特效，可用根部加醋摩擦，涂到咬伤部的四周，每天早晚各涂1次，连涂3天。

(9) 季德胜蛇药片。对治疗毒蛇咬伤，颇为有效。可按说明书剂量灌服或涂敷在伤口周围。

（10）七叶一枝花。取新鲜的七叶一枝花约500g，洗净，捣烂，取汁，每次40mL口服，每日4次。并用其渣外敷伤口周围肿胀处，但要暴露伤口，以免影响毒液外流，日敷数次，可清热解毒消肿。

（11）紫花地丁草。取新鲜的紫花地丁草400g，洗净取汁内服。每次40mL，每日数次，可排毒消肿。适用于各类毒蛇咬伤。

（12）一点红、白花蛇舌草、七叶一枝花、千里光、蜈蚣、大蓟、八角莲、三叶刺针草各30g，共研细末，口服。每次9～15g，每日3次。治疗各种毒蛇咬伤古今民间妙方。

## 二十二、蜂毒中毒

蜂属节肢动物（arthropod），昆虫纲，膜翅目。有蜜蜂、黄蜂、大黄蜂及土蜂等。工蜂的尾部有毒腺及螫针，毒腺产生蜂毒贮存于毒囊中，螫针是产卵器的变形物。螫针有逆钩，刺入畜体后，

部分残留于创伤内，黄蜂的螫针不留在创伤内，其毒性大，可反复螫刺。

### （一）病因

有的蜂巢在灌木及草丛中。当家畜放牧时触动蜂巢，群蜂被激怒而螫伤家畜。蜂毒是一种成分复杂的混合物，含多肽类，如蜂毒肽，蜂毒明肽，MCD－肽，组胺；酶类，如透明质酸酶和磷脂酶－2；非肽类物质，如组织胺、儿茶酚胺及其他生物胺等。其毒性是多方面的，可引起局部疼痛及水肿，血压下降，呼吸麻痹和死亡。

### （二）解剖病变

常见有喉头水肿，各实质器官淤血，皮下及心内外膜有出血斑，脾脏肿大，肝柔软变性，肌内柔软似煮肉样。

（三）防治

局部有毒刺残留时，立即拔出毒刺。局部用2%～3%过锰酸钾溶液洗涤，或用5%～10%碳酸氢钠或3%氨水等涂擦患部。伤口周围可外涂南通蛇药，同时口服蛇药片。还可肌内注射氯丙嗪，1mg/kg体重，或肌内注射苯海拉明0.1g。有呼吸困难和虚脱表现时，可注射强心剂、10%葡萄糖和复方氯化钠溶液及10%葡萄糖酸钙。

## 二十三、食盐中毒

食盐是羊维持生理活动必不可缺少的成分之一，每天约需0.5～5g。但是，过量喂给食盐或注入浓度特别大的氯化钠溶液都会引起中毒，甚至死亡。

（一）病因

羊中等个体的中毒致死量为150～300g，中毒量为3～6g/kg体重。

发生食盐中毒与否和羊的饮水量有关，若供给充足饮水，虽然食入大量食盐也可使之从肾脏和肠管排出，减少毒性。例如，喂给绵羊含2%食盐的日粮并限制饮水，数日后便发生食盐中毒；而喂给含13%食盐的日粮，让其随意饮水，结果在很长时间内并不显食盐吸收中毒的神经症状，只不过多尿和腹泻而已。

食盐中毒的作用，除了剧烈刺激消化道黏膜，引起下泻，发生脱水现象外。血液浓缩，导致血液循环障碍外。主要在于钠离子潴留造成离子平衡失调和组织损坏，高钠血症可造成脑水肿并引起组织缺氧，造成整个机体代谢紊乱。由于高浓度钠离子的作用，还可使中枢神经系统发生兴奋与麻痹。

（二）症状

中毒后表现口渴，食欲或反刍减弱或停止，瘤胃蠕动消失，常伴发臌气。急性发作的病例，口腔流出大量泡沫，结膜发绀，瞳孔散大或失明，脉细弱而增数，呼吸困难。腹痛，腹泻，有时便血。病初兴奋不安，磨牙，肌内震颤，盲目行走和转圈运动，继而行走困难，后肢拖地，倒地痉挛，头向后仰，四肢不断划动，多为阵发性。严重时，呈昏迷状态，最后窒息死亡。体温在整个病程中无显著变化。

（三）剖检

胃肠黏膜充血、出血、脱落。心内外膜及心肌有出血点。肝脏肿大，质脆，胆囊扩大。肺水肿。肾紫红色肿大，包膜不易剥离，皮质和髓质界限模糊。全身淋巴结有不同程度的淤血、肿胀。也可见到嗜酸性白细胞性脑炎。

（四）诊断

根据病史、临床症状及剖检变化，可作为本病诊断的参考。实验室检验主要是测定肝脏内氯化钠的含量和胃肠内容物中氯化钠的含量，如果显著增高，则可确诊为食盐中毒。

（五）防治

（1）日粮中补加食盐时要充分混匀，量要适当。兽医人员用高渗盐水静脉注射时应掌握好用量，以防发生中毒。

（2）中毒初期，内服黏浆剂及油类泻剂，并少量多次地给予饮水，切忌任其暴饮，使病情恶化。

（3）胃肠炎时内服胃肠黏膜保护剂，如鞣酸、鞣酸蛋白、次硝酸铋等。

（4）静脉注射10%氯化钙或10%葡萄糖酸钙，皮下或肌内注射维生素$B_1$。

（5）为抑制肾小管对钠离子和氯离子的重吸收作用，可内服溴化钾5～10g，双氢克尿噻50mg。

（6）对症治疗，可用镇静剂，肌内注射盐酸氯丙嗪1～3mg/kg体重，静脉注射25%硫酸镁溶液10～20mL或5%溴化钙溶液10～20mL；心脏衰竭时，可用强心剂；严重脱水时，应立即进行补液。

## 二十四、有机磷制剂中毒（有机磷农药中毒）

当前，农业上广泛应用有机磷制剂毒杀害虫，这就给农药中毒增加了可能性。

（一）病因

（1）主要由于羊只采食了喷有农药的农作物或蔬菜。当前常用的有机磷农药有1059、1605、敌百虫、敌敌畏及乐果等，羊只不管吞食了哪一种农药，都可发生中毒。

（2）喝了被农药污染的水，或者舔了没有洗净的农药用具。

（3）有时是由于人为的破坏，有意放毒，杀害羊只。

（二）症状

有机磷农药可通过消化道，呼吸道及皮肤进入体内，有机磷与胆碱酯酶结合生成磷酰化胆碱酯酶，失去水解乙酰胆碱的作用，致使体内乙酰胆碱蓄积，呈现出胆碱能神经的过度兴奋症状。

羊只中毒较轻时，食欲缺乏，无力、流涎。较重时呼吸困难，腹痛不安。肠音加强，排粪次数增多。肌肉颤动，四肢发硬。瞳孔缩小，视力减退。最严重的时候，口吐大量白沫，心跳加快，体温升高，大小便失禁，神志不清，黏膜发紫，全身痉挛，血压降低，终至死亡。血液检查：红细胞及血红蛋白减少，白血球可能增加。

（三）剖检

主要是胃肠黏膜充血和胃内容物有大蒜臭味。若病程稍久，所有黏膜呈暗紫色，内脏器官出血。肝、脾大，肺充血水肿，支气管含多量泡沫。

（四）诊断

根据发病很急，变化很快，流涎、拉稀、腹痛不安及瞳孔缩小等特点，结合有机磷农药接触病史可以作出确诊。

（五）预防

（1）对农药一定要有保管制度，严格按照“剧毒农药安全使用规程”进行操作和使用，防止人为破坏。

（2）在喷过药的田地设立标志，在7天以内不准进地割草或放羊。

（六）治疗

（1）清除毒物。经皮肤染毒者，用5%石灰水或肥皂水（敌百虫禁用）刷洗；经口染毒者，用0.2%～0.5%过锰酸钾（1605禁用），或用2%～3%碳酸氢钠（敌百虫禁用）洗胃，随之给予泻剂。

（2）解毒。可用解磷定或阿托品注射液。

①解磷定：按10～45mg/kg体重计算，溶于生理盐水、5%葡萄糖液、糖盐水或蒸馏水中都可以，作静脉注射。半小时后如不好转，可再注射一次。

②阿托品：用1%阿托品注射液根据中毒程度和羊的大小确定剂量维持不见症状为止，肌肉或者皮下注射，严重的可以缓慢静脉注射。在中毒严重时，可合并使用解磷定及阿托品。还可以注射葡萄糖、复方氯化钠及维生素$B_1$、维生素$B_2$、维生素C等。

（3）对症治疗。呼吸困难者注射氯化钙；心脏及呼吸衰弱时注射尼可刹米；为了制止肌肉痉挛，可应用水合氯醛或硫酸镁等镇静剂。

（4）中药疗法。可用甘草滑石粉。即用甘草500g煎水，冲和滑石粉，分次灌服。第一次冲服滑石粉30g，10min后冲服15g，以后每隔15min冲服15g。一般5～6次即可见效。每次都应冷服。

## 二十五、尿素（氮）中毒

反刍动物瘤胃内的微生物可将尿素或铵盐中的非蛋白氮转化

为蛋白质。人们利用尿素或铵盐加入日粮中以补充蛋白质来饲喂牛、羊，早已用于畜牧生产。但补饲不当或过量即可发生中毒。

（一）病因

（1）由于利用尿素和铵盐（亚硫酸铵、硫酸铵、磷酸氢二铵）作为饲用蛋白质代替物时，超过了规定用量。根据试验，如给绵羊灌服尿素 8g，即可引起死亡，但如用尿素 18g 加糖渣 72g 喂给，却不致发生死亡。

（2）由于误食含氮化学肥料（尿素、硝酸铵、硫酸铵）而引起中毒。

尿素等含氮物在瘤胃内分解产生大量氨，由于氨很容易通过瘤胃壁吸收进入血液，即出现中毒症状。中毒的严重程度同血液中氨的浓度密切相关。

（二）症状

（1）尿素中毒。当羊只吃下过量尿素时，经过 15～45 分钟即可出现中毒症状。其表现为不安、肌内颤抖、呻吟，不久动作协调紊乱，步态不稳，卧地。急性情况下，反复发作强直性痉挛，眼球颤动，呼吸困难，鼻翼扇动；心音增强，脉搏快而弱，多汗，皮温不均。继续发展则口流泡沫状唾液，臌胀，腹痛，反刍及瘤胃蠕动停止。最后，肛门松弛，瞳孔放大，窒息而死。

（2）硝酸铵中毒。中毒初期表现腹痛、流涎、呻吟；口腔发炎，黏膜脱落、糜烂；咽喉肿胀，吞咽困难。继之胀气、多尿。后期衰弱无力，步态蹒跚，全身颤抖，心音增强，体温下降，终至昏睡死亡。

（3）硫酸铵中毒。临床症状基本与硝酸铵中毒相同，但有水泻，体温常升高到 40℃左右。

（三）解剖病变

尸体迅速变暗。消化道严重受到损害；可见胃肠黏膜充血、出血、糜烂，甚至有溃疡形成。胃肠内容物为白色或红褐色，带有氨味。瘤胃内容物干燥，与生前瘤胃液体过多呈鲜明对比。心外膜有小点状出血，内脏有严重出血，肾脏发炎且有出血。

（四）诊断

依据采食尿素等含氮化肥病史及临床症状可以作出诊断，测定血氨可以确诊。在一般情况下，当血氨为 8.4～13mg/L 时，即出现症状；当达 20mg/L 时，表现共济失调；达 50mg/L 时，动物即死亡。

（五）预防

（1）防止羊只误食含氮化学肥料。

（2）在饲用各种含氮补饲物时，应遵守以下原则。

①必须将补饲物同饲料充分混合均匀。

②必须使羊只有一个逐渐习惯于采食补饲物的过程，因此在开始时应少喂，于 10～15 天达到标准规定量。如果饲喂过程中断，在下次补喂时，仍应使羊只有一个逐渐适应过程。

③不能单纯喂给含氮补饲物（粉末或颗粒），也不能混于饮水中给予。

（六）治疗

（1）在中毒初期，为了控制尿素继续分解，中和瘤胃中所生成的氨，应该灌服 0.5% 的食用醋 200～300mL，或者灌给同样浓度的稀盐酸或乳酸；若有酸牛乳时，可灌服酸奶 500～750g 或给羊灌服 1% 醋酸 200mL，糖 100～200g 加水 300mL，可获得良好效果。

（2）臌气严重时，可施行瘤胃穿刺术。

（3）对于铵盐中毒者，还可内服黏浆剂或油类，混合大量清水灌服。如吞咽困难，可慢慢插入胃管投服。

（4）对症治疗，用苯巴比妥以抑制痉挛，静脉注射硫代硫酸钠以利解毒。

## 二十六、磷化锌中毒（老鼠药中毒）

磷化锌，化学名称为二氧化三锌，属速效灭鼠剂。牧区群众在草地上常用拌有磷化锌的玉米消灭老鼠和跳蚤，羊在放牧中容易误食而中毒。

（一）发病机制

磷化锌对哺乳动物毒性很强。毒性的产生是由于进入胃内之后，与酸性物质作用，产生了磷化氢和氯化锌。磷化氢吸收后分布于心、肝、肾和骨骼肌等组织器官，抑制细胞色素氧化酶，使组织细胞发生变性坏死，全身泛发性出血。氯化锌具有强烈的腐蚀性，引起胃肠出血性炎症和溃疡。

（二）症状

急性中毒时，约经 2 小时即表现精神倦怠，沉郁，低头发呆，体温正常或稍低（38～38.7℃）。以后食欲逐渐废绝，反刍停止。结膜苍白，口腔黏膜呈蓝紫色，甚至发生糜烂。口吐白色黏沫，呼吸困难，心跳减慢。末期全身痉挛，继而麻痹，卧地不起，最后窒息而死。由发病到死亡经 8～48 小时。

慢性中毒症状为全身虚弱，打战，呼吸困难及眩晕。

（三）解剖病变

剖检时，可以嗅到胃内容物有一种磷化锌的特殊蒜臭味，在暗处呈现磷光。胃黏膜呈黑红色，坏死脱落，内容物中有未消化的玉米粒。小肠黏膜大量出血。肝肺淤血，肿大。肺水肿，气管充满泡沫状液体。

（四）预防

（1）安全放置毒饵。

（2）加强平时管理，尤其要注意放牧时的安全。

（五）治疗

尚无有效治疗方法。

如果发现及时，可用 0.1% 高锰酸钾溶液洗胃，然后灌服 0.5% 硫酸铜溶液。硫酸铜与磷化锌生成不溶性磷化铜沉淀，阻止毒物吸收。内服泻剂：可用硫酸钠，禁用油类泻剂。

## 二十七、慢性铜中毒

慢性铜中毒是一种发展缓慢但作用迅速的中毒病，其特征为溶血、贫血、黄疸和血红蛋白尿。它是由于在肝脏中逐渐蓄积了大量贮铜，并突然释放到血液中引起的。

（一）病因

（1）过量摄取铜。常因环境污染或土壤中含铜量过高，所生长的牧草和饲料中铜含量过高。矿山周围，铜冶炼厂，电镀厂附近，因含铜的灰尘，残渣、废水中的铜化合物污染了饲料和牧草。长期用含铜较多的猪粪、鸡粪施肥的草场。某些植物如三叶草一类饲草蓄积着异常高水平的铜而没有钼，这种矿物质不平衡有助于吃了三叶草的羊肝铜的贮存。用含铜较多的仔猪饲料或者喂含铜量较高的鸡饲料喂羊，有的将鸡粪烘干除臭后喂羊亦可引起慢性铜中毒。

（2）肝毒素植物所引起的肝损害　某些肝毒素植物，如欧洲天芥菜和车前蓝蓟中的生物碱损害肝脏，并引起肝脏不断积累食入饲料的铜。

当肝铜累积到 1 000～3 000mg/kg（干重）时，就处在危险范围。在应激状态下，如饲料的变化，营养下降，长途运输，泌乳过程等，肝突然释放出铜，血铜水平上升达正常水平的 10 倍。出现溶血危险，红细胞溶解，贫血，血红蛋白尿和黄疸。动物多在 24 小时死亡，死亡大概是由于缺氧和休克。

（二）症状

慢性铜中毒绵羊的症状，在临床上可分 3 个阶段。早期是铜在体内积累阶段，除肝、肾组织铜大幅度升高，体重减轻，谷草转氨酶（GOT）、精氨酸酶（ARG）等活性短暂升高外，不显其他任何症状。中期为溶血危象前阶段。肝功能明显异常，GOT、ARG 活性迅速升高，血铜也逐渐升高，但精神食欲变化轻微。后期为溶血危象阶段。动物表现烦渴，呼吸困难，卧地不起，可视黏膜黄染，血红蛋白血症，血红蛋白尿，血浆铜水平升高 1～7 倍，病羊在 1～3 天死亡。

（三）剖检

血液稀薄，肝呈黄色、质脆，有灶性坏死，肾脏呈黑色，脾脏呈暗黑色、变软。肝小叶中心坏死，胞浆严重空泡化。肝、脾细胞内有大量含铁血黄素沉着，肝细胞溶解，出现局限性纤维化。

（四）诊断

根据贫血、黄疸、褐色尿及体温正常等临床症状，长期摄食铜污染的饲料或肝毒性植物的病史，以及剖检时肝和脾的特征变化可以作出诊断。实验室发现血铜为 1%～2% 或肝铜 1 000～3 000mg/kg（干重），可作出肯定诊断。

（五）防治

在高铜草地放牧的羊，可在精料中加入 9.5mg/kg 的钼，50mg/kg 的锌及 0.2% 的元素硫，不仅可预防铜中毒，而且有利于被毛生长。对因采食某些有毒植物而引起的铜中毒，应避免在这种草地上放牧。秋季应减少在三叶草生长旺盛的草地上长期放牧，应减少应激原的刺激，同时补充少量钼酸铵（含 7mg/kg 钼），严禁用仔猪饲料或者含铜量高的鸡饲料喂羊，可预防铜中毒。

对于出现铜中毒的羊群，可按每头每天补充 50～100mg 钼酸铵和 0.5～1g 硫酸钠，连续 3 周，可使羊群停止死亡。

## 二十八、铅中毒

铅中毒毒病，在临床上以消化障碍和神经机能紊乱为特征。

（一）病因

（1）过量使用含铅的驱虫药如砷酸铅。吃了含铅农药喷洒过的植物，油漆污染的饲料或破旧毡片，这些毡常用含铅漆浸渍过。或舔食旧油漆木器剥落的颜料和咀嚼蓄电池等各种含铅废物。

（2）炼铅厂的废水和烟尘以及汽油燃烧产生的含铅废气，污染周围及公路两旁草地和水源，也是常见原因。

食入的铅在消化道内与蛋白质和阴离子形成不溶性复合物，在绵羊仅有 1% ～2% 的铅被吸收，其中，60% 沉积于骨骼，25% 分布于肝脏，4% 在肾脏。体内的铅主要通过胆汁排泄。铅可干扰代谢过程，增强脂质过氧化反应，引起各组织器官损伤。其主要毒性作用表现为铅性脑病，胃肠炎和外周神经变性。

（二）病状

羊亚急性中毒居多，显铅脑病和胃肠炎症状。表现兴奋，躁狂，头抵障碍物，视力障碍以致失明。对触摸和声音等感觉敏感。肌内震颤，轧齿空嚼（咀嚼痉挛）。精神沉郁，长时间呆立，不吃不喝，前胃弛缓，腹痛，便秘后腹泻，排恶臭的稀粪。

铅矿区周围 3 ～12 周龄的羔羊，常发生慢性铅中毒，病羔羊主要表现运动障碍，后肢轻瘫，以致麻痹。

（三）解剖病变

急性中毒可见轻度胃炎，尤以皱胃为明显，心内外膜出血，脑脊液压力升高，脑水肿，肝、肾、骨骼肌变性。70% 的病例，镜下可见肾小管细胞内存在抗酸核内包涵体。瘤胃乳突上皮细胞内也可见有核内和胞浆包涵体。慢性中毒时，大脑皮质软化，枕叶区形成空洞。

（四）诊断

根据铅接触病史及失明，肝脑病及胃肠炎症状可怀疑本病。确诊必须依靠血、毛、组织铅含量的测定，铅中毒的血铅为0.35～1.2mg/L（正常值为0.05～0.025mg/L），毛铅可达88mg/kg（正常值为0.1mg/kg）；肾组织含铅量可超过25mg/kg（湿重），肝含铅超过10～20mg/kg（湿重），（正常肾、肝铅含量低于0.1mg/kg）。

（五）预防

避免羊只接近铅涂料和污染草场。禁止在铅尘污染的厂矿周围及公路两旁放牧。给羔羊经常补喂少量硫酸镁有一定预防作用。

（六）治疗

发现早时，可用10%的硫酸镁或硫酸钠洗胃，或导泻以促进毒物的排除，慢性铅中毒可实施驱铅疗法，用依地酸二钠钙，剂量为110mg/kg，配成12.5%溶液或溶于5%糖盐水100～500mL中，静脉注射，每日2次，连用4天为一疗程。休药数日后酌情再用。同时，适量内服硫酸镁缓泻药有良好效果。还可应用青霉胺，二巯基丙醇和硫胺。

## 二十九、慢性氟中毒

氟是羊体组织的正常成分，可以防止牙齿的蛀烂。但需要量很小，在空气干燥的日粮中不应超过百万分之五十（50mg/kg）；在配种家畜不应超过25mg/kg。如果在千日粮中的含量达到100mg/kg，就可以引起慢性氟中毒。慢性氟中毒的主要特征是：轻微时牙齿蛀烂，严重时骨骼发生变化。故一般称之为蛀牙症，青海牧民称为牙虫病。

（一）病因

由于食入氟量过多。氟的来源可能是：

（1）地方性高氟土壤、饲料或饮水中含氟量过高。据兰州兽医研究所对青海某发病地区土壤、牧草及饮水的分析，表层土壤含氟量为403.6mg/kg；60cm以下土壤达450.6mg/kg；牧草中含氟量为219.6~658.1mg/kg；水中含氟量为37.5mg/L。故羊群中常可见到慢性氟中毒的现象。

（2）工厂所放出的烟尘中含有氟。如果有冶炼含氟矿石的工厂，如炼铝厂、炼铅厂、陶器厂等，则附近的植物中含氟量即增高。因为工厂所放出的烟中主要含有氟氰酸。负荷有氟的灰尘中含有氟盐（如氟化钠）。这种氟盐首先被蒸发出来，然后在冷空气中凝结。植物的叶子可以吸收氟气，叶子表面也可以聚集含氟盐的灰尘，含氟盐的灰尘也可以落在附近的地面上，当羊放牧时食入过量的氟化钠，即可在体内逐渐积蓄而引起中毒。

（3）长期用含氟的盐类（如磷灰石）作为矿物质补充饲料，也可以引起慢性中毒。

氟对机体的毒性作用是多方面的，由于氟是亲骨性元素，故骨、牙受损最突出。

（二）症状

症状有轻重之分，轻的主要表现为牙齿蛀烂，严重时引起骨骼发生变化。另外，也根据羊只年龄不同而表现不一样。在哺乳羔羊不发病。断奶而乳齿未脱落的羔羊表现为下颌骨增厚，身体发育不良。在成年羊只，门齿奇形怪状，甚至完全磨灭，牙面的珐琅质失去光泽，变为黄色或黄褐色，甚至出现黑色斑纹。臼齿磨灭不正。下颌骨增大，在齿槽与牙齿之间出现缝隙。牙齿和下颌骨的变化是两侧对称性的。

下颌骨外侧及四肢的长骨常有骨瘤形成，肋骨上常有不规则的膨大。

慢性中毒的情况下，并不影响食欲，对母羊也不损害生殖和泌乳。但由于牙齿磨灭不正，能够影响饲料的咀嚼。有时由于骨质增生，压力增高，也可以影响食欲减少，表现被毛粗乱。

（三）剖检

尸体消瘦，贫血，以骨、牙病变化最突出。牙病变如症状所述，骨表面粗糙，呈白垩状，骨质疏松，易折断，断面骨密质变薄。下颌骨粗糙，肿大，并常有骨赘。

（四）诊断

根据牙齿的特殊性变化，结合考虑是否距炼矿石工厂较近，大体可以作出诊断。

如果怀疑土壤、饲料及饮水中含氟量较高，可以采样送有关单位进行分析。还可以同时对病羊的骨头进行分析，因为动物食入的氟，大部分沉积在骨和牙齿中，中毒羊的骨灰中含氟量比牙灰中为高，可以达到0.01%～0.15%，根据青海资料，甚至高达0.5%以上（5 078mg/kg）。

（五）预防

（1）在冶炼含氟矿石工厂附近的羊只，放牧时不可距离工厂太近。因为距工厂越近的植物中含氟量越高，越容易引起中毒。在铁矿石冶炼地区附近生长的草，含氟量可达2 000mg/kg（按干物质计算），但在距此处1.5km以外的草，含氟量降为300mg/kg。

（2）在土壤及饮水含氟高的地区，应避免在危险区内放牧。成羊可在危险区和安全区进行轮牧。

（3）在危险区域内及冶炼工厂附近的羊只，可用不含氟的钙、磷矿物质作为补充饲料，并经常补充明矾，以中和氟化物在胃内形成的氢氟酸。

（六）治疗

对于表现中毒症状的羊只，首先应停止采食高氟牧草，饲料或饮水，口服明矾水，必要时静脉注射钙剂如葡萄糖酸钙、氯化钙等。明矾用量为每次5～8g，加入大量水中灌服。

## 三十、硒中毒

我国大部分地方是硒缺乏地域，一般不会出现自然发生硒中毒的情况，但当饲料含硒量超过 5mg/kg，或投服、注射过量时都可引起硒中毒。中毒的严重程度完全取决于摄入硒的数量和持续时间的长短。所有动物包括人在内，都对硒中毒很敏感。

（一）病因

（1）草料中含硒量过高。植物中含硒量取决于土壤中硒的含量、可溶性的多少及植物的种类。按聚硒能力将植物分为三类，即专性聚硒植物或示硒植物，这些植物只在含硒土壤上生长，聚硒量可达 1 000～15 000mg/kg，是未与蛋白质结合的低分子量有机硒化合物；次级聚硒植物（secondary selenium accumulating plants），这类植物在生长过程不需要硒，但在高硒土壤上可聚硒达 20～60mg/kg，为可溶性硒酸盐和低分子量有机硒；非聚硒植物，这些植物如在高硒土壤生长，聚硒量低于 50mg/kg，一般为 5～10mg/kg，所含硒都与植物蛋白质结合在一起。虽然这个分类法被广泛采用，但实际用途有限。即便是专性聚硒植物，在特定的土壤中仅能聚积少量的硒，不要误认为一类聚硒植物毒性就比二、三类聚硒植物更容易中毒。实际上，家畜采食第三类聚硒植物最多，中毒机会也最多。我国已知湖北思施和陕西紫阳部分地区属高硒区，曾有人畜发生中毒的报道。

（2）饲料添加硒过量或注射硒制剂超量。自从采用硒制剂预防硒缺乏症以来，因饲料中添加硒过量或搅拌不匀，或注射硒制剂时用量过大而发生中毒的事例时有发生。

羔羊口服亚硒酸钠的 $LD_{50}$ 为 1. 9mg/kg 体重，肌内注射 $LD_{50}$ 为 0. 455mg/kg 体重。饲料中含硒量在 1mg/kg 以下对动物是安全的，超过 5mg/kg 则可引起中毒。

硒中毒的机理还不清楚，据认为主要是干扰谷胱甘肽过氧化物酶等含巯基酶类的活性，造成细胞结构的过氧化损伤，主要为心肌、肝、肾实质的变性和坏死。

（二）症状

（1）急性中毒。约数小时至数日内发病死亡。表现为脉搏快而弱，呼吸困难，臌气、腹痛、发绀，死于呼吸衰竭。也有人报道，绵羊仅表现精神沉郁和突然死亡。

（2）慢性中毒。

①碱病（alkali disease）：碱病是一种慢性硒中毒，自然发生于摄食含硒 5～10mg/kg 牧草数周或更长一些时间，人工饲喂有机硒和无机硒可复制出本病。在牛、马和猪表现为缺乏活力，消瘦，被毛粗乱，脱毛，蹄叶炎和蹄过度生长。但据报道绵羊没有上述症状，仅表现为繁殖障碍。

②瞎撞病（blind stagger）：瞎撞病也是一种慢性硒中毒。放牧中等数量的聚硒植物（这些植物含可溶性硒）数周可引起羊和牛的瞎撞病，表现为食欲减少，视力减退，不避障碍物，舌和吞咽明显麻痹，最后失明，呼吸困难，突然死亡。但马和猪没有上述表现。

（三）解剖病变

急性中毒剖检变化特征是全身出血，胸、腹腔积水和肺水肿。慢性中毒的变化有肝萎缩、坏死和硬化，脾大、有局限性出血，腹腔积水。有的病例有脑充血和出血，脑水肿和软化。

（四）诊断

根据病史、临床症状、病理变化及饲料、血液、被毛、组织硒含量的分析结果，可建立诊断。血硒 1～2mg/L，毛硒 5～10mg/kg为慢性硒中毒的临界值；血硒 >2mg/L，毛硒 > 10mg/kg 表示硒摄入过多。急性硒中毒时毛硒可能升高不明显，但血硒和肝硒含量显著增加。

（五）防治

（1）给饲料中添加硒不能过量，并严格搅拌均匀；给羔羊注射硒时，应严格控制用量，防止过量发生中毒。

（2）发生中毒时，立即停喂高硒日粮，可在饮水中加入砷（亚砷酸钠）5mg/L，或在饲料中加入氨基苯胂酸10mg/kg，可减少硒的吸收，促进硒的排泄。

## 三十一、氟乙酰胺中毒

有机氟化物是广为应用的农药之一，如氟乙酸钠（SFA，CH2COONa），氟乙酰胺（FAA，FCH2CONA2）等，主要用于杀虫和灭鼠，有剧毒。畜禽常因误食毒饵或污染物而中毒。一些野生植物，如南非的毒鼠子，北澳大利亚的乔治亚相思树和大花腹状黑麦草以及一种豆科植物等含有氟乙酸盐和其简单衍生物，可引起放牧绵羊中毒。

（一）病因

有机氟农药，可经消化道、呼吸道以及皮肤进入动物体内，羊发生中毒往往是因误食（饮）被有机氟化物处理或污染了的植物、种子、饲料、毒饵、饮水所致。在南非和澳大利亚，绵羊还因采食一些含氟乙酸盐的植物而发生中毒。

有机氟在体内先转变为氟乙酸，再与辅酶A作用生成氟乙酰辅酶A，后者与草酰乙酸作用生成氟柠檬酸。氟柠檬酸能抑制三羧酸循环中的乌头酸酶，使三羧酸循环中断。其结果因柠檬酸不能进一步代谢，在组织内蓄积而ATP生成不足，组织细胞的正常功能遭到破坏，动物中枢神经系统和心脏最先受到损害，临床上动物表现痉挛、搐搦、心律不齐、心房纤颤等症状。

（二）症状

中毒羊精神沉郁，全身无力，不愿走动，体温正常或低于正常，反刍停止，食欲废绝。脉搏快而弱，心跳节律不齐，出现心室纤维性颤动。磨牙、呻吟，步态蹒跚，以及阵发性痉挛。一般病程持续2~3天。最急性者，持续9~18小时，突然倒地，抽搐，或角弓反张立即死亡，或反复发作，终因循环衰竭而死亡。

（三）剖检

主要病理变化有，心肌变性，心内外膜有出血斑点；脑软膜充血、出血；肝、肾淤血、肿大；卡他性和出血性胃肠炎。

（四）诊断

依据接触有机氟杀鼠药的病史和神经兴奋和心律失常为特征的临床症状，即可做初步诊断。确定诊断还应采取可疑饲料、饮水、胃内容物，肝脏或血液，做羟肟酸反应或薄层层析，证实有氟化物存在。

（五）预防

加强有机氟化物农药的保管使用，防止污染饲料和饮水，中毒死鼠应深埋。

（六）治疗

首先应用特效解毒剂，立即肌内注射，立即肌内注射10%乙酰胺，剂量为每日0.3~0.4mL/kg体重，配合0.5%普鲁卡因肌内注射。首次注射为日用量的一半，连续用药3~7天。亦可用乙二醇乙酸酯（醋精）20mL，溶于100mL水中，一次内服；也可用5%酒精和5%醋酸（剂量为各2mL/kg体重）内服。

同时可用洗胃，导泻等一般中毒急救措施，并用镇静剂，强心剂等对症治疗。

## 三十二、羊伊维菌素中毒

伊维菌素，对动物体内线虫和体外节肢动物具有良好的驱杀作用，被广泛用于兽医临床。当用药剂量过大或较短的间隔时间给药时，常会引起中毒，临床表现为中枢抑制症状。

（一）病因

伊维菌素，阿维菌素类药物，是由阿维菌素在均相催化剂三－（三苯基磷）氯化铑催化加氢制得。伊维菌素可增加突触前神经元γ－氨基丁酸的释放，γ－氨基丁酸为抑制型神经递质，可阻断线虫旁神经的突触后刺激和节肢动物肌纤维的突触后刺激。通过刺激γ－氨基丁酸的释放，引起虫体麻痹直至死亡。伊维菌素在大多数组织分布良好，不易透过血脑屏障进入脑脊液，毒性较小，但在某一特定基因缺陷的牧羊犬，有较多的伊维菌素进入中枢神经系统，在中枢神经系统积聚，出现急性中毒症状，出现中枢神经系统、胃肠道、心血管等方面的反应。伊维菌素对实验动物的 $LD_{50}$ 大于 25mmg/kg 体重，临床推荐剂量为 0.2～0.3mg/kg 体重，安全范围较大，但柯利犬特别敏感，超过 50μg/kg 体重即可引起中毒。

（二）症状

羊在超量使用伊维菌素后的 6～8 小时即可出现中毒症状，病初表现为共济失调，四肢无力、厌食，精神沉郁，反应迟钝，随着病程的延长，出现脱水，全身震颤，瞳孔散大，昏睡，呼吸浅表而微弱，全身厥冷，体温降低，最后在昏迷中死亡。癫痫发作不常见。

（三）诊断

据曾使用伊维菌素及用量、临床症状等可做出诊断。确诊需要采集肝脏、体脂、胃内容物、粪便等做伊维菌素的化学分析。

（四）治疗

伊维菌素中毒，无特效解毒药，主要以减少吸收、促进排出、对症治疗和支持疗法为主，用大剂量 10% 葡萄糖、维生素 C 静脉注射，速尿肌内注射，有资料报道，印防己毒素是有效的γ－氨基丁酸拮抗剂，每分钟 1mg 的速度注射。

## 三十三、羊左旋咪唑中毒

左旋咪唑是防治羊消化道线虫的主要药物，但在防治羊寄生虫的时候如果使用不当会造成中毒的发生。

（一）发病原因

使用方法不当，超剂量使用或者计算错误，机体个体对左旋咪唑敏感等情况会造成中毒。

（二）症状

（1）绵羊中毒。对周岁绵羊肌注5%盐酸左旋咪唑注射液5mL可出现中毒症状。病羊轻度者精神沉郁，全身乏力，站立或行走不稳，四肢末梢偏凉。口温高，呼吸增加，食欲减少，重度者食欲废绝，反刍停止，瘤胃蠕动音消失。呼吸迫促，鼻唇干燥，舌苔、眼结膜呈淡青紫色。肠音亢进，排黑色稀粪水，有的混有肠黏膜或血液。怀孕羊可引起流产或者早产。

（2）山羊中毒。病羊尖叫、呻吟、狂跑、有口流白沫、呼吸困难、肌颤瘫软、眼睛瞪直等症状。怀孕羊可引起流产或者早产。

（三）解剖病变

肝脏肿大，表面有大小不等的出血点，胆囊充盈肿大，胃肠黏膜严重脱落，肠壁有较明显的出血，胃黏膜极易脱落。

（四）治疗措施

对病羊进行全面综合治疗。

（1）静脉注射。5%碳酸氢钠30mL，将糖盐水500mL、维生素C 0.5g、地塞米松磷酸钠1mg混合一次静注。将干酵母片30g、大黄苏打片3g和少量熟面混合灌服。腹泻严重者，阿托品5~10mL，肌注硫酸庆大霉素16万单位，每日2次。

（2）肌注阿托品。10mg、地塞米松5mg、安钠咖5mL，30分钟后肌注阿托品10mg；静脉给药，10%糖盐水500mL、碳酸氢钠溶液 5% 50mL、维生素 C 15mL、维生素 $B_1$ 10mL。一般 2 小时后病羊可基本恢复正常。

## 第五节　羊其他疾病

### 一、僵羊的防治

僵羊主要表现为体型瘦小，只吃不长，被毛粗乱无光泽，食欲时好时坏、拉稀、脱毛、眼无神，个别僵羊嘴尖角细，一般 1 岁体重只有 10kg 左右。

（一）僵羊形成的原因

僵羊一般分为胎僵、乳僵、病僵、药僵、虫僵、料僵。

（1）胎僵。由于妊娠母羊饲料单纯，缺乏钙、磷、蛋白质、矿物质、维生素、微量元素等成分，母体体质差导致胎儿在母羊体内发育不良；或是公母羊配种年龄过小，或近亲繁殖或近交滥配所致胎儿先天不足，体重小，生活力差，生长缓慢，形成胎内僵羊。

（2）乳僵。由于对哺乳母羊饲养管理不当，母羊营养不良或患慢性疾病，乳量不足或缺乳，乳品质不良；或产多羔、体弱、补料过晚，使哺乳羔羊生长发育受阻，形成“乳僵”。

（3）病僵。羔羊因患病如感冒引起肺炎、胸膜肺炎、羔羊痢疾、羔羊软瘫、消化不良、脑水肿或者脑积水等，久治不愈而形成僵羊。

（4）药僵。药僵就是母羊在怀孕期或者羔羊在哺乳期药物使用不当引起中毒或者使用影响羔羊生长发育的药物等，如链霉素、氟哌酸、磺胺等使用剂量过大或者时间太长都对羔羊发育有影响。

（5）虫僵。由于体内寄生虫侵蚀，使羔羊营养消耗大，影响生长发育而形成僵羊。

（6）料僵。羔羊断奶时间不当，过早上山放牧和不及时补饲，饲料中的营养失衡，如蛋白质、维生素、矿物质等缺乏形成料僵。

（二）僵羊的预防措施

（1）创造适宜的环境。圈舍要冬暖夏凉，实行圈养的羊群要有足够的运动场地，羊场、羊舍及运动场要保持清、洁卫生，定期消毒，及时清除粪污羊舍密度要合理，一般每平方米1只羊为宜根据羊只的大小、按体质的强弱、公羊、怀孕羊、哺乳羔羊、育肥羊合理分群饲养。

（2）把好繁殖配种关，杜绝近亲繁殖。选用优良公母羊进行繁殖公、母羊的配种年龄不能过小，加强繁殖母羊和种公羊的管理，防止公羊的乱配，母羊怀孕后期和哺乳期要增加营养供给，并注意营养平衡，饲料要多样搭配，添加常量、微量元素及复合维生素等，种公羊配种旺盛期营养要充足，并提高日粮中蛋白饲料比例，适当喂一些熟黄豆或者鸡蛋。母羊分娩前7天，每日加喂0.1～0.15kg熟黄豆，以增加泌乳量。产后7～10天预防乳腺炎。母羊泌乳量不足或缺乳可用催乳精或中药催乳。

（3）加强饲养管理。

①饮水：饮用自来水或清洁的长流水，不得饮死水、脏水。

②草料供应：尽量喂优质牧草、青储饲草，并适当增喂一些杂木树叶，每天补饲配合精料0.15～0.25kg，早晚各补1次，如自配饲料应添加适量的微量元素、维生素、蛋白质，并随时观察各羊只采食情况。

③对羔羊要精心管理，补养结合：羔羊出生后1h内喂足初乳，注意羔羊的防寒保暖。产后15天用炒熟的黄豆碎粒进行诱饲，并逐步补饲优质青干草和全价羔羊饲料，断奶羔羊饲料种类要多样化，精、粗、青料合理搭配，每天喂4～5次，每次八成

饱，防止掉奶膘。

④适时断奶：羔羊2月龄断奶比较合适，断奶前后避免去势、打防疫针、惊吓等对羔羊造成应激反应。

⑤合理分群：羔羊断奶后要根据公母、大小、强弱进行分群管理。

⑥定期驱虫：每个季度给羊进行一次体内、体表驱虫，驱虫同时要粪便、污物、圈舍、活动场地进行清理和杀虫卵、消毒处理。

⑦加强运动：圈养羊运动时间每天不得少于3~4小时（上、下午各1.5~2小时）

（三）僵羊的防治

发现僵羊后，应先分析形成僵羊的原因，再采取相应措施对因治疗。

（1）胎僵。加强妊娠母羊的饲养管理，特别是妊娠后期，提供各种营养物质和矿物元素平衡的日粮，满足妊娠母羊及胎儿的营养需要；严禁近亲交配，及时淘汰有遗传缺陷的种羊。

（2）乳僵。除加强产后母羊管理和提高营养外，对母乳不足造成体弱的羔羊，要找寄养母羊或使用代乳料。乳量不足或缺乳的母羊，可用催乳精或中药催乳，中药配方王不留行20g，路路通20g，穿山甲25g，当归20g，党参20g，川芎20g，漏芦20g，甘草10g，研细为末，分4次拌料喂服，每天2次，连服4天。对营养不良性缺乳可用熟黄豆100~150g、红糖100~150g饲喂。

（3）病僵。羔羊出生后5~7天因体质差易引起感冒、痢疾等疾病，因此要注意保温防寒。发现羔羊患感冒应立即对症治疗，用抗病毒冲剂或荆防败毒冲剂，10日龄羔羊每次3g，每天2次，连服3天。拌有咳嗽、喘气症状可肌内注射氨苄西林钠、林可霉素、泰乐菌素、强力霉素、替米考星，每天1~2次，连

注3天；对有拉稀、痢疾症状的可灌服乳霉生片0.3g，每天2次，连喂3天，杨树花口服液10～20mL，每天2次，连服3天；卡那霉素严重脱水时可滴注0.9%氯化钠100～150mL和维生素C。

（4）药僵。母羊在怀孕期和羔羊在哺乳期如果发生疾病一般不要用对胎儿有影响的药物或者毒性大的药物，必须使用时一定按说明书剂量使用或者尽量减少使用时间。一旦出现要根据使用的药物采取针对性的解毒药物进行治疗，同时，补充维生素可以提高疗效。

（5）料僵。对体质差、营养不良、生长缓慢的羊只，可以提供全价补饲日粮进行补饲，或者采用多种饲料搭配，并添加一定比例的维生素和矿物质元素。

（6）虫僵。采用体内、体表联合驱虫治疗虫僵患羊。具体方法如下。

①驱除羊体内线虫：按每1kg体重内服15～20mg高效低毒的丙硫咪唑片（阿苯达唑）和1kg体重10mg左旋咪唑片驱虫连用2次，隔15～21天后再按每1kg体重内服4片抗蠕敏（丙硫咪唑）或伊维菌素按每千克体重肌肉或皮下注射0.02mL。

②驱除体表寄生虫（虱、螨、蜱）：选择晴天，用杀螨灵或螨净按1∶1 000对水药浴或者用菊酯类、敌百虫、杀虫脒等进行药浴，药浴同时要清除粪便、污物，并对圈舍进行全面彻底消杀。

（四）僵羊的健胃

夏秋季用0.3g大黄苏打片按每千克体重1片最大量不得超过15片研沫拌料喂服，肠胃上火可用适量人工盐或硫硝缓泄。春冬季节可配合苍术、香附、积实、山楂、麦芽、建曲各20g，砂仁、槟榔、甘草各10g，研细为沫拌料喂服，个别僵羊对中药气味敏感，可煎水灌服，每天1剂，连服3天，或用胃复安或者吗丁啉每天2次（用量按说明书使用），同时，也可以肌内注射双胆黄5～8mL，每天2次，维生素$B_1$ 4～6mL，每日2次，刺激食欲、增强体质。

（五）僵羊的特别治疗方法

（1）自家血疗法。用发病羔羊或者他妈妈的全血3～5mL，肌肉或者皮下注射一次，严重的再注射一次，据介绍对不明原因的僵羊有比较好的效果。

（2）针刺解僵。用消毒过的眉刀针在羊四蹄蹄冠和尾根内各扎一针，针深约0.3～0.5cm。同时取耳静脉（拉紧羊的耳朵，在耳朵的支静脉上），两侧均取，7～10天用眉刀针针（放血）1次，共2～3次。针后喂给中药芒硝、大黄各20～50g通肠致泻。此法适用于肷吊皮紧，肚小食少，生长缓慢的僵羊。

（3）鸡蛋清疗法。取鸡蛋1个，用碘伏消毒，把鸡蛋的气室敲开，注意不要破坏气室下的膜，用一次性注射器吸取蛋清5～10mL，分2～3点给羔羊肌肉或者皮下注射，1周后再注射1次。

（4）维生素、肌酐复合疗法。用维生素$B_{12}$（500μg）2支和肌苷注射液（每支2mL）一支混合后进行肌内注射，连注2天后，再用三磷酸腺苷（ATP）和维生素$B_{12}$、肌苷、维丁胶性钙各1支，进行混合注射。

（5）黄盐硫疗法。大黄100g、槟榔100g水煎500mL、加入熟石膏300g、食盐30g，晃匀每只羔羊灌服30～50mL，1天1次，连用3～5天。

## 二、中暑

夏季，天气暑热，如果管理不当，会造成羊中暑。羊中暑主要表现为：病羊精神倦怠，头部发热，出汗，步态不稳，四肢发抖，心跳亢进，呼吸困难，鼻孔扩张，体温升高到40℃以上，黏膜充血，眼结膜变蓝紫色，瞳孔最初扩大，后来收缩，全身震颤，昏倒在地，如不及时抢救，多在几小时内死亡。

治疗：

（1）降温。一旦有羊发生中暑，应迅速将其移至阴凉通风处，用水浇淋羊的头部或用冷水灌肠散热，也可驱赶病羊至水中，直至羊体散热降至常温为止。

（2）放血补液。可根据羊只大小及营养状况进行静脉放血，同时静脉注射生理盐水或糖盐水500～1 000mL。

（3）对症治疗。当羊兴奋不安时，内服巴比妥0.1～0.4g；当羊心脏衰弱时肌注强心剂20%的安钠咖；对心跳暂停的羊可进行人工呼吸或用中枢神经兴奋剂25%的尼可刹米2～10mL，也可选用安乃近等退烧药物或内服清凉性健胃药如龙胆、大黄、人工盐、薄荷水等。

预防羊中暑，应保证圈舍、围栏宽敞，通风良好，设置凉棚或树木遮阴，避免环境过热；放牧时尽可能选阴坡，避免阳光直射；适当补喂食盐，供给充足的清洁饮水，避免在炎夏伏天长途运输。

## 三、羊心包炎及心内膜炎

本病为常见疾病，通常都是由其他疾病所引起，很少有原发性的。创伤性心包炎在羊极为少见。

### （一）病因

（1）急性心包炎及心内膜炎。

①继发于传染病：当患急性传染病时，常引起急性心内膜炎，如炭疽、巴氏杆菌病、羊快疫、肠毒血症、大肠杆菌病、链球菌病及黑腿病等。患亚急性巴氏杆菌病时，纤维性心包炎常与脑膜炎并发。

②发生于突然致死的非传染病：如臌胀病、植物中毒或矿物

中毒。

（2）慢性心内膜炎（即心瓣膜有赘生物）。这种情况很少见。如果发现，通常都见于患有干酪样淋巴结炎、乳房炎、放线杆菌病、进行性肺炎和脓毒血症的老龄绵羊，但也可能因为脐带感染而发生于羔羊（如关节病）。

（二）症状

病羊食欲和反刍减少或消失；肠蠕动微弱；由于进入动脉的血量较少，故脉搏细微，有时搏动不规则。当心包有炎性渗出物时，心脏的扩张受到影响，故颈静脉极度充血，表现波动现象。

患心内膜炎时，症状颇不一致，个别病例可能无任何先驱症状而突然死亡；有的可能仅有体重下降，不愿运动。但一般都有发热，心动过速，心内器质性杂音和心脏衰弱，呼吸加快。

（三）剖检

在急性病引起者，心包液一般均有增多；当与空气接触时，液体即变凝固。在消瘦及恶病质的病例，心包液更多，但不含有纤维蛋白。

纤维性心包炎的表现是：心包变厚而粗糙，整个内面盖有一层黄白色渗出物，许多部分发生粘连；渗出物常为真正的脓液。

粪链球菌引起的心内膜炎，其唯一病变为房室瓣上有大面积的赘生物，并无关节炎发生。

（四）诊断

心包炎有心率加快、心浊音区扩大及心包摩擦音或拍水音，心音遥远，浅表静脉怒张，腹下水肿和结膜发绀等征候，可以做出诊断；对心内膜炎可根据病史、发热、心动过速和心内器质性杂音，作出诊断。

（五）治疗

（1）使病羊尽量安静，给以容易消化而富有营养的饲料。

（2）控制细菌感染是治疗本病的关键。可用30%林可霉素注射液按 5kg 羊 1mL，头孢菌素类 1～5g，或用氨苄青霉素 0.5～3g 配合阿米卡星按 5kg 羊 1mL，肌内注射，每天 2 次，连用 7～10 天。待体温下降后，为防止复发，还应继续用药 1 周。

（3）为了消除心跳过速和减轻炎症的发展，可用心区冷敷法。

（4）心脏衰弱时，可应用肾上腺素或樟脑等兴奋剂。

## 四、羊局灶性对称性脑软化症

局灶性对称性脑软化是绵羊的一种亚急性非传染性疾病，在临床上以共济失调、失明为特征，在病理变化上以两侧性纹状体和中脑坏死为特征。

### （一）病因

本病是亚致死量的产气荚膜梭菌 d 型毒素引起的，多为散发性，不常发生，因此，对养羊业危害较小。本病可发生于各种品种和性别的 2～10 周龄哺乳羔羊和 3～6 月龄肥育羊。哺乳羔羊发生于春末和夏初；肥育羊发生于秋季和冬季。大多数病例见于肠毒血症的暴发期，很少病例见于注射过肠毒血症疫苗的羊群。

### （二）症状

肠毒血症暴发期，有一些羊可发展为局灶性对称性脑软化。一些病羊发生虚脱，而另一些羊在帮助下可以站立和走动。俯卧的患羊，昏迷，四肢作游泳样运动，角弓反张。站立的病例，沉郁、失明，转圈运动和头抵障碍物。本病的发病率占肠毒血症动物的 5%，致死率高达 90%。肠毒血症疫苗免疫过的羊中，仅有散发病例发生，病程 2～6 天。

### （三）剖检

损伤仅限于大脑。在纹状体、丘脑和小脑脚有坏死区，直径 1～15mm，坏死区变软，有出血性损伤，并有双侧对称的趋向。临床恢复病例的大脑空腔代替了坏死组织。病理组织学检查，坏死组织通常包含出血。在 3 ~4 天的损伤中，有粒细胞浸润，损伤周围的卫星细胞和毛细管增生。

(四) 诊断

根据典型症状，如失明、共济失调、虚脱、游泳样运动和昏迷可怀疑本病，剖检发现眼观坏死病灶即可作出诊断。

鉴别诊断，需要与脑灰质软化、脑脓肿和破伤风进行区别。脑灰质软化和局灶性对称性脑软化有相似的症状，但是，剖检时前者的小脑皮层有许多坏死区，一些病例在丘脑里也也有坏死区。脑脓肿在剖检中容易区别。破伤风有肌内强直性痉挛，并与手术或损伤有关。

(五) 防治

除发生个别病例，无法通过免疫预防本病以外，一般局灶性对称性脑软化是由梭菌肠毒素引起的，应进行免疫注射，来防止本病。尚无有效治疗方法，可隔离病羊，扶助站立，输液，给予优质青草和饮水。但是恢复动物可能没有经济价值。

食管阻塞又称食管梗阻。食物或异物突然阻塞在食管内，发生吞咽障碍。本病按发病的程度和部位分完全阻塞和不完全阻塞以及咽部、颈部、胸部阻塞。

## 五、后躯麻痹

(一) 病因

后躯麻痹有时见于刚断尾不久的羔羊或者产后的母羊，是因为断尾的残株受到细菌感染以后，或者生产的时候造成牵拉及压迫，使局部脊髓受到危害，因而造成后躯麻痹或者瘫痪。

(二) 症状

若为半麻痹，只可见到步态不稳或僵硬。如果是完全麻痹，后腿即完全失去作用，前进时必须牵拉。

（三）预防

断尾以后，应认真消毒伤口；在伤口未愈之前，应尽量保持环境清洁，防止受到细菌感染。

（四）治疗

注射抗生素（青霉素、链霉素），同时，采用萘普生肌内注射、必要时候在百会、环中、环后穴位注射维生素 B1 或者硝酸士的宁效果不错。慢性的可采取针灸疗法；可用毫针、火针或电针。

针灸治疗可选用百会、环中、环后、邪气、汗沟、仰瓦等，取穴方法如下表所示（表4－2）。

**表4－2　针灸治疗后驱麻痹的穴位及取穴方法表**

| 穴位名称 | 取穴方法 | 针灸法 |
| --- | --- | --- |
| 百会（千金） | 腰荐间隙凹陷中，1穴 | 垂直刺入1.5～2cm |
| 环中 | 髂骨外角与臀端连线的中点，左右各1穴 | 垂直刺入1.5～2cm |
| 环后 | 在环中穴的斜后下方、股骨大转子的前上缘，左右各1穴 | 垂直刺入1～1.5cm |
| 邪气 | 在尾推旁开约3.3cm处，位于股二头肌与半腱肌间的肌沟中，左右各1穴 | 向内前方刺入约2cm |
| 汗沟 | 在邪气穴下方约5cm处的股二头肌与半腱肌间肌沟中，左右各1穴 | 同上 |
| 仰瓦 | 位于汗沟穴下方约5cm处的股二头肌与半腱肌间的肌沟中，左右各1穴 | 同上 |

## 六、腐蹄病

腐蹄病也叫蹄间腐烂或趾间腐烂，秋季易发病，主要表现为皮肤有炎症，具有腐败、恶臭、剧烈疼痛等症状。

（一）发病原因及症状

此病主要由于厩舍泥泞不洁，低洼沼泽放牧，坚硬物如铁钉刺破趾间，造成蹄间外伤，或由于蛋白质、维生素饲料不足以及护蹄不当等引起蹄间抵抗力降低，而被各种腐败菌感染所致。患腐蹄病的羊食欲降低，精神不振，喜卧，走路跛。初期轻度跛行，趾间皮肤充血、发炎、轻微肿胀，触诊病蹄敏感。病蹄有恶臭分泌物和坏死组织，蹄底部有小孔或大洞。用刀切削扩创，蹄底的小孔或大洞中有污黑臭水迅速流出。趾间也常能找到溃疡面，上面覆盖着恶臭物，蹄壳腐烂变形，羊卧地不起，病情严重的体温上升，甚至蹄匣脱落，还可能引起全身性败血症。

(二) 防治措施

发现羊患腐蹄病应及时整修、治疗。先用清水洗净蹄部污物，除去坏死、腐烂的角质。若蹄叉腐烂，可用2% ~3%来苏尔或饱和硫酸铜溶液或饱和高锰酸钾溶液清洗消毒患部，再撒上硫酸铜或磺胺粉或涂上磺胺软膏，用纱布包扎；也可用5% ~10%的浓碘酊或3% ~5%的高锰酸钾溶液涂抹。若蹄底软组织腐烂，有坏死性或脓性渗出液，要彻底扩创，将一切坏死组织和脓汁都清除干净，再用2% ~3%来苏尔或饱和硫酸铜溶液和高锰酸钾溶液消毒患部，用酒精或高度白酒棉球擦干患部，并封闭患部。

可选用以下药物填塞、治疗。

(1) 用四环素粉或土霉素粉填上，外用松节油棉塞后包扎。

用硫酸铜和水杨酸粉或消炎粉填塞包扎，外面涂上松节油以防腐防湿。

(2) 用碘酊棉花球涂擦，再用麻丝填实、包扎。

(3) 用磺胺类或抗生素类软膏填塞、包扎，再涂上松节油。

将50 ~100g豆油烧开，立即灌入患部，用药棉填塞或用黄蜡封闭，包扎固定。

以上各种治疗方法每隔2 ~3 天需换1 次药。

对急性、严重病例，为了防止败血症的发生，应用青霉素、链霉素和磺胺类药物进行全身防治。同时采取以下预防措施：在饲料中补喂矿物质，特别要平衡补充钙、磷；及时清除厩舍中的粪便，烂草、污水等。在厩舍门前放置用10%～20%硫酸铜液浸泡过的草袋，或在厩舍前设置消毒池，池中放入10%～20%硫酸铜溶液，使羊每天出入时洗涤消毒蹄部2～4次。羊患腐蹄病时要隔离饲养。

## 七、脱毛症

脱毛症是指非寄生虫性被毛脱落，或被毛发育不全的总称。多数学者认为与锌和铜的缺乏有关，饲料中硫的不足也是一种因素。

### （一）症状

毛无光泽，灰睛褪色，营养不良，贫血，有的出现异食癖，互相啃食被毛，羔羊毛弯曲度不够，松乱脆弱，大面积秃毛。其中锌的缺乏还表现皮肤角化，湿疹样皮炎，创伤愈合慢等特点。严重的出现腹泻，行走后躯摇摆，运动失调，多数背，颈、胸、臀部最易发生脱毛。

### （二）防治

饲料中补碳酸锌（或硫酸锌、氧化锌），按0.2%添加含锌和铜生长素，补铜时加钴效果更好。病情严重的绵羊每星期口服一次硫酸铜1.5g。同时，补饲家畜生长素，增加精饲料的饲喂量。

## 八、羊尿结石

### （一）发病原因

尿结石症常由于饮水硬度大，饲料中钙磷比例失调，饮水量不足，运动少，尿、汗排出障碍或大量排汗后盐类浓度过高，致使尿液中盐类结晶析出，以脱落的上皮细胞为核心逐渐凝聚形成结石，结石随尿液进入输尿管和尿道，刺激尿道黏膜，造成黏膜水肿、出血、发炎，结石在此处逐渐堆积而阻塞尿路所致。发病的主要原因有：一是羊饮用水水质硬度大。二是发病羔羊日常补充鲜牛奶的量大，或者草料营养造成羔羊饮水量不足，是发生此病的关键所在。三是运动场地小，羊运动缺乏，羊运动有利于尿路系统内的细小异物随尿液排出，不容易致使异物在尿路中逐渐凝聚形成大的结石而阻塞尿路发病。四是发病的羊多是公羊，这是由于公、母羔羊泌尿系统的生理结构不同，即在公羊的S状曲部位细而弯曲，结石容易在此形成。五是泌尿系统炎症，纤维素性渗出物、脱落的黏膜上皮细胞、血液、是结石的基层，多是结石核心。

（二）临床症状

发病羊最初表示为食欲减退，后肢屈曲叉开，拱背卷腹，强烈怒责，频繁做排尿姿势，排尿时间延长，尿频，滴尿，尿量减少，呈断续或滴状流出，有时有尿排出甚至无尿。包皮皮毛上有大量沙粒样物附着。病羊叫声无力，起卧不安，常表示为两前肢跪地而两后肢直立的前高后低姿势。拱背卷腹，触摸羊腹部耻骨前沿膀胱部位，可以摸到膀胱膨大，病羊两后肢交换蹄腹部，有明显的腹痛症状。尿道外触诊疼痛，外部尿道触诊可发现结石。

（三）剖检变化

对死亡的羊进行解剖可见，除泌尿系统外，其他器官无明显变化。肾脏肿大，切面多汁，肾盂内、输尿管、膀胱或者尿道有乳白色的大小不一的颗粒凝聚物，公羊多在输尿管的S状曲部有比较坚硬的结石或者乳白色凝聚物。严重的出现膀胱破裂，腹腔内有大量多液体。

（四）防制措施

对全群羊采取了如下防制措施。

（1）调整日粮组成。调整日粮结构，减少青贮的饲喂量，增加优质青干草饲喂量。饲料中碳酸氢钠添加量由1%增加到2%预混料中适量补充维生素A和维生素D使钙磷比例保持在2∶1保证其他微量元素的平衡。

（2）保证充分的饮水。给羔羊补充鲜牛奶时一是控制每日的总量，二是补充鲜牛奶时添加10%左右的清洁饮水，三是补饲的精料中添加食盐，保证羊食盐的日摄入量不低于6g，促使其饮水，提高羔羊的饮水量。

（3）增加运动。增加运动是预防尿结石症不可忽视的环节，适量的运动可增加羊血液循环，增强食欲，有利于生长发育，还有利于泌尿系统内细小异物随尿液排出，减少异物在尿路中逐渐凝聚形成大的结石堵塞输尿管和尿道而引发尿结石。而舍饲又受运动局面积的限制，为此，对羊的圈容量不要太多，相应使每只羊的运动局面积增加了一倍。

（五）治疗

对病羊采取如下治疗方法。

（1）沿肛门下方至尿道口的方向用0.1%高锰酸钾热敷，每天3次，每次15分钟以上。

（2）饮水中加入2%～3%碳酸氢钠，日饮2～3次。

（3）肌注阿托品4～6mg/天

（4）乌洛托品2mL/kg、水杨酸钠1mL/k、5%碳酸氢钠10mL/kg、樟脑磺酸钠0.1mL/kg、生理盐水5mL/kg一次静脉注射，每天2次，连用3天。

（5）用中药大黄20g、金钱草15g、石韦50g、海金沙20g、元胡10g、车前子30g、水煎灌服，1天1次，连用3～5天，效果不错。

# 第五章　羊生殖系统疾病防治

## 第一节　不孕和流产

### 一、母羊不孕症

不孕症是指暂时性地不能生育，不育则指永久性不能生育，二者是迥然不同的两种概念。但在生产实践中，常将暂时性或永久性不能繁殖笼统称为不孕症。本章就是在总的概念下介绍母羊的不孕症。

（一）病因

造成母羊不孕的原因是错综复杂的，归纳起来，可以分为先天性和后天获得性两大类。

先天性不孕是指由于生殖器官的发育异常或卵子、精子及合子具有生物学上的缺陷，而丧失繁殖能力。例如两性畸形和异性孪生母羊等。

后天性不孕有饲养管理不当性、繁殖技术不良性、气候水土性、衰老性和疾病性等原因。但以疾病性不孕症较为重要。

为了在生产实践中分析具体不孕羊的发病原因和采取适当的防治措施，兹将各种不孕的原因进行分类列示，见下表所示。

**表 各种不孕原因**

<table>
<tr><th colspan="3">不孕的种类</th><th>引起的原因</th></tr>
<tr><td colspan="3">先天性不孕</td><td>生殖器官畸形，两性畸形，异性孪生不孕母羊</td></tr>
<tr><td rowspan="9">后天获得性不孕</td><td colspan="2">饲养性</td><td>饲料品质不良，某些氨基酸缺乏，维生素不足或缺乏，矿物质不足或不平衡。饲料量不足：饥饿</td></tr>
<tr><td colspan="2">管理利用性</td><td>运动不足，哺乳期过长，挤奶过度，厩舍卫生不良</td></tr>
<tr><td rowspan="4">繁殖技术性</td><td>发情鉴定</td><td>未注意到发情：漏配<br>发情鉴定技术不良；配种不适时</td></tr>
<tr><td>配种</td><td>未及时让公羊配种（漏配），配种不确实，精液品质不良（公畜饲养管理不良，配种或采精过度），公羊配种困难<br>人工授精：精液处理不当，精子受到损害；冷冻精液品质不良，输精技术不熟练<br>胚胎移植：鲜胚或冻胚品质不良，移胚技术不熟练</td></tr>
<tr><td>免疫性不孕</td><td>可能是抗精子免疫性不孕症、抗透明带免疫性不孕症或抗宫颈黏液糖蛋白免疫性不孕症</td></tr>
<tr><td>妊娠检查</td><td>不及时进行妊娠检查或检查不准确，未发现空怀</td></tr>
<tr><td colspan="2">气候水土性</td><td>由外地新引进的羊，不适应环境。气候变化无常，影响卵泡发育</td></tr>
<tr><td colspan="2">衰老性</td><td>生殖器官萎缩，机能碱退</td></tr>
<tr><td colspan="2">疾病性</td><td>生殖器官疾病：配种、接产、手术助产消毒不严，产后护理不当，流产、难产、胎衣不下以及子宫脱出等引起子宫阴道感染；卵巢、输卵管疾病。公羊生殖器官疾病<br>传染病和寄生虫病：结核，而鲁氏菌病，沙门氏菌病，支原体病，衣原体病等和严重的寄生虫病<br>影响生殖机能的其他疾病</td></tr>
</table>

（二）症状

这个病症状很简单就是屡配不孕。

（三）防治

（1）营养缺乏原因造成的不孕。应加强营养的补充和改善，重点是蛋白质、维生素、微量元素，特别是维生素 A 维生素 E 在不孕中是主要因素，要重点补充。

（2）肥胖造成的不孕。重点是减肥，但减肥的同时要注意维生素、微量元素的营养补充。不能因噎废食。

（3）其他原因造成的不孕。要有针对性的预防和治疗，方法参照其他疾病防治。

## 二、持久黄体病

久黄体怀孕黄体或周期黄体超过正常时限而仍继续保持功能者，称为持久黄体。在组织结构和对机体的生理作用方面，持久黄体与怀孕黄体或周期黄体没有区别。持久黄体同样可以分泌孕酮，抑制卵泡发育，使发情周期停止循环，因而引起不育。此病多见于母牛，而且多数是继发于某些子宫疾病；原发性的持久黄体或其他家畜患此病的比较少见。

### （一）病因

舍饲时，运动不足、饲料单纯、缺乏矿物质及维生素等，都可引起黄体滞留。持久黄体容易发生于产乳量高的母羊。冬季寒冷且饲料不足，常常发生持久黄体。此病也和子宫疾病有密切关系；子宫炎、子宫积脓及积水、胎儿死亡未被排出、产后子宫复旧不全、部分胎衣滞留及子宫肿瘤等，都会使黄体不能按时消退，而成为持久黄体。

### （二）症状及诊断

持久黄体的主要特征是发情周期停止循环，母畜不发情。直肠检查可发现一侧（有时为两侧）卵巢增大。在牛，其表面有或大或小的突出黄体，可以感觉到它们的质地比卵巢实质硬。

如果母畜超过了应当发情的时间而不发情，间隔一定时间（10～14天），经过两次以上的检查，在卵巢的同一部位触到同样的黄体，即可诊断为持久黄体。为了和怀孕黄体区别，必须仔细触诊子宫。有持久黄体存在时，子宫可能没有变化；但有时松软下垂，稍为粗大，触诊没有收缩反应。

(三) 治疗

持久黄体可以看作是在健康不佳的情况下，防止母畜怀孕的自然保护现象。因而治疗持久黄体首先也应从改善饲养、管理及利用并治疗所患疾病着手，才能收到良好效果。

前列腺素 F2α 及其合成的类似物，是疗效确实的溶黄体剂，对患畜应用之后绝大多数可望于 3～5 天发情，有些配种后也能受孕。现将这类药品中常见的几种及其参考剂量分列于后。

前列腺素 F2α，牛肌注 5～10mg，或者按每千克体重 9μg 计算用药。

也可用催产素、胎盘组织液、促卵泡素、孕马血清或雌激素。

1. 激素疗法

(1) PMSG（孕马血清促性腺激素）1 000～2 000单位，1 次皮下或肌内注射。

(2) FSH（促卵泡素）100～200 单位，肌内注射，隔 2～3 天后重复 1 次。

(3) HCG（绒毛膜促性腺激素）1 000～5 000单位，肌内注射；隔着直肠按摩卵巢，每次 3～5 分钟，每天 1～2 次，连用 3～5 天。

2. 激光疗法

用 6～8mw 的氦氖激光照射阴蒂或阴唇黏膜部分，光斑直径 0.25cm，距离 40～60cm，每天照射 1 次，每次 15～20 分钟，14 天为 1 个疗程。

3. 前列腺素疗法

一般在用药后 2～3 天发情，配种即能受孕。

(1) 前列腺素 F2α 5～10mg，肌内注射。

(2) 氯前列烯醇 0.5～1mg，肌内注射。注射 1 次后，一般在 1 周内奏效，7～10 天直肠检查，如无效果，可再注射 1 次。

4. 中药疗法

根据病症分别采用以补气养血或补肾壮阳为主，配合活血调经药。

（1）阳起石20g、仙灵脾20g、益母草50g、当归30g、赤芍30g、菟丝子30g、补骨脂30g、枸杞子40g、熟地30g、水煎后一次灌服，隔日1次，3次为1个疗程。

（2）当归30g、川芎20g、茯苓30g、白术40g、党参40g、白芍30g、丹参30g、益母草60g、甘草20g、水煎后一次灌服，隔日1次，3次为1个疗程。

（3）益母草90g，丹参60g，当归、桃仁、丹皮、牛膝各40g，红花、泽兰各30g，水煎内服。此方治疗卵巢囊肿也有良效。

（四）预防

加强产后母羊的饲养管理，尽快消除奶羊的能量负平衡。加强母牛产后健康监控，及时治疗各种疾病。

卵巢囊肿：食疗用碱性食物、叶酸、高钙等。

散结消肿丸。药物组成：三棱12g、莪术12g、当归15g、丹参15g、赤芍药、白芍药各10g、水蛭6g、穿山甲15g、泽兰10g、刘寄奴30g、牵牛子6g、路路通10g、红藤25g、半枝莲25g、海藻20g、枳实10g、桂枝10g。共研磨加蜂蜜或者猪油制成丸口服。

## 三、卵巢囊肿

卵巢囊肿是指卵巢中形成了顽固的球形腔体，外面盖着上皮包膜，内容为水状或黏液状液体。

卵巢囊肿包括卵泡囊肿和黄体囊肿。前者来自不排卵的卵泡，其卵泡上皮发生变性，卵细胞死亡；后者是由卵泡囊肿上的细胞黄体化形成的，或者是由于黄体中央和血凝块中积有液体，其黄体细胞发生退化与分解。

此病容易发生于高产山羊群，但羊的卵巢囊肿比牛的少见得多。黄体囊肿发生的更少，常见的都是卵泡囊肿，因而一提到卵巢囊肿，往往都认为是卵泡囊肿。这里所讲的就是羊的卵泡囊肿。

（一）病因

对卵泡囊肿的病因还不完全清楚，一般认为有以下几种。

（1）内分泌机能紊乱。当垂体前叶分泌 LH 不足时，卵泡壁上不产生 PGF，不能形成 LH 排卵前峰，导致不能排卵而形成囊肿。

当 ACTH 增多时，能够抑制排卵，而发生卵泡囊肿。

（2）饲养管理不合理。饲料中维生素 A 缺乏或磷的不足；采食的牧草中雌激素含量过高；缺乏运动等，均有可能引起卵泡囊肿的发生。

一般磷的缺乏，并不是因为日粮中的磷量不足，而是由于钙的供应过多，以致妨碍了磷的利用。

产生卵巢囊肿的典型日粮是：用豆科干草作主要粗饲，并在精料中配合有大量甜菜渣，同时还补充有海藻渣粉。如果全群给予这种日粮，不但成年羊容易发生卵巢囊肿，而且在青年羊群中也容易产生繁殖紊乱问题。

（3）生殖系统疾病所引起。流产、胎衣不下、子宫内膜炎都容易引起卵巢发炎，以致卵泡不易排卵而发展为卵泡囊肿。

（4）气温影响。在卵泡发育过程中，气温突然过高或过低，可能影响卵泡的继续发育而转变为囊肿。

（二）症状

患卵泡囊肿时，不断分泌雌激素，因为分泌过量的雌激素，所以山羊的表现反常，尤其性欲特别旺盛。一般都是在最初发情时间延长，抑制期和均衡期缩短，以后兴奋期更长，以致不断表现出发情症状。病羊愿意接受交配，但屡配不能受孕。

（三）诊断

对卵泡囊肿的诊断，在牛主要依靠直肠检查，触摸卵泡的性质与增大。但羊的个体小，难以采用直肠检查法，主要是根据发情期延长和强烈的发情行为。

有条件时，可采用腹腔镜检查。借助腹腔镜，可以直接观察到卵巢上的囊肿卵泡比正常卵泡大，或为多数不能排卵的小泡，按压时感到泡壁厚而硬。

（四）预防

（1）正确饲养，适当运动。在配种季节更应特别重视。日粮中含有足够的矿物质、微量元素和维生素，可以防止卵泡囊肿的发生。

（2）对于正常发情的羊，及时进行交配或授精。

（3）及时治疗生殖器官疾病。

（五）治疗

（1）改变日粮配合。应用合理配合的日粮，可使症状逐渐消失而获得痊愈。

（2）注射适宜的激素。

①注射促排卵3号（LRH－A3）4～6mg，可刺激垂体前叶同时释放LH和PSH，主要是依靠LH，促使卵泡囊肿黄体化。然后皮下或肌内注射15甲基—前列腺素F2α1.2mg，溶解黄体，即可恢复发情周期。

②肌内或皮下注射促黄体素（LH）或绒毛膜促性腺激素（hCG）500～1 000单位，具有显著疗效。

LH可使囊肿卵泡发生黄体化，导致孕酮升高，有效地抑制GnRH的分泌，使FSH及LH的合成与分泌恢复平衡。

③肌内注射孕酮5～10mg，每日1次，连用5～7天，效果良好。孕酮的作用除了能抑制发情外，还可以通过负反馈作用抑制丘脑下部GnRH的分泌，内源性地使性兴奋及慕雄狂症状

消失。

(3) 人工诱导泌乳。此法对乳用山羊是一种最为经济的办法。

## 四、假怀孕

假怀孕在山羊中比较多见。英国报道为2/231，斯堪的纳维维亚为3/1 020，印度的调查的发生率与此相似。法国于1989—1990 年对 10 000头山羊进行了调查，发现有 50% 的农场都有所经见，其中，有的农场假孕率高达 5% 。根据超声诊断，近年来的总发生率分别为 2. 1% 和 2. 9% 。

### (一) 原因

尚不清楚。

### (二) 症状和诊断

由于受卵巢激素孕酮的影响，从外表观察，羊的体况和行为令人误认为其已经怀孕，而且一直可维持到最终分娩，但只是排出数千毫升液体，而无羔羊。此后，羊能够分泌相当多的乳，亦可配种和正常怀孕。

在实践中，可通过乳汁试验和超声扫描进行确诊。

### (三) 防治

如果确诊为假孕，可以及早采取措施，终止怀孕，以便在该繁殖季节再予配种，还有可能正常怀孕，而不至受到经济损失。

## 五、母羊流产的原因与防治

母羊流产又称母体的妊娠中断。母羊怀孕期间，由于各种不同的因素造成胚胎或胎儿与母体之间的生理关系发生紊乱，使怀孕中断。妊娠中断后，胚胎或胎儿会产生不同的变化，死胎或活胎被排出体外，人们通常把这种现象称为流产。

(一) 母羊流产的原因

引起该病的因素较多，具体归纳如下。

(1) 胎膜及胎盘异常。由于生殖细胞缺陷、衰老或近亲繁殖，胎盘无绒毛或绒毛发育不全，使胎儿与母体间的物质交换不能正常进行，造成胎儿不能发育而死亡。

(2) 母羊生殖器官疾病。患有慢性子宫内膜炎的母羊受孕后胚胎或胎儿易发生中途死亡；发生阴道脱或重症阴道炎时，炎症可破坏子宫颈黏液栓，侵入子宫，造成流产；先天性子宫发育不全、子宫粘连、子宫内膜结缔组织增生等限制胚胎或胎儿的生长发育而发生流产；孕酮分泌不足发生流产。

(3) 母羊非传染性全身疾病。瘤胃鼓气、疝痛、妊娠毒血症、贫血以及体温升高均可造成母羊流产。

(4) 饲养不当。由于饲料品质不佳、营养成分不全、饲喂不当均可引起母羊流产。如饲料中缺乏维生素 A、维生素 E、维生素 D 和矿物质易发生流产；发霉变质的饲料、霜冻饲料、含有农药残毒的饲料、有毒植物饲料等可引起流产；突然更换饲料，母畜大汗、空腹饮用大量冰冻冷水，采食冰冷饲料等均可诱发子宫收缩而造成流产。

(5) 管理不当。机械性损伤，如碰、抵、踢、打、摔、挤易诱发流产。剧烈运动，如跳障碍物，跳越沟渠，上下坡或使役过急过重致使妊娠母羊体内胎儿死亡。突然打冷鞭、惊吓易引起子宫反射性收缩而造成流产。

(6) 用药不当。如给妊娠母羊服用大量泻剂、利尿剂、驱虫剂，注射子宫收缩药、催情药等

(二) 防治

(1) 保胎。当发现怀孕母羊出现流产先兆，但子宫颈口尚未开张，流产未发生时，要将母羊安置在安静的圈舍内，并减少不良刺激，同时，给以保胎和镇静药，如黄体酮、安溴、阿托

品、维生素 E 等。

(2) 促流。当发现怀孕母羊已发生流产，胎儿已死或子宫颈口开张，胎膜已破时，保胎已失去意义，可采取促使胎儿尽快排出，以免引起其他不良后果，同时，有利母羊繁殖机能的尽快恢复。促产的方法是强力扩张子宫颈牵引胎儿。或大剂量注射已烯雌酚或者氯前列烯醇，使子宫颈开张，子宫收缩，促使胎儿排出。对胎儿浸溶的病羊，要采取反复冲洗子宫和取出骨片的方法。必要时，也可施行剖腹取胎的方法。

(3) 流产后母羊的处理。流产后的母羊要加强饲养管理，必要时可用防腐消毒液冲洗子宫。

在早晨母羊空腹时，将两手放在母羊腹下乳房前方的两侧托起腹部，左手从羊的右腹向左下方微推，右手拇指和食指叉开微加压力就触摸到胎儿。

母羊怀两个月的胎儿可触摸到较硬的“小块”。如果只有一个硬块，即怀一羔。如果两边各有一硬块，即为双羔。

## 第二节　产前产后疾病防治

### 一、羊产前瘫痪

羊的产前瘫痪常导致羊不能正常分娩及羔羊产不出、死亡，甚至威胁母羊生命的情况时有发生。

(一) 病因

母羊分娩前 2 个月是胎儿生长的最快时期，胎儿对各种养分特别是骨骼生长发育所需的钙量急剧增加。其来源主要依靠母体血液供应，因此，导致了母体血钙浓度的下降。母体血钙的根本来源是食物中的钙，由小肠吸收进入血液，血钙在膦酸酯酶的作用下，以磷酸钙的形式储存于骨骼中。当血钙水平下降时由骨骼中储存的钙游离出来补到血液中维持钙的代谢平衡。对于怀孕多胎及怀孕期间营养不良，特别是钙、磷不平衡或缺乏的母羊将动用它们骨中的钙来供给胎儿，因此导致肢体缺钙及随着子宫负重的增加，导致羊在分娩前不能站立，出现瘫痪症状。对农户的调查发现，大多数以放牧为主，饲料以禾本科草为主，草质较差，尤其对怀孕的母羊缺乏后期的护理，没有及时补饲及不给各种微量元素，维生素、蛋白质和能量的缺乏也导致了产前瘫痪的发生。

（二）症状

最初，羊步态不稳、后肢出现交替负重、走路困难、喜卧地，卧地时有时出现四肢划水样痉挛运动。

起卧时后肢无力，在外力协助下勉强起立，行走距离短、坚持时间短，随着病情的加重，以至不能站立。病羊后肢潮湿、较脏，食欲减退以致费绝，有时只饮少量水，体温正常或偏高。

（三）治疗与护理

（1）治疗。

10%葡萄糖500mL，

10%的氯化钙50mL，

10%安纳加10mL，

10%维生素C20mL，

维生素$B_1$ 10mL；

一次静脉注射，1次/天。

注射时不能漏到血管外，注射速度不能过快，寒冷季节钙注射液要适当加温后再作静脉注射。

肌注维丁胶钙，1次注射5mL/只，也可同时肌注维生素$B_1$和维生素$B_{12}$，1次/天。

对营养缺乏造成的要根据缺乏的情况有目的及时补充。

（2）护理。清洗后肢，将病羊移入放垫草的圈舍，每天翻羊身数次并按摩腰腱部及后肢促进后肢血液循环。饲喂一些易消化的饲料，并均衡补充钙磷。对病重的超过妊娠期后还未好转的羊，可通过注射氯前列烯醇0.2～0.3mg或剖腹产方法将胎儿取出，来保住母羊，在注射催产素时应检查子宫口是否开张，耻骨联合是否松弛，以防撕破子宫颈。

（3）预防。妊娠母羊要根据妊娠不同阶段补充不同标准的能量、蛋白质及维生素等微量元素。尤其母羊妊娠后期1～2月胎儿生长发育特别快，对养分及矿物质等需求增加，对此期的妊娠母羊更要加强饲养管理，饲喂一些质量较高的牧草，对接近产前一段时间饲喂高磷低钙饲料，加强户外运动，多晒太阳，对怀孕多羔的母羊要特殊照顾，时时监护。

## 二、绵羊妊娠毒血症

绵羊妊娠毒血症又名双羔病，本病与生产瘫痪相似，是由代谢障碍引起的，从病的名称就可以知道其中发生于怀孕母羊，尤其是怀双羔或三羔的羊。在5～6岁的绵羊比较多见，通常都发现于怀孕的最后1个月。不管肥瘦如何都能发生。

### （一）病因

发病原因还不十分清楚，只知在下列各种情况下容易引起病的发生。

（1）与营养不足有关。营养不足的羊患病的占多数。营养丰富的羊也可以患病，但一般在症状出现以前，体重有减轻现象，关于减轻的原因还不明了。

①孕羊的饲料不足：大多数都是怀羔多而喂精料太少。

另一方面，也因为在胎儿继续发育时，不能按比例增加营养。

②冬草储备不足，母羊因饥饿而造成身体消瘦。

③孕羊因患其他疾病，影响到食欲废绝。

（2）由于营养过度。由于经常喂给精料过多，特别是在缺乏粗饲料的情况下而喂给含蛋白和脂肪过多的精料时，更容易发病。

（3）因为天气不好。可能与舍饲多而运动不足有关系。

（4）与管理方式有关。经常发生于小群绵羊，草原上放牧的大群羊不发病。

关于病的发生机制，还研究得不够。比较公认的理论是：因为日粮中碳水化合物含量低，造成碳水化合物的代谢紊乱，所以，病羊具有不同程度的低血糖和高血酮（酮血病）。

（二）症状

由于血糖降低，表现脑抑制状态，很像乳热病的症状。病初见离群孤立。当放牧或运动时常落于群后。以后精神委顿，磨牙，头颈颤动，小便频繁，呼吸加快，气息带有甜臭的酮味。显出神经症状，特别迟钝或易于兴奋。病羊不愿走动，当强迫行动时，步态蹒跚，无一定方向，好像瞎眼。食欲消失，饮水减少，迅速消瘦，以至卧地不起。经过数小时到 1～2 天，变为虚脱，病羊静卧，胸部靠地，头向前伸直或后视胁腹部，或甚至倒卧，经数小时到 1 天昏迷而死。如不治疗，除在病的早期生下小羊以外，大部均归死亡。所产的小羊均极衰弱，很难发育良好，而且大多数早期死亡。

（三）剖检

尸体非常消瘦，剖检时没有显著变化。病死的母羊，子宫内常有数个胎儿，肾脏灰白而软。主要变化为肝、肾及肾上腺脂肪变性。心脏扩张。肝脏高度肿大，边缘钝，质脆，由于脂肪浸润的，肝脏常变厚而呈土黄色或柠檬黄色，切面稍外翻，胆囊肿大，充积胆汁，胆汁为黄绿色水样。肾脏肿大，包膜极易剥离，切面外翻，皮质部为棕土黄色，满布小红点（为扩张之肾小体），髓质部为棕红色，有放射状红色条纹。肾上腺肿大，皮质部质脆，呈土黄色，髓质部为紫红色。右心室高度扩张，冠状沟有孤立的出血点及出血斑，心肌为棕黄色，质略脆。肺膨胀，两侧肺尖高度充气，膈叶瘀血水肿，色暗红，气管及支气管空虚。大脑半球脑沟中的软脑膜有清亮液体，丘脑白质有散在的出血点。消化器官多无大变化。

（四）诊断

（1）首先应了解绵羊的饲养管理条件及是否妊娠。

（2）根据特殊的临床症状和剖检变化。

（3）根据实验室检查时，血、尿、奶中的酮体和丙酮酸增高，以及血糖和血蛋白降低。

①血中酮体增高至7.25～8.70mmol/L或更高（高酮血症）。

②血糖降低到2.75～1.74mmol/L（低血糖症）。而正常值为3.36～5.04mmol/L。

③病羊血液蛋白水平下降到4.65g/L（血蛋白过少症）。

在病的早期，尿中酮体含量增高至537.66mmol/L。最特殊的是，呼出的气体有一种带甜的氯仿气味，当把新鲜奶或尿加热到蒸气形成时，氯仿气味更为明显。

以上这些现象，在临床症状出现之前就已发生。因此，可在临床症状出现前，测定血液中的蛋白、糖、丙酮酸及酮体。

为了对酮尿病建立早期诊断，应该在实验室进行酮体试验。即应用硝基氰化钠、硫酸铵、醋酸、氢氧化铵来检查尿中的酮体含量。

当尿中的酮量不超过或者略超过正常含量时，该试验也常表现阳性结果。因此，在用于检查病态的酮尿时，只有当它们呈特别强的阳性反应，或者用稀释的尿也呈阳性反应时，才有诊断意义。

由于原发性或继发性酮病的，尿酮含量都波动很大，因此，为了鉴别这两种情况，最好用血液或奶汁进行试验，因奶中酮体含量大致和血液相等。

试验法：

一是先配好试剂　硫酸铵100g，无水碳酸钠50g，硝普酸钠（即亚硝基铁氰化钠）1g。

将3种试剂加到一起，磨细，保存备用。

二是取一试管　盛配好的试剂0.5～1.0g，加奶汁8～10mL于其上。

三是判定　如果奶中酮体增加，将在奶汁和试剂接触面之间形成一个紫色环，后来延伸于整个试剂中。

颜色的深度决定于丙酮和乙酰醋酸的含量。明显的阳性反应，说明为酮体高度增多的酮病，因为酮体量少时，这种反应是不明显的。

（五）预防

主要从饲养管理着手；合理地配合日粮，尽量防止日粮成分的突然变化。以下方法可供参考：

（1）刚配种以后，饲养条件不必太好。在怀孕的前2～3个月，不要让其体重增加太多。2～3个月以后，可逐渐增加营养。直到产羔以前，都应保持良好的饲养条件。

（2）如果没有青贮料和放牧地，应尽量争取喂给豆科干草。

（3）在怀孕的最后1～2个月，应喂给精料。喂量根据体况而定，从产前2个月开始，每日喂给100～150g，以后逐渐增加，到临分娩之前达到0.5～1kg/天。肥羊应该减少喂料。

（4）在怀孕期内不要突然改变饲养习惯。饲养必须有规律，尤其在怀孕后期，当天气突然变化时更要注意。

（5）一定要保证运动。每天应进行放牧或运动3～5小时，至少应强迫行走250m左右。

（6）当羊群中已出现发病情况时，应给孕羊普遍补喂多汁饲料、小米米汤、糖浆及多纤维的粗草，并供给足量饮水。必要时还可加喂少量葡萄糖。

（六）治疗

（1）首先给予饲养性治疗。停喂富含蛋白质及脂肪的精料，增加碳水化合物饲料，如青草、块根及优质干草等。

（2）加强运动。对于肥胖的母羊，在病的初期作驱赶运动，使身体变瘦，可以见效。

（3）大量供糖。给饮水中加入蔗糖、葡萄糖或糖浆，每日重复饮用，连给4~5天，可使羊逐渐恢复健康。水中加糖的浓度可按20%~30%计算。

为了见效快，可以静脉注射20%~50%葡萄糖溶液，每日两次，每次80~100mL。

只要肝、肾没有发生严重的结构变化，用高糖疗法都是有效的。

（4）克服酸中毒。可以给予碳酸氢钠，口服、灌肠或静脉注射。

（5）服用甘油。根据体重不同，每次用20~30mL，直到痊愈为止。一般服用1~2次就可获得显著效果。

（6）注射可的松或促皮质素。剂量及用法如下：醋酸可的松或氢化可的松为10~20mg。

前者肌内注射，后者静脉注射（用前混入25倍的5%葡萄糖或生理盐水中）。也可肌内注射促皮质素40单位。

（7）人工流产。因怀孕末期的病例，分娩以后往往可以自然恢复健康，故人工流产同样有效。方法是用开阴器打开阴道，给子宫颈口或阴道前部放置纱布块。也有人主张施行剖腹产术。

（8）笔者临床用舒肝健胃散调整肝脏的功能，配合应用维生素A、糖拌料，对发病羊群进行预防和治疗效果非常明显。

## 三、山羊妊娠毒血症

山羊妊娠毒血症在散养情况下很少发生，近几年随着山羊的规模化圈养，饲养管理条件的改变，精料饲喂量的加大发病率有增高的趋势。这是山羊妊娠晚期的一种代谢病。其主要特征是食欲减退，运动失调、呆滞凝视、卧地不起，以至昏睡而死。

本病主要发生于怀双羔和三羔的羊，多见于5~6岁，一般都发生于怀孕的最后1个月。

（一）病因

发生于饲养失调或饥饿状态。在不泌乳的未孕羊，只需要能维持组织活动的营养，对饲养水平要求并不高。到了妊娠晚期，则需要更多的营养，以供应胎儿的需求，特别是碳水化合物（能量）饲料，见下图所示。在此阶段，当饲喂日粮中含蛋白及脂肪均低，又供给碳水化合物不及时，机体便会动用贮备的脂肪，于是造成中间代谢产物酮体增多而发病。

羊食入的营养
- 未孕者：仅用于维持母羊组织活动
- 妊娠晚期：提供双重需要
  - 维持母羊组织活动
  - 供给胎儿生长发育需要

**图　未孕羊和妊娠羊对能量需要的不同**

在实际生产中，认为与发病有关的因素如下。

（1）山羊怀有双胎或3胎时，其负担过重，就需要供给高能量的日粮。例如品质不良的干草，所含热能对未孕羊可以满足，但对怀双羔的羊就显得热能不足。同时，妊娠晚期的子宫及其内容物占据了腹腔大部空间，羊也不可能食入大量品质不良的食物而获得足够的能量需求。在这些情况下，母羊为了满足胎儿对碳水化合物的需要，于是便动用体脂，造成大量酮体入血，而导致患病。

（2）怀孕早期过于肥胖，到怀孕末期突然降低营养水平，更易发病。

（3）长期舍饲，缺乏运动，使中间代谢产物聚积。

(4) 孕羊患有胃肠道寄生虫以及气候不良和环境突变等，均可增加发病的可能。

(二) 症状

病羊食欲减退，反刍停止，瘤胃弛缓，以后食欲废绝，离群独处。排粪少，粪球硬小，常被有黏液，有时带血。可见黏膜苍白，以后黄染。呼吸浅表，呼气带有醋酮气味。严重时，精神沉郁，对周围刺激缺乏反应，对人或障碍物不知躲避。当强迫运动时，步态蹒跚，或作圆圈运动，或头抵障碍物呆立。后期出现神经症状，唇肌抽搐，磨牙、流涎。站立时，因颈部肌内阵挛性收缩，而头颈高举或高抑，呈望星姿态。有时头向下弯或前伸。严重者卧地不起，胸部着地，头高举凝视。如不抓紧治疗，大部分经1~2天昏迷而死。即使分娩，也常伴有难产，羔羊极弱或死亡，甚至腐败分解。病羊产后多发生胎衣不下。

死后剖检，见怀有多胎，肝脏肿大、脆弱和脂肪变性，羔羊处于不同浸溶阶段。

(三) 诊断

根据羊在怀孕后期食欲减退，精神沉郁及呈现无热的神经症状等，可作出初步诊断。结合血液检验，发现血液总蛋白、血糖、淋巴细胞和嗜酸细胞减少，而血酮、血浆游离脂肪酸增高，以及尿酮呈强阳性反应等，可作出确诊。

(四) 预防

(1) 配种之前对肥羊减肥。

(2) 在怀孕的最后两个月加强营养，给予优质饲草，加喂精料。

(3) 怀孕后期要避免突然改变饲喂制度，在天气突然变化时，更应注意。

(4) 对舍饲的羊，加强运动，每日驱赶运动2~4小时。

（五）治疗

治疗的原则如下。

（1）供给能迅速利用的能量。如静脉注射25%～50%葡萄糖溶液，每次100～200mL，1日2次，直到痊愈为止。同时可配合肌内注射胰岛素20～30单位，甘油20～30mL，每日2次，连用3～5天。

（2）促进恢复食欲。可用同化激素醋酸全勃隆或可的松。肌内注射泼尼松75mg或地塞米松25mg，具有较好效果。亦可注射促皮质素20～60U，促进皮质激素的生物合成。

（3）笔者临床用舒肝健胃散调整肝脏的功能，配合应用维生素A、糖拌料，对发病羊群进行预防和治疗效果非常明显。

（4）促进及早排出胎儿。胎儿的存在，仍然要消耗给予母羊的能量，不利于病的治愈。因此，应根据胎儿死活、怀孕时期、羔羊价值和母羊体况，选用引产术或剖腹产术。一般而言，在娩出胎儿之后，症状可迅速减轻。引产可根据当时条件选用倍他米松、氢化泼尼松或前列腺素F2α（PGF2α）类似物。亦可将肾上腺皮质激素与PGF2x类似物合用。肌内注射磷酸钠地塞米松（1mL：5mg）1mL或甲基PGF2α2mg，一般在注射后6～36小时可娩出胎儿。

## 四、产后瘫痪

生产瘫痪又称乳热病或低钙血症，是急性而严重的神经疾病。其特征为咽、舌、肠道和四肢发生瘫痪，失去知觉。山羊和绵羊均可患病，但以山羊比较多见。尤其在2～4胎的某些高产奶山羊，几乎每次分娩以后都重复发病。

此病主要见于成年母羊，发生于产前或产后数日内，偶尔见于怀孕的其他时期。病的性质与乳牛的乳热病非常类似。

根据英国对约1 000只山羊的调查，1964年为0.5%，1968

年为0.2%。挪威对40只山羊低钙血症发病时间的调查结果是：

产前1周之内17%；

正产羔及产后数日2%；

产羔后3周之内20%；

产羔后超过3周37.5%。

（一）病因

舍饲、产乳量高以及怀孕末期营养良好的羊只，如果饲料营养过于丰富，都可成为发病的诱因。

由于血糖和血钙降低。据测定，病羊血液中的糖分及含钙量均降低，但原因还不十分明了。可能是因为大量钙质随着初乳排出，或者是因为初乳含钙量太高之故。其原因是降钙素抑制了副甲状腺素的骨溶解作用，以致调节过程不能适应，而变为低钙状态，而引起发病。

在正常情况下，骨和牙齿的含钙量最丰富，少量存在于血液和其他组织中。钙的作用是激发肌内的收缩。如果血钙下降，其刺激肌内运动的功能便降低，甚至停止。

为了了解本病的发生实质，有必要简述钙在体内的动态变化过程。

在非泌乳的山羊，钙从食物中吸收入血，除了维持血液正常钙水平以外，在维生素D和降钙素的作用下，将剩余的钙转运到骨骼内贮存。当需要钙的时候，在甲状旁腺素的作用下，再从骨骼释放到血液内。问题是，母羊在产羔前后奶中的含钙量高，对钙的需要突然增多。虽然饲料中含有适量的钙，但经肠道能吸收者很少，这就不得不将骨中的钙再还回血液。

一般认为生产瘫痪是由于神经系统过度紧张（抑制或衰竭）而发生的一种疾病，尤其是由于大脑皮质接受冲动的分析器过分紧张，造成调节力降低。这里所说的冲动是指来自生殖器官，以及其他直接或间接参与分娩过程的内脏器官的气压感受器及化学感受器。

（二）发病的基本机制

低钙血的含意仅指羊血中含钙量低，并不意味着母羊体内缺钙，因为骨骼中含钙很丰富。它只是说明由于复杂的调控机制失常，导致血钙暂时性下降。在产羔母羊，每日要产奶2～3kg，而奶中含量高，就使血钙量发生转移性损失，导致血钙暂时性下降到正常水平的一半左右，一般从2.48mmol/L下降到0.94mmol/L。

（三）症状

最初症状通常出现于分娩之后，少数的病例，见于妊娠末期和分娩过程。由于钙的作用是维持肌肉的紧张性，故在低钙血情况下病羊总的表现为衰弱无力。病初全身抑郁，食欲减少，反刍停止，后肢软弱，步态不稳，甚至摇摆。有的绵羊弯背低头，蹒跚走动。由于发生战栗和不能安静休息，呼吸常见加快。这些初期症状维持的时间通常很短，管理人员往往注意不到。此后羊站立不稳，在企图走动时跌倒。有的羊倒后起立很困难。有的不能起立，头向前直伸，不吃，停止排粪和排尿。皮肤对针刺的反应很弱。

少数羊知觉完全丧失，发生极明显的麻痹症状。舌头从半开的口中垂出，咽喉麻痹。针刺皮肤无反应。脉搏先慢而弱，以后变快，勉强可以摸到。呼吸深而慢。病的后期常常用嘴呼吸，唾液随着呼气吹出，或从鼻孔流出食物。病羊常呈侧卧姿势，四肢伸直，头弯于胸部，体温逐渐下降，有时降至36°。皮肤、耳朵和角根冰冷，很像将死状态。

有些病羊往往死于没有明显症状的情况下。例如有的绵羊在晚上完全健康，而次晨却见死亡。

（四）诊断

尸体剖检时，看不到任何特殊病变，唯一精确的诊断方法是分析血液样品。但由于病程很短，必须根据临床症状的观察进行诊断。乳房通风及注射钙剂效果显著，亦可作为本病的诊断依据。

（五）预防

根据对于钙在体内的动态生化变化，在实践中应考虑饲料成分配合上预防本病的发生。

假使在产羔之前饲喂高钙日粮，其调控机制就会转向调节这种高钙摄入现象，不但将一定量的钙输送到骨中，而且要减少肠道对钙盐的吸收。如果这种机制于产羔后就加重了血来不及改变仍然继续进行，加上从乳中排出钙，导致低钙血症。相反地，如果在产前1周喂以高磷低钙饲料，羊的代谢就会倾向于纠正这种突然变化现象。在此情况下，由于从骨中能动用钙补充血钙，就可避免发生低钙血症。所以，在产前对羊提供一种理想的低钙日粮乃是很重要的预防措施。对于发病较多的羊群，应在此基础上，采取以下综合预防措施。

（1）在整个怀孕期间都应喂给富含矿物质的饲料。单纯饲喂富含钙质的混合精料，似乎没有预防效果，假若同时给予维生素D，则效果较好。

（2）产前应保持适当运动。但不可运动过度，因为过度疲劳反而容易引起发病。

（3）对于习惯发病的羊，于分娩之后，及早应用下列药物进行预防注射：5%氯化钙40～60mL，25%葡萄糖80～100mL，10%安纳加5～10mL混合，一次静脉注射。

（4）在分娩前和产后1周内，每天给予蔗糖15～20g。

（六）治疗

（1）静脉或肌内注射10%葡萄糖酸钙50～100mL，或者应用下列处方：5%氯化钙60～80mL，10%葡萄糖120～140mL，10%安钠咖5mL混合，一次静脉注射。

（2）采用乳房送风法，疗效很好。为此可以利用乳房送风器送风。没有乳房送风器时，可以用自行车的气管子代替。

送风步骤如下。

①使羊稍呈仰卧姿势，挤出少量乳汁。

②用酒精棉球擦净乳头，尤其是乳头孔。然后将煮沸消毒过的导管插入乳头中，通过导管打入空气，直到乳房中充满空气为止。用手指叩击乳房皮肤时有鼓响音者，为充满空气的标志。在乳房的两半中都要注入空气。

③为了避免送入的空气外逸，在取出导管时，应用手指捏紧乳头，并用纱布绷带轻轻的扎住每一个乳头的基部。经过 25 ~ 30 分钟将绷带取掉。

④将空气注入乳房各叶以后，小心按摩乳房数分钟。然后使羊四肢蜷曲伏卧，并用草束摩擦臀部、腰部和胸部，最后盖上麻袋或布块保温。

⑤注入空气以后，可根据情况考虑注射 50% 葡萄糖溶液 100mL。

⑥如果注入空气后 6 小时情况并不改善，应再重复做乳房送风。

## 第三节　难产和助产技术

母羊正常分娩时，羊膜破裂后几分钟至 30 分钟羔羊就会出生。一般正产母羊不需助产，但为减少母子的痛苦，必要时可在羔羊头露出阴部时，将羔羊前肢向外向下轻轻拉直，羔羊头就会顺利而出，但有时可因胎儿及母体的原因出现难产，这就要判明情况，采取相应措施进行助产：助产的基本原则　当发现难产时应及早采取助产措施。助产越早，效果越好。使母羊成前低后高或仰卧姿势，把胎儿推回子宫内进行矫正，以便利操作，如果胎膜未破，最好不要过早弄破。如果胎膜破裂时间较长，产道干燥，就需要注入石蜡油或其他油类，以利于助产手术进行，所有助产动作不能粗鲁，向外牵拉胎儿时要缓缓拉出，不能粗鲁强拉硬扯，造成子宫穿孔或破裂，实行截胎术时用手保护好刀、钩等尖锐器械，以免损伤产道。

几种常见的难产

1. 母羊异常引起的难产

（1）阵缩及努责微弱。胎农未破时，先轻轻按摩腹壁，并将腹部下垂部分向上后方推压，以刺激子宫收缩，经 30 分钟仍不分娩，可引助产，在胎水已经流出时，可皮下注射垂体后叶注射液 2 ~3mL，或用麦角注射液 1 ~2mL（使用麦角必须在子宫颈开张而胎儿的排出不受障碍的时候；胎儿位置、姿势不正或骨盆狭窄、畸形时也不能用麦角，否则可发生子宫破裂）。子宫口已完全开张时，可用手拉出胎儿，若子宫颈开张很小，可及早施行剖腹产术，取出胎儿。

（2）阵缩及努责过强。首先要使羊的后躯高于前部，以减轻子宫对骨盆骨的接触和压迫，而使阵缩减弱，灌服白酒 80 ~100mL 或静脉注射水合氨醛或用手抓羊背部皮肤。

2. 骨盆狭窄（硬产道狭窄）

在产道内灌入石蜡油，肥皂水或任何一种植物油，然后强行拉出胎儿；头部前置时可轮流拉两个前腿，骨盆前置时，可先将胎儿纵轴扭转，使其成为侧位，然后拉出。如产道内有骨质突入时，可根据情况，及早进行截胎。

3. 软产道狭窄

阴门狭窄时，先涂抹消毒油类，用手小心伸入阴门，在会阴上部慢慢扩张阴门，然后拉出胎儿。如上法无效时，即应切开会阴。手术方法如下：将剪刀带有钝头的一支伸入阴道，沿会阴缝剪开各层组织。拉出胎儿后，对会阴上的切口进行两道结节缝合，先缝黏膜及肌肉层，再缝皮肤及皮下组织。

4. 阴道狭窄

可在阴道内灌人大量植物油、肥皂水或石腊油，在胎儿前置部分上拴上绳子向外拉，同时，用手指扩张阴道，如上法无效，可切开阴道狭窄处的黏膜。

5. 子宫颈管狭窄

起初，应耐心等待，并不时检查子宫颈扩张的程度，也可用手试行扩张，但此法只适子宫颈管已经稍为开张时，先伸入食指，并撑开子宫颈管，随之伸入第二及第三个手指，在阵缩的影响下，可使子宫颈管继续开张。上述方法无效时，在对羊保定及麻醉后消毒外阴及阴道，手拿隐刃刀伸入子宫颈管中，由前向后切开管壁（只切开环行肌层）条件许可时可行剖腹取胎术。

## 一、延期产羔

山羊的妊娠期平均为 152 天，如果超过 154 天，就认为是延期产羔。

（一）原因

低钙血症可能是影响分娩延迟的重要因素。延期时间越长，羔羊生长得越大，越容易引起难产，故应采取纠正措施。

（二）治疗

应注射前列腺素或皮质激素，诱导分娩。为此，可以肌注氯前列烯醇 0. 2mg；或肌注地塞米松磷酸钠注射液 2 ~ 5mg，促进其分娩。

## 二、阵缩及努责微弱

羊只分娩时，常常发生阵缩及努责微弱，其特征是子宫肌内收缩的时间短促，而且强度不够，以致无法将胎儿排出。

根据在分娩过程中发生的时间，可以把阵缩及努责微弱分为两种：在子宫开张时发生者，称为原发性阵缩及努责微弱；由于子宫及腹壁长时间的收缩无效，而使其力量衰竭时，称为继发性阵缩及努责微弱。当一个个胎儿排出的间隔延长时，也可以称为阵缩及努责微弱。

（一）病因

（1）原发性。主要发生在秋冬二季，年老羊只容易发生，造成的原因如下。

①怀孕期间饲养不良：如饲料喂量不足或饲料品质不良。这种原因比较多见。

②运动不足：使子宫壁肌内的紧张性降低。

③子宫过度扩张：以致子宫壁变薄及肌纤维过度伸张，使收缩力量减弱：如胎儿过大或过多，胎水过多，腹腔积水，以及腹壁疝气等，都会使腹压不足而引起本病。

④子宫发育不全（幼稚病）：由于交配过早，故常见于7～9个月未达到体成熟的羊只。

⑤因患有传染病而使子宫的肌纤维发生了退行性变化：如布鲁氏菌病及子宫内膜炎等。

（2）继发性。与原发性不同之处，是由于长时间努责之后，使肌内发生了急性的过度疲劳，造成的原因如下。

①胎儿的姿势或方向反常，以及胎儿过大或畸形。

②产道过分狭窄，尤其是骨盆狭窄。

③胎儿过多，排出几个胎儿以后，子宫肌内的收缩力减弱。

④胎囊破裂过慢，以致分娩的过程延长，而继发本病。

⑤胎儿及胎膜发生腐败，由于毒素抑制和减低了子宫肌内的兴奋性，以致子宫肌内的收缩力量减弱。

（二）症状及诊断

（1）原发性。可以明显看出分娩力量不够，胎儿排不出来，故在诊断上并不困难。但有时也可能看不出即将分娩的表现。

当阵缩及努责微弱时，子宫颈的扩张很不完全。因此胎儿的排出时间延长，容易造成胎儿的死亡和腐败。在此情况下，母羊可能因败血病或脓毒病而死亡，尤其在山羊。有时除了母羊精神稍差外，并无其他症状，直到阴门排出分泌物时，才会引起注意。

在患阵缩微弱时，往往表现有强烈的腹压，尤其是在山羊。但因子宫肌内收缩不足，仍然排不出胎儿。

（2）继发性。在诊断上更为容易，因为在此以前已经见到有正常的努责，或者已经排出一个或几个胎儿。有时显然可以看到阴门中露出胎儿的一部分，却不见再继续努责，甚至静卧四顾，并没有什么痛苦表现。

在已经生出一个或两个胎儿以后而继发的阵缩和努责微弱，很容易被误认为分娩完毕。因而有时经过半天甚至两天，才又产出死亡的胎儿。因此，在分娩过程中，如果显出努责微弱，就应该进行产道检查或腹部触诊，以确定分娩是否已经结束。

本病是比较麻烦的，因为不论是原发性或继发性的，在产后期内都有可能发生子宫乏力和子宫脱出等并发症。山羊往往还会由于精力衰竭或败血病而引起死亡。

（三）预防

（1）大多数阵缩及努责微弱，都是由于饲养不当所引起，因此，在母羊怀孕期间，对于饲料的质与量均应给以足够的重视。

（2）保证孕羊有适当的运动。

（3）在体成熟以前，绝不可进行交配，因此除了防止人为的过早配种以外，对于当年的仔羊，在长到3个月大以后，即应公母分群，以免发生偷配现象。

（4）在分娩延滞时，应该立即进行助产，以免造成继发性阵缩及努责微弱时，处理上更加困难。

（四）治疗

（1）原发性。需要根据胎衣是否破裂、胎水是否流出以及胎儿的死活来决定对策。

①如果胎衣尚未破裂，即不必忙于干预，或者只轻轻按摩腹壁，并将腹部下垂部分向上后方推压，以刺激子宫的收缩。

②在胎水已经流出，可以使用能够刺激子宫收缩的化学药品或内分泌制剂，以帮助娩出，通常应用的有麦角制剂、前列烯醇及雌激素等。

氯前列烯醇注射液　为兽医常用药品。其优点是，可以使子宫产生生理性收缩，扩张子宫颈口，加强正常分娩过程。肌内注射用，剂量为0.2mg。

雌激素　可肌内注射己烯雌酚或苯甲酸求偶二醇。

缩宫素　是子宫收缩药物，对羊要在第一个羔羊生后，出现子宫收缩迟缓的情况下才能应用，不然容易造成子宫破裂。

（2）继发性。首先应确定原因，然后再进行助产。

①如果已经排出一个或几个胎儿，应当先稍等待，给予子宫肌内以休息机会，然后再使用催产素或卵泡素。

②若子宫完全无力而子宫口已完全开张，可以将手伸入产道，强行拉出胎儿。

③若子宫完全无力，同时，子宫颈又开张很小，而胎儿的排出受机械性障碍时，应尽早施行剖腹产术，取出胎儿。

## 三、骨盆狭窄

在分娩过程中虽然产道已完全开张，但大小和姿势正常的胎儿仍不能通过骨盆时，即认为是骨盆狭窄。

（一）病因

骨盆狭窄分为生理性的、先天性的及获得性的3种：未达到体成熟的小羊，其骨盆狭窄是生理性的；有的母羊在生下时骨盆即发育不良或者骨盆佝偻，甚至变形，称为先天性骨盆狭窄；获得性骨盆狭窄常常是由于骨盆骨折或裂缝所引起骨膜炎而发生的，有时是由于骨质增生突入骨盆腔内。

生理性骨盆狭窄较为常见，因为年龄幼小的羊往往自行交配。

（二）症状

骨盆狭窄时，分娩的过程并不一致。如果胎儿小而阵缩强烈，分娩就正常。

羊（尤其是山羊）在幼年怀孕时，分娩往往困难，甚至在排出胎儿以后会发生子宫内膜炎及败血病等并发症。

生理性骨盆狭窄及母羊患有骨膜炎时，预后不良。

（三）预防

（1）在母羊达到体成熟以前，不可进行交配。

（2）骨盆发育不全（先天性骨盆狭窄）的母羊不可作为种用。

（3）骨盆发生骨质增生的母羊，应由繁殖群中淘汰出去。

（四）治疗

（1）用羔羊灌药器或者输液针头的小管（剪掉针头）给产道内灌入石蜡油、开塞露、肥皂水或任何一种植物油，然后强行拉出胎儿。

①如果头部前置，可轮流拉两个前腿，如果手伸不进去的情况下，用镊子或者止血钳伸进去，想法用绳子拴着前腿顺势流拉两个前腿，慢慢拉。注意镊子、止血钳、绳子必须消毒。

②如果骨盆前置，可先绕胎儿纵轴扭转，使其成为侧位，然后拉出。

（2）当产道内有骨质突入时，要将胎儿拉出往往是不可能的，应根据情况及早施行截胎术或剖腹产术。

## 四、阴门狭窄

阴门组织伸张性不足时，虽然分娩动作正常，胎儿也无法由产道中排出。这种现象常见于山羊及绵羊，往往是与阴道及子宫颈管狭窄同时发生。

（一）病因

（1）体成熟以前交配的羊，往往由于在分娩时外生殖器官尚未发育完全，因而发生阴门狭窄。这种现象有时也见于已达体成熟的羊。

（2）第一次分娩时的阴门狭窄，往往是属于先天性的。

（3）组织的浸润不足，也会引起阴门狭窄。

（4）过去阴门发生脓肿或分娩后发生瘢痕收缩或纤维增生等病理变化，也会造成阴门狭窄。

（二）症状

虽然分娩动作正常，但胎儿排不出来，或者只是胎儿的头或蹄尖，有时是一部分胎囊从阴门中突向外面。在努责剧烈时，由于胎儿的某些部分顶在会阴壁上，而使会阴稍为突出，但努责停止时，阴门的位置又恢复正常。如不加以助产。往往因胎儿通过时遇到阻力，努责的力量可能加剧到使会阴发生破裂，然后才能排出胎儿。

（三）诊断

利用视诊和触诊，均能确定妨碍胎儿产出的障碍是什么。例如，由于瘢痕性收缩引起的，即可根据瘢痕的存在而确定诊断。

（四）治疗

治疗的目的主要在于迅速完成分娩和防止会阴破裂。

（1）用消毒的油类肥皂溶液或凡士林充分涂搽阴门。笔者在阴道用阿托品 4～6mL、利多卡因 4～8mL 合剂阴道喷雾，有利于产出。

（2）将拇指或食指小心地伸入阴门，用手指插在会阴的上部，以扩张阴门，然后用绳子缚住胎儿下颌，慢慢将胎头或其后躯拉出来。如果胎儿已死，可用钳子夹住胎儿拉出。

（3）如果上法无效，或者阴门有破裂的危险时，即应切开会阴。手术方法是：

将剪刀带有钝端的一支伸入阴道内，沿会阴缝剪开各层组织。在拉出胎儿以后，对会阴上的切口进行两道结节缝合，先缝黏膜及肌内层，再缝皮肤及皮下组织。

在管理合乎卫生时，可以不加缝合，因为胎儿排出后，切开的会阴组织会密切靠在一起，但在破口处应充分涂以抗生素粉或者消炎软膏。

## 五、阴道狭窄

阴道发生狭窄时，分娩过程也不可能正常。阴道狭窄分为原发性及继发性两种。

### （一）病因

（1）原发性。由于阵缩过早，产道浸润不足，阴道壁的弹性不够，初产的羊尤其如此。最狭窄的部分是在阴道与前庭交界处，因为此处组织的质地较硬，弹性较小。

（2）继发性。由于过去难产发生创伤，而引起的阴道组织瘢痕收缩，或者阴道壁上生有肿瘤，而使阴道极度狭窄。分娩延滞时间长时，亦可使阴道壁发生剧烈水肿而变为狭窄。

### （二）症状及诊断

在分娩动作正常的情况下，胎儿并不从产道中露出来。在做阴道检查时可以发现使分娩发生延滞的障碍，因为狭窄处的阴道腔比其他部分小。在阴道狭窄处的前方，可以摸到胎儿的个别部分。如果分娩延滞而不设法将胎儿拉出，胎儿会迅速死亡。阴道中受到传染时，胎儿即发生气肿。

及时助产的预后良好。如在胎儿气肿以后进行助产，常会发生阴道炎及阴道黏膜坏死等并发症，结果可能死亡。

（三）治疗

（1）用羔羊灌药器给阴道内灌入大量植物油、肥皂水或石蜡油。在胎儿的前置部分绑上绳子或用钳子夹住，由助手握住绳子或钳子慢慢将胎儿向外拉，同时，用手指扩张阴道，这样常都能使胎儿排出而不会损伤阴道壁。

（2）如上述方法没有效果，笔者先在阴道用阿卡合剂（阿托品4～6mL、利多卡因4～8mL）阴道喷雾，有利于产出。如果不行可以再切开阴道狭窄处的黏膜。

（3）当阴道内有肿瘤时，应根据其位置及大小加以相应的治疗。例如在肿瘤小的时候，应先在阴道内灌入大量滑润液体或油类，然后用手指拨开，小心地将胎儿拉出来。如果用此法达不到目的，即用手术方法摘除肿瘤，然后拉出胎儿。在不可能摘除肿瘤时，可以施行截胎术。

## 六、子宫颈口狭窄

子宫颈管狭窄分为子宫颈管扩张缓慢及不能扩张两种。不管是那一种狭窄，都不能正常分娩。

（一）病因

（1）子宫颈管扩张缓慢。由于其肌内层浸润不足的关系。因为子宫颈的肌肉特别发达，松弛需要较长的时间，所以，容易发生这种现象。

（2）子宫颈管不能扩张。可能因为过去用器械助产或拉出胎儿时，子宫颈组织发生破裂，形成瘢痕引起的。肿瘤愈合及组织内沉积钙盐也会发生子宫颈管狭窄；慢性子宫颈炎往往会促进结缔组织的增生，而使子宫颈壁的弹性减低。

（二）症状

可以看到分娩的各种现象，但经过努力阵缩而胎膜或胎儿却不外露。阴道检查时，发现子宫颈管密闭或稍为开张。

（三）诊断

发现子宫颈极硬或愈合时，即可确定是子宫颈管狭窄，但应与阵缩微弱或过早、子宫扭转等加以鉴别。阵缩过早时努责有力，但阴门不肿胀，无初乳，臀部韧带不弛缓。因为阴道黏膜上没有螺旋状皱褶，也不可能是子宫扭转。

由于浸润不足而子宫颈扩张缓慢时，经过12～36小时以后，子宫颈管即完全张开，胎儿跟着排出。假如在子宫颈管完全张开以前力量即减弱，则阵缩停顿。如不拉出胎儿，会引起母羊死亡。

在子宫颈管不能扩张时，不加助产会使母羊死亡。努责强烈时，可发生阴道脱出或子宫破裂等并发病。子宫破裂往往发生在山羊，此时，由于大量内出血而羊只立即死亡。

（四）预防

（1）助产时不可使产道发生破裂，否则，所形成的瘢痕会使下一次分娩发生困难。

（2）分娩时应仔细检查阴道及阴门，如果发现有瘢痕收缩和肿瘤等反常现象，即应进行助产。

（五）治疗

（1）开始时应加以等待。并不时的进行阴道检查，以确定子宫颈管的扩张程度，如果子宫颈口扩张慢，用氯前列烯醇0.2mg肌内注射。

（2）在阵缩极为强烈时，可将羊的后肢垫高或提起，以减低腹内压，为了减低子宫颈的敏感性和促进子宫颈管扩张，可以热敷臀部。如果阵缩极为强烈，宜内服白酒200mL，给子宫颈上涂以颠茄浸膏。

（3）如果等待及使用药物都无效，可试用手术扩张。但此方法只可行之于子宫颈管已经稍为张开时，应先伸入食指，钻开子宫颈管，随之伸入第二及第三个手指。在阵缩的影响下，胎膜即进入扩张的子宫颈管，这样会有助于子宫颈管的继续开张。

（4）在子宫颈管不能扩张时，可施行手术助产。将羊加以保定及麻醉，仔细消毒外明部及阴道以后，将隐刃刀伸入子宫颈管中，由前向后切开管壁（只切开环行肌层）。绵羊对手术的耐受性很好，但山羊往往会发生败血病，预后可疑。

（5）如果条件许可，应做剖腹助产术，不要行手术扩张

## 七、头颈与前肢姿势不正

头颈姿势不正又称胎头弯转，是造成难产最常见的原因。弯转可以有各种情况，如胎头侧弯（弯向一侧）胎头下弯或胎头后仰。绵羊羔及山羊羔都可发生。

（一）诊断

（1）胎头侧弯。产道检查时，可发现胎儿的两前肢都位于产道内，但为一长一短（头弯向那一侧，那一侧的腿就比较短），同时，颈部弯曲。

（2）胎头下弯。产道检查时发现两前肢都位于骨盆腔内，但额部或颈部抵在耻骨前缘上

（3）胎头后仰。产道检查时发现骨盆腔内有两前肢，但胎儿的下巴仰向上方。

（二）助产

（1）用手伸入产道整复。不管整复那一种胎头弯转，都要事先给子宫内注入滑润液体（植物油或石蜡油）。

①胎头侧弯：将胎儿前肢握持，推向子宫，另一手将胎头拉正。

②胎头下弯：将手放在胎儿下颌的下面，向上方抬起，即可

将头部拉入骨盆。或者先使母羊仰卧，后部放高，用手握住下颌向下拉入骨盆内。

有时只要将中指塞入胎儿口内，把胎儿向上一抬，就可矫正胎头后仰。只要头的姿势恢复正常，立刻把前腿向后下方拉动，就可以把胎儿拉出来。

当只看到一个前蹄子时，应给球节上部挪上绳子，把腿推回去，摸到另外一条腿，然后按以上方法矫正头部，拉出胎儿。

③胎头后仰：使母羊站立，并将后部抬高，然后一手握前肢，将胎儿推向子宫；另一手拉正后仰的头部。

④头颈捻转：采用矫正拉出术。

一是利用山羊体格小、易保定的特点，先用左手提起尾根，使其后蹄离地，呈前低后高姿势。

二是将右手伸进产道，抓住胎羔下颌支与鼻骨，将其推向子宫，把头和前肢旋转成正常姿势。

三是松开左手，使母羊后蹄着地。

四是右手抓着胎羔两侧下颌骨后缘，沿骨盆轴方向拉出胎羔。

由于山羊分娩时子宫壁菲薄，可达0.2mm，因此，所有上述矫正拉出动作都必须轻缓，以免引起子宫破裂。

（2）如果手不能伸入产道，设法用钩子钩住胎头的眼眶或颊部；将头的颜面部拉向骨盆的入口处。在拉的同时，必须握住突出的前肢，将胎儿推向子宫。

（3）必要的时候，应该迅速进行截胎术（切除头部）或剖腹产术。一般而言，在胎儿嵌制或胎儿死亡而下颌向上（胎颈扭转）时，切除头部即可取出。

（4）在手术助产以后，因母羊子宫颈及阴道极为松弛，很容易发生子宫脱，为了预防起见，在助产之后，应该立刻施用脱宫带。

## 八、后肢姿势不正

后肢姿势不正可能是跗关节弯曲，也可能是髋关节弯曲。

（一）诊断

一侧跗关节弯曲时，可从阴门外看到一条后腿，蹄底向上，弯曲的跗关节位于骨盆腔内或骨盆入口附近。当两侧都发生弯曲时，由阴门外面看不到后肢，产道检查时，发现两个弯曲的跗关节都位于骨盆入口处，或者和后躯一起进入骨盆腔内。

（二）助产

（1）一侧跗关节弯曲。可以把胎儿推入子宫，握住跖部尽量向后拉，使后肢所有关节都弯曲起来，然后手沿足跖骨向下，将球节弯曲起来，握住蹄子把后腿拉直，随即拉出胎儿。

如果手不能伸入子宫，无法矫正，就拉住正常的后腿把胎儿拉出来。

（2）两侧跗关节弯曲。可不加矫正，直接拉出胎儿。因母羊荐骨的活动性很大，一般容易成功。拉出时，可用产科绳或产科钩拉住跗关节的稍上方。如果胎儿已死，还可以给骨盆上加一个钩子。

## 九、胎位不正

在正常的分娩过程中，胎儿的背部向上（和母羊的背部一致），称为上位。在反常的情况下，可以变为下位（胎儿背部向下）或侧位（胎儿背部向着母羊的左侧或右侧），而造成难产。

（一）诊断

根据产道检查容易判断出来。

如果是正生下位（头向产道），可以摸到前腿，蹄底向上。

如果是倒生下位（臀部向产道），可以摸到后腿，蹄底向下。

如果是侧位，蹄底便向着一侧。

（二）助产

（1）正生下位。如果胎儿不大，一般不加矫正可以拉出胎儿。否则，应使母羊侧卧，固定胎儿的前腿，翻转母羊，使胎儿变为上位。翻转母羊之前，应先给子宫灌些石蜡油或植物油，并使后部抬高一些。

（2）倒生下位。把后腿拴上绳子推回子宫，然后把手伸入子宫，转动胎儿，直到后腿伸向下方为止，稍微用力拉动后腿，即可将胎儿拉出。

（3）侧位。不管是正生或例生，都是在拉胎儿的时候，将上部一条腿向下压，用力向后下方拉，即可将胎儿拉出来。

## 十、胎儿过大

胎儿过大是指胎儿体积太大，不能通过其母亲的骨盆。常常是由于杂交所引起，尤其是种公羊头大而母羊骨盆小的时候，容易造成这种后果。有时怀孕期延长或胎儿的内分泌（垂体、甲状腺）反常也能造成胎儿绝对过大。单胎公羔常因为头大而无法产出。常易发生于体格小的头胎羊。

（一）诊断

产道检查时，母羊产道没有异常现象，胎儿的姿势、位置和方向都正常，而努责超过 1 小时却在阴门看不到任何东西时，即属于胎儿过大。

（二）助产

（1）如果头和前腿都已进入产道，可用绳子绑住前腿，同时，用产科钩钩住眼窝或用手指抠住眼窝，交替拉动头和前腿，将胎儿拉出。

（2）如果前躯已出来，而后躯不得出来，可交替地斜着拉两条前腿。

（3）如因胎头过大而无法进入产道，可将产道中的一条或两条前腿推回子宫，变成肩关节弯曲，然后将头拉入产道，并继续向外拉，或者拉住头和一条前腿，将胎儿拉出。

(4) 如果采用以上方法无效，应该施行剖腹产手术。

## 十一、双胎难产

羊怀双胎时，在正常分娩的情况下都是先排出一个胎儿，经过半小时到1小时之后又排出一个。如果间隔时间超过1小时以上，就可以认为是难产，应该及时进行产道检查，确定胎儿的状态。

(一) 诊断

双胎难产的发生，一般是由于两个胎儿同时挤入产道，或者两个胎儿同时并排地位于骨盆入口处，哪一个也不能进入产道。

当两个胎儿同时挤入产道，在作产道检查时可能发现以下几种情况。

(1) 4个前肢或4个后肢；

(2) 两前肢及两后肢；

(3) 除了前后肢以外，同时发现一个胎儿发生姿势不正。如检查时能摸到一个胎儿的后肢及另一个胎儿的头（肩关节弯曲），或者另一个胎儿的头向下弯等。

(二) 助产

(1) 首先必须仔细确定哪一条腿属于哪个胎儿。在确定以后，给不同胎儿的腿上绑上有不同标记的绳子（如一个打结，一个不打结，或者打上不同的结），避免助产过程中拉错绳子。

(2) 将进入产道较深的胎儿向外拉，同时，把另一个胎儿推入子宫。在拉前腿时必须同时拉住头如果拉不住头，就改拉另外一个胎儿的后腿，而把头部前置的胎儿推入子宫。

(3) 如果发现一个胎儿发生姿势不正，就应先拉正常的胎儿，然后再将姿势不正的胎儿矫正拉出。

（4）如果是子宫收缩迟缓造成的，这个情况可以用缩宫素2～3mL或者氯前列烯醇0.2mg肌内注射，促进胎糕排出。

### 十二、胎儿畸形

胎儿畸形是各式各样的，但不一定都造成难产。能够造成难产的畸形，常见的是脑积水和裂体畸形（腹壁裂开，腹内器官露出体外），其次是胎儿水肿（全身水肿或局部水肿）及双头畸形等。

（一）诊断

通过产道检查，可以确定是哪一种畸形。

（二）助产

因为畸形的种类不同，就不可能用同一种方法去助产。在遇到胎儿畸形时，必须根据畸形的形式，考虑制订相应的助产方法，好在这些畸形羔羊于产出后常很快死亡，因此，在处理时不必多考虑羔羊的成活问题。一般原则如下。

（1）首先设法强行拉出。

（2）若拉不出来时，可截去妨碍胎儿排出的畸形部分。

（3）如截胎后还拉不出来时，应及时进行剖腹产术。

## 第四节　截胎与剖腹产术

### 一、截胎技术

截胎术就是当胎儿无法完整拉出时，将胎儿的某些部分截断取掉，减少拉出障碍的一种助产方法。

（一）基本原则

（1）一般是用于取出死胎。如果活胎儿采用各种方法不能产出时，也可以采用，但必须事前处死胎儿。处死方法是：当头部前置时，切断颈动脉；当臀部前置时，切断脐带或股动脉。

（2）必须及早进行手术。避免延误时间，以致产道发生水肿或胎儿发生腐败肿胀，影响截胎术的效果。

（3）在手术进行之前要全面考虑。订出手术计划。

（4）最好让母羊站立。不能站立时，应将后躯垫高，以便操作。

（5）防止产道受到损伤。锐利器械出入产道时应保护好。为了防止造成产道损伤一般都应采用皮下截胎法（覆盖法）。胎儿肿胀腐败时更应采用皮下法，因为这种情况下，胎儿的肌肉和韧带容易用皮下法分离取出，有时只稍加扭拉，即可取掉某些部分。

（二）常用的截胎术

对羊来说，一般只需截除头部或1～2个前腿，即可拉出胎儿。至于胸部缩小术及骨盆围缩小术，都极少应用。

（1）头部截除术。如果胎头伸入产道，而前腿发生肩关节弯曲时，只要可以把头拉近阴门或达阴门以外，就应该施行头部截除术（断头术）。其方法是：

①由第一颈椎前方切断头部，将颈部推回子宫。

②把手伸入子宫，找到前腿，拉出胎儿。

（2）前腿截除术。当胎儿过大或胎头弯转时，常需要预先截除前腿（一个或两个），才能矫正和拉出胎儿。

截除方法是：将隐刃刀或产科刀带入子宫，切除前腿，然后抓住胎头，拉出胎儿。如果手不能伸入产道，可以将前腿尽量向外拉，由球节上方作一纵向切口，把锐钩伸入皮下，尽量剥开皮肤，将前腿扭拉出来。假若扭拉不出来，就沿前腿内面伸入钩子，钩断肌内，然后拉出前腿。

（3）畸形胎儿截除术。遇到畸形胎儿时，主要是截除畸形部分，使产道空间增大。有时需要切除好几个部分，使胎儿体积尽量变小，然后拉出来。

总之，不管是作哪一种截胎术，在取出死胎以后，都应注意在子宫内进一步寻找胎儿，将其迅速取出。如果没有胎儿，应将残存的胎膜尽量取出来。最后用刺激小的消毒溶液（如0.1%高锰酸钾或雷夫奴尔）洗涤子宫，并注入青霉素160万～320万单位或链霉素1g。只要产道和子宫没有受到严重损伤，一般都容易恢复健康。

## 二、剖腹产手术

剖腹产术是在发生难产时，切开腹壁及子宫壁而从切口取出胎儿的手术。必要时山羊和绵羊均可施行此术。如果母羊全身情况良好，手术及时，则有可能同时救活母羊和胎儿。

### （一）适应证

（1）无法纠正的子宫扭转。

（2）子宫颈管狭窄或闭锁。

（3）产道内有妨碍截胎的赘瘤或骨盆因骨折而变形。

（4）亦可用于骨盆狭窄（手无法伸入）及胎位异常等情况。

（5）胎水过多，危及母羊生命，而采用人工流产无效时。

### （二）禁忌

（1）有腹膜炎、子宫炎和子宫内有腐败胎儿时。

（2）母羊因为难产时间长久而十分衰竭时。

### （三）预后

绵羊的预后比山羊好。手术进行越早，预后越好。

### （四）术前准备工作

（1）术部准备。在右肷部手术区域（由髋结节到肋骨弓处）剪毛、剃光，然后用温肥皂水洗净擦干。

（2）保定消毒。使羊卧于左侧保定，用碘酒消毒皮肤，然后盖上手术巾，准备施行手术。

（3）麻醉。可以采用合并麻醉或电针麻醉。

合并麻醉是口服酒精作全麻，同时对术区进行局麻。口服的酒精应稀释成40%，每10kg体重按35～40mL计算（也可用白酒，用量相同）。局麻是用0.5%的普鲁卡因沿切口作浸润麻醉，用量根据需要而定。

电针麻醉：取穴百会及六脉。百会接阳极，六脉接阴极。诱导时间为20～40分钟。针感表现是腰臀肌颤动，肋间肌收缩。

（五）手术方法和步骤

（1）在右腹壁上做切口。沿腹内斜肌纤维的方向切开腹壁。切口应距离髋结节10～12cm。

（2）扩张切口。将腹肌与腹膜用几根长线拉住，使腹壁切口扩大。

（3）切开子宫。术者将手伸入腹腔，转动子宫，使孕角的大弯靠近腹壁切口。然后切开子宫角，并用剪刀扩大切口长度。

切开子宫角时，应特别注意，不可损伤子叶和到子叶去的大血管。为了确定子叶的位置，在切开子宫时，要始终用手指伸入子宫来触诊子叶。

对于出血很多的大血管，要用肠线缝合或结扎。

（4）吸出胎水。在术部铺一层消毒的手术巾，以钳子夹住胎膜，在上面作一个很小的切口，然后插入橡皮管，通过橡皮管用橡皮球或大注射器吸出羊水和尿水。

（5）取出胎儿。吸完胎水以后，助手应用手指扩大胎膜上的切口，将手伸入羊膜腔内，设法抓住胎儿后肢，以后肢前置的状态拉出胎儿，绝不可让头部前置，因为这样不容易拉出，而且常常会使切口的边缘发生损伤，甚至造成裂伤。

对于拉出的胎儿，首先要除去口、鼻内的黏液，擦干皮肤。看到发生几次深吸气以后，再结扎和剪断脐带。假如没有呼吸反射，应该在结扎以前用手指压迫脐带，直到脐带的脉搏停止为止。此法配合按压胸部和摩擦皮肤，通常可以引起吸气。在出现吸气之后，剪断脐带交给其他助手进行处理。

(6) 剥离胎衣。在取出胎儿以后，应进行胎衣剥离。剥离往往需要费很多时间，颇为麻烦。但与胎衣留在子宫内所引起的不良后果相比，还是非常必要而不可省略的操作。

为了便于剥离胎衣，在拉出胎儿的同时，应该静脉注射垂体素或皮下注射麦角碱。如果在子宫腔内注满5% ~10%的氯化钠溶液，停留1 ~2分钟，亦有利于胎衣的剥离。最后将注射的液体用橡皮管排出来。

(7) 冲洗子宫。剥完胎衣之后，用生理盐水将子宫切口的周围充分洗擦干净。如果切口边缘受到损伤，应该切去损伤部，使其成为新伤口。

(8) 逐层缝合切口

①缝合子宫壁：只缝合浆膜及肌内层；黏膜再生力强，不一定要缝合。缝合用肠线进行两次，第一次用连续缝合或内翻缝合(若子宫水肿剧烈，组织容易撕破时，不可用连续缝合)，第二次用内翻缝合，将第一次缝合全部掩埋起来。在缝合将完时，可通过伤口的未缝合部分注入青霉素80万~160万单位。

如果子宫弛缓，在缝合之后可拉过来一片网膜，缝在子宫伤口的周围。

②缝合腹膜及腹肌：用肠线进行连续缝合。如果子宫浆膜污红，腹水很多，显有弥漫性腹膜炎时，应在缝合完之前给腹腔内注射青霉素。

③缝合皮肤：用双丝线进行结节缝合。

(9) 给腹壁伤口上盖以胶质绷带。应用于这种绷带的胶质很多，以火棉胶比较方便而效果良好。在没有火棉胶的情况下，较常应用的是锌明胶，其配方为：白明胶90g，氧化锌30g，甘油60mL，水150mL。

配制时，先将氧化锌研成细末，加入甘油中，充分搅和，使成糊状。然后用开水将白明胶溶化，列入氧化锌糊内，搅匀即成。

（六）术后护理

（1）肌内注射青霉素，静脉注射葡萄糖盐水。必要时还应注射强心剂。

（2）保持术部的清洁，防止感染化脓。

（3）经常检查病羊全身状况，必要时应施行适当的症状疗法。

（4）如果伤口愈合良好，手术 10 天以后即可拆除缝合线。为了防止创口裂开，最好先拆一针留一针，3 ~4 天后将其余缝线全部拆除。

## 第五节 阴道与子宫疾病

### 一、阴道脱出

本病的特征是阴道壁的一部或全部从阴门中向外脱出。病常发生于怀孕末期及分娩以后，以怀孕末期为最多，山羊比绵羊多见。

（一）病因

（1）此病主要是由于饲养管理不当所引起，如全身虚弱，缺乏运动、疲劳过度以及饲料品质不良或给量不足。如果只用食堂的残羹饲喂小羊，或日料中钙盐不足，或者羊只过肥，都容易发生此病。

（2）由于母羊骨盆腔和阴道壁的结缔组织松弛，容易发生在胎次较多的母羊。

（3）在怀孕末期卧下时，由于后躯位置低，而腹腔内容物对阴道壁的压力增高所引起。

（4）因为生殖器官受到刺激而努责过度，如难产及胎衣不下时的剧烈努责。

（5）孕羊严重的腹泻，可能引起阴道完全脱出。

（二）症状

病初当羊卧下时，可以看到阴道上壁的黏膜向外突出，起立时又退缩而消失（阴道外翻或不完全脱出）。疾病继续发展时，则突出一个大而圆的肿瘤样物，呈粉红色。羊站立时亦不复原（阴道完全脱出）。在山羊，有时可以看到阴道完全脱出数分钟，即又复原。发病以前常有消化道发炎的症状。

有时阴道脱出的程度很大，从外面就可看到子宫颈，子宫颈口充有黏液。当接触到硬物体时，容易引起出血。这种现象只见于努责剧烈而频繁，以及单胎的情况下。

（三）预防

（1）由于本病主要是因为饲养管理不当而引起，所以，在预防时首先应该改善孕羊的饲养，并且每天要保证适当的运动。

（2）在怀孕前1/3时期不可过于肥胖。

（3）羊舍地面的倾斜度不宜太大。

（4）在怀孕的后1/3的期间，不可用大车或汽车运输孕羊。

（四）治疗

（1）脱出不大时，不需要治疗。但在发生污染和创伤时，应用2%明矾溶液冲洗。为了防止阴道壁反复脱出，必须使羊的后躯站高；为此可将羊拴在狭窄的羊栏内，绳子拴短，限制其活动，然后放一块向前倾斜的木板，或者给后躯多垫些蓐草。

（2）在完全脱出时，应立即进行整复。整复的方法与步骤如下：

①先用温开水清洗阴道的脱出部分及其周围，然后用2%的明矾水洗涤，让血管及组织收缩变小。

②使羊后部站高，或者将羊放倒后躯垫高，然后进行整复。

整复时应当用手指将脱出部分推向前上方，逐渐推入骨盆腔内。

③如果因山羊努责而妨碍操作时，应内服白酒 200mL 左右，使之镇静。

④在完全推入骨盆腔以后，将手指伸入阴道，展平阴道黏膜上的皱襞。为了减轻刺激和促进组织收缩，可用 3% 的明矾溶液灌入阴道。

为了防止重复脱出，在整复后应当缝合阴门。缝合之前必须消毒术区。不要缝得过紧，但必须让缝线穿过组织深部，以免撕裂阴唇。

山羊比较敏感，努责较强，因此应该多缝几针。除了在阴门下角留一小孔以便排尿外，将其余部分都应尽量缝合起来。

在临分娩之前抽掉缝线，以免在母羊努责时扯破阴门组织。

## 二、子宫扭转

子宫扭转是妊娠及其内容围绕子宫颈的纵轴发生了旋转，封闭了子宫内的胎儿。绵羊和山羊都可发生。这种子宫位置的变化，通常都是在分娩前不久或者在分娩时子宫颈管开张期间形成的，再早发生的极为少见。

扭转的程度可以为 1/4、1/2 或 3/4，也可以是完全扭转。通常都涉及子宫颈口，有时也使阴道变为扭转。

（一）病因

（1）子宫扭转的直接原因是在子宫位置保持不动的情况下，母羊围绕着自己身体的纵轴而迅速翻转。例如从斜坡上跌下来时，多次翻滚，就会发生子宫扭转。

（2）在妊娠末期，腹壁上受到外界的机械作用（推动、压迫）。

（3）羊只彼此拥挤或沿坡下滑时（尤其怀单胎），也可以引起子宫扭转。

（二）症状

症状的轻重，根据子宫是完全扭转或不完全扭转而异。一般是完全扭转的较重，不完全扭转的表现较轻。在分娩以前较久发病者，最初有不安现象和消化不良。以后起卧不宁，食欲废绝，反刍停止，发生臌胀。由于周期性的疼痛减轻，羊可周期性的变为安静。体温正常，呼吸和脉搏加快。如果不并发败血病（症状为体温急剧升高和消化扰乱加剧），经过2～3天即可好转。

妊娠末期子宫扭转的表现是，羊有阵缩和开始分娩的症状，但产道中并不露出胎囊。在这种情况下，阵缩有时造成剧痛。阴唇并不肿胀，甚至有些皱缩，常常稍微陷入阴道中。分娩时遇到子宫颈开张不全造成的难产，往往是由于子宫发生了不完全扭转，此点应该特别注意。

（三）诊断

阴道检查可以精确地辨认子宫扭转。当检查阴道时，可发现阴道因发生狭窄而呈漏斗状，其深部有朝着子宫颈的螺旋状皱襞。由这种皱襞即可证明子宫已发生扭转。为了确定子宫扭转的方向，应特别注意黏膜皱襞的方向。如果皱襞的方向是由左后上方向右前下方旋转，就是向右侧扭转。当将手指插入阴道内进行触诊时，如果手指前进的方向是按顺时针方向旋转，即为子宫向右扭转，若呈反时针方向则是向左扭转。对于不完全扭转，手指可以通过变小的子宫颈而达到胎儿，但完全扭转时，则手指无法伸入子宫颈管。

应注意将不完全扭转与子宫颈管狭窄相区别。

（四）预防

主要在于加强孕羊管理，作好保胎工作。因此在舍饲时要避免发生拥挤，放牧时尽量不要赶到陡坡上去，防止受到各种惊吓和机械性损伤。

（五）治疗

治疗的主要原则是松开子宫，为此可采用以下各种方法：

（1）由助手提高羊的后肢，使腹腔器官移向横隔膜，让子宫得以自由转动。然后自己将手放在右腹壁上能够模到胎儿的地方进行翻转。

①如果从阴道检查确定是向右扭转，可以试行翻起胎儿，则子宫自然也会随着胎儿向上翻转过来。为了使翻转的作用加大，助手可在对侧慢慢地向下推动。

②在子宫向左扭转时，手的动作应相反。即医师用手向下推而助手向上翻。

（2）如果用以上方法得不到预期效果，可以将羊绕其纵轴向着子宫扭转的方向翻转，使子宫松开。

①将羊牵到宽敞的地方，铺上蓐草，同时在场地的一侧，放上一层很厚的麦草。然后将羊放在麦草上，使其后躯高于前部，并将两前肢和两后肢分别捆住。

②使羊侧卧，子宫向那一侧扭转即卧于那一侧，在迅速翻转羊体时，沉重的怀孕子宫由于惯性的关系，并不随着羊体的翻转而转动，因而即可松开。

不管采用上述哪一种方法，都应该在操作之后将手伸入阴道，检查翻转的方向是否正确。当翻转的方向正确时，用手可以感到产道变宽，否则仍感到产道变狭。若感到变狭，即需要再向相反的方向旋转。

最好是术者手伸入阴道，握住胎羊的某一部分，以防止在母羊旋转时，子宫也跟着移动。否则，常需翻转 4 ~ 10 次，才能得到预期效果。在获得效果以后，不必进行助产，应让母羊自行产出胎羊。

（3）如果以上各法仍不能使子宫的位置恢复正常，即可施行腹壁切开术，将子宫松开（方法见“剖腹产术”）。

## 三、子宫脱出

此病是分娩之后子宫外翻并且脱出在外的疾病，以妊娠子宫角发生者较多。子宫脱出通常发生于分娩后6小时以内，因此时子宫尚未缩小，子宫颈仍旧开张，而使子宫角和子宫体能够通过。但也有些病例见于分娩以后9～14小时。

羊发生此病虽然比牛少，但其危险性却比牛大，应该在思想上按急病对待，绝不可延误治疗。

### （一）病因

（1）子宫脱出的诱因是：舍饲时运动不足，饲养不当以及由于胎儿过大或胎水过多而引起的子宫过度伸张。

（2）难产时，如果牵引胎儿用力过大，容易引起此病。

（3）当子宫中没有胎水时，如果迅速拉出胎儿，可能在胎儿刚出产道之后立即引起子宫脱出。

（4）产后子宫颈口开张，子宫收缩尚不完全，如果此时后躯位置过低，则子宫因受到内脏的压迫而容易脱出。

（5）胎衣不下时，胎膜与子宫的子叶结合紧密，容易因胎衣的重力而引起此病。尤其是在子宫角尖端的胎衣尚未脱落而强力拉出时，便可能直接引起子宫脱出。

### （二）症状

如果只有一个子宫角怀孕时，从阴门裂中垂出红色、发亮、拳头大以至小儿头大的梨形物，其末端扩大下垂到跗关节，而另一个子宫角则包在脱出部分之内，并不外翻。在两个子宫角都怀孕时，则脱出子宫的大小加倍，表面显有杯状子叶。

在严重时与阴道共同翻转而脱露。如果在空气中停留时间过久，则变为暗红色。往往因受到粪尿及蓐草的污染而发生黑色斑点。时间再长时，黏膜下组织及肌内层发生水肿，逐渐变为坏疽。

严重的子宫脱出常常并发便秘或拉稀。

（三）预防

（1）平时加强饲养管理，保证饲料质量，使羊身体状况良好。

（2）在怀孕期间，保证羊只有足够的运动，增强子宫肌内的张力。

（3）多胎的母羊，往往在产后14小时左右才发生子宫脱出，因此，在产后14小时以内必须细心注意产羔羊，以便及时发现病羊，尽快进行治疗。

（4）遇到胎衣不下时，绝不要强行拉出。

（5）遇到产道干燥时，在拉出胎儿之前，应给产道内涂灌大量油类，并在拉出之后立刻施行脱宫带，以预防子宫脱出。

（四）治疗

1. 子宫整复术一

如果及早整复，常可以复原，但必须胎衣去除彻底并清洗干净。整复时应按照以下步骤进行。

（1）进行整复以前先剥离胎衣，仔细清除子宫上的粪便和蓐草。然后用3%冷明矾水彻底洗涤子宫，并将子宫放在清洁的塑料布上。

（2）如果黏膜上有小伤口，必须涂擦碘酊。有深伤时应当进行缝合，然后着手整复。整复时可将羊的后肢提起。

如果脱出的子宫淤血剧烈，以致体积变大而无法整复时，可以给子宫壁内注入70%～80%的酒精25～30mL，等候半小时左右，让体积变小以后再整复。

（3）整复子宫应从靠近外生殖器的部分开始，为此可用手握住脱出子宫的前部，将其逐渐推入阴道中。以后用同样方法处理靠后的部分。

（4）当将要整复完毕时，可将2～3个手指伸到子宫底部，将其推入骨盆腔，并尽可能地推入腹腔内。

（5）为使子宫角的套叠完全消失和促进子宫收缩，可注入300mL左右冷开水。

（6）为了避免重复脱出，可以让羊站立成后躯较高的姿势，并在阴门上缝合两针，或者施用脱宫带，或者把后躯抬高1/3羊的高度。

①如果努责剧烈，应及时灌服下列镇静剂：溴化钾10g，溴化钠10g，溴化铔10g，人工盐80g。分为3次灌服。

②施行子官摘除术：在无法整复或发现子宫壁上有很大的裂口、穿透伤或坏死时，即可摘除子宫。这样可以挽救羊的生命，以后肥育作食用。绝不要采取缝合后整复的方法。

2. 整复手术二

（1）病羊的保定。我们采取三柱保定法，即羊的头部一根立柱，腰部两根立柱，将羊头部拴在前边立柱上，羊腰腹部用绳固定在后部两根立柱上，畜主在前部防止病羊前冲；地面要前低后高，坡度在30°~60°，本方法简便易于就地取材。

（2）穴位注射封闭。将病羊后阴部用含盐温开水清洗干净，用0.25%普鲁卡因水溶液20mL分别封闭百会穴、后海穴、莲花穴，以减轻整复过程中病羊努责。

（3）脱出子宫处理。用含盐温开水及温生理盐水逐次反复清洗脱出子宫，除去附在脱出子宫上的污物、淤血和残留胎衣等。同时，用0.25%的普鲁卡因20~30mL和氨苄西林2g涂布在子宫内膜上，防止感染。

（4）手术整复。手术时戴上无菌一次性乳胶手套，将脱出的子宫缓慢从阴部逐渐内翻，必要时适当用力，当脱出子宫全部送到腹腔后将手臂伸进子宫内，理顺子宫，使其完全复位，再用生理盐水冲洗1~2次，再次注入普鲁卡因20~30mL和氨苄西林2g，然后用烟包式缝合法缝合阴门，拉紧缝合线，保留阴门口径3cm左右，再次清洗阴门即整复手术结束。

预防再次脱出和感染：子宫整复后由于病羊怒责或其他原因容易造成子宫再次脱出挤压在阴道内，应在手术后第二天拆开缝合线将手臂插进阴道进行检查，如有脱出要再次复位后缝合，如无脱出也要再次缝合，为防止感染在手术整复后送进子宫内宫炎清栓剂1粒，第三天再送进1粒，子宫复位后每天肌内注射氨苄西林1~2g，亦可用青霉素+链霉素注射，连用3~5天，一般一周后恢复正常，拆除缝合线。

3. 摘除子宫的步骤

（1）将羊放在手术台上，用手术巾掩盖后躯。彻底清洗子宫，并用0.1%的高锰酸钾及3%的白矾水，先后洗净阴门周围。

（2）确定脱出的子宫腔中是否有肠道、膀胱或网膜，为此，可以从一侧子宫的基部切开子宫，用手探其腔。如果有内脏器官，必须将其推回腹腔。

（3）用直径约2mm的消毒细绳子或绷带作为结扎线，涂以凡士林或油类，然后在子宫颈部打一个外科结，并慢慢将其勒紧。

（4）从结扎线后部4~5cm处切断子宫，立刻烧烙断端到结痂为止，并将断端推入骨盆腔中。

（5）手术之后，应每天用弱消毒液或白矾水冲洗阴道，直到断端消失而无分泌物时为止。如果因努责剧烈而发生阴道脱出，应缝合阴门。如果因阴道壁肿胀而妨碍排尿，应进行导尿。

在摘除子宫以后，会很快发生兴奋不安现象，但在15~45分钟以后，即可安静下来。如果兴奋剧烈，可加以镇静或麻醉。

并发便秘和拉稀时，应进行对症治疗。

## 四、胎衣不下

胎儿出生以后，母畜排出胎衣的正常时间在绵羊为3.5（2~6）

小时，山羊为2.5（1~5）小时，如果在分娩后超过14小时胎衣仍不排出，即称为胎衣不下。此病在山羊和绵羊都可发生。

（一）发病原因

包括下列两大类。

（1）产后子宫收缩不足。

①子宫因多胎、胎水过多、胎儿过大以及持续排出胎儿而伸张过度。

②饲料的质量不好，尤其当饲料中缺乏维生素、钙盐及其他矿物质时，容易使子宫发生弛缓。

③怀孕期（尤其在怀孕后期）中缺乏运动或运动不足，往往会引起子宫弛缓，因而胎衣排出很缓慢。

④分娩时母羊肥胖，可使子宫复旧不全，因而发生胎衣不下。

⑤流产和其他能够降低子宫肌内和全身张力的因素，都能使子宫收缩不足。

（2）胎儿胎盘和母体胎盘发生愈合。患布鲁氏菌病的母羊常因此而发生胎衣不下，其原因是由于以下两种情况。

①怀孕期中子宫内膜发炎，子宫黏膜肿胀，使绒毛固定在凹穴内，即使子宫有足够的收缩力，也不容易让绒毛从凹穴内脱出来。

②当胎膜发炎时，绒毛也同时肿胀，因而与子宫黏膜紧密黏连，即使子宫收缩，也不容易脱离。

（二）症状及诊断

胎衣可能全部不下，也可能是一部分不下。未脱下的胎衣经常垂吊在阴门之外。病羊背部拱起，时常努责，有时由于努责剧烈可能引起子宫脱出。

如果胎衣能在14小时以内全部排出，多半不会发生什么并发病。但若超过一天，则胎衣会发生腐败，尤其是气候炎热时腐败更快。从胎衣开始腐败起，即因腐败产物引中毒，而使羊的精神不振，食欲减少，体温升高，呼吸加快，乳量降低或泌乳停止，并从阴道中排出恶臭的分泌物。由于胎衣压迫阴道黏膜，可能使其发生坏死。此病往往并发败血病、破伤风或气肿疽，或者造成子宫或阴道的慢性炎症。如果羊只不死，一般在5～10天全部胎衣发生腐烂而脱落。山羊对胎衣不下的敏感性比绵羊为大。

### （三）预防

预防方法主要是加强孕羊的饲养管理：饲料的配合应不使孕羊过肥为原则；每天必须保证适当的运动。药物预防，就是在母羊开始生产或者生一个羔羊后用地塞米松5mg，雌二醇2mL，肌内注射。

### （四）治疗

在产后14小时以内，可待其自行脱落。如果超过14小时，即须采取适当措施，因为这时胎衣已开始腐败，假若再滞留在子宫中，可以引起子宫黏膜的严重发炎，导致暂时的或永久的不孕，有时甚至引起败血病。故当超过14小时时，应尽早采用以下方法进行治疗，绝不可强拉胎衣，以免扯断而将胎衣留在子宫内。

（1）手术剥离胎衣。

①先用消毒液洗净外阴部和胎衣，再用鞣酸酒精溶液冲洗和消毒术者手臂，并涂以消毒软膏，以免将病原菌带入子宫。如果手上有小伤口或擦伤，必须预先涂搽碘酊，黏上胶布。

②用一只手握住胎衣，另一只手送入橡皮管，将高锰酸钾温溶液（1∶10 000）注入子宫。

③手伸入子宫，将绒毛膜从母体子叶上剥离下来。剥离时，由近及远。先用中指和拇指捏挤子叶的蒂，然后设法剥离盖在子叶上的胎膜。为了便于剥离，事先可用手指捏挤子叶。

剥离时应当小心，因为子叶受到损伤时可以引起大量出血，并为微生物的进入开放门户，容易造成严重的全身症状。

（2）皮下注射催产素。羊的阴门和阴道较小，只有手小的人才能进行胎衣剥离。如果将手勉强伸入子宫，不但不易进行剥离操作，反而有损伤产道的危险，故当手难以伸入时，只有皮下注射催产素2~3单位（注射1~3次，间隔8~12小时）。如果配合用温的生理盐水冲洗子宫，收效更好。为了排出子宫中的液体，可以将羊的前肢提起。

（3）及时治疗败血症。如果胎衣长久停留，往往会发生严重的产后败血症。其特征是体温升高，食欲消失，反刍停止。脉搏细而快、呼吸快而浅；皮肤冰冷（尤其是耳朵、乳房和角根处）。喜卧下，对周围环境十分淡漠；从阴门流出污褐色恶臭的液体。遇到这种情况时，应该及早进行以下治疗。

①肌内注射抗生素：青霉素320万单位，每6~8小时1次，链霉素1g，每12小时1次。

②静脉注射四环素：将四环素50万单位，加入5%葡萄糖注射液100mL中注射，每日2次。

③用1%冷食盐水冲洗子宫，排出盐水后给子宫注入青霉素40万单位及链霉素1g，每日1次，直至痊愈。

④ 10%~25%葡萄糖注射液300mL，40%乌洛托品10mL，静脉注射，每日1~2次，直至痊愈。

⑤结合临床表现，及时进行对症治疗，如给予健胃剂、缓泻剂、强心剂等。

## 五、羊吞食胎衣

山羊和绵羊都有吞食胎衣的癖性，尤其是奶用山羊更容易见到。

（一）病因

与饲料中缺乏蛋白质有关。

（二）症状

主要表现为消化道发生紊乱。一般是食欲显著减少，精神不振，离群喜卧。

（三）预防

时刻注视分娩，见胎衣落下时，立刻拿走深埋.

（四）治疗

首先减食或禁食，然后进行以下治疗。

（1）帮助消化吞食的胎衣，灌服健胃剂。胃蛋白酶（1∶200）10g，胰蛋白酶10g，稀盐酸8mL，龙胆酊12mL，番木别酊8mL，加水至500mL，分两次灌服，1日服完。中后期要口服复方新诺明片或者土霉素按10kg羊1g，大黄苏打片按0.5kg羊1片，每天1次连用2～3天，防止胎衣在瘤胃腐败发酵，严重的要静脉注射10%葡萄糖，维生素C或者碳酸氢钠注射液。

（2）促进排出吞食的胎衣，给予泻剂。给予硫酸钠80～100g或石蜡油120～150mL。在给健胃剂后4～6小时灌服。

## 六、子宫出血

本病是指在怀孕期间由子宫向外流血。山羊和绵羊都可发生，山羊比较多见。

（一）病因

（1）由于受到外伤，使子宫的血管发生破裂，如孕羊跌倒或腹部受到打击等。

（2）由于传染病或寄生虫病的影响。

（3）因为内分泌系统的机能发生紊乱。如怀孕期又发情。

（二）症状

首先表现不安、叫唤，有努责和起卧。随着病的发展，阵缩逐渐增强。当羊只卧下时，阴道中周期性排出血块，这种血液由于混有子宫黏液，故呈暗褐色。

大量出血时，可以发现全身急性贫血症状，黏膜苍白，肌肉颤抖，全身虚弱，脉搏快而弱。

有时子宫出血，没有临床症状。

（三）诊断

根据阴门中排出血液凝块即可作出诊断。利用开膣器视诊子宫颈膣部时，可以发现子宫颈管中流出血液。

当子宫出血时，在阴道中一定会发现有血液凝块，但在阴道出血时，则不形成血凝块。

（四）预防

加强护理，尽量防止孕羊受到外伤。

（五）治疗

首先使羊充分安静，保持前高后低，以减低后躯血压。不要反复进行阴道检查，以免刺激阴道，引起阵缩加强而出血增多。然后根据病羊情况采取下列治疗。

（1）进行止血。可以冷敷腰部，皮下注射 0.1% 肾上腺素 0.5～1.0mL；静脉注射仙鹤草素或者安络血注射液，每次 5～10mL，或者用氯化钙注射液，30～50mL，每日 2～3 次。也可以应用止血敏注射液。

（2）羊表现不安时，可灌服水合氯醛，或给予白酒 100～120mL。

（3）有急性贫血症状时，可以注射氯化钠等渗溶液，氯化钙注射液，也可以施行输血（取健羊血液 100～200mL，静脉徐徐输入）。

（4）如果胎儿已排出，为了加速子宫收缩，可以注射催产素。在治疗过程中，绝对不可用樟脑、咖啡因或其他强心剂。

## 七、子宫内膜炎

子宫内膜炎在绵羊和山羊发病率不是太高。但在绵羊，有时由于某种病原微生物传染而发生，可能成为显著的流行病。

（一）病因

（1）常发生于流产前后，尤其是传染病引起的流产。这种子宫内膜炎容易相互传染，如不及时采取防制措施，正常分娩的羊也难免受到感染。

（2）分娩时期圈舍不清洁，或接产过程消毒不严，容易引起发病。

（3）为阴道脱出、子宫脱出、胎衣不下及阴道炎等疾病的继发症。

（二）症状

临床表现有急性和慢性两种情况。

（1）急性。病羊体温升高，食欲减少，反刍停止，精神萎靡。常从阴门流出污红色腥臭的排出物，阴门周围及尾部有干痂附着。由于炎性渗出物的刺激，同时，可使阴道及前庭发炎。有时由于病羊努责而发生阴道不全脱出。

如为传染性子宫炎，则体温显著增高，病羊极度虚弱，泌乳停止，有时表现昏迷及血中毒现象，甚至造成死亡。

（2）慢性。多由急性转变而来，食欲稍差，阴门排出少量卡他性或脓性渗出物，发情不规律或停止发情，不易受胎。

卡他性子宫内膜炎有时可以变为子宫积水，造成长期不孕，但外表没有排出液，不易确诊，只能根据有子宫卡他性炎症的病史进行推测。

（三）预防

（1）加强饲养管理，防止发生流的、难产、胎衣下下和子宫脱出等疾病。

（2）预防和扑灭引起流产的传染性疾病。

（3）加强产羔季节接产、助产过程的卫生消毒工作，防止子宫受到感染。

（4）抓紧治疗子宫脱出、胎衣不下及阴道炎等疾病。

（四）治疗

（1）严格隔离病羊。不可与分娩的羊同群喂管。

（2）加强护理。保持羊舍的温暖清洁，饲喂富于营养而带有轻泻性的饲料，经常供给清水。

（3）净化冲洗子宫。冲洗方法：促进病羊子宫颈口开张：肌内注射雌二醇2～4mg或者氯前列烯醇0.2mg，使病羊子宫颈口松弛，便于冲洗子宫，利于子宫内污物的及时排出。冲洗的时候将羊站立保定。0.1%高锰酸钾溶液或者0.1%～0.2%雷夫诺尔溶液清洗阴门和阴道前庭，用碘伏消毒后15分钟再进行冲洗，术者左手撑开羊生殖器或者用消毒的开阴器，暴露子宫颈口，右手持橡皮管（一端圆头）或子宫洗涤器，将其慢慢插入子宫内。由助手将下述冲洗液用漏斗灌进子宫，待液体充分与子宫壁接触后，取下漏斗，令橡皮管下垂，使子宫内液体尽管排出。每日冲洗1次，连用3～4天，至排出液体透明为止。常用的冲洗液有0.1%复方碘溶液、0.1%高锰酸钾溶液、0.1%～0.2%雷夫诺尔溶液等。药液温度40～42℃（急性炎症期可用20℃的冷液）。

（4）子宫内给予抗菌药。由于子宫内膜炎的病原菌非常复杂，且多为混合感染，宜选用抗菌范围广的药物，如四环素、氯霉素。庆大霉素、卡那霉素、金霉素、氨苄西林钠、头孢菌素类、环丙沙星、恩诺沙星等。可将抗菌药物0.5～1g用少量生理盐水溶解，做成溶液或混悬液，用子宫冲洗器注入子宫，每日2次。也可每日向子宫内注入林可霉素注射液或者甲硝唑10～20mL。

（5）激素疗法。可用前列腺素类似物，促进炎症产物的排出和子宫功能的恢复。在子宫内有积液时，可注射雌二醇2～4mg，4～6小时后注射催产素10～20单位、氯前列烯醇0.2mg，促进炎症产物排出。配合应用抗生素治疗，可收到较好的疗效。

（6）生物疗法（生物防治疗法）。1981 年 BapraHoB 提出，用人阴道中的窦得来因氏杆菌治疗母牛子宫内膜炎。其理论根据是，该菌能将黏膜上皮的粮糖原分解为乳酸，对阴道内其他微生物起抑制作用。这种生物疗法的优点是，既可避免因用抗菌药物所造成抗药性菌株的增殖和二重感染，又可避免因用药物引起的副作用。在国内，王世荣从牛阴道分离出了窦得来因氏杆菌，制成“乳孕生”，对牛使用方便，无副作用。王光亚等从乳酶生分离出乳酸杆菌，注入子宫，亦有疗效。对羊的子宫内膜炎同样可以应用。

## 八、母羊乳房炎防治

### （一）大肠杆菌乳房炎

#### 1. 临床症状

大肠杆菌性乳房炎是由于母羊受到不良的饲养管理或在产后机体抵抗力下降的情况下，致病性大肠杆菌侵入机体乳汁、血液和淋巴液而引起的乳房组织炎症反应，常呈急性经过。患病母羊体温升高、厌食、精神沉郁、昏睡、心跳加快、休克甚至死亡，乳汁变为水状浆液性分泌物。

#### 2. 实验室检查

无菌采取患侧乳房的乳汁涂片，革兰氏染色镜检，可见革兰氏阴性、粗短、两端钝圆的小杆菌。

#### 3. 诊治

触诊乳腺有发热、肿胀等症状。治疗以抗菌消炎、解热镇痛为主，改善血液循环为辅。用氟尼辛葡甲胺 1 ~ 2mg/kg 体重静脉注射；全身应用抗生素 10mg/kg 静脉注射；用 5% 高渗盐溶液（HSS）静脉注射，剂量为 5kg/mL。如有需要，可进行输液疗法。应避免对母羊使用氨基糖苷抗生素。

（二）坏疽性乳房炎

1. 临床症状

病初患区肿、硬、热、痛，患羊体温可升高到41℃，呼吸、脉搏加快，无食欲，不让羔羊接近乳房，步态僵硬或有显著跛行。随后泌乳量减少，患侧乳房增大、变硬。乳房皮肤充血发红；有些充血区域出现淡蓝色斑点，2～3天后炎性水肿扩散到腹壁和四肢。3～4天后乳房开始出现坏疽，皮肤变褐、冰冷。发病羊占哺乳羊群的10%以上，死亡率可达50%～70%。

2. 实验室检查

病原为葡萄球菌，从患病乳房可以同时分离出金黄色葡萄球菌和表皮葡萄球菌。

3. 诊治

主要根据临床症状，如体温升高、食欲废绝，同时乳房剧烈发炎作为诊断依据。全身治疗用抗生素（青霉素、链霉素）及磺胺噻唑都有良好疗效。剂量为：青霉素160万单位，链霉素1g，磺胺噻唑0.03～0.04g/kg体重，每隔6～8小时进行1次，连用3～4天。对急性坏疽性病例的母羊应立即隔离。慢性病例的羊只无治疗价值，应及时淘汰。对于严重病例，可联合应用青霉素及磺胺噻唑，或者青霉素和链霉素。局部治疗可用抗生素或磺胺药进行乳池内注射。

（三）亚临床乳房炎

1. 临床症状

亚临床乳房炎是降低羊生产性能的乳腺炎症。症状表现为乳房脓肿、水肿和腐烂，随后出现化脓性渗出物，从而导致羔羊生长不良，营养失调，甚至饥饿死亡。

2. 实验室检查

绵羊亚临床乳房炎由许多细菌引起，包括杆状菌、大肠杆菌、脓性放线菌、伪结核放线菌等和其他环境致病菌。急性菌种的鉴别要求进行微生物学试验。

3. 诊治

通过乳房脓肿、水肿和腐烂，随后出现化脓性渗出物做出诊断。

（1）挤完乳后，将0.5%苯唑青霉素钠水溶液5～10mL从乳头向发炎的乳室注入，2次/天。同时可配合全身疗法，肌内注射或静注0.5%的苯唑青霉素钠水溶液15mg/kg，2次/天，连用3天为1个疗程。

（2）挤完乳后，将0.5%硫酸庆大霉素或者林可霉素配合鱼腥草水溶液5～10mL从乳头向发炎的乳室注入，每天1次。同时，可配合全身疗法，肌内注射或静注15mg/kg的0.5%苯唑青霉素钠水溶液，2次/天，连用3天为1个疗程。

（3）对急性乳房炎的治疗，可用生理盐水15～20mL，维生素C 3～5mL，0.25%的普鲁卡因10～15mL，氨苄西林钠1～2g、病羊血液10mL，以上药物混合后在病区周围沿着病组织和健康组织分点注射，可收到满意的疗效。

（四）支原体乳房炎

1. 临床症状

在春季多发，在孕期的最后3个月里多发生乳房感染。无乳支原体进入血液，引起继发性败血症，感染病灶可发生在乳房、子宫、眼睛和关节。病畜体温高达41～42℃，食欲下降，乳房萎缩，泌乳量急剧下降。

2. 实验室检查

支原体是导致羊乳房炎的重要病原体，革兰氏染色阴性，最适宜生长温度37℃，在28℃不生长，对表面活性剂及脂溶剂极为敏感，在血琼脂上表现出溶血性。耐低温、耐潮湿，在零下20℃可存活数月，可从乳房、血液、脏器、生殖器官、呼吸器官、流产胎儿、关节中分离。

3. 诊治

乳汁中的脓性分泌渗出物、稠乳、泌乳量显著下降、乳房内淋巴结增大，系统性疾病如关节炎、肺炎、结膜炎是支原体乳房炎的发病特征。细菌培养阴性，抗生素治疗无效。可通过泰姆林、泰乐菌素 20mg/kg，肌内注射，2 次/天，红霉素 3～5mg/kg，肌内注射，2 次/天，或四环素 10mg/kg 肌内注射，1 次/天进行治疗。

（五）病毒性乳房炎

1. 临床症状

感染绵羊进行性肺炎病毒（OPPV），乳房充盈但触诊坚硬，泌乳量显著下降，乳头干瘪。3 岁以上羊发病率最高，乳汁颜色和内容物正常。

葡萄糖感菌引起羊乳房内有硬块，奶变质，用林可霉素一支，治疗乳房炎的各种中药制剂，分别肌注，用生理盐水 50mL 加以上两种药各一支用通乳针乳房灌注，灌注前先把乳房内的奶挤干净，因治疗乳房炎中药制剂太多，就不说哪种了，说的你那不一定能买到，总之，不管哪种，再用硫酸镁热熬乳房的用母羊乳线炎的治疗，产完小羊的母羊往往会有乳房肿块，严重的可能会引起整个乳房红肿，拒乳。这样的母羊大多是奶水分泌比较早比较多，可小羊还没到产期，而致乳汁淤积，热毒内盛，引起肿块。久了里面会化脓溃烂。

2. 治疗方法

笔者用的是中西药结合的办法。先挤净奶水，再用乳针通过奶眼往里注药。用克林霉素注射液用 10mL，用注射用水 10mL 稀释，这样就是 20mL，一个乳房注入 10mL，再用热毛巾捂住按摩一会儿。如果买不到克林霉素，用青霉素或头孢曲松钠效果也很好。

肌内注射“宫乳炎消”10mL。这是中药制剂，主要成分是鱼腥草或穿心莲。每天一次，轻度的两天就好。

严重的已经外部红肿有化脓现象的，或外部有溃烂现象的。除了乳房注药不变外，肌内注射就要换成“板蓝根注射液”了。外部可用酒精擦洗干净，再用紫药水涂抹。用中药制成药膏涂抹效果也很好：大蚯蚓用热醋烫死洗净12条，生姜100g，一块捣烂如泥，抹到乳房上。

注意：乳房注药2小时内，不要让小羊吃奶。每次注药都要挤净奶水，并用热毛巾按摩。通过以上治疗，轻度的两天就好，严重的外部溃烂会5~7天。外部溃烂的在乳房注药3天后，内部的肿块会消除，就不必再注药，只注意外部涂抹药膏就可行，肌注的“板蓝根”可以用5~7天。

## 第六节 公羊生殖系统疾病

### 一、睾丸炎

#### （一）病因

（1）由于互相抵斗或意外损伤。在配种季节内，如果多数公羊同圈，容易发生睾丸炎。

（2）经常舍饲。有时因为缺乏运动或营养好而发生自淫，会引起睾丸、阴茎、鞘膜等部分的严重疾患。

（3）因为放线菌病或其他传染病引起。公山羊常因为患布鲁氏菌病而发生睾丸炎。有时全身感染性疾病（结核病、沙门氏菌病）可通过血行感染而引起睾丸炎。

（4）有时可因交配过度而引起。

#### （二）症状

睾丸肿胀发亮，热而疼痛，触诊时很不安静，甚至用后蹄踢人。由病羊交配所生的后代，通常发育不良。

（三）预防

（1）建立合理的饲养管理制度，使公羊营养适当，不要交配过度，尤其要保证足够的运动。

（2）对布鲁氏菌病定期检疫，并采取检疫规定中的相应措施。

（四）治疗

首先应使患羊保持安静，加强护理，供给足量饮水。

治疗方法根据炎症轻重不同而异。

（1）急性病例。可使用悬吊绷带（包以棉花），每隔数小时给绷带上浸以温暖的饱和盐溶液或冷水。给以轻泻性饲料或药物。体温升高时，全身应用抗生素或磺胺类药物。并在精索区注射普鲁卡因青霉素溶液（青霉素 80 万单位溶于 0.5% 普鲁卡因 10mL 中），隔日 1 次。

（2）慢性病例。涂搽刺激剂：碘片 1.0g，碘化钾 5.0g，甘油 20.0mL。先将碘化钾加适量水溶解，然后加入碘片和甘油，搅拌均匀。早晚各涂搽一次。

对睾丸极端肿胀，有脓肿、坏死，甚至发生出血的，可施行去势手术，摘除睾丸，因为这种羊很难恢复生殖能力。

如为传染病引起的，应抓紧治疗原发病。

## 二、附睾炎

附睾炎是公羊常见的一种生殖器官疾病，大多呈进行性接触性传染，以附睾出现炎症并可能导致睾丸变性为特征。病变可能单侧出现，也可能双侧发病，双侧感染常不育。50% 以上生殖功能失格的公羊是由附睾炎造成的，该病常导致公羊死亡。

附睾分为 3 部分。附睾头：由睾丸输出小管构成，位于睾丸上方，并可被覆到睾丸上方 1/3 处，为一扁平而略呈杯状的突出物，质地较睾丸坚实，能摸到。附睾体沿睾丸后侧靠阴囊中隔下行，细长，正常情况下难摸到。附睾尾：突出于睾丸下端，可以触摸到。附睾具有四种主要机能：精子运输，浓缩，成熟和储藏。附睾炎不但直接损伤精子，还由于感染引起的温热调节障碍，可使生精上皮变性和继发睾丸萎缩。

（一）病原

主要病原是绵羊布鲁氏菌、衣原体、支原体等，因此，本病又称绵羊布鲁氏菌性附睾炎。其次是精液放线杆菌。澳大利亚、美国和南非一些地区在消灭了布鲁氏菌病之后，从附睾炎公羊精液中分离出放线杆菌，经睾丸和附睾内接种引起急性附睾炎，随之转变为慢性附睾炎，并通过精液排出细菌。此外，还有羊棒状杆菌，羊嗜组织菌和巴氏杆菌。

（二）流行病学

公羊同性间性活动经直肠传染是主要传染途径，小公羊拥挤也是传染的主要原因。病原菌既可经血源造成感染，也可经上行途径造成感染。因布鲁氏菌引起流产的母羊在6个月内再出现发情，公羊交配后特别易感。

阴囊损伤可能引起附睾继发化脓性葡萄球菌感染。

（三）症状

感染公羊常伴有睾丸炎，呈现特殊的化脓性附睾—睾丸炎。有时单侧感染，有时双侧患病。阴囊内容紧张、肿大、剧痛，公羊叉腿行走，后肢僵硬，拒绝爬跨，严重时出现全身症状。动情期前后发病者常呈急性，老公羊偶然发病者多呈慢性。布鲁氏菌感染一般不波及睾丸鞘膜，炎性损伤常局限于附睾，特别是附睾尾。精液放线杆菌感染常出现睾丸鞘膜炎，睾丸肿大明显，肿胀部位常破溃，排出大量灰黄色脓汁，肿胀消退后附睾仍坚硬、肿大并黏连，坚硬部位多在附睾尾。

（四）解剖病变

急性病例，附睾肿大与水肿，鞘膜腔内含有大量浆液。慢性病例，附睾增大但柔软。白膜和鞘膜可能一处或多处黏连，附睾内一处或多处有精液囊肿，内含黄白色乳酪样液体。睾丸通常正常。进行性慢性附睾炎，白膜和鞘膜有广泛而坚实的黏连，鞘膜腔完全闭塞。附睾肿大而坚实，切面可见多处精液囊肿。萎缩的睾丸可含有钙化灶。

病理组织学检查，慢性附睾炎表现有间质纤维性增生，常出现精细胞肉芽肿。输出小管上皮细胞增生，上皮细胞的皱褶使管腔缩小或闭塞，并形成小的囊肿。管腔阻塞的近侧精子和白细胞聚积成堆。用特殊染色可以看到羊布鲁氏菌。

（五）诊断

附睾和睾丸的损伤可以从外部触诊并结合临床症状作出初步诊断。一般说来，触诊附睾炎所造成的损伤问题不大，困难的是病因的诊断。

确诊有以下几种方法。

（1）精液中细菌培养检查。必须连续检查几份精液才能作出诊断；

（2）补体结合试验。此法高度准确，要采集新鲜血清，避免高温。但接种布鲁氏菌疫苗后的羊，在几年内都可能存在抗体，不宜用此法检查。放线杆菌包括许多不同抗原菌株，对精液放线杆菌的检查还缺乏特异性的补体结合抗体。

（3）感染公羊的尸体剖检和病理组织学检查。在布鲁氏菌感染时，渗出物中有白细胞；早期，附睾管上皮形成上皮囊肿并伴有增生，附睾出现空腔并伴有纤维化；附睾管可能破裂，精子外渗形成精子肉芽肿。精液放线杆菌感染时，可将附睾病变组织在羊睾丸细胞上继代培养，检查细胞病理变化，还可将病变组织或组织液在5%羊血琼脂上于38℃下作需氧和灭氧培养。

（六）预防

由于本病治疗效果不确定，控制本病的主要措施是依靠及时发现、淘汰感染公羊和预防接种。小公羊不能过于拥挤，尽可能避免公羊间同性性活动也有一定预防意义。对纯种群和繁群种用公羊于配种前一月应进行补体结合试验。引进种公羊应先隔离检查。交配前6周对所有公羊和动情后小公羊用布鲁氏菌19号苗同时接种，对预防布鲁氏菌引起的附睾炎可靠性达100%，但接种后再不能进行补体结合试验检查。

（七）治疗

各种类型的附睾曾试用周效磺胺配合三甲氧苄氨嘧啶（增效周效磺胺）治疗，但疗效不佳，并可能继发睾丸炎症，导致睾丸变化和萎缩，甚至死亡。因此，在单侧附睾炎已造成睾丸感染的情况下，如想继续留作种用，应毫不迟疑地将感染侧睾丸切除。手术中如果发现睾丸与阴囊黏连，可将阴囊连带切除，术前可用10mL 1.5%的利多卡因行腰部硬膜外麻醉。将单侧感染无种用价值者及双侧感染者进行淘汰。

## 三、包皮炎

本病比较常见，山羊和绵羊均可发生，尤以阉羊更易发病。在安哥拉山羊和澳洲美利奴阉羊均有报道，可造成一定的经济损失。

（一）病因

（1）和生殖器官的解剖生理特点有关。因阉羊的阴茎发育停止，阴茎与包皮的分离不完全，结果在包皮内部排尿。再加上包皮周围的毛妨碍尿液外流，于是尿中的矿物质颗粒及尿的分解产物与皮脂腺的分泌物混合，而发生沉积，以致尿液不能自动流出，引起包皮炎。

（2）饲料不当是发病的重要因素。给阉羊饲喂高蛋白质饲料，容易诱发包皮炎，因高蛋白日粮可使尿的碱度和尿素增高，引起包皮炎和包皮外口溃疡。采食黑麦草和霉三叶草而大量发生包皮炎的绵羊群，如果改喂燕麦干草，3 周后疾病可以减退。但当重新放牧于黑麦草和霉三叶草的牧场上时，经过 3 周疾病又会复发。

（3）尿素分解菌感染。在安哥拉山羊和澳洲美利奴阉羊，通过培养检查，均发现一种能分解尿素的棒状杆菌，被认为是发病的因素。

（二）症状

病羊包皮发红、肿胀，触诊发热、疼痛。包皮孔歪斜、变小、严重时小如针孔。病羊排尿困难，排尿时用力努责，表现疼痛不安，用后蹄踢腹。包皮周围的毛受到尿液污染，可能有矿物质沉积。同时由于含有尿液和脓液而使包皮扩张。发生在夏季时，常因引诱蝇类，而包皮内生蛆。如治疗不及时，包皮会发生溃疡和结痂，溃疡还可能波及包皮内面。严重时，包皮孔可能完全封闭不通。

（三）预防

对阉羊不可多用高蛋白饲料，多进行放牧，在剪毛时将包皮毛剪净，都有一定的预防效果。

（四）治疗

（1）一旦发病，应及时进行消炎、止痛疗法。

（2）除去日粮中的豆科牧草，并大大减少饲喂量，对于包皮炎的疗效很高。如果先完全绝食 4 ~6 天，然后限量给予燕麦和麦草 7 ~10 天，也具有良好效果。

（3）每隔 3 ~4 天给包皮内注入 2% 硫酸铜 1 次。

（4）对于顽固病例，可以施行外科手术；沿着包皮中线切开，进行治疗。

## 四、羊尿道炎

羊尿道炎是临床上常见的一种疾病，虽然发病率比较低，但发病后治疗比较麻烦，容易影响羊的生长发育。

（一）发病原因

引发尿道炎的原因也是多方面的。

（1）尿液有较大的刺激性和腐蚀作用；

（2）是一些外部诱因，如尿道损伤，导致局部淤血、缺血、缺氧，使尿道黏膜抵抗力下降，极易感染发病。

（3）最根本的原因就是致病微生物入侵尿道，主要是淋球菌、类淋球菌、支原体、衣原体、白色念珠菌、毛滴虫及部分常驻于羊尿道和母羊生殖道体内的细菌等。

（4）羊在配种期由于频繁配种容易发生尿道炎症。

（5）环境卫生条件差也是容易发生尿道炎的一个主要原因。

（二）临床症状

发病羊有尿频、尿急、尿痛、血尿、脓血尿、尿道分泌物增多、尿道口有糊口现象；病羊表现痛苦、频频作排尿动作，但尿少、滴尿或者线性尿，有的排尿的时候羊怪叫；严重出现低热、不愿意活动等症状，公羊常可并发睾丸炎、附睾炎、精囊腺炎、输精管梗阻、精子数量与质量的降低、生理功能障碍、配种困难等；母羊容易继发膀胱炎，有的会继发引起尿结石。

（三）防治

（1）预防。主要是搞好环境卫生和圈舍、羊场、羊床的消毒工作，特别是在配种期，加强饲养管理和营养搭配，配种前后对母羊和公羊生殖器官搞好消毒，特别是人工授精的时候注意设备的清洗和消毒。如果是外伤性的注意消毒、伤口的防护和消炎。

（2）治疗。外伤性的重点搞好伤口的清理、消毒和消炎及全身性抗菌消炎，如果尿道损伤严重要用导尿管，进行排尿，等伤口基本痊愈再让羊自主排尿。

其他原因造成的要用抗生素或者治疗组织滴虫的药物及时治

疗，如氨苄西林钠、头孢菌素类按 5kg 羊 0.2g，林可霉素注射液按 5kg 羊 1mL，如果怀疑是衣原体或者支原体感染用氟苯尼考或者阿奇霉素，剂量按说明书使用；组织滴虫用甲硝唑或者替硝唑治疗。

必要的时候用 2% 高锰酸钾或者洁尔阴进行尿道冲洗；如果造成严重排尿困难或者不能排尿可以用导尿管人工排尿。

# 第六章　羔羊疾病防治

## 第一节　新生羔羊常见危急症的救治

羊在出生时经常发生一些危急病症，如果抢救方法不当或救治不及时常常造成死亡，会给生产带来一定的损失。羔羊常见的危急症及救治方法介绍如下。

### 一、羔羊吸入胎水

（1）症状。羔羊出生后呼吸急促，肋骨开张明显，喜站立，低头闭目，因呼吸困难吮乳间断，口腔及鼻端发凉，如不及时救治，多在3～4小时后死亡。

（2）治疗：用50%的浓葡萄糖注射液20mL加入安钠咖0.2mL，1次静注，同时肌注氨苄西林钠0.25g用鱼腥草2mL溶解，间隔4～6小时再用药1次（如果天冷可将葡萄糖液及安钠咖加温后再静注）。

### 二、初生羔羊假死

（1）症状。羔羊出生后不呼吸，躯体软瘫，闭目，口色发紫，用手触摸心脏部位可感到有微弱的心跳，应立即抢救。

（2）治疗。进行人工呼吸。首先擦净羔羊鼻孔及口腔内外的黏液，然后用手握住两后肢倒提起，用一只手（或助手）轻轻拍打羔羊的腰部，促使羔羊排出口鼻内的黏液，或者用羔羊吸痰器吸出上呼吸道的羊水，随后将其平稳地放在地面草苫上，用口对准羔羊鼻孔吹气，刺激神经反射。最后用手轻轻拍打羔羊胸部3～5下，用一只手握住两前肢，另一只手握住两后肢向内、向外一张一合反复进行，直至羔羊出现呼吸为止。同时，要注射安钠咖注射液0.2mL。

### 三、脐带出血

（1）症状。羔羊出生后自行挣断或接生时不慎拉断脐带而出血不止，羔羊精神不振，结膜苍白，站立不稳，进而死亡。

（2）治疗。主要根据脐带断裂残留的情况来处理。如果羔羊出生后十几分钟脐带血流不止，而脐带根尚有残留部分时，用消毒过的缝合线在脐带根部扎紧即可。如果脐带是在基部挣掉而流血不止，用袋口缝合法将脐带基部周围的皮肤缝合扎紧即可。同时，注射止血、消炎药物。也可以用人用的止血海绵进行止血。

### 四、产后弱羔

（1）症状。先天性营养不良的羔羊，出生后体躯弱小、腿细瘦弱，不能站立。其他原因引起的弱羔表现为呼吸浅表而微弱，四肢无力伸动，四肢末梢及耳、鼻尖均凉，多呈现昏迷状态。

（2）治疗。一是采取温水浴，用大盆盛40～42℃温水，将羔羊躯体沐浴在温水里，头部伸向盆外，防止被水呛死，边洗浴边不时翻动。水温下降时倒出一部分水再添上一部分热水，使水温保持在40～42℃。水浴半小时后，羔羊口腔发热，睁开眼睛并出现吮乳动作，即可擦干羔羊放温暖避风处哺给初乳。二是对体质弱或病情较重的羔羊可在温水浴的同时注射25%的葡萄糖和10%的葡萄糖酸钙各5～10mL。对营养不良的弱羔温水浴后要采取综合措施加以治疗，一方面要加强母羊的补饲，多补喂蛋白质丰富的饲料以保证其有足够的乳汁；另一方面对弱羔要补喂鱼肝油及人用奶粉或肌内注射维生素A。此外，还要对羔羊精心喂养，辅助其吃奶，保持羊舍温暖、清洁，防止羔羊被挤压及水浴后气味改变被母羊遗弃。

## 第二节　羔羊呼吸系统疾病

### 一、初生羔羊呼吸窘迫综合征

本病病因尚未完全明了，就目前所知，与早产、剖腹产、缺氧、酸中毒有关。

#### （一）临床症状

病羔主要表现为呼吸困难和发绀，呈进行性加剧，伴呼吸性呻吟，鼻孔扩张，两肺呼吸音减弱，再吸气时可听到细小呼吸杂音。心音开始正常，以后逐渐减弱，听诊有收缩期杂音。随着病情的发展，很快出现呼吸衰竭，严重病羔羊常与2~3天死亡。

#### （二）诊断方法

凡是早产弱羔、剖腹产羔羊出生后6~12小时出现呼吸困难，黏膜发绀，并进行性加重，即应考虑本病，必要时结合化验室化验，若血液pH值及二氧化碳结合力降低，动脉血二氧化碳张力升高，血钠降低，血钾升高，即可确诊。

#### （三）急救处理

（1）加强护理。立即将病羊放入安静环境，注意保暖，及时清理口腔、鼻孔内黏液。有条件的可以采用吸氧，氧气浓度不要超过40%，一旦发绀消失即可采用间歇性给氧，每次吸入5~10分钟。

（2）纠正酸中毒。5%碳酸氢钠注射液每次每千克体重用

5mL，加入10%葡萄糖溶液中静脉滴注，必要时可先取总量的一半缓慢静脉注射，余量可以静脉滴注。此法即可纠正酸中毒，又能扩张肺部血管，改善肺部的血液灌注，使血红蛋白的携氧量增加。

（3）控制心力衰竭。按每次每千克体重用葡萄糖酸钙1～2mL。再用10%的葡萄糖溶液30mL，稀释后缓慢静脉注射。

（4）控制脑水肿。用20%甘露醇按每此每千克体重5mL，快速静脉注射，每天1～2次。

控制高血钾；血钾过高时可用15%葡萄糖溶液加入胰岛素静脉滴注，每3～4g葡萄糖用1个国际单位的胰岛素。

（5）改善细胞内呼吸。可用红胞色素C 15mg、三磷腺苷20mL辅酶A50国际单位及维生素$B_6$ 50mg，加入25%葡萄糖溶液20mL，一次静脉滴注，每天1次。口服鱼肝油每天2次每次1粒。

预防感染；为防止继发肺炎，可用氨苄西林钠0.25配合鱼腥草1～2mL，肌内注射，每天2次，或用卡那霉素按每千克体重15mg，分2～3次肌内注射。

（6）预防。注意怀孕后期母羊补充脂溶性维生素，特别是维生素A、维生素E，对减少本病的发生有很大的临床意义。

## 二、羔羊异物性肺炎

异物性肺炎是附带有严重呼吸障碍的肺部炎症性疾患。初生至2月龄的羔羊较多发生。主要原因是羊水、奶水或者饮水、灰尘等异物羔羊误吸、误咽，导致的肺部炎症，后期继发病菌感染所致，危害较大。

### （一）发病原因和症状

羔羊因误吸、误咽而将异物吸入气管和肺部后，出现咳嗽，呼吸困难，鼻孔有分泌物流出，病羊不吃食，喜卧，鼻镜干，不久就出现精神沉郁、呼吸急速，体温高。听诊肺部可听到泡沫性的啰音。当大量误咽时，在很短时间内就发生呼吸困难，流出泡沫样鼻汁，因窒息而死亡。如吸入腐蚀性药物或饲料中腐败化脓细菌侵入肺部，可继发化脓性肺炎，病羔羊发高烧、呼吸困难、咳嗽，排出多量的脓样鼻汁。听诊可听到湿性啰音，在呼吸时可嗅到强烈的恶臭气味。

（二）治疗

以青霉素和链霉素联合应用效果较好。青霉素按每千克体重4万~6万国际单位，链霉素3万~3.5万国际单位，加适量注射水，每日肌内注射2~3次，连用5~7天。氨苄西林钠按0.25~0.5g用鱼腥草2mL溶解肌内注射，对病重者可静脉注磺胺二甲基嘧啶、维生素C、维生素$B_1$、5%葡萄糖盐水50~150mL，每日2~3次。土霉素对本病亦有效，一般用盐酸土霉素注射液按2.5~5.0mg/kg体重，每天两次肌内注射或静脉注射。随后配合应用磺胺类药物，可有较好效果。同时，还可用一种抗组织胺剂和祛痰剂作为补充治疗。另外，应配合强心、补液等对症疗法。对重症病例，可直接向气管内注入抗生素或消炎剂，或者用雾化器将抗生素或消炎剂以超微粒子状态与氧气一同让羊吸入，可取得显著的治疗效果

## 三、羔羊肺炎

由于新生羔羊的呼吸系统在形态和机能上发育不足，神经反射的装置尚未成熟，故最容易发生肺炎。绵羊羔多发生于1~3月龄，山羊羔多见于3~4月龄。如果治疗不及时，容易造成死亡损失，或者带来发育不良的后果。

（一）病因

羔羊肺炎并无特殊的病原菌。根据报道，病原有球菌、副伤寒杆菌、化脓杆菌及变形杆菌等。另外，我们在仔山羊大批发生

肺炎时期，曾经从患羊肺部培养出革兰氏阳性链球菌、双球菌及单球菌。

根据我们观察，下列因素是羔羊肺炎发生的主要原因。

（1）羔羊体质不健壮。体质不健壮可能是先天性的，也可能是后天性的影响。

①先天性的原因：怀孕母羊在冬季营养不足，第二年春季产出的仔羊就会有大批肺炎出现，因为母羊营养不良，直接影响到羔羊先天发育不足，产重不够，抵抗力弱，容易患病。

②后天性的原因：往往由于初乳不足，或者初乳期以后奶量不足，影响了仔山羊的健康发育。运动不足和维生素缺乏，也容易患肺炎。

（2）外界环境不良。

①圈舍通风不良，羔羊拥挤，空气污浊，对呼吸道产生了不良刺激。

②气候酷热或突然变冷，或者夜间对羔羊圈舍的门窗关闭不好，受到贼风或低温的侵袭。因为在这些情况下，最容易引起感冒而继发肺炎。

（二）症状

病初咳嗽，流鼻涕，很快发展到呼吸困难，心跳加快，食欲减少或废绝。病羊精神萎靡，被毛粗乱而无光泽，有黏性鼻液或干固的鼻痂。呼吸迫促，每分钟达 60～80 次，有的仔羊甚至达到 100 次以上。听诊时支气管呼吸音明显，有湿啰音或干啰音。体温升高到 40～41℃。心跳达 170 次左右，有的可以超过 200 次，部分羊心律不齐。病的后期呼吸极度困难，起卧不定，甚为不安；有的静卧墙根，伸颈呼吸，衰弱而亡。死亡率为 15% 左右，如不及时治疗，死亡率更高。

（三）剖检

尸体消瘦，鼻孔周围有不定量的鼻涕。肺部有不同程度的发炎区。严重的出现肺脏与胸腔粘连，胸腔有大量液体渗出，当肝变区压挤肺脏时，见有大量泡沫状液体从支气管流出。心脏扩张，心壁变薄，心肌营养不良，常见心尖右部向内凹陷。体腔（心包腔、胸腔、腹腔）内有不等量之水样积液。肾脏胀大，质软而脆，切面多汁。肝脏或大或小肿胀，切面多汁。第四胃与小肠黏膜水肿，有时小肠出血或黏膜脱落。其他无明显变化。

（四）预防

预防羔羊的肺炎，应从以下几方面特别注意。

（1）注意怀孕母羊的饲养。供给充足的营养，特别是蛋白质、维生素和矿物质，以保证胎羊的发育，提高羔羊的产重。

（2）保证初乳及哺乳期奶量的充足供给。

（3）加强管理。减少同一羊舍内羔羊的密度，保证羊舍清洁卫生，注意夜间防寒保暖，避免贼风及过堂风的侵袭，尤其是天气突然变冷时，更应特别注意。

（4）当羔羊群中发生感冒较多时，应给全群羔羊服用磺胺甲基嘧啶、恩诺沙星、强力霉素或者阿莫西林，以预防继发肺炎。预防剂量可比治疗剂量稍小，一般连用 3 天，即有预防效果。

（五）治疗

（1）首先要及时隔离，加强护理及时隔离，加强护理，尽快消除引起肺炎的一切外界不良因素。为病羊提供良好的条件，例如放在宽大而通风良好的圈舍，铺足垫草，保持温暖，以减轻咳嗽和呼吸困难。

（2）应用抗生素或磺胺类药物，抑制肺内微生物的繁殖，以消除炎症和避免并发症的发生。为此可以用青霉素、链霉素、氨苄西林钠、阿米卡星、恩诺沙星、或磺胺甲基嘧啶。根据我们经验，以链霉素和磺胺甲基嘧啶的疗效较好，一般可在用药后第 2 天体温下降。

磺胺甲基嘧啶采用口服，对于人工哺乳的羔羊，可放在奶中喝下，既没有注射用药的麻烦，又可避免羔羊注射抗生素的痛苦。口服剂量是：每只羔羊日服2g，分3~4次。连服3~4天。抗生素疗法，可以肌内注射青霉素或链霉素，亦可静脉注射四环素。对于严重病例，还可采用气管注射或胸腔注射。气管注射时，可将青霉素20万单位溶于3mL 0.25%盐酸普鲁卡因中，或将链霉素0.5g溶于3mL蒸馏水中，每日2次。胸腔注射时，可在倒数第6~8肋间、背中线向下4~5cm处进针1~2cm，青霉素剂量为：1月龄以内的羔羊10万单位，1~3月龄的20万单位，每日2次，连用2~3天。在采用抗生素或磺胺类药治疗时，当体温下降以后，不可立即中断治疗，要再用同量或较小量持续应用1~2天，以免复发。因为复发病例的症状更为严重，用药效果亦差，故应倍加注意。

（3）在治疗过程中，必须注意心脏机能的调节，尤其是小循环的改善，因此，可以多次注射尼可刹米或樟脑制剂。

## 第三节　羔羊消化系统疾病

### 一、羔羊口腔炎的防治

羊的口炎是口腔黏膜表层和深层组织的炎症。在病理过程中，口腔黏膜和齿龈发炎，可使病羊采食和咀嚼困难，口流清涎，痛觉敏感性增高。临床常见单纯性局部炎症和继发性全身反应。

（一）病因

原发性口炎多由外伤引起。羊可因采食尖锐的植物枝杈、秸秆刺伤口腔而发病。也可因接触氨水、强酸、强碱损伤口黏膜而发病。一些维生素缺乏也会引起，念珠菌感染可以造成新生羔羊发病。在羊口疮、口蹄疫、羊痘、真菌性口炎时，也可发生口炎症状。

（二）症状与诊断要点

采食与咀嚼障碍是口腔炎的一种症状。临床表现常见有卡他性、水泡性、溃疡性口炎。原发性口炎病羊常采食减少或停止，口腔黏膜潮红、肿胀、疼痛、流涎。严重者可见有出血、糜烂、溃疡，或引起体质消瘦。

继发性口腔炎多见有体温升高等全身反应。如羊口疮时，口黏膜以及上下嘴唇、口角处呈现水疱疹和出血干痂样坏死；口蹄疫时，除口黏膜发生水疱及烂斑外，趾间及皮肤也有类似病变；羊痘时除口黏膜有典型的痘疹外，在乳房、眼角、头部、腹下皮肤等处亦有痘疹。小反刍兽疫发生有流鼻涕、流眼泪、腹泻症状；传染性胸膜肺炎发生有严重的呼吸道症状。

真菌性口炎，常有采食发霉饲料的病史，除口腔黏膜发炎外，还表现腹泻、黄疸等。

过敏反应性口炎，多与突然采食或接触某种过敏原有关，除口腔有炎症变化外，在鼻腔、乳房、肘部和股内侧等处见有充血、渗出、溃烂、结痂等变化。

（三）防治措施

加强管理和护理，防止因口腔受伤而发生原发性口炎。对传染病合并口炎者，宜隔离消毒。轻度口炎，可用2%～3%重碳酸钠溶液或0.1%高锰酸钾溶液或食盐水冲洗；对慢性口炎发生糜烂及渗出时，用1%～5%蛋白银溶液或2%明矾溶液冲洗；有溃疡时用1∶9碘甘油或蜂蜜涂擦。

全身反应明显时，用青霉素40万～80万单位，链霉素20万～30万单位，1次肌内注射，连用3～5日；亦可服用磺胺类药物。

对念珠菌造成的口腔炎可以用食醋清洗口腔，涂抹达克宁。

中药疗法，可用柳花散：黄柏 50g、青黛 12g、肉桂 6g、冰片 2g，各研细末，和匀，擦口内疮面上。亦可用青黄散：青黛 100g、冰片 30g、黄柏 150g、五倍子 30g、硼砂 80g、枯矾 80g，共为细末，蜂蜜混合贮藏，每次用少许擦口疮面上。

为杜绝口腔炎的蔓延，宜用 2% 碱水刷洗消毒饲槽。给病羊饲喂青嫩、多汁、柔软的饲草。

## 二、羔羊软瘫综合征的防治

近几年来在河南、安徽、山东、湖南、湖北、四川、广东、广西壮族自治区、陕西、山西等地发生一种以瘫软症状为主要特征的山羊羔羊疾病，该病近两年发病率明显增多，特别是在较大的规模养羊场、户中羔羊发病率较高，严重的死亡率高达 40% ~60% 不等，给养羊业造成极大的经济损失，这里应该指出的是仅采取治疗低血糖、缺钙的救治方案，效果不甚明显。为了查清该病的发病原因，我们对其发病情况、发生规律进行了广泛的调查，并从病原学、血液生化指标测定、临床症状调查、病例解剖、临床治疗试验等方面进行研究，基本查清了该病的发生原因，对临床症状、解剖病变进行了统计分析，通过大量预防和治疗试验取得了非常满意的效果，现与大家共同分享。

### （一）发病情况与原因

本病主要发生于山羊羔羊，其他羔羊发病极低，该病一年四季都有发生，多发生在上一年 9 月以后怀孕，第二年 2 ~6 月生的羔羊，特别是圈养母羊所生羔羊发病率较高。冬季羊群活动量小，阳光照射少，补饲跟不上，是冬春羔羊发病率高主要原因。本地山羊属地方品种的羔羊，由于初生重较轻，需乳量小，经长期风土驯化对当地条件比较适应，发病率较低，而近年来由于进行波尔山羊或者其他国外引进品种羊的杂交，杂交羔羊，初生羔羊体重增大，代谢快，随着杂交代次的增多羔羊体重的增加营养缺乏越来越明显，适应能力较差，发病率较高。

1. 母羊方面的因素

(1) 母羊怀孕期间主要在冬季或者圈内饲养，怀孕母羊管理粗放、饲粮单一、营养缺乏、光照不足、运动量小，所生羔羊体质差，是造成该病的主要原因之一。经调查山羊在规模养殖时，由于大部分养殖户按传统饲养管理方法，羊圈舍简陋，驱虫不到位，饲料单一，缺乏维生素、微量元素，特别是山羊必需的维生素 A、D、E，微量元素碘、铜、铁、锌、钴、硒等；能量、蛋白；钙、磷比例失调，造成母羊营养缺乏，乳汁内营养缺乏，影响羔羊的发育。

(2) 母羊的乳房和乳汁问题。在调查中我们发现，发病羔羊的母羊经过检查有大部分母羊的乳房存在不同程度的乳房炎症，特别是隐性乳房炎和乳腺炎的存在造成母乳中不同程度的细菌污染，羔羊吃了含有细菌及其毒素的乳汁发病。乳汁内一些营养物质的缺乏也是造成羔羊发病的另一个原因。

2. 羔羊的原因

(1) 羔羊胃肠道功能方面。

第一、由于羔羊生后 1 ~ 15 天，胃功能不全胃、胃肠蠕动慢，胃蛋白酶产生的少，凝乳酶使乳汁产生凝乳块，乳块在胃内消化慢停留时间长，造成消化不良，胎粪排出慢，胃肠道内稽留未消化的食物发酵造成自体中毒。这一系列原因造成羔羊发病。

其二、羔羊由于胃内分泌的盐酸和消化酶少，对进入胃肠道的细菌杀灭能力差，细菌容易在消化道生长繁殖产生毒素造成羔羊毒素血症，这也是羔羊发生的一个主要原因。

(2) 羔羊的管理问题。羔羊生后由于体温调节中枢不健全，外界温度对羔羊的影响很大，如果外界环境低羔羊需要大量的营养来维持体温的需要，营养需要量就大，容易造成能量缺乏，这是羔羊出现血糖低的一个原因。所以，保温是管理羔羊的关键，外界温度高了羔羊喜欢活动，运动量大了有益于消化补充营养。

3. 环境卫生和产房卫生问题

环境或者产房的卫生条件差，乳头被细菌污染，羔羊在吃初乳时把细菌同时吃进胃肠道感染，接生人员在给新生羔羊清理口腔的羊水时，手或者擦拭物没有消毒细菌被吃进胃肠道造成感染。

（二）临床症状

新生羔羊3～15天发病最多，绝大部分突然发病，发病早期体温正常或者稍高，主要表现为精神沉郁，不能吮乳，前期呼吸加快、心率加快，后期心跳迟缓，反应迟钝，黏膜苍白或者发绀，发病时常发出尖叫声。而后，耳、鼻冰凉，四肢无力，有时两前肢跪地或者呈八字形，两后肢拖地行走，吮乳困难，强力驱赶步态不稳，似醉酒样四处乱撞，继而表现为卧地不起，全身瘫软，如面叶状，腹部发胀（90%），部分羔羊胃内积聚有液体，晃动有水响。严重时病羊有空口咀嚼现象，眼球、肌肉震颤，角弓反张，四肢挛缩，有的呈阵发性痉挛或前肢无目的的划动或平躺卧地，前期不见大小便或者大便干结，排便困难，后期大便失禁，60%～80%发病羔羊排出黄色带黏液粪球或黏液性稀便。24～48小时后，体温下降至36℃以下或者不能测出体温，最后在昏迷中死亡。病程2～5天不等，早发现、早治疗一般绝大部分能迅速康复；救治不及时，到后期因羔羊不能吮乳或者管理失当多数转归死亡。

（三）解剖病变

对病死羔羊进行解剖可见肺脏水肿、肺脏有出血点，肺部尖叶和心叶实变，心肌松弛，左右心室扩张，严重的心肌坏死呈灰白色，肝脏轻度肿大、色深有坏死点、脾脏出血坏死，肾脏水肿，死亡羔羊脱水明显，急性死亡羔羊可见胃内有大量未消化的乳凝块，胃内容物酸臭，中期胃内容物有乳凝块和混浊液体，胃内膜脱落，胃壁有条形出血，严重的出现胃坏死，慢性的胃壁变薄，后期胃内容物水样或者空虚，胃壁菲薄呈空气球样，部分病死羔羊小肠黏膜出血，大肠及直肠内有黄色或灰白色球型或乳状黏液性物。

（四）防治

1. 预防

（1）用河南课题组研制的软瘫灵羔羊生后第 1 天、第 3 天、第 5 天，每天按说明口服，预防效果基本是 100% 不发病。

（2）加强怀孕母羊的饲养管理，母羊在怀孕中、后期营养需要量大，必须满足胎儿和自身的营养需要，但这个时候由于胎儿的增大，母羊腹腔内压高，由于胎儿的压迫胃肠道的容积减少，蠕动减弱，容易出现营养缺乏，所以母羊在怀孕中后期要饲喂优质草料，特别是维生素、微量元素、蛋白、能量以及一些常量元素的补充，河南课题组通过对各地发病羊场的采样化验测定结果配制了一种牛羊健康多维（牛羊母子康），通过大量的临床预防试验，可以大幅度的减少母羊产前产后瘫痪、流产、弱胎和羔羊软瘫的发病率（试验结果是减少 93.6%），并且可以完全替代预混料。

（3）母羊在怀孕中后期要让怀孕羊多活动，每天让他活动不少于 3～4 小时，冬季让怀孕母羊多晒太阳以增强母羊的抵抗力。

（4）注意羔羊的保温、产房温度要不低于 25℃，让羔羊有充足的活动场地。

（5）做好消毒工作，做好产房的消毒，对产房每天消毒一次，用 2～3 种消毒药交替使用，接生人员注意手和接生物品的消毒，严防接生过程中细菌感染小羊口腔，母羊在产前和吃初乳前要对乳头清洗消毒 2～3 次，尽量减少羔羊吃初乳时候的感染。

（6）羔羊生后第 1～3 天用亚稀酸钠维生素 E 2～3mL、右旋糖酐铁 1～2mL 注射，同时，口服土霉素或者磺胺药物进行预防。

2. 治疗

对本病的治疗原来没有比较好的办法，我们通过研究发现治疗这个病关键是时间问题，如果在出现症状的当天治疗，治愈率是很高的，时间长了由于机体的神经和器官的组织功能严重丧失治疗效果不好。

河南课题组律祥君研究员根据其发病机理研制了软瘫灵药物，发病羔羊每次按说明书加温溶解口服，一天 1～2 吃次，严重的先注射果糖酸钙注射液 1mL，一般喂软瘫灵 3～5 次羔羊就能康复。对发病急的用果糖酸钙注射 1mL、参麦注射液 5mL 注射，用 1 次，粪便干结的用开塞露灌肠，配合口服软瘫灵治愈率很高。

对发病羔羊轻型病例用果糖酸钙、参麦注射液治疗也有一定的效果。

## 三、羔羊消化不良

本病是初生羔羊在哺乳期的常发疾病。羔羊的消化器官尚未达到充分发育，最容易发生消化不良。其特征为出现异嗜、食欲减损或不定期下痢等现象。这些消化机能的紊乱会进而降低机体的防御机能，故时间一长，便会引起肝脏、心脏、泌尿和呼吸器官陷于病理状态，而发生不良的后果。由于消化系统疾病的常发，给养羊业上带来很大损失；除了死亡损失以外，往往会影响羔羊的生长发育，甚至降低将来的生产能力。根据疾病经过和严重程度的不同，可以区分为单纯性消化不良和中毒性消化不良两种；前者的病因如不能及时消除，往往可转为后者，而引起羔羊发生死亡。

（一）发病原因

发病主要原因有以下两种。

（1）怀孕母羊的饲养不良。怀孕母羊的营养不良，必然会影响胎羊的生长发育，尤其是怀孕后期胎羊的生长发育增强时更为显著。除了直接影响胎羊以外，营养不良母羊的初乳蛋白质及脂肪的含量均减少，维生素、溶菌酶及其他营养物质缺乏，因而乳汁稀薄，乳量减少，乳色发灰，气味不良。吸吮这种初乳就会引起消化不良。

（2）羔羊的饲养和护理不当。下列情况均能引起病的发生。

①初生羔羊的维生素 A 缺乏时，使黏膜上皮角化，以致发生肠胃炎，而出现下痢。

②受寒后饱食或饱食后受寒。

③人工哺乳中奶的温度不够使胃肠蠕动机能降低，从而使胃肠内容物腐败、发酵，引起消化不良。

④在自然哺乳中。母羊乳房发炎因受到奶中微生物的危害，常会引起单纯性消化不良。

⑤管理不合乎卫生要求病的发生就会增加。例如饮水不洁，饲槽不常洗刷，病羊的排泄物不及时清除，以致污染羊栏、墙壁及蓐草等，均能引起本病的发生。

（二）发病机理

关于疾病发生的机理可以概括如下：从形态方面而言，羔羊的肠黏膜发育不全，较为薄弱，容易发生损伤而患消化不良。从机能方面考虑，羔羊胃液的酸度小，酶的活性低。因而胃肠的内容物容易发生分解不全，而产生发酵过程。这些发酵产物能够刺激肠蠕动，使之加强，故在临床上表现下痢症状。当肠的消化过程紊乱时，就会使食糜的氢离子浓度改变，给肠内细菌的发育和繁殖创造了良好环境，这就更加深了消化机能的紊乱。由于分解不全的产物和细菌毒素能够破坏肠黏膜的防御机能，因而引起一系列并发症。当病理产物被吸收入血时，即引起肝脏和神经系统的扰乱，因此，病羊表现出高度的精神沉郁状态。

（三）症状

病初食欲减少或废绝，被毛蓬乱，喜卧。可视黏膜稍见发紫，病羊精神委顿。继而频频排出粥状或水样稀便，每日达十余次。粪带酸臭，呈暗黄色。有时由于胆红素在酸性粪便中变为胆绿质，可以见到粪呈绿色。在腐败过程占优势时，粪的碱性增强，颜色变暗，内混黏液及泡沫，带有不良臭气。由于排粪频繁，大量失水，同时营养物未经吸收即排出，故使患羔显著瘦弱，甚至有脱水现象。本病常可转为胃肠炎，而使症状恶化，体温可升高至40～41℃。

（四）治疗

（1）首先隔离病羔，给予合理的饲养与护理。如为发酵性下痢，应除去富含糖类的饲料；若为腐败性下痢，应除去蛋白质饲料，而改给富于糖类的饲料。

（2）为了减少对胃肠黏膜的刺激和排出异常产物，应绝食8～12小时，只给以生理盐水、茶水或葡萄糖盐水，每日3～4次，每次100mL左右。温度应和体温相当。

（3）对于较轻的病例，根据情况可内服盐类或油类泻剂，同时，用温水灌肠。对于食欲差而粪便稍稀的，可以用：

①龙胆酊25mL，稀盐酸10mL，番木别钉10mL，胃蛋白酶20g，复方维生素B片50片，常水加至500mL。用量为：10日龄以内的羔羊，每次5～6mL；11～20日龄的，每次8～10mL；21～30日龄的，每次12～15mL，每日2～3次。

②蛋白酶合剂（胃蛋白酶、胰酶、淀粉酶各等份）0.4g，调成糊状，涂到舌根，每日2次。或用乳酶生0.2g，1日2次。也可给予胖得生或健儿康，每次1包，每日2次。

③用整肠生或者妈咪爱配合蒙脱石、酵母片口服。

④中药治疗可给予参苓白术散：每次1～2小包，每日2～3次。也可以理气健脾、祛寒止泻为主，按以下处方用药。党参30g、白术30g、陈皮15g、枳壳15g、苍术15g、防风30g、地榆15g、白头翁1g、五味子1g、荆芥30g、木香15g、苏叶30g、干姜5g、甘草25g加水1 000mL，煎30分钟，然后加开水乃至总量为1 000mL，每头羔羊30mL，每日一次，用胃管灌服。

⑤嗜酸菌奶：同时，具有治疗和预防效果，每千克体重5～8mL，每日2～3次，混入正常奶中。没有酸奶时，可内服乳酶生、整肠生、金双歧、妈咪爱。

⑥有胀气时，可内服活性炭或木炭末2～4g，吸收气体及毒物。

## 四、新生羔羊积奶症

近年来，在羔羊疾病防治工作中发现一种急性消化不良的病羔羊，主要特征是：病羊真胃内有较多大而坚硬的凝乳块积聚（根据临床症状判断为积奶症）。它不同于一般的消化不良，病羊发病早期不见拉稀症状，粪便呈灰色或者白色，仅表现为不食，精神沉郁，瘫软、很快死亡。此病与羔羊受风寒侵袭有直接关系。对本病按治疗消化不良的方法进行治疗疗效欠佳，而用消积导滞、调理脾胃的方法，采用中西结合的方式进行治疗则获得了疗效。

### （一）发病情况

羔羊“积奶”是春产羔羊的一种常见多发病，且羊发病死亡率高。从发病原因看：母羊膘情差，羔羊先天发育不良时最易发生此病。寒流侵袭或遇下雪天气时，新生羔羊乳积、拉稀现象相对集中。

### （二）病因分析

新生羔羊胃肠功能尚不健全，若出生后护理不当，饥饱不匀，吃奶过多，运动不足均能引起消化障碍，特别是天气突变时，其交感神经应激性增加，同时，可发生幽门痉挛。

在上述因素的作用下，消化器官运行发生紊乱，首先是胃肠蠕动次数增加和力量增强，随之发生胃肠平滑肌痉挛性收缩，特别是幽门括约肌的痉挛性收缩。胃肠痉挛性收缩使得在凝乳酶作用下形成的酪蛋白钙絮状物变为质地坚硬的凝乳块，其增加了消化的难度；胃肠肌痉挛性收缩引起的疼痛对中枢神经产生刺激，引起自动抑制现象，导致胃肠运动和分泌机能减弱或停止，从而引起真胃内的凝乳积聚。

（三）临床症状

病初羔羊急躁不安，继而精神倦怠，弓腰缩颈，耳鼻发凉，口流黏涎，食欲减少或废绝。后期卧地不起，头弯于一侧，触诊腹部可摸到真胃内积聚的凝乳块，其如核桃大或鸡蛋大，数量从1到数个不等。病程达1～3天，病程较长者常肚胀、拉稀及出现神经症状。若不及时治疗和加强护理，病羊很快死亡。

（四）预防

（1）为减少本病发生，平时要加强怀孕母羊和产羔母羊的饲养管理，使羔羊体质健壮，增强其抗病力。对初生羔羊应做好保温及配乳（注意温度）工作；产后母仔留圈3～5天，舍饲圈养，做到个别护理、精心饲养；羔羊吃奶应定时定量，一次进食不宜过多，每天增加哺乳次数，宜多进行运动。

（2）做好防寒保暖工作，羊舍要向阳并注意保暖防暑。冬春季节，如遇天气突变，羊舍内应采取适当的保暖措施；接羔时要擦干羔羊身上的黏液，以防其感冒。

（3）提高羔羊“积奶”治愈率的关键在于及早发现病情。若发现羔羊少食或不食，弓腰缩颈，并在羔羊腹部触摸到真胃内出现较大凝乳块时，即可确诊。对病羊应及时进行灌药治疗。

（五）治疗

此病属胃肠积滞，本应使用泻下药物，但临床实践证明，使用油、盐类泻剂及大黄制剂效果均不理想。采用消食导滞、调理脾胃的中药，结合西药治疗可取得较好疗效。

（1）中药疗法。中药以消食导滞、调理脾胃为主。处方：醋香附6g、炒神曲3g、土炒陈皮2.5g、三棱1g、莪术1g、炒麦芽3g、炙甘草1.5g、砂仁1.5g、党参1.5g共研末，包装备用。

用法：每日2～3次，每只每次2～3g，开水冲调成糊状，候温灌服。奶结较大者，应小心于体外将药物压成碎块再服，一般服2～3天。

（2）西药疗法。

①麦芽粉3g、胃蛋白酶0.3g、酵母片0.6g、稀盐酸1g加水少许灌服（如方内加鸡内金2g、山药4g效果更好）。

②乳酶生5g、山药粉5g、麦芽粉5g、鸡内金粉3g、维生素B64片混合后加冷水少许灌服。结合肌注母血5mL效果更好。

③人工盐10g、酵母粉3g、麦芽粉5g混合后加冷水少许内服或用陈皮酊5mL、番木别酊2mL、龙胆酊3mL、胃复安2片加水适量灌服。

④预防胃肠炎可用磺胺脒2g、苏打2g、沙罗1g混合后加冷水少许灌服，也可用大蒜酊3g加水少许灌服。

## 五、羔羊“水胀”病（胃肠积液）

羔羊“啰音腹”病又称“湿嘴病”、“流涎病”，是由经口感染的各种大肠杆菌所致。

（一）病原

本病的病原是大肠杆菌，是中等大小、两端钝圆的杆菌，不产生芽孢，有鞭毛，能运动，革兰氏染色阴性。大多数大肠杆菌是不致病的。但当大肠杆菌在肠内迅速增殖，产生大量毒素时，可引起出生12～72小时的羔羊死亡。

（二）发病特点

新生羔羊因皱胃内缺乏胃酸，经口感染的细菌极易进入肠腔增殖。而细菌的迅速增殖又可使被抑制的肠道蠕动性增强，所以，出生后48小时的羔羊最容易发病。本病多发于双胞胎或三胞胎的羔羊，身体状况不佳的断奶羔羊和极小或极老母羊所产的羔羊等。

（三）症状

病羔早期表现呆滞，停止吸乳，流涎，流泪，几个小时内皱胃气胀，肠蠕动音减弱或消失。腹压增大，呼吸困难。如不及时治疗，羔羊由于低血糖、低温及毒血症在12～24小时发生死亡。

（四）解剖病变

剖检病羔的病变，可见早期的小肠或大肠内有斑状炎症变化；死亡后的病例，可见皱胃扩张，并含有大量液体，肠道发炎，脂储耗竭及毒血症症状等。

（五）诊断

可通过采取胃、肠内容物涂片镜检，再结合流行特点、临床症状及剖检病变等，可以综合判定确诊。

（六）防治措施

（1）预防。

①加强怀孕母羊的饲养管理，及时补饲，以保证充足的初乳。

②羔羊圈舍应保持清洁卫生，做好圈舍及用具的？消毒工作，减少细菌的污染。

③羔羊出生后第一小时就应使其摄入足够量的初乳，按每千克体重30～50mL。24小时以内不能用橡胶圈去势，以免降低初乳的摄入。

④羔羊出生后给予抗生素（口服或注射）也可有效预防。

（2）治疗。

①采用支持疗法：用消积抗酸灵，每只羔羊10～30g，每天2次，一般2～4次就可以康复，特别严重的每天注射或口服新霉素或链霉素。

②软瘫灵：本品可以中和羔羊胃内的酸，促进胃肠道蠕动，调节羔羊代谢，临床治疗按水剂25mL、粉剂10g口服，一天1～2次，一般2～3次就能康复。

使用胃管灌服，适当补充电解质及10%葡萄糖溶液每天3次，每次50mL。如羔羊吸吮丧失，灌服量每次应加至100～200mL。连续治疗直至症状消失，恢复吸乳。促销羊饲料，羊床，揉丝机，营养舔砖，自动饮水碗，如果粪便干结用开塞露0.5～1瓶灌肠。

严重的静脉注射葡萄糖、氯化钙或者葡萄糖酸钙、碳酸氢钠注射液、维生素C。

## 六、羔羊腹泻

羔羊腹泻类疾病流行于产羔季节，随着产羔季节的开始而发病，产羔结束而终止。在产羔中、后期发病率达85%，初产母羊所产羔羊几乎100%发病。一群产羔母羊群中只要出现1只羔羊发病，很快殃及全群2～7日龄羔羊。最急性者出生后12～24小时就出现腹泻。

（一）腹泻病因

（1）饲养管理不当致使羔羊营养不良，母羊乳房炎症、机体抗病能力差等致病因素乘机侵入肠道，直接刺激胃肠黏膜，扰乱胃肠正常分泌机能，从而导致羔羊腹泻。

（2）羔羊过食乳汁形成消化不良引发腹泻。

（3）给羔羊饲喂腐败霉变草料；饲喂不定时、不定量；精粗饲料搭配不当，饲料转换过频；饮水不干净等均易诱发腹泻。

(4) 羔羊饲养环境差，圈舍潮湿，无垫草或草少，保温性能低，气候骤变等，极易造成羔羊应激性腹泻。

(5) 羊舍消毒措施不严格，羔羊出生后，病原微生物通过脐带、母羊乳头、母羊体表及舔食杂物等侵入消化道，对消化道黏膜产生刺激，影响羔羊的正常吸收功能，从而导致腹泻。

(6) 细菌感染。大肠杆菌沙门氏菌、魏氏梭菌，肠道菌群失调等都可以造成羔羊发生腹泻。

(7) 寄生虫。羔羊在 25 日龄以前寄生虫主要是隐孢子虫、球虫，25 日龄以后还有线虫、绦虫的早期感染。

(二) 临床症状

羔羊病初精神沉郁，虚弱，垂头弓背，不吃奶，随即腹泻，有的呈粥状，有的呈水样，颜色绿、黄绿、灰白等，并有酸臭或者恶臭味，体温升高，尿短赤。病情严重时起卧困难。病程长者，食欲减少或废绝，眼窝下陷，被毛粗乱，身体震颤，哀鸣，心跳加快，脉象虚弱，多衰竭而死亡。由大肠杆菌引起的腹泻病程稍长，常因脱水死亡；应激引起的腹泻常为消化不良，粪便色泽与草料颜色相近，灰白色或黄褐色，带有未消化饲料；病毒性腹泻多为水样腹泻，感染迅速，死亡率高；寄生虫感染带黏液和血液。肠道线虫、绦虫感染腹泻为褐色，伴有消瘦和贫血症状。

(三) 预防

(1) 加强孕期母羊的饲养管理，保障产出的羔羊体质健壮，充足哺乳，提高抵御外界致病微生物的侵害。

(2) 重点做好圈舍、母羊体表和乳房的卫生消毒工作，防止发生乳房炎。出生羔羊断脐后，立即用 2.5% 的碘酊消毒脐部，同时，确保羔羊及时吃到初乳。及时隔离病羔羊，加强护理。羊场要定期清扫，圈舍应定期消毒，保持环境和用具的清洁卫生。

(3) 改善羔羊生长环境，防止圈舍潮湿，勤垫干土或勤换垫草，减少因湿度大对羔羊的应激。

（4）新出生的羔羊，每日喂一粒土霉素，连续3～5天，可以增强胃肠道功能，长大后也不容易腹泻。

（5）预防寄生虫用磺胺间甲氧嘧啶，常山酮。左旋咪唑、丙硫咪唑等。

（四）治疗

（1）西药疗法。恩诺沙星、盐酸小檗碱，复方黄连素或者穿心莲口服或者肌内注射；顽固性的用“泻痢康”口服（郑州豫神劲牛生产）。

（2）对于羔羊腹泻，如果不是细菌感染引起，推荐服用乳酸菌素片、整肠生、胃蛋白、乳酶生、矽碳银、鞣酸蛋白、蒙脱石等。

（3）中药疗法。按照清热解毒、健脾利湿、涩肠止泻的原则，给羔羊灌服。白头翁、滑石、黄芩、黄柏、车前子、郁金、栀子、木香、苍术、诃子、丹参各20g水煎至600mL，按每只羔羊20～30mL灌服，同时，配合抗菌消炎、补液强心，提高机体的抵抗力效果不错。

## 七、羔羊肠鼓气的防治

“胀肚”是临床上对肠鼓气俗称。初生羔羊饱食后，喜卧于草地或阴凉处。时间长了胃肠蠕动机能减弱，乳汁不能充分消化吸收，停滞在肠内的食物发酵或由于肠球菌大量增殖，就会产生过多的气体而“胀肚”。发病羔羊腹部迅速增大，导致持续性腹痛。常于数小时内死亡。

（一）病因

主要发生在母羊奶较多的羔羊。羔羊往往贪食，饱食后不愿活动，当胃肠机能减弱时，积聚在肠道的内容物分解发酵，或由于肠球菌过量繁殖，迅速产生气体（二氧化碳、氢气、氮气等）。由于气体刺激肠黏膜的感受器肠壁扩张、反射性地引起肠管痉挛性收缩，排气机能出现障碍，肠内产气和排气过程失去动态平衡而呈现“胀肚”腹痛。由于肠管急趋膨胀使腹内压增高，压迫横隔前移，羔羊呈现高度呼吸困难，甚至窒息。胸内压增高后，血液循环发生障碍，又可导致心力衰竭。在肠管继续膨胀情况下，病羔剧烈腹痛、打滚，常导致膈肌和肠管破裂或发生肠扭转死亡。该病在夏季多见。母羊患了乳房炎时，羔羊吃了腐败变质的母乳，也能发生“胀肚”，造成一系列病变过程。

（二）症状

病的初期，往往易被放牧人员忽视，当病情发展，腹部膨胀明显时，则为时已晚，因而多数病羔的治疗不能收到预期效果。临床表现病羔行走摇摆，站立时痴呆，时起时卧。腹部明显增大，腹壁紧张，尤以右侧为甚，叩诊呈鼓音。听诊腹部，肠蠕动音由弱渐至消失，既不排粪，也不放屁。结膜潮红或发绀，呼吸频数，呈胸式呼吸。脉搏随呼吸障碍而增加。病情严重时常呈全身出汗，前肢肌肉颤抖，甚至全身震颤。若同时伴有胃扩张时，插入胃管可放出多量有酸臭味的气体。

该病发展迅速，有的病羔发病后 1～2 小时即死亡，多因窒息而死，也有因肠或横膈膜破裂致死。一旦肠、膈破裂，病畜立即安静，但全身状况急趋恶化，短时间内死亡。

（三）诊断

病羔腹痛明显，腹围迅速增大，腹部隆起，两耳及四肢发凉，全身出冷汗、颤抖，肠蠕动全部停止，叩诊腹部呈鼓音。在诊断上要与急性胃扩张相区别。左侧腰腹膨胀明显，病羔不安和呼吸困难是胃扩张的典型症状，送入胃管时有大量气体放出，症状很快缓解。继发肠鼓气时，一般羔羊有食毛癖病时，腹部鼓胀发生缓慢，病程稍长。

（四）预防

主要加强初生羔羊的护理，防止其饥饱不均或过食。食后要让羔羊适当活动，避免在牧地躺卧时间过长影响消化功能。放牧人员要勤观察，早发现，快处理，使病情不致恶化，对有食毛癖的羔羊应进行原发病的治疗。母羊患有乳房炎症时应立即停止吮乳，改吃保姆奶或喂奶粉。

（五）治疗

临床上通常采用排气制酵、清肠通便、镇痛解痉，促进神经机能恢复等综合治疗措施。

对发病羔羊用健胃消胀灵每只羊 10～30g 口服，一般 2～3 个小时可恢复。

（1）排气制酵。当腹围显著增大，呼吸高度困难危及生命时，要尽快采取穿肠放气。先确定放气部位，术部剪毛消毒，然后选用 14 号针头消毒后刺入腹部膨胀最明显处，盲肠放气常在右侧腹肷窝中间，结肠放气常在左侧腹肷窝、放气要缓慢，待腹围缩小后，为防止继续发酵或细菌繁殖，可由穿刺孔注入鱼石脂酒精溶液（鱼石脂 5g、95% 酒精 10～20mL、加温水 100mL），再肌注入青、链霉素各 20 万～40 万单位。

（2）清肠通便。为了清除胃肠内容物和秘结粪便，可用人用导尿管代替胃管灌服液体石蜡油或蓖麻油 20～30mL。也可用胡麻油代替。为排除停滞积粪，加强肠蠕动，可施行灌肠。羔羊灌肠时仍可用导尿管代替，在温水内加入少量肥皂或食盐灌入，水量在 200～300mL。

（3）镇痛解痉。当羔羊疼痛不安时，可立即皮下注射 10% 安乃近 2mL 或肌内注射安痛定 1～2mL。

（4）促进机能恢复。对病羔要加强护理，尽可能防止打滚，臌气停止后应防止受寒或过热，要使其安静休息避免饱食。继发肠臌气应着重治疗原发病。

附：初生羔羊肠臌气治疗的参考处方：

方一：鱼石脂5g，95%酒精10～20mL，温水100mL，放气后随即由注射刺针头注入，加青霉素、链霉素各20万～40万单位（亦可口服）。

方二：蓖麻油（或食油）20～30mL灌服或用胃管一次送入胃内。

方三：软皂（或普通食盐、肥皂）适量，500mL温水化开后胃管灌肠。

方四：10%氯化钠溶液20mL、维生素C 5mL一次静脉注射。

## 第四节　羔羊营养代谢性疾病

### 一、羔羊佝偻病防治

羔羊佝偻病是由钙、磷代谢障碍引起骨组织发育不良的一种非炎性疾病，维生素D缺乏在本病的发生中起着重要作用。

（一）临床症状

病情较轻的羊主要表现为生长迟缓，异嗜；喜卧，卧地后起立缓慢，行走步态摇摆，四肢负重困难，表现跛行。触诊关节有疼痛反应。病程稍长则关节肿大，以腕关节、膝关节较为明显；长骨弯曲，四肢可以展开，形如青蛙。患病后期，病羔以腕关节着地爬行，躯体后部不能抬起。重症羊卧地，呼吸和心跳加快。

（二）预防

加强对怀孕母羊和泌乳母羊的饲养管理，饲料中应含有较丰富的蛋白质、维生素D和钙、磷，并注意钙、磷配合比例，供给充足的青绿饲料和青干草，补喂骨粉，增加其运动和日照时间。羔羊饲养更应注意这些问题，有条件的可喂给干苜蓿、胡萝卜、青草等青绿多汁的饲料，并按需要量添加食盐、骨粉、各种微量元素等。

（三）治疗

用维生素 AD 注射液 3mL 肌内注射；精制鱼肝油 3mL 灌服或肌内注射。补充钙制剂可用 10% 的葡萄糖酸钙注射液 5～10mL、维丁胶性钙 3～5mL、果糖酸钙注射液 4～6mL。

## 二、羔羊白肌病

羔羊白肌病是幼畜的一种以骨骼肌、心肌纤维以及肝组织等发生变性、坏死为主要特征的疾病，因病变肌肉色淡、甚至苍白而得名。本病多发生于秋冬、冬春气候骤变，青绿饲料缺乏之时，0.5～3 月龄羔羊多发，以病羔弓背、四肢无力、运动困难、喜卧等为主要特征。

（一）病因

本病的发生主要是饲料中硒和维生素 E 缺乏或不足，或饲料内钴、锰、锌、钙等微量元素含量过高而影响动物对硒的吸收。当饲料、饲草内硒的含量低于千万分之一时，就可发生硒缺乏症。维生素 E 是一种天然的抗氧化剂，当饲料保存条件不好，高温、湿度过大、淋雨或暴晒以及存放过久，酸败变质，则维生素 E 很容易被分解破坏。在缺硒地区，羔羊发病率很高。由于羊机体内硒和维生素 E 缺乏时，使正常生理性脂肪发生过度氧化，细胞组织的自由基受到损害，组织细胞发生退行性病变、坏死，并可钙化。

（二）症状

羔羊白肌病按其病程分急性、亚急性、慢性 3 种类型。

（1）急性型。病羊常突然死亡。

（2）亚急性型。病羊精神沉郁，背腰发硬，步样强拘，后躯摇晃，后期常卧地不起。臀部肿胀，触感较硬。呼吸加快，脉搏增数，羔羊每分钟可达 120 次。初期心搏动增强，以后心搏动减弱，并出现心律失常。1～5周龄的羔羊最易患病，死亡率有时高达40%～60%。特别是10天以内的羔羊死亡率比较高；生长发育越快的羔羊，越容易发病，且死亡越快。

（3）慢性型。病羊运动缓慢，步样不稳，喜卧。精神沉郁，食欲减退，有异嗜现象。被毛粗乱，缺乏光泽，黏膜黄白色，腹泻，多尿。脉搏增数，呼吸加快。

（三）剖检病变

剖检可见骨骼肌苍白，心肌苍白、变性，营养不良。病变部肌肉色淡，像煮过似的，甚至苍白，故得名白肌病。

（四）诊断

本病可根据发病情况，临床症状、病理剖检、病理组织学等综合分析，确诊为羊白肌病。另外，还可借助实验室检查确诊。

（五）防治

（1）预防。预防该病关键在于加强对妊娠母羊、哺乳期母羊和羔羊的饲养管理，尤其是在冬春季节，可在其饲料中添加含硒和维生素E的预混料，或肌内注射0.1%的亚硒酸钠和维生素E，每只母羊在产羔前1个月肌内注射0.1%的亚硒酸钠维生素E合剂5mL，即可起到很好地预防作用。也可在羔羊出生后第三天肌内注射亚硒酸钠维生素E合剂2mL，断奶前再注射1次（3mL）。

（2）治疗。治疗该病，对急性病例常用0.1%的亚硒酸钠注射液肌肉或皮下注射，羔羊每次2～4mL，间隔10～20天重复注射1次；如同时用维生素E肌内注射，羔羊10～15mg，每天1次，连用5～7天为一个疗程，则疗效更佳。对慢性病例可采用在饲料中添加亚硒酸钠维生素E的办法。

## 三、新生羔羊“抽风”症

新生羔羊“抽风”是一种营养性代谢障碍性疾病，临床上主要以神经症状为特征，多发生于3～15日龄的羔羊，20日龄以上者发病较少。本病在高寒农牧区每年春季产羔期间均有发生，死亡率较高。

（一）发病原因及时间

本病一般发生于每年春季产羔旺季，初生至15日龄的羔羊均可发病，尤其是3～7日龄的羔羊发病率最高，20日龄以上的羔羊呈零星发病。

（1）营养不良。在我国北方，每年的冬季11月初进行配种到翌年4月份产羔，此时母羊怀孕期正值长达6～7个多月的枯草季节，如果遇到干旱年份，由于牧草生长不良，牧草中维生素、矿物质、微量元素含量不足，致使怀孕母羊处于半饥饿状态，导致怀孕母羊营养不良，维生素、矿物质和微量元素缺乏，不能满足胎儿生长发育的需要，从而造成新生羔羊先天性发育不良，出生后，营养物质不能及时从母乳中得到相应的补充，致使新生羔羊内分泌失调、代谢紊乱而出现神经性“抽风”症状。

（2）乳汁缺乏。母羊泌乳量少、无乳或母羊母性不强，或患乳房炎，因而拒绝新生羔羊哺乳，新生羔羊体质弱小，不能自行哺乳，致使新生羔羊不能及时吃到初乳，这样就无法保证新生羔羊生长发育所需的营养物质，从而使新生羔羊发病。

（3）慢性疾病。怀孕期母羊若长期患慢性前胃疾病，影响体内维生素B族的合成，造成了母畜在怀孕期维生素B的缺乏，也是诱发本病的主要原因。

（二）临床症状

新生羔羊突然发病，发病时头向后仰，全身痉挛，磨牙，口吐白沫，空咽，牙关紧闭，头摇晃，眨眼，躯体往后坐，共济失调，常摔倒在地上抽搐，四蹄乱蹬，口温增高，舌色深红，眼结膜呈树枝状充血，呼吸、心跳加快，症状持续3～5分钟后停止。神经性兴奋症状过后，病羔全身出汗，疲倦无力，精神沉郁，垂头卧地不起，常卧于暗处，呼吸、心跳减慢，间隔十几分钟至半小时或稍长时间又反复发作。后期由于阵发性间隔时间缩短，发作时间延长，终因内分泌失调，体内代谢极度紊乱，能量消耗过度，吞咽空气过量，胃迅速扩张而窒息死亡。病程一般 1～3 天，护理好者可存活 5 天左右。

（三）治疗方法

（1）镇静解痉。为了使羔羊保持安静，缓解机体代谢障碍及脑缺氧，抑制病情进一步发展，应及早使用镇静剂。可用苯巴比妥钠 15～20mg，肌内注射，使羔羊呈现深睡状态。

（2）补充复合维生素 B。用复合维生素 B 0.5mL，肌内注射，或者复合 B 片口服，每天 2 次。

（3）补充钙制剂。用 10% 的葡萄糖酸钙 10～15mL，静脉注射、果糖酸钙注射液 5～10mL、维丁胶性钙 5～10mL，每天 1～2 次。

（4）加强护理。发病新生羔羊要放在温暖处护理，并保持安静。治疗要尽量集中，以减少对病羔的干扰，病羔头部应稍垫高，以防口腔内的分泌物吸入气管。不吃奶的病羔，要进行人工喂养，并静脉滴 10% 的葡萄糖 50～70mL/kg，每天 1 次，以补充病羔基础代谢所需的能量和液体。

## 四、羔羊虚弱的防治

羊是站立哺乳或者跪乳的动物，即在乳哺过程中不管是母羊还是羔羊都保持站立或者跪乳姿势，而且羔羊还需把头颈仰起才能顺利吮乳。这就对初生羔羊提出了两个起码的体力要求：①能站立。②头颈能仰起。但对于初生孱弱羔羊来说则不具备上述体力要求。所以，在临床实践中常常见到初生羔羊被群众称为“不会吃奶”的病例，其实这些初生羔羊并非不会吃奶而是因达不到上述体力而无法吃奶（当用手指从口角伸入羔羊口中时，便感觉到明显的吸吮动作）。自2000年以来，笔者在羊病治疗实践中救治此类初生羔羊多起的发病原因，救治方法介绍如下。

（一）发病原因

羔羊出生后不能站立和自行吮乳，可能有以下几方面的原因：一是缺铁性贫血导致肌无力；二是缺钙引起的软骨症；三是缺硒、维生素E等引起的白肌病等。另外也可能是羔羊出生后，外界环境气温过低，再加上没有及时给羔羊吃到初乳，导致羔羊牙根僵硬引起不能自行吮乳。

（二）临床症状

由缺铁性贫血引起的羔羊不能站立和自行吮乳的现象，缺铁性贫血的羔羊多表现为可视黏膜苍白、体瘦、血稀、全身水肿等症状。

（三）防治措施

羔羊未能及时吃到初乳而引起牙根僵硬继而出现不能自行吮乳，应及时辅助哺乳，即将母羊的乳头塞到羔羊嘴中，挤压乳头刺激其分泌乳汁，从而刺激羔羊吮乳，一般如此操作3～5天，羔羊就会自行吮乳。

另外，平时应加强饲养管理，对怀孕、哺乳母羊及羔羊增加投喂蛋白质饲料、骨粉、石粉和富硒饲料（豆科牧草等），预防羔羊发生此类疾病。

（四）临床治疗

（1）50%葡萄糖5mL，经长嘴注射器从口角伸入羔羊口中，随其吞咽动作缓慢推动注射器令其口服。复合维生素B注射液1mL（或维生素$B_1$ 1mL）、维生素C注射液1mL分别肌内注射。樟脑磺酸钠注射液0.5～1mL肌内注射。绝大多数弱羔经上述第1、2两项措施救治后均能在1～2小时自行吃奶，少数特别孱弱羔羊经采取上述3项措施后才能在2～4小时自行吃奶，个别者可加以人工辅助半天至1天后即可自行吃奶。

（2）用4.5g硫酸亚铁、7.5g硫酸铜、45g糖，加200mL水混合均匀喂给羔羊，也可用0.1%的亚硒酸钠注射液2～4mL皮下注射，提高血液中的血红蛋白含量，并及时补充维生素$B_{12}$，每次肌内注射5～10mL，间隔2～3天注射1次。也可补充维生素C，每次50～100mg，每天3次，促进铁和叶酸的吸收。

（3）羔羊软骨病引起的羔羊不能站立及不能自行吮乳应及时补维生素D，促进钙、磷吸收，另外也可用葡萄糖酸钙注射液50mL、氯化钠溶液250mL静脉注射，每天1次；也可皮下注射维丁胶性钙注射液2万国际单位或维生素A、维生素$D_3$注射液2mL或者果糖酸钙注射液3～5mL，每天1次。

（4）羔羊白肌病引起肌无力现象，发病羔羊每只用2mL亚硒酸钠或维生素E肌内注射，并适量配合维生素A、维生素B、维生素C治疗。未发病羔羊每只肌内注射1mL进行预防。大羊小羊同时注射亚硒酸钠维生素E，小的注射1～2mL大的注射2～3mL。每天一次或2天一次。

## 五、羔羊贫血症

羔羊贫血也是一种普通病，且影响较大，养羊户切不可大意。冬春季节，天寒地冻、草枯，特别是农区或半农区，已失去放牧条件，从放牧改为舍饲后，在长期圈养的条件下，最容易发生羔羊的贫血病。因为低营养水平下的母羊奶水不能满足羔羊的营养需要、尤其羔羊生长速度快、长期羊床圈养后，不接触较多的地面、摄入铁量不足、使生长发育缓慢以至造成羔羊的急性死亡、不可大意。具体该病措施如下。

### （一）发病原因

这是一种营养性贫血，是缺乏造血必需的营养物质而使造血功能低下的一种贫血病。羔羊哺乳期到育成前的生长期，主要缺乏铁、铜、维生素$B_{12}$和叶酸，影响血红蛋白的合成所引起的贫血。营养缺乏常见的病因。

一是在胎儿后期从母体获取的铁少，储存肝内的铁不足，羔羊3～4月龄最易发生缺铁性贫血。

二是摄入不足、羔羊每天需要铁10～16mg、但奶中含铁少，如不注意补给含铁多的青菜、水果、肉、肝、蛋，长期吃奶的羔羊都会引起铁的摄入不足。

三是需要量大，羔羊生长发育快、需要铁多、故易发生贫血。

四是吸收障碍、羔羊哺乳期胃酸少、铁只能在胃酸内分解成二价铁，才能在十二指肠内被吸收、羔羊胃酸少、自然对铁的吸收量减少。有些病如慢性胃炎、慢性肝炎等都能引起羔羊贫血。

（二）临床症状

病羔毛粗乱无光，消瘦，食欲减退，喜啃泥土，腹泻，呼吸困难，嗜睡，可视黏膜苍白，头部水肿。羔羊有时突然死亡，特别是长得快的羔羊死得多，损失大。死羔可视黏膜苍白，体瘦，血稀，血清中铁的含量低于正常水平，全身水肿，心脏松弛，肝大。

（三）贫血防治

（1）补充维生素。补充维生素$B_{12}$、用量为5～10mL、肌内注射、间隔2～3日注射1次。补充维生素C，用量50～100mg/次、每日3次、以促进铁和叶酸的吸收，因为维生素C缺乏能引起叶酸的代谢异常。叶酸即维生素$B_{11}$、缺乏时需补给15～20mg/次、每日3次。不然生长缓慢或停止生长、白血胞减少、发生血球型贫血症。

（2）补加饲料营养。饲料营养要齐全，按正常量补加铁等微量元素，或喂深层无污染的红土，可预防缺铁性贫血。用4.5g硫酸亚铁、7.5g硫酸铜、45g糖，加200mL水混合均匀喂给，药物预防时最好在两餐之间喂给、以利于铁的吸收、但不要和奶同时喂，因为奶中含磷高、影响铁的吸收。

（3）提高血红蛋白的含量。为提高羔羊血液中血红蛋白的含量，可用0.1%亚硒酸钠注射液2～4mL、皮下注射、每日1次、连用1周为一疗程。

（4）治疗消化紊乱。羊消化紊乱易引起菌痢、腹泻、肠炎等。既影响铁、叶酸、维生素$B_{12}$的吸收。又影响肠道内$B_{12}$的合成，故必须治疗羊的消化紊乱性疾病。

（5）铁剂治疗。对病羔羊，可肌内注射含铁、硒、钴的补铁王等铁钴制剂，连用几天，可停止死亡。也可喂服硫酸亚铁丸，每次10～20粒，内服，每日1次，连用数日。

（6）对因疗法。如因寄生虫引起的贫血，应做驱虫治疗。如为慢性肝炎或肾炎等疾病，应做原发病的常规治疗，以免贫血症的出现。

（7）饮食疗法。尽早喂给含铁量高的食物，这叫药补不如食补（虽同样花钱），既顶饿，补充营养，又治贫血，两全其美。可人工喂给煮熟的鸡蛋黄，开始每日喂半个鸡蛋黄，逐渐增加到1个，以后可喂整个鸡蛋或豆浆。大羔羊可喂给野菜、青草、豆浆、动物肝肉等，以后接触地表土时，可不必再补。

（8）中药疗法。可用厚朴、山楂、党参、神曲、茯苓、白术、熟地各30g，一次煎服；或当归50g、白术25g、生地25g、红参5g，一次煎服；也可用草药方：鸡血藤50g，水煎服，每天按原药含量20～30g喂服。

## 六、羔羊铜缺乏症（摇背病）

羔羊铜缺乏症最典型的特征就是运动失调和脱髓鞘现象，又称“摇背病”。铜是细胞色素氧化酶的辅基，缺铜时使磷脂合成发生障碍，髓磷脂合成也受到抑制，造成神经系统的脱髓鞘和脑细胞的代谢障碍，临床表现为运动失调等为主要特征的神经症状。

（一）发病原因

羔羊铜缺乏症是一种地方性代谢病，在世界各地均有发生。我国新疆曾报道过本病，主要发生于哺乳期羔羊，发病时期一般在2～7月，高峰期在5月。羔羊铜缺乏症的发生，我们应当注意以下几点：第一羊群特别是繁殖母羊妊娠后期及产羔期的饲养管理草料的铜缺乏。第二没有合理安排各种类型的牧场轮牧，或将高钼饲草晒干后再利用。

羔羊继发性铜缺乏症主要由于饲草中存在着某些继发性因素，可阻止铜的吸收和利用，导致相对缺铜而致病。业已查明，铜钼比小于2及锌、钼等干扰因子，都可造成继发性铜缺乏。

锌摄入过多在胃肠道中大量存在时，可引起铜的吸收障碍。同时大剂量钼进入体内后，在瘤胃内钼与硫形成硫钼酸盐，并与饲草中的铜结合形成牢固的Cu-Mo-S蛋白质复合物，它一方面封闭铜的吸收部位，另一方面不断从肝脏内的金属硫蛋白中把铜剥夺下来转入血液，如此循环最后导致铜的贮藏减少。通过对牧草和病羔肝脏、羊毛中的主要微量元素测定显示，牧草中铜钼的比值0.035，远远低于临界值（2∶1），而摄入的钼的绝对量比正常值高出数十倍，锌的含量在所饲牧草中也明显增多，这很可能是本次羔羊继发性铜缺乏症发生的关键原因。

（二）临床症状

母羊缺乏造成羔羊生下来就是死羔，或是不能站立，不能吮乳，运动不协调，运动时后躯摇晃，有的羔羊生下时比较正常，哺乳2～4周后，运动时开始有后躯不协调现象，随着病情的不断恶化，发展为后躯不能站立由前肢爬行；病情较轻的羔羊可以随大群同行，但在驱赶时后躯倒地，不能正常行走，休息一段时间后，自行站立跟在大群后面。

主要临床症状为：病初食欲减退，体重下降，衰弱，贫血。

发育不良，同时表现为机体衰弱，有时伴下痢症状。发病羔羊体质消瘦，被毛发育不良，灰暗，凌乱，眼结膜苍白，跄关节僵硬，后肢站立困难，常拖着后腿走路，出现左右摇摆现象，有时向一侧摔倒；后期有的羔羊出现神经症状并出现抽搐；体温、呼吸基本正常，心跳快，心律不齐。

（三）病理变化

剖检时病羊消瘦，肝、脾、肾内有过多的血铁黄蛋白质沉着，流出粉红色稀薄血液，凝固不良；脾萎缩、被膜增厚；肾脏萎缩，苍白，无光泽，呈贫血状态。病变有胃底腺体充血，小肠黏膜充血，出血；腕、跄关节囊纤维增生，骨骼疏松；心脏松弛，肌纤维萎缩等。

（四）临床诊断

根据饲养管理及临床上出现的羔羊出生后后肢站立不稳，腹泻，走路摇摆，被毛无光泽和内脏切面流出粉红色稀薄血液，凝固不良。内脏萎缩，被膜增厚，呈贫血状态，胃底腺充血、小肠黏膜充血，骨质疏松等剖检变化初步诊断为铜缺乏症。确诊此病，必须对饲料、饮水和土壤，以及对病羊血液、肝脏、被毛中的铜含量等进行检测。

（五）防治

加强饲养管理，羊群中补喂适量的精饲料，且在饲料当中添加复合微量元素，多种维生素，在饮水中添加维生素 C。对病情严重的成羊，怀孕母羊灌服 1% 的硫酸铜溶液 30mL。对发病的羔羊每日口服 1% 硫酸铜溶液 10mL，病情较轻的羔羊，对羔羊治疗的同时在饲料中添加精料补充料。

对发病的羔羊每日口服 1% 硫酸铜溶液 10mL，病情较轻的羔羊 5 天后症状得到缓解，于 10 天后基本痊愈；瘫痪或患病较重的羔羊在 10 天后症状基本消失。

## 七、羔羊维生素 $B_1$ 缺乏症

维生素 $B_1$ 缺乏症是由于饲料中硫胺素不足或饲料中存在硫胺素的拮抗物质而引起的一种营养缺乏病。主要发生于羔羊。

（一）病因

本病的发生主要是由于长期饲喂缺乏维生素 $B_1$ 的饲料，体内硫胺素合成障碍或某些因素影响其吸收和利用。初生羔羊瘤胃还不具备合成能力，仍需从母乳或饲料中摄取。日粮中含有抗维生素 $B_1$ 物质，如羊采食羊齿类植物（蕨菜、问荆或木贼）过多，因其中含有大量硫胺酶，可使硫胺素受到破坏。长期大量应用抗生素等，可抑制体内细菌合成维生素 $B_1$。

（二）临床症状及病理变化

成年羊无明显症状，体温、呼吸正常，心跳缓慢，体重减轻，腹泻和排干粪球交替发生，粪球表面有一层黏液，常呈串珠状。病羔羊有明显的神经症状，主要为共济失调，步态不稳，有时转圈，无目的地乱撞，行走时摇摆，常发生强直性痉挛和惊厥，颈歪斜，并呈僵硬状。

剖检可见尸体消瘦、脱水，头向后仰；肝脏呈土黄条纹，胆囊肿大、充盈，胆汁浓稠；胸腔中有多量淡绿色渗出液，肠黏膜脱落，肠壁菲薄，有出血现象；心肌松软，心冠有出血点，右心室扩张，心包积液；脑灰质软化，有出血点及坏死灶。

（三）诊断要点

取肝、脾、组织及血液涂片镜检，未发现可疑致病菌。根据发病情况、临床症状及剖检变化，可用初步诊断为羊维生素 $B_1$ 缺乏症。治疗性诊断，可给病羔羊注射 2.5% 的维生素 $B_1$4mL，每日注射 1 次。次日症状明显缓解，可做出进一步诊断。

（四）防治

所以加强饲养管理，保证羔羊饲料营养充足，在精料中按

正常量补加维生素、微量元素，加喂适量食盐，按每千克全价配合饲料计算，需要量为6～10mg。一般添加剂量为每吨饲料10～20g，能有效预防该病的发生。

（1）维生素 $B_1$ 注射液（10mL 含维生素 $B_1$ 250mg），皮下注射或肌内注射2～4mL，每日2次，连用7～10天。

（2）维生素丸口服，每次50mg，每日3次，连用7～10天。

## 八、羔羊食毛症

羔羊食毛症主要发生于冬春时节舍饲的羔羊。由于舍饲的羔羊食毛量过多，除影响羔羊消化外，严重时可因食入毛球阻塞胃肠道形成梗阻而死亡。

### （一）发病原因

一是母羊及羔羊日粮中的蛋白质、矿物质和维生素含量不足，特别是钙、磷的缺乏或比例失调，可导致矿物质代谢障碍。

二是哺乳期中的羔羊毛生长速度特别快，需要大量生长羊毛所必需的含硫丰富的蛋白质或氨基酸，如果这时此类蛋白质供应不足，会引起羔羊食毛。

三是羔羊离乳后，放牧时间短，补饲不及时，羔羊饥饿时采食了混有羊毛的饲料和饲草而发病。

四是分娩母羊的乳房周围、乳头、腿部的污毛没有剪掉，新生羔羊在吮乳时误将羊毛食入胃内也可引起发病。

五是舍饲时羔羊饲养密度过大，羔羊互相啃咬羊毛，进入肠道导致发病。

### （二）临床症状

发病初期，羔羊啃咬和食入母羊的毛，尤其是喜啃食腹部、股部和尾部被污染的毛。羔羊之间也互相啃咬被毛。当毛球形成团块可使真胃和肠道阻塞，羔羊表现喜卧、磨牙、消化功能紊乱，便秘、腹痛、胃肠发生臌气，严重者消瘦贫血。触诊腹部，真胃、肠道、瘤胃内可触摸到大小不等的硬块，羔羊表现疼痛不安。病情严重治疗不及时可导致心脏衰竭死亡。剖检时可见胃内和幽门处有许多羊毛球、坚硬如石，形成堵塞。

（三）防治措施

（1）平时预防。主要是加强饲养管理，饲喂要做到定时、定量，防止羔羊暴食。对羔羊进行补饲，供给富含蛋白质、维生素和矿物质的饲料，特别是补给青绿饲料、胡萝卜、甜菜和麸皮等，每天补给骨粉 2 ~ 5g，适当补给食盐。用 0.1% ~ 0.15% 蛋氨酸配合 0.2% ~ 0.3% 赖氨酸效果非常好；要注意分娩母羊和舍内的清洁卫生，对分娩母羊产出羔羊后，要先将乳房周围、乳头长毛和腿部污毛剪掉，用 2% ~ 5% 的来苏尔消毒后再让新生羔羊吮乳。

（2）用药治疗。

①灌服植物油、液体石蜡、人工盐、碳酸氢钠。

②有腹泻症状的进行强心补液。用樟脑磺酸钠或安钠咖 2 ~ 5mL 肌内注射，每天 2 次。用 5% 糖盐水 150 ~ 500mL，25% 葡萄糖 50 ~ 100mL 进行静点，每天 1 次。有酸中毒症状时，可每次静点 20 ~ 30mL 碳酸氢钠注射液。每天 1 次。

③每 5 只羔羊每天喂 1 ~ 2 枚鸡蛋，连蛋壳捣碎，拌入饲料内或放入奶中饲喂。喂 5 天，停 5 天，再喂 5 天，可控制食毛的发生。

④用食盐 40 份，骨份 25 份，碳酸钙 35 份，进行充分混合，掺在少量麸皮内，置于饲槽中，任羔羊自由舔食。

⑤给瘦弱的羔羊补给维生素 A、维生素 D 和微量元素，特别是有舔食被毛的羔羊应重点补喂。

⑥病情严重的可用手术方法切开真胃，取出毛球。

### 九、新生羔羊软蹄症

俗称软蹄症或系部软弱，常见于初生仔山羊，是由于腱不能伸直所引起的，其特征是蹄部不能着地，站立行走困难。

（一）病因

由于母羊孕期营养不足，特别是维生素 A、维生素 D、锌、钙缺乏，致使胎儿在胎期发育不良和身体衰弱，因此，容易见于多胎的情况下。

（二）临床症状

胎儿娩出时，即见前肢或后肢的球关节软弱无力。可发生于一肢或两肢，以前肢最为多见。

病羊行走时，可见球关节以下向后弯曲，用球关节着地，前进速度很慢。如果人工使蹄着地，则站立不稳，前行一步即又弯曲。至于食欲和精神，都无任何异常。

（三）防治措施

（1）预防。加强孕羊饲养管理，以防羔羊胎期发育受到影响。

（2）治疗。对于病羔，及早用硬纸片、竹片、纸片或硬木片 4 条，分别夹住球关节四面，然后用纱布缠紧，迫使其体重放在蹄壳上，让腱伸直。每天给羔羊投服鱼肝油 1 粒、糖钙片 3 片、维生素 $B_1$ 1 片，经过 1～2 周，即可变为正常。

## 第五节　羔羊其他疾病

### 一、羔羊尿闭症

尿闭症又称尿结。初生羔羊经常发生，该病发病急，死亡快，影响羔羊的成活率，不经治疗死亡率几乎达 100%。

(1) 发病原因。主要是棚圈温度低，肌体受冷而致。

(2) 症状。羔羊吮乳、体温均正常。膀胱积尿多时精神欠佳，低头独呆一处、拱腰、后肢叉开、摆尾、频频做排尿姿势。触诊膀胱膨大，轻挤压疼感。

(3) 防治方法。左手握住两后肢，举起离地面10cm左右，前肢自立地，与术者同方向。右手伸向羔羊腹部，用拇指与食、中指形成三角鼎立，当触到膀胱后先上下，后左右按摩10分钟，再施行压近“百会”穴，轻轻挤压膀胱排出尿液（雄性者按摩阴茎，由后向前辅助排出尿液）。最后用毛巾或热水袋敷腹、背部。保持棚圈的温度不能低于室温，待排尿恢复正常方可正常饲养。

## 二、羔羊遗传性小脑萎缩

此病为一种遗传性脑畸形。其特征是羔羊一生下来即表现出严重的运动失调。容易发生于莱赛斯特绵羊及其杂交种、近亲繁殖的羔羊。

### （一）症状

主要症状是头抬得很高，嘴向后弯到颈部或者歪向一侧。或者只作圆圈运动，很像失明或失掉意识。症状轻微时，羔羊可以吮奶，可以继续生活下去，而变为正常的成年羊；但在受到刺激时，症状仍可复发。症状严重的，由于不会吮乳而迅速饿死。

### （二）诊断

根据剖检和实验室检查，即可获得准确诊断。因为病灶存在于脑中，还可以借显微镜检查来证实。

### （三）防治

没有良好疗法。应从羊群中淘汰具有这种遗传性的羊只，来进行预防。因为这种遗传性属于隐性，只凭自然死亡和从群中拣出病羊，即可使病羊的百分数逐渐降低。当然，在近亲繁殖或纯系繁殖的羊群中损失较大。

## 三、羔羊溶血病

新生畜溶血病是指初生羔羊在吮食初乳后引起的红细胞大量溶解的一种特殊的贫血性疾病。疾病的实质乃是由于母畜血清抗体与新生仔畜红细胞抗原不合，引起的一种同种免疫溶血性反应的病理过程。各种新生畜均可发病，但以仔猪发病较多，偶见犊牛，羔羊的报道不多。本文介绍新生羔羊溶血病的诊治要点，供参考，希望此项措施对大家有所帮助。

### （一）发病症状

羔羊出生后，发育正常，膘情良好，精神活泼。吮初乳 1～2 天后逐渐出现精神不振，不愿吮乳，贫血、黄疸，畏寒震颤，全身苍白，个别出现血红蛋白尿，气喘，衰竭死亡。整窝发病，且以吮乳最多的羔羊症状最明显。

### （二）病理变化

全身皮下脂肪为浅黄色，肌肉发白，肝脏肿大呈棕黄色，肝腹面上散布有灰白色坏死斑，脾脏亦然，肺脏充血、水肿，肾脏稍肿大，充血或呈土黄色，肠道呈卡他性炎症，膀胱内积聚暗红色尿液实验室诊断血液检查显微镜下可见红细胞染色深，大小不一及畸形、红细胞碎片等。

### （三）血液凝集反应试验

取母羊血清梯度稀释至 240 倍，取种公羊血，用 10 倍量的生理盐水离心洗涤 3 次，后制成 50% 红细胞悬液。取红细胞悬液依次与等量而不同浓度的血清稀释液作平板凝集试验，每隔 3～5 分钟观察 1 次，若发生凝集反应，就可确诊为溶血病。抗体效价在 1∶16 以下为安全范围；1∶32 以上均属非安全范围。

### （四）治疗方案

（1）暂停羔羊吮食母乳，改为寄养或人工喂养，待母羊血清或初乳凝集效价降为 1 : 16 以下时方可哺乳。

（2）对于已吮食初乳的羔羊，用免疫抑制剂硫唑嘌呤，1 ~ 2mg/（kg · 天），1 次/天，连用 2 ~ 3 天。对于病情严重的羔羊，为了保护心脏及肾脏功能，解除酸中毒，防止并发症，促进造血机能，可静脉注射 25% 葡萄糖 40mL，另加三磷酸腺苷 2mL（含 20 mg），维生素 2mL（含 0. 5g），肌苷 2mL（含 100mg），维生素 $B_{12}$ 1mL（含 50mg），辅酶 A 100U，1 次/天，连用 2 ~ 3 天。

# 附一　羊病临床症状鉴别诊断

在兽医临床实践中，往往遇到羊群发病较多或死亡较急时，畜主请兽医现场诊断或电话咨询，总是想要知道究竟是什么病？但他们所提供的资料主要是临床表现，但实际上许多疾病的临床表现往往是大同小异，这就很需要有一个简明区别诊断表。提供初诊时快速检查之用。为此，将羊病按临床主要表现分为12类。

**第一类　流产**

| 疾病类别 | 疾病名称 | 主要症状 |
| --- | --- | --- |
| 传染病 | 1. 布鲁氏菌病 | 绵羊流产达30%～40%，其中，有7%～15%的死胎。流产前2～3天，精神萎靡，食欲消失，喜卧，常由阴门排出黏液或带血的黏性分泌物。山羊敏感性更高，常于妊娠后期发生流产，新感染的羊群流产率可高达50%～60% |
| | 2. 沙门氏菌病 | 发生于产前6周，病羊精神沉郁，食欲减退，体温40.5～41.6℃，有时腹泻第一年损失约10%，严重者可高达40%～50% |
| | 3. 胎儿弯曲菌病 | 发生于产前1月到6周，发病羊可达50%～60% |
| | 4. 李氏杆菌病 | 有神经症状，昏迷，有时转圈子，流产发生于妊娠3个月以后，流产率达15% |
| | 5. 口蹄疫 | 口腔、蹄子有水泡，母羊常发生流产 |
| | 6. 威尔塞斯布朗病 | 妊娠母羊发烧流产，娩出死羔，死羔率占5%～20% |
| | 7. 地方流行性流产 | 绵羊流产及早产最常发生于第二胎，多为死胎。山羊流产80%发生于第1～2胎，通常只流产1次 |
| | 8. 土拉杆菌病 | 体温高达40.5～41.0℃，母羊发生流产和死胎 |

（续表）

| 疾病类别 | 疾病名称 | 主要症状 |
| --- | --- | --- |
| 传染病 | 9. 衣原体病 | 以发热、流产、死产和产出弱羔为特征。流产通常发生于妊娠的中后期。羊群中首次发生时流产率可达 20% ~ 30%，流产前数日食欲减少，精神不振。流产后常发生胎衣不下 |
| | 10. 绵羊传染性阴道炎 | 体温增高达 41.7℃，常引起流产 |
| | 11. 裂谷热 | 体温升高，血尿、黄疸、厌食。孕羊流产有时为绵羊患病的唯一特征 |
| | 12. 支原体性肺炎 | 除主要表现肺炎症状外，孕羊可发生流产 |
| | 13. Q 热 | 流产损失为 10% ~15%，病羊发生肺炎和眼病 |
| | 14. 内罗毕绵羊病 | 体温升高持续 7 ~9 天，母羊常发生流产 |
| | 15. 边界病 | 有神经症状，表现抖毛。母羊最明显的症状是流产，常娩出瘦弱胎儿或干尸化胎儿 |
| 寄生虫病 | 1. 弓形虫病 | 流产可发生于妊娠后半期任何时候，但多见于产前 1 月内，损失不超过 10% |
| | 2. 住肉孢子虫病 | 发热、贫血、淋巴结肿大、腹泻，有时跛行，共济失调，后肢瘫痪。孕羊可以发生流产，部分胎儿死亡 |
| | 3. 蜱传热 | 体温升高到 40 ~42℃，约有 30% 妊娠羊流产 |
| | 4. 蜱性脓毒血症 | 体温升高到 40 ~41.5℃，持续 9 ~10 天，可引起母羊流产和公羊不育 |
| 普通病 | 1. 中毒病 | 许多中毒都可引起流产，常常呈群发性 |
| | 2. 灌药错误 | 发生于用药后 1 ~2 天 |
| | 3. 妊娠毒血症 | 发生于产前 1 ~2 周 |
| | 4. 维生素 A 缺乏 | 母羊发生流产、死胎、弱胎及胎衣不下 |
| | 5. 安哥拉山羊流产 | 应激性流产发生于妊娠 90 ~120 天，胎羔常为活产，习惯性流产的胎儿水肿，死亡 |

［注］流产羔羊的胎龄估计

为了深入了解流产原因和及早采取适宜的防治措施，有时需要知道流产的发生妊娠时期，可以按照流产羔羊的体长和体表发育情况进行估计，体表发育情况的比体长可靠。下列妊娠各月发育情况具有参考价值。

1 个月：体长为 1 ~ 1.4cm。可以看到鳃裂。体壁已经合拢，各部器官均已形成。

2 个月：体长 5 ~ 8cm。硬腭裂至月末已封闭。

3 个月：体长 15 ~ 16cm。唇部及眉部出现细毛。

4 个月：长 25 ~ 27cm。唇及眉部出现细毛。

130 ~ 140 天：眼睛睁开。

145 天：体长为 43cm

5 个月：胎儿体长视的品种不同而异，为 30 ~ 50cm。全身密布卷曲细毛。乳门齿及前臼齿均已出现，有乳门齿 4 ~ 6 个。

**第二类　死胎和羔羊死亡**

| 疾病类别 | 疾病名称 | 主要症状 |
| --- | --- | --- |
| 传染病 | 1. 败血症和恶性水肿 | 主要发生于剪号以后。病羊体温升高。剖检见心壁，肾脏和其他器官出血，通常可看到剪号伤或脐部受感染。大腿内侧上部发黑，组织肿胀，含有血色血清和气体 |
| | 2. 肠毒血症 | 抽搐、昏迷、髓样肾。肠子脆弱，含有乳脂样内容物 |
| | 3. 黑疫 | 见于有肝片吸虫的地区，剖检见肝脏内有坏死组织，皮肤发黑，心色内液体增多 |
| | 4. 黑腿病 | 本病与恶性水肿相似，但当切开肌肉时，可见肌组织有时较干 |
| | 5. 破伤风 | 主要发生于羔羊剪号之后 |
| | 6. 口疮 | 有并发症时可引起死亡，特征是唇部、鼻镜及小腿上有黑痂 |
| | 7. 脐病 | 脐部发炎，可引起败血症和关节跛行 |
| | 8. 羔羊痢疾 | 下痢带血 |
| | 9. 钩端螺旋体病 | 产死羔，受感染的羊可达到三月龄，有血尿、黄疸、贫血，体温升高 |
| | 10. 梭菌性感染 | 包括肠毒血症、黑疫、黑腿病、痢疾，也包括其他梭菌感染 |
| | 11. 布氏杆菌病 | 产死羔或弱羔，流产，弱羔常因冻食妥而死 |
| | 12. 胎儿弧菌感染 | 流产出死羔或将死的羔羊 |

（续表）

| 疾病类别 | 疾病名称 | 主要症状 |
|---|---|---|
| 传染病 | 13. 李氏杆菌感染 | 流产出死羔或将死的羔羊，有转圈子症状 |
| | 14. 弓形体病（Ⅱ形流产） | 流产出死羔或将死的羔羊，在子叶绒毛的末端有白色针尖状的坏死灶 |
| | 15. 链球菌性子宫感染 | 流产出死羔或将的羔羊，体温升高，阴门有排出物 |
| | 16. 坏死性肝炎 | 持续性拉稀。肝大，且有许多坏死区 |
| 寄生虫病 | 1. 绿头苍蝇侵袭 | 主要发生于剪号之后或狗、狐狸、乌鸦咬喙之后 |
| | 2. 球虫病 | 拉血粪，剖检可见肠道发炎 |
| 普通病 | 1. 肺炎 | 体温升高痛苦的咳嗽，呼吸困难，喘息 |
| | 2. 饲喂紊乱 | 母羊患乳房炎或其他疾病，以致羔羊不能吃奶，会导致死亡 |
| | 3. 关节炎 | 主要发生于剪号之后，有时也见于剪号之前 |
| | 4. 麻痹 | 羔羊剪号之后，一周至二周，也可发生于断尾或去势之后，都是由于脊柱内形成脓肿 |
| | 5. 酚噻嗪中毒 | 妊娠最后两周给母羊灌药，可导致产生死羔（未足月或足月） |
| | 6. 碘缺乏和甲状腺肿 | 有时甲状腺肿大 |
| | 7. 地方性共济失调 | 步态蹒跚、麻痹以至死亡 |
| | 8. 分娩时受到损伤 | 大的健康羔羊可因分娩时受到损伤，而使肝、脾、肺破裂或发生窒息 |
| | 9. 产羔过程中：冻饿、天气不好或发生急症 | 均可导致羔羊死亡 |

**第三类　突然死亡（先兆症状很少或者没有）**

| 疾病类别 | 疾病名称 | 主要症状 |
| --- | --- | --- |
| 传染病 | 1. 羊快疫 | 病羊痛苦、胀气、昏迷而死亡，第四胃发炎或坏死，肾和脾变软而呈髓样，腹腔有渗出液 |
| | 2. 肠毒血症 | 主要危害青年羊，受染羊数多，见于饲料丰富或吃多汁饲料的时期，可死于痉挛（主要为羔羊）或昏迷（主要为成年羊），肾脏肿大或呈髓样肾。小肠几乎是空的，内容是乳酪样，肠子容易破裂。心包液增多，心肌出血。体温不升高 |
| | 3. 黑疫 | 发生于有肝片吸虫的地区，在体况良好的青年羊最为典型。在肝脏上有小面积的灰色坏死区 |
| | 4. 炭疽 | 通常一发现即死亡表现尸体膨胀，口鼻及肛门流出血液。禁止打开尸体，如果已错误地作了剖检，可发现脾大而柔软，在身体各部分有许多出血点，胃、肠严重发炎。大多数发生在夏季 |
| | 5. 公羊肿头病 | 肝脏显有新近的肝形片吸虫感染。剥皮以后，可见皮肤内面呈深红色或黑色（因为充血）。病羊死前无挣扎，心包有积液，主要见于公羊。组织内有黄色液体，体温高。通常发生于抵架之后。先是眼皮肿胀，以后由头、颈下部延至胸下 |
| | 6. 沙门氏菌感染 | 肝脏充血，肠系膜淋巴结肿大，脾脏肿大。有不同程度的胃肠炎。呈流行性。有些病羊可绵延 2～3 天 |
| | 7. 破伤风 | 主要见于羔羊，常发生在剪号或剪毛以后。特点是肌肉僵硬和牙关紧闭，接着发生强直性痉挛，常常胀气而迅速死亡 |
| | 8. 急性水肿和黑腿病 | 感染部位的周围肿胀、发黑，最常见于剪毛、药浴、剪号以后。可能发生胀气，鼻子有泡沫。有时生殖道排出黑色而有不良气味的液体 |
| | 9. 类鼻疽 | 很少。摇摆、侧卧、眼鼻有分泌物、肺脾有绿色脓肿，鼻黏膜有溃疡。关节有感染，转圈，迟钝而死亡 |
| | 10. 羔羊痢疾 | 拉痢中带血，迅速死亡 |
| | 11. 败血病 | 与不同微生物引起的恶性水肿相似。有全身性出血，特别是淋巴结和肾脏 |

（续表）

| 疾病类别 | 疾病名称 | 主要症状 |
| --- | --- | --- |
| 寄生虫病 | 1. 急性片形吸虫病 | 患羊贫血（结膜苍白），肝脏肿大发黑。肝内有肝片吸虫造成的出血通道，腹腔有大量血色液体 |
| | 2. 严重的寄生虫感染 | 显著贫血，第四胃有大量捻转胃虫（长至在肥胖的情况下可因出血而死亡）。一般见于羔羊及青年羊。如果是在湿热季节，在严重感染的牧场上可因为突然严重感染而出血至死亡 |
| 普通病 | 1. 胀气病 | 腹围胀大，特别是左侧更为明显。见于大量饲喂青草的情况下 |
| | 2. 急性肺炎 | 流鼻、咳嗽、急者突然死亡，但常常是延滞数日而死 |
| | 3. 低血钙症 | 主要发生于产羔母羊，见于吃青草情况下。大多为突然发病，跌倒、挣扎、麻痹、昏迷而死。家庭饲养（饲养不良）或者用含有草酸的植物饲喂均可促进病的发生。有的突然死亡，有的可能延迟数日死亡。注射钙剂可以挽救 |
| | 4. 草地抽搐 | 与低血钙症相似，但更易兴奋，对单独用钙无效，需加用镁 |
| | 5. 植物中毒 | 吃了产生氢氰酸的植物或含有硝酸钠的植物。主要症状是口流泡沫，臌气，呼出气中带有杏仁气味，死前黏膜发红或发绀。刺激性植物可引起胃肠炎。其他杂草可引起蹒跚、痉挛、疯狂和昏迷 |
| | 6. 中毒 | 砷中毒较常见，主要见于腐蹄病的浸浴，特征是胃肠炎，下痢 |
| | 7. 全身性中毒 | 其症状依化学性质而不同：刺激剂会引起胃肠炎，士的宁会引起抽搐等 |
| | 8. 蛇咬伤 | 主要见于奇蹄动物，羊发生很少。特征是昏迷、死亡 |
| | 9. 毒血性黄疸（急性） | 皮肤及内部器官黄染，步态蹒跚，迅速消瘦，尿呈褐色或红色。尸体发黄，肝呈橘黄色，肾脏呈黑色 |
| | 10. 卡车运输死亡 | 肥羊在用卡车运输时，常于卸下时发生死亡。特征是麻痹，后肢跨向后外方，取爬卧姿势。乃由于低血钙所致 |
| | 11. 结石 | 主要见于阉羊，有时发生于种公羊，病羊由精神沉郁到死亡。剖检可发现结石 |
| | 12. 鸦喙症 | 发生于眼窝，一般见于产羔之后 |
| | 13. 热射病 | 毛厚的羊，如果赶留于日光暴晒之下或密闭拥挤的羊舍内，均容易发生 |

## 第四类　延迟数日死亡

| 疾病类别 | 疾病名称 | 主要症状 |
| --- | --- | --- |
| 传染病 | 1. 恶性水肿 | 有些病例可延迟数日才死亡 |
| | 2. 黑腿病和败血病 | 牛的死亡突然，在绵羊常常可延迟数日，伤口周围的皮肤和皮下组织发炎。主要发生于剪手、药浴、剪号或其他手术之后，也可见于注射抗肠毒血症疫苗之后。特征是产羔后从产道排出黑色分泌物，体温升高 |
| | 3. 沙门氏菌传染 | 有些病例可延迟数日死亡，病畜体温升高，胃肠道充血，下痢 |
| | 4. 肠毒血症 | 慢性型，精神沉郁，下痢，食欲减少，一般均发生死亡，死后1小时左右呈髓样肾 |
| | 5. 羊快疫 | 有些病例可延迟1～2天 |
| | 6. 公羊肿头病 | 2天多死亡，肿胀组织内含有清朗的黄色液体，但在败血症病例则含有血色液体 |
| | 7. 破伤风 | 大部分数日死亡，病羊痉挛、僵直、胀气、死亡 |
| | 8. 口疮 | 发生于羔羊，病羊鼻子、面部、小腿有痂。可能继发细菌性感染，有并发病者常引起死亡 |
| | 9. 肉毒中毒 | 有吃腐肉或其他陈旧有机物质的病史，病羊体温降低，发生弛缓性麻痹 |
| | 10. 李氏杆菌性感染 | 较少见，病羊转圈、呆钝、死亡。有些病例发生流产和繁殖障碍 |
| 寄生虫病 | 1. 寄生虫感染 | 大部分羊不至死亡，如果死亡可延迟一些时间，病羊贫血或下痢，剖检可发现有寄生虫 |
| | 2. 绿头苍蝇侵袭 | 由于蝇蛆造成的严重发炎和损害，继发性的蝇蛆能够深入组织，引起严重发炎，且可引起毒血症或败血症而死亡 |
| 普通病 | 1. 肺炎 | 流鼻、咳嗽、气喘，体温升高。症状因原因而异，大部分经过一些时日死亡，因灌药造成的肺炎（肺坏疽），症状严重而迅速死亡 |
| | 2. 妊娠中毒症 | 体温不升高，发病慢，有时表现呆钝，瞎眼、麻痹，剖检可发现有脂肪肝，常怀双羔 |
| | 3. 亚急性中毒性黄疸 | 特别多见于发病的后期 |
| | 4. 低钙血症 | 也可以延长数日才死亡 |

（续表）

| 疾病类别 | 疾病名称 | 主要症状 |
| --- | --- | --- |
| 普通病 | 5. 植物中毒 | 许多病例表现其特有症状，延迟数日而死 |
| | 6. 四氯化碳中毒 | 有灌服四氯化碳史，病羊精神沉郁，昏迷而死亡 |
| | 7. 龟头炎 | 见于阉羊，包皮鞘周围有局部炎症，病羊精神沉郁、不安、昏迷以后死亡 |
| | 8. 光敏感 | 有吃光敏感植物史，表现瘙痒，无毛部分肿胀 |

## 第五类　下痢

| 疾病类别 | 疾病名称 | 主要症状 |
| --- | --- | --- |
| 传染病 | 1. 肠毒血症 | 下痢时间很短，一般在羔羊死亡很突然，成年羊病程慢可延长，剖检见髓样肾，心包积液，肠子脆弱 |
| | 2. 沙氏杆菌病 | 肠道发炎，肝脏充血，肺炎，心肌出血 |
| | 3. 副结核 | 有断续性下痢，有时大肠黏膜增厚而皱缩 |
| | 4. 败血症 | 心肌、肾脏和其他部位出血，下痢被认为是继发性症状 |
| 寄生虫病 | 1. （毛园线虫病）黑痢虫病 | 剖检见小肠内有寄生虫 |
| | 2. 球虫病 | 侵袭4周至6个月的小羊，肠壁上有黄色大头针样的结节，小肠有绒毛乳头瘤 |
| 普通病 | 1. 青草饲喂 | 长期吃干草之后突然给予多汁饲料可以引起下痢 |
| | 2. 饲养紊乱 | 大量饲喂饼渣或不适当的千日粮，常常发生下痢 |
| | 3. 中毒 | 许多中毒都可发生下痢，例如砷、磷、所有刺激性毒物，某些植物性毒物 |
| | 4. 矿物质不足和不平衡 | 铜不足，钴不足和其他矿物质不平衡均可发生下痢，它们的特征都是贫血和步态蹒跚 |
| | 5. 羔羊发育不良 | 主要表现为消瘦，流鼻和有不同的消耗性继发症 |

### 第六类　流鼻或咳嗽

| 疾病类别 | 疾病名称 | 主要症状 |
| --- | --- | --- |
| 传染病 | 1. 放线菌感染 | 放线杆菌病和放线枝菌病都可以产生鼻腔病灶，有时发生流鼻现象 |
| | 2. 类鼻疽 | 鼻黏膜溃烂；肺炎，不同器官发生脓肿 |
| 寄生虫病 | 1. 肺寄生虫 | 死后剖检可发现肺丝虫 |
| | 2. 鼻蝇蚴病 | 鼻腔内有鼻蝇幼虫，且有地区性病史 |
| 普通病 | 1. 肺炎 | 肺炎有14种类型。其共同特点是咳嗽，体温高，精神沉郁、食欲废绝，且有羊群病史 |
| | 2. 灌药错误造成的 | 灌药技术不良可造成化脓性肺炎以及咽、喉和头部的损伤 |
| | 3. 植物损伤 | 有刺激性的植物能够引起肺炎和流鼻 |
| | 4. 羊栏内灰尘太大 | 可引起鼻子阻塞 |
| | 5. 营养不良 | 羔羊或幼羊的流鼻为营养不良的症状之一 |
| | 6. 鼻子半塞 | 容易见到，常成群发生，主要是流鼻，没有全身症状 |

### 第七类　惊厥

| 疾病类别 | 疾病名称 | 主要症状 |
| --- | --- | --- |
| 传染病 | 1. 肠毒血症 | 羔羊在死亡以前发生惊厥，死后肠子脆薄，有髓样肾变化，心色积液 |
| | 2. 破伤风 | 步态蹒跚，痉挛、全身僵直，头向后仰，腿直伸，蹄向外，发生于剪号、去势、剪毛之后 |
| 普通病 | 3. 士的宁中毒 | 痉挛以至死亡 |
| | 4. 牧草强直 | 共济失调，麻痹、注射镁制剂及矿物质有效 |
| | 5. 植物蹒跚 | 不少植物能够引起打战，步态蹒跚和惊厥 |
| | 6. 转圈病 | 转圈子，神经紊乱，最后惊厥和昏迷 |
| | 7. 乳热病 | 有时步态蹒跚，出现惊厥现象 |
| | 8. 酮血病 | 可能与乳热病或牧草强直相混淆，但酮试验为阳性 |
| | 9. 发生中毒 | 当前许多复杂的中素，例如有机磷化合物 B. H. C（六六六）、D. D. T 及其他不少药品中毒，都能够影响神经系统 |

## 第八类　黄疸

| 疾病类别 | 疾病名称 | 主要症状 |
| --- | --- | --- |
| 传染病 | 1. 钩端螺旋体病 | 流产、产出死羔、血尿、黄疸 |
| | 2. 黄大头病 | 除了发黄以外，敏感和皮肤，有地区性史——饲喂过致病的植物 |
| | 3. 毒血症黄疸 | 皮肤和黏膜发黄，尿色黄，突然死亡或渐进性消瘦，肾脏发紫 |
| | 4. 铜中毒 | 补铜过量，由于吃了含铜多的植物而使肝脏受损，用硫酸铜作蹄浴，为了消灭螺、绦而用大量硫酸铜 |
| 普通病 | 5. 光敏感 | 除了黄疮口外，皮肤脱落和坏死 |
| | 6. 面部湿疹 | 放牧在青葱的草场上，有地区史，面部和乳房有湿疹 |
| | 7. 肝炎 | 有造成肝功受损的原因等肝中毒（磷、四氯化碳等） |
| | 8. 亚硝酸盐中毒 | 血液、皮肤及黏膜均带褐色 |

## 第九类　头部肿胀

| 疾病类别 | 疾病名称 | 主要症状 |
| --- | --- | --- |
| 传染病 | 1. 公羊肿头病 | 通常发生于抵仗或受伤以后，伤口局部含有黄色或血液渗出液，衰竭、突然死亡 |
| | 2. 放线杆菌病及放线枝菌病 | 头面部有多数肿块，或者下颌或面部的骨头肿大 |
| | 3. 黑腿病、恶性水肿及其他局部败血性感染 | 均可产生炎性肿胀 |
| | 4. 干酪样淋巴结炎 | 颌下或耳朵附近的淋巴结肿大 |
| | 5. 口疮 | 鼻镜和面部有黄色到黑色结痂，主要感染羔羊 |
| 寄生虫病 | 1. 蝇子侵袭症 | 蜂窝织炎被蝇蛆侵袭引起肿胀，其特征是体温升高、衰竭、羊毛被分泌物浸湿 |
| | 2. 水肿性肿胀 | 发生于颌下，形成所谓“水葫芦”，一般是由于严重的寄生虫感染所引起，有时是因为营养不良引起的虚弱 |

（续表）

| 疾病类别 | 疾病名称 | 主要症状 |
| --- | --- | --- |
| 普通病 | 1. 大头病 | 头部皮肤及黏膜黄染，头部组织有水肿性肿胀，通常与光过敏的其他症状并发 |
| | 2. 光过敏 | 耳部及鼻镜的皮肤发红，接着发生水肿，有炎性渗出物，甚至组织脱离。羊只找寻阴凉处，在对酚噻嗪光过敏的情况下会发生角膜炎 |
| | 3. 灌药性损伤 | 由于用自动注射器或将药枪粗鲁地灌药所引起，特别是用硫酸铜，砷制剂或烟碱的情况下，因为有黄色炎性渗出液而发生大面积的肿胀，可以看到口腔的创伤 |
| | 4. 鸦啄症 | 鸦啄之后，可引起眼窝的败血性感染 |
| | 5. 肿瘤 | 可以发生于头部或身体的任何部分，最常见于耳朵上 |
| | 6. 草籽脓肿 | 为含有脓汁的肿胀，切开时可以看到排出物中含有草籽 |
| | 7. 变态反应 | 由于植物、食物或昆虫刺螯引起的斑块状肿胀或生面团样肿胀 |

## 第十类　身体其他部位肿胀

| 疾病类别 | 疾病名称 | 主要症状 |
| --- | --- | --- |
| 传染病 | 1. 干酪样淋巴结炎 | 受害的淋巴结肿大；切开胀大的淋巴结，其中含有典型的绿黄色豆渣样脓块 |
| | 2. 局部感染 | 可发生肿胀 |
| 普通病 | 1. 恶性肿瘤 | 可发生于身体的任何部分 |
| | 2. 脓肿 | 由于草籽或其他原因所引起，肿胀处含有脓 |
| | 3. 腹肌破裂 | 肿胀位于腹部下面或后腿前方，若使羊仰卧并用手按压，肿胀即消失 |
| | 4. 腹部胀气和扩张 | 特别表现在腹部左侧 |

## 第十一类　跛行

| 疾病类别 | 疾病名称 | 主要症状 |
| --- | --- | --- |
| 传染病 | 1. 腐蹄病 | 蹄壳下方有灰色坏死组织块，以后蹄壳脱落，在羊群中有流行 |
| | 2. 关节炎（化脓性和非化脓性） | 主要发生于羔羊剪号之后，有时见于断尾之后。也曾见于剪毛的药浴之后的成年羊 |
| | 3. 口疮 | 小腿和蹄子上有黑痂 |
| | 4. 类鼻疽 | 很少见，特征是步态蹒跚，眼鼻有分泌物，关节肿胀，有时发生关节炎而引起跛行 |
| 寄生虫病 | 1. 类园线虫 | 小腿和膝关节的皮肤发炎和肿胀，表现提步或跳舞或的跛行 |
| | 2. 恙螨病、毛虱仔虫病 | 蹄冠周围发红，局部有咬伤<br>有时溃疡和跛行 |
| | 3. 蝇子侵袭症 | 腿上腐烂常会引起跛行 |
| 普通病 | 1. 蹄脓肿 | 仅一肢发生急性跛行，趾间有绿黄河色脓汁，甚至可涉及深层组织，向上可以高达膝部 |
| | 2. 蹄叶炎 | 有吃大量新谷粒史或有严重热性病史，病羊急性跛行，大多数严重病例蹄壳脱落 |
| | 3. 草籽脓肿 | 引起步态僵硬或跛行 |
| | 4. 药浴后的跛行 | 用不含杀菌药的液体药浴以后，容易见到跛行 |
| | 5. 三叶草烧伤 | 由于蹄壳太长，污秽的腐败物质超过趾关节以上 |
| | 6. 跌伤、损伤及骨折 | 均能引起跛行 |

## 第十二类　皮肤发黑

| 疾病类别 | 疾病名称 | 主要症状 |
| --- | --- | --- |
| 传染病 | 1. 黑疫 | 发生于肝片吸虫地区，突然死亡，皮肤发黑（有青灰色区域）心包积液 |
| | 2. 肠毒血症 | 主要危害优秀的羔羊，有时可见腹部和腿内侧的皮肤发黑，肠子空虚，肠壁脆弱，心包积液 |

（续表）

| 疾病类别 | 疾病名称 | 主要症状 |
| --- | --- | --- |
| 传染病 | 3. 恶性水肿和黑腿病 | 突然死亡，受感染的局部发黑 |
| | 4. 乳房炎 | 病呈较长时，可见乳房发黑，并延伸到腹部 |
| 普通病 | 撞伤或跌伤 | 撞跌部位发黑 |

# 附二　羊的常见病针灸治疗方法

（一）中暑

中暑是由于天气炎热，烈日暴晒或车船运输、羊舍拥挤、缺乏饮水，以身热颤抖、弓背夹尾、呼吸急促、厌食停食为主要症状的羊病，羊中暑可采用白针疗法、电针疗法、梅花针疗法进行治疗。

1. 穴位介绍

现将治疗本病所涉及的穴位及穴位所在位置介绍如下。

百会—位于腰荐十字部，也就是最后腰椎与第一腰椎棘突间的凹陷中。苏气—位于第八、九胸椎棘突之间的凹陷中。风门—位于耳后 1. 5cm、寰椎翼前缘的凹陷处，左右侧各 1 穴。耳尖—位于耳背侧距尖端 1. 5cm 的血管上，左右耳各 3 穴。太阳—位于外眼角后方约 1. 5cm 处的凹陷中，左右侧各 1 穴。

2. 白针疗法

百会是白针治疗中暑的主穴，治疗时，将毫针刺入穴位 1. 5cm。

苏气是白针治疗中暑的辅穴，它可治疗因中暑引起的气急气喘，施术时，将毫针刺入穴位 3cm。

风门可治疗因中暑引起的头疼，行走不利，施术时将毫针刺入穴位 1cm。

上述穴位针刺后，留针 15 分钟，在留针过程中每 5 分钟用捻转手法行针 1 次，留针时间到达即可起针。羊中暑的白针疗法可每日 1 次，连作 2 次或 3 次。

3. 电针疗法

羊中暑还可使用电针疗法治疗。治疗时先将毫针刺入羊的百会穴，刺入深度为2cm。

在两侧风门穴也刺入毫针，刺入深度为1.5cm。

最后，在羊的苏气穴刺入毫针，刺入深度为2cm。

针刺完成后，将电针治疗仪的第一对电极正负极分别夹放于苏气、百会穴上的毫针针柄上，然后将电针治疗仪的第二对电极正负极分别夹放于两侧风门穴上的毫针针柄上。

电极夹放好后，将电针治疗仪调整为断续波形，以50Hz频率，使用75mA电流，对羊进行电针治疗5分钟，治疗时间到达后即可拆去电极，拔除毫针，完成电针治疗。羊中暑的电针治疗可隔日1次，连作2次。

4. 梅花针疗法

由于梅花针疗法刺激较重，对重度中暑的羊治疗非常有效，梅花针治疗时耳尖为主穴，治疗时，用梅花针锤头以中等力度击打耳尖穴皮肤1分钟，待耳尖穴皮肤渗血后即可。

羊中暑头疼严重，视物不清时，需对太阳穴进行梅花针治疗。治疗时，用梅花针锤头以中等力度击打羊太阳穴2分钟，以太阳穴处渗血为度。

羊中暑的梅花针疗法只作1次即可。

（二）肚胀

肚胀是因羊过食发酵饲料或腐败饲料所引起的以腹部膨大、腹痛不安，厌食拒食为主要症状的疾病。羊肚胀可采用电针疗法和血针疗法进行治疗。

1. 穴位介绍

现将治疗本病所涉及的穴位及穴位所在位置介绍如下：

关元俞－位于最后肋骨后缘，距背中线6cm的凹陷中，左右侧各1穴。涌泉－于前蹄叉背侧正中稍上方的凹陷中，每肢各

1 穴。滴水 – 于后蹄叉背侧正中稍上方的凹陷中，每肢各 1 穴。顺气 – 于口内硬腭前端，切齿乳头两侧的鼻腭管开口处，左右侧各 1 穴。

2. 电针疗法

治疗羊肚胀电针疗法效果较好，在肚胀的电针疗法中，选双侧关元俞穴，治疗时将毫针刺入羊两侧的关元俞，把电针治疗仪的正负电极分别夹放于针柄上，调整电针治疗仪为断续波形 75 赫兹频率 100mA 电流进行电针治疗 10 分钟，治疗时间到达后即可拆去电极，拔除毫针。

电针疗法可每日 1 次，连作 2 ~ 3 次。

3. 血针疗法

羊肚胀还需进行血针疗法治疗，血针疗法涌泉为主穴，此穴主治膨气、腹痛，施术时用小宽针迅速刺入穴位 0. 5cm，使穴位处出血即可。

滴水穴可治疗羊因肚胀而引起的拒食厌食，治疗时用小宽针刺入穴位 0. 5cm 出血即可。

血针疗法只作 1 次即可。

（三）宿草不转

宿草不转是因羊过吃草料引起的以厌食停食，不断嗳气，粪干难下，腹痛不安，腹部膨大为症状的疾病。治疗宿草不转可使用白针疗法、艾灸疗法进行治疗。

1. 穴位介绍

现将治疗本病所涉及的穴位及穴位所在位置介绍如下：

脾俞 – 位于倒数第三肋间，距背中线 6cm 的凹陷中，左右侧各 1 穴。后三里 – 位于小腿外侧上部，腓骨小头下方的肌沟中，左右肢各 1 穴。六脉 – 位于倒数第一、第二、第三肋间，距背中线 6cm 的凹陷中，左右侧各 3 穴。百会在前面已经介绍过了，在这里就不再介绍了。

2. 白针疗法

在白针疗法中脾俞为主穴，它可治疗因积食而引起的宿草不转，施术时将毫针刺入穴位 3cm。

后三里穴可治疗因脾胃虚弱引起的宿草不转，施术时将毫针刺入穴位 2cm。

上述穴位针刺后，需留针 20 分钟，在留针过程中每隔 5 分钟用捻转手法行针 1 次。

用白针法治疗本病可每日 1 次，连作 3 次。

3. 艾灸疗法

宿草不转用艾灸疗法治疗较好，艾灸疗法首选百会穴，灸疗百会穴可以促进肠蠕动，促进排气排便。治疗时，使艾条点燃端距穴位 3cm 处，进行回旋灸疗 5 分钟。

六脉穴主治肚胀和便秘。灸疗时，使艾条点燃端距穴位 2 ~ 3cm，进行回旋灸疗。六脉的左右 3 个穴各灸疗 2 分钟。

艾灸治疗可每日 1 次，连作 2 次或 3 次。

（四）冷肠泄泻

冷肠泄泻是因羊饮冷水过多，进食霜冻饲料或久卧湿地而引起的，以泄泻厌食为主要症状的疾病。本病治疗可采用艾灸疗法、水针疗法和火针疗法。

1. 穴位介绍

现将治疗本病所涉及的穴位及穴位所在位置介绍如下：

后海 – 位于肛门上、尾根下的凹陷中。脾俞、百会、后三里在前面已经介绍过了，在这里就不再介绍了。

2. 艾灸疗法

灸疗脾俞穴可有较好的消胀止泻作用，灸疗时，将艾条的点燃端在距穴位 3cm 处实施回旋灸，灸疗时间为 5 分钟。

百会穴也是治疗冷肠泄泻的主要穴位，将艾条点燃端距穴位皮肤 2.5cm 处实施回旋灸。灸疗时间为 10 分钟。

后海穴止泻作用较好，灸疗时使艾条点燃端距穴位皮肤表面2cm处，实施回旋灸，由于灸疗此穴时艾条点燃端距皮肤较近，因此灸疗时间不可过长，一般以2分钟左右为宜。

后三里穴对冷肠泄泻引发的肠胃虚弱有较好治疗效果，灸疗时使艾条点燃端距穴位皮肤处2.5cm，实施回旋灸。灸疗时间为5分钟。冷肠泄泻的艾灸治疗可每日1次，连作2~3次。

3. 水针疗法

当患羊冷肠泄泻严重时，需实施水针治疗，水针治疗后三里穴为主穴，治疗时，将注射器针头刺入穴位2cm，注入10%安钠咖注射液5mL。

水针治疗还需选择后海为辅穴，将注射器针头刺入穴位2cm，把30%安乃近注射液20mL注入穴位内。

脾俞也是治疗冷肠泄泻的辅穴，治疗时，将注射器针头刺入穴位2cm，注入10%葡萄糖注射液5mL。

冷肠泄泻的水针治疗一般只作1次即可。

4. 火针疗法

对冷肠泄泻不止的患羊可采用火针疗法，我们首先选取脾俞穴作为治疗穴位，治疗时用火焰将针体烧热，趁热将毫针刺入脾俞穴2cm，捻转行针1分钟后，随即起针。

另外，我们还要对百会穴实施火针治疗，治疗时，用火焰将针体烧热后迅速刺入百会穴1.5cm，捻转行针1.5分钟后即可起针。

在对后海穴实施火针治疗时，因此处皮肤较嫩，用火焰将针体烧至温热即可刺入穴位，针刺深度为2cm，经捻转行针2分钟后即可起针。

火针治疗一般只作1次。

经上述治疗，羊的冷肠泄泻即可治愈。

（五）羊角风

羊角风是羊因风热之邪内侵肝经，引起的以两目瞪直，口吐白沫，牙关紧闭，角弓反张为症状的阵发性疾病，治疗本病需采用白针疗法和血针疗法进行治疗。

1. 穴位介绍

现将治疗本病所涉及的穴位及穴位所在位置介绍如下。

天门－位于两角根连线正中后方，即枕寰关节背侧的凹陷中。龙会－位于两眶上突前缘连线中点处。山根－位于鼻镜正中有毛与无毛交界处。百会穴在前面已经介绍过了，在这里就不再介绍了。

2. 白针疗法

在白针疗法治疗中，天门为主穴，龙会、百会为辅穴。

施术时，将毫针刺入天门穴 1cm。在针刺龙会穴时将毫针刺入龙会穴 0.5cm。对百会穴的白针治疗可采用温针灸，治疗时将毫针刺入百会穴 1.5cm，在针柄处放置酒精棉球，用火焰将酒精棉球点燃，使热量沿针体传入穴位深处，以增强治疗效果。上述穴位针刺后留针 15 分钟，每 5 分钟用捻转手法对天门、龙会穴行针 1 次，时间到后即可起针。

羊角风的白针治疗每日 1 次，可连作 2 次或 3 次。

3. 血针疗法

使用血针疗法对羊的特定穴位放血治疗对因风热内侵肝经引起的羊角风疗效较好，血针疗法的主穴首选山根穴，治疗时用三棱针迅速刺破山根穴处的上唇静脉丛，使山根穴处有适量血流出即可。

羊角风的血针治疗 1 次即可，不需重复。

# 附三　过瘤胃新技术和过瘤胃新产品

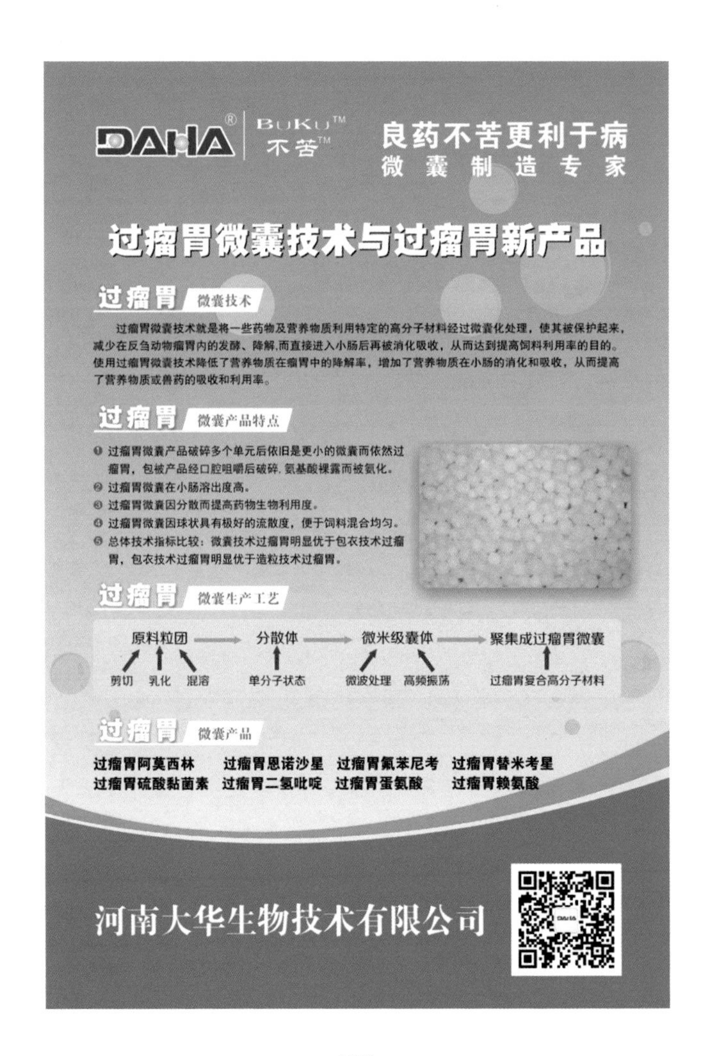